H. Neuber

Technische Mechanik

Methodische Einführung

Zweiter Teil

Elastostatik und Festigkeitslehre

Springer-Verlag Berlin · Heidelberg · New York 1971

Dr.-Ing. Dr. rer. nat. h.c. HEINZ NEUBER
o. Professor der Mechanik
an der Technischen Universität München

Mit 264 Abbildungen

ISBN-13:978-3-540-05220-3 e-ISBN-13:978-3-642-93001-0
DOI: 10.1007/978-3-642-93001-0

Vorwort

Der vorliegende zweite Teil behandelt die Statik der deformierbaren Körper und damit zugleich die Grundlagen der Festigkeitslehre. Der Inhalt entspricht im wesentlichen der Mechanikvorlesung für die Studierenden des zweiten Semesters an den Technischen Universitäten. Wie beim ersten Teil war das didaktische Ziel eine systematische und klar verständliche Darstellung, bereichert durch aktuelle und instruktive Anwendungsbeispiele. Angesichts der Erfolge der wissenschaftlich-technischen Forschung und des dadurch ermöglichten rasanten technischen Fortschrittes, der den Ingenieur der Zukunft vor Aufgaben ungeahnten Ausmaßes stellen wird, erschien eine vertiefte Darstellung der Grundlagen unumgänglich. Dennoch wurde darauf geachtet, daß die mathematischen Anforderungen nicht über das Niveau hinausgehen, das in den gleichzeitig laufenden Mathematikvorlesungen jeweils gerade erreicht ist. Die für Tensoren bereits im ersten Teil eingeführte Indexschreibweise setzt — trotz ihrer großen Tragweite — ohnehin nur die Grundrechnungsarten und die einfachsten projektiven Regeln voraus. Sie findet nunmehr eine besonders instruktive Anwendung bei der Beschreibung des Vorganges der inneren Kraftübertragung und Formänderung, die zur Einführung der Spannungs- und Verzerrungstensoren führt.

Inhaltlich und didaktisch wurden gegenüber sonst üblichen Darstellungen manche neuen Wege beschritten. Gleich zu Anfang wird der Leser mit der realen Bedeutung von Spannung und Dehnung durch einen kurzen Einblick in die Technik des Zugversuchs vertraut gemacht. Aus den geometrischen Grundgleichungen (Gleichgewicht und Kompatibilität) wird — noch vor Einführung des Stoffgesetzes und der Verzerrungsenergie — das Prinzip der virtuellen Arbeit deformierbarer Körper abgeleitet, dessen überragende Tragweite später an Hand der Einzelprobleme demonstriert wird. Bei den Festigkeitshypothesen, die den Anschluß an die Fragestellungen der technischen Praxis vermitteln, sind neben den Mohrschen Grenzlinien auch die Grenzlinien nach Hencky (mit den Oktaederspannungen als Koordinaten) angegeben. Dadurch wird die Beurteilung der Tragweite der einzelnen Hypothesen wesentlich erleichtert. In der Theorie der elastischen Fachwerke wurden die knoteneigenen Koordinaten durchnumeriert, so daß zusammen mit der Stabnummer nur zwei Indizes auftreten. Nur bei Aufteilung der Kräfte in Haupt- und Eigengruppen tritt ein weiterer Index auf. Das so entstandene Rechenschema ist (auch ohne Voraussetzung der Matrizenrechnung) übersichtlich und leicht programmierbar. Bei den weiteren aktuellen Einzelproblemen wurden die Berechnungsverfahren mit Rücksicht auf die technische Entwicklung über das übliche Maß hinaus vertieft: Schraub-, Niet-, Schweiß- und Klebverbindungen; Membranschalen (Übertragung eines sechskomponentigen Kräftesystems); dünnwandige Stäbe bei Torsion und Querschub; wölbfreie Torsion (nach Arbeiten des Verfassers); wölbbehinderte Torsion; Schubmittelpunkt- bzw. Drehpolkoordinaten; Stabknickung bei Herstellungsungenauigkeiten; Abweichungen vom linearen Stoffgesetz u. a.

Zahlreiche Beispiele, die den Rechnungsgang auf verschiedenen Wegen vor Augen führen, deutliche Abbildungen und übersichtliche Tabellen erleichtern dem Leser das Verständnis; die Resultate der Einzelprobleme und Beispiele bilden in ihrer Gesamtheit eine für den Ingenieur wertvolle Formelsammlung. Es darf somit erwartet werden, daß auch dieser Teil seine didaktische Aufgabe erfüllen wird.

Wie beim ersten Teil führten Diskussionen über Teile des Manuskriptes mit Prof. Dr. phil. Dr.-Ing. E. h. Udo Wegner und Prof. Dr.-Ing. H. Bufler, Technische Universität Stuttgart, sowie Hochschuldozent Dr. rer. nat. H. G. Hahn und Wissenschaftlicher Rat Dr.-Ing. K. Heckel, Technische Universität München, zu manchen wertvollen Anregungen. Beim sorgfältigen Lesen der Korrekturen halfen Dr. rer. nat. H. G. Hahn und Dr.-Ing. G. Kuhn, zeitweise auch Dr.-Ing. W. Schweiger und Dipl.-Ing. B. Müller. Die satzgerechte Eintragung der Korrekturen besorgte Dr.-Ing. G. Kuhn mit besonderer Exaktheit. Ihnen allen sei an dieser Stelle wärmstens gedankt, zugleich dem Springer-Verlag, der mit bekannter Zuverlässigkeit und Sorgfalt manche schwierigen Autorenwünsche erfüllte.

München, Frühjahr 1971

H. Neuber

Inhaltsverzeichnis

Inhaltsübersicht des ersten Teiles

STATIK

1 Einführung

In fast allen Bereichen der Technik werden Verfahren zur Berechnung der inneren Beanspruchung, der Tragfähigkeit und der Verformung von Bauteilen benötigt, um eine ausreichende Betriebssicherheit gewährleisten zu können. Das Gedankenmodell des starren Körpers, das zur Ermittlung der Kräfteverteilung in statisch bestimmten Tragwerken verwendet wird (vgl. I), reicht hierzu nicht aus, denn es sind physikalisch bedingte Beziehungen zwischen Kräften und Formänderungen zu berücksichtigen. Das einfachste und dennoch weitgehend brauchbare Gedankenmodell ist *der elastische Körper*. Er ist dadurch gekennzeichnet, daß die durch äußere Kräfte bewirkten Formänderungen bei Wegnahme dieser Kräfte wieder verschwinden. Die zugehörige, für langsame Belastungsvorgänge geltende Mechanik heißt *Elastostatik*; sie liefert wesentliche Grundlagen für die *Festigkeitslehre*, d. h. für die Verfahren zur Berechnung der Bruchbelastung bzw. (bei gegebenen Lasten) der Sicherheit.

2 Einblick in die Werkstoffprüfung

Die experimentelle Untersuchung des Verhaltens der Werkstoffe unter technisch wichtigen Bedingungen ist Aufgabe der Werkstoffprüfung. Hier kann nur auf die grundlegenden Prüfverfahren eingegangen werden.

2.1 Zugversuch

Das einwandfreieste Prüfverfahren zur Ermittlung der Formänderung eines Stoffes bei Krafteinwirkung ist der Zugversuch. Bei allen anderen Verfahren (wie z. B. beim Biegeversuch) bleibt die Verteilung der inneren Kräfte statisch unbestimmt. Abb. 2.1 zeigt das Schema einer Universalprüfmaschine mit hydraulischer Kraftübertragung. Wird die an der Prüfmaschine gemessene Zugkraft F des Probestabes durch seine *ursprüngliche* Querschnittsfläche A_0 dividiert, so ergibt sich die *Spannung* [Dimension kp/cm² oder kp/mm²]:

$$\sigma = F/A_0. \tag{2.1/1}$$

Da die Materieverteilung in jedem Werkstoff in struktureller, physikalischer und chemischer Hinsicht mehr oder weniger ungleichmäßig ist (*Inhomogenität*), entspricht die so berechnete Spannung nicht der Wirklichkeit, und die Versuchsergebnisse zeigen mehr oder weniger starke Streuungen. Der Inhomogenitätseinfluß wirkt sich bei verschieden großen Probestäben unterschiedlich aus. Die in verschiedenen Festigkeitslaboratorien gemessenen Werte sind daher nur bei Verwendung der gleichen (normierten) Probestabform miteinander vergleichbar.

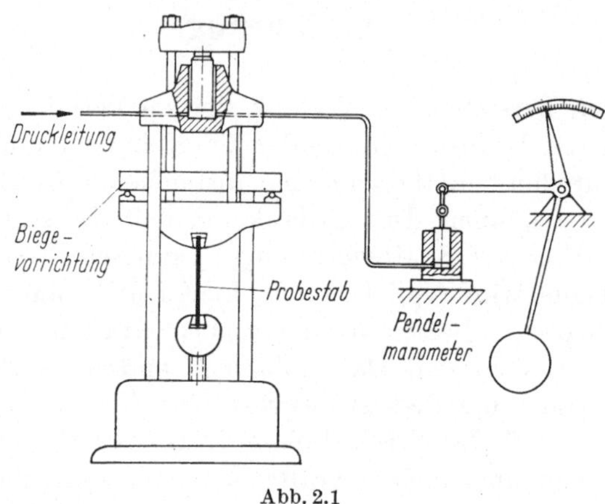

Abb. 2.1

Zur Messung der Formänderung wurden zahlreiche Verfahren entwickelt. Mechanische Dehnungsmesser, auch Setzdehnungsmesser genannt, bestehen aus einem Bügel mit einer festen und einer drehbaren Schneide, die auf der Oberfläche des Probestabes, bzw. des zu untersuchenden Bauteiles aufliegen (der Bügel wird durch eine Feder oder Klemme angedrückt). Die Relativverschiebung V der beiden Schneiden liefert die Verlängerung des ursprünglichen Schneidenabstandes l_0 (*Meßstrecke*), und die *Dehnung* ist definiert durch

$$\varepsilon = V/l_0. \tag{2.1/2}$$

Der Meßwert V läßt sich vervielfachen, z. B. auf mechanischem Wege durch Hebelübersetzung (Abb. 2.2) oder auf optischem Wege (Abb. 2.3). In den letzten Jahrzehnten wurden sog. *Dehnmeßstreifen* entwickelt, Drahtschlangen (Abb. 2.4) aus Konstantan, Manganin oder Chrom-Nickel (a), die in kleine Kunststoffolien (b) eingeklebt sind (Anschlußdrähte c). Bei Verlängerung oder Verkürzung ändert sich ihre elektrische Leitfähigkeit; die dadurch bedingte Änderung der Stromstärke kann elektronisch verstärkt und durch automatische Schreiber aufgezeichnet werden. Bei Messung der Dehnungsverteilung an einer großen Zahl von Meßstellen eines komplizierten Bauteils bei beliebiger Belastung ist der Dehnmeßstreifen dem Setzdehnungsmesser weit überlegen. Da in solchen Fällen die Dehnungshauptachsen (vgl. 4.2) zunächst unbekannt sind, werden an jeder Meßstelle mindestens drei Dehnungsmessungen in verschiedenen Richtungen erforderlich. Hierzu dienen kombinierte Dehnmeßstreifen, *Rosetten* genannt.

Zur Ausschaltung von Unsymmetrien sind beim Zugversuch mindestens zwei Setzdehnungsmesser oder Dehnmeßstreifen (diametral gegenüber) erforderlich und die Mittelwerte der gemessenen Dehnungswerte zu bilden. In dem von der Spannung σ und der Dehnung ε gebildeten kartesischen Koordinatensystem entsteht durch Eintragung der beim Zugversuch gewonnenen Werte die *Spannungs-*

Dehnungslinie des Werkstoffes. Als Beispiel zeigt Abb. 2.5 die Spannungs-Dehnungslinie eines Stahles mittlerer Festigkeit. Die Spannung steigt zunächst linear, d.h. zur Dehnung proportional an. Dieses Verhalten entspricht dem Hookeschen Elastizitätsgesetz[1]. Der Proportionalitätsfaktor wird *Elastizitätsmodul* oder Youngscher Modul[2] genannt und mit E bezeichnet [Dimension kp/cm^2, Zahlenwerte in Tabelle (6.1/3)]:

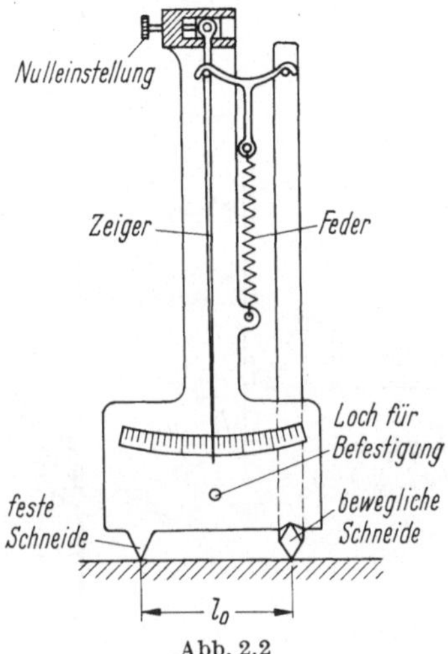

Abb. 2.2

$$\sigma = E\varepsilon. \tag{2.1/3}$$

Dieses Gesetz gilt bis zur *Proportionalitätsgrenze*. Bei höherer Belastung zeigt sich eine stärkere Zunahme der Dehnung, als diesem Gesetz entsprechen würde. Zunächst wird die *Elastizitätsgrenze* erreicht, die dadurch gekennzeichnet ist, daß die Dehnung bei Entlastung wieder ganz zurückgeht. Bei weiterer Belastung wird die *Fließ-* oder *Streckgrenze* erreicht, bei der ein örtliches Maximum der Spannung erkennbar wird. Bei weiter wachsender Dehnung sinkt die Spannung bis zur *unteren Fließgrenze* ab, ein Zeichen für die beginnenden *plastischen Verformungen*, steigt dann aber nochmals langsam an und erreicht im höchsten Punkt der Spannungs-Dehnungslinie die *Zugfestigkeit* (kurz *Festigkeit*) σ_B. Bis zu dieser Beanspruchung ist der Stab gleichmäßig dünner geworden. Die in Gang gekommene plastische Verformung führt nun zu einer Entlastung, wobei zugleich an einer Stelle eine rasch zunehmende *Einschnürung* entsteht (Abb. 2.6) und schließlich der Bruch eintritt.

Zur präzisen Definition von Elastizitäts- und Streckgrenze, insbesondere bei Stoffen ohne ausgeprägte Streckgrenze (Abb. 2.7), werden in Zusammenhang mit der Meßtechnik Spannungswerte verwendet, die sich auf die Größe der nach Entlastung zurückbleibenden kleinen Restdehnung beziehen. So tritt z. B. an die Stelle der Elastizitätsgrenze der Spannungswert $\sigma_{0,01}$ (auch 0,01-*Dehngrenze*

[1] Robert Hooke (geb. 1635 in Freshwater/Insel Wright, gest. 1703 in London).

[2] Thomas Young (geb. 1773 in Milverton/Somersetshire, gest. 1829 in London).

genannt), für den bei einmaliger Be- und Entlastung die zurückbleibende Dehnung den Wert 0,0001, d.h. 0,01% der Meßlänge nicht überschreitet, und an die Stelle der Streckgrenze die mit $\sigma_{0,2}$ bezeichnete, in analoger Weise definierte 0,2-*Dehngrenze*.

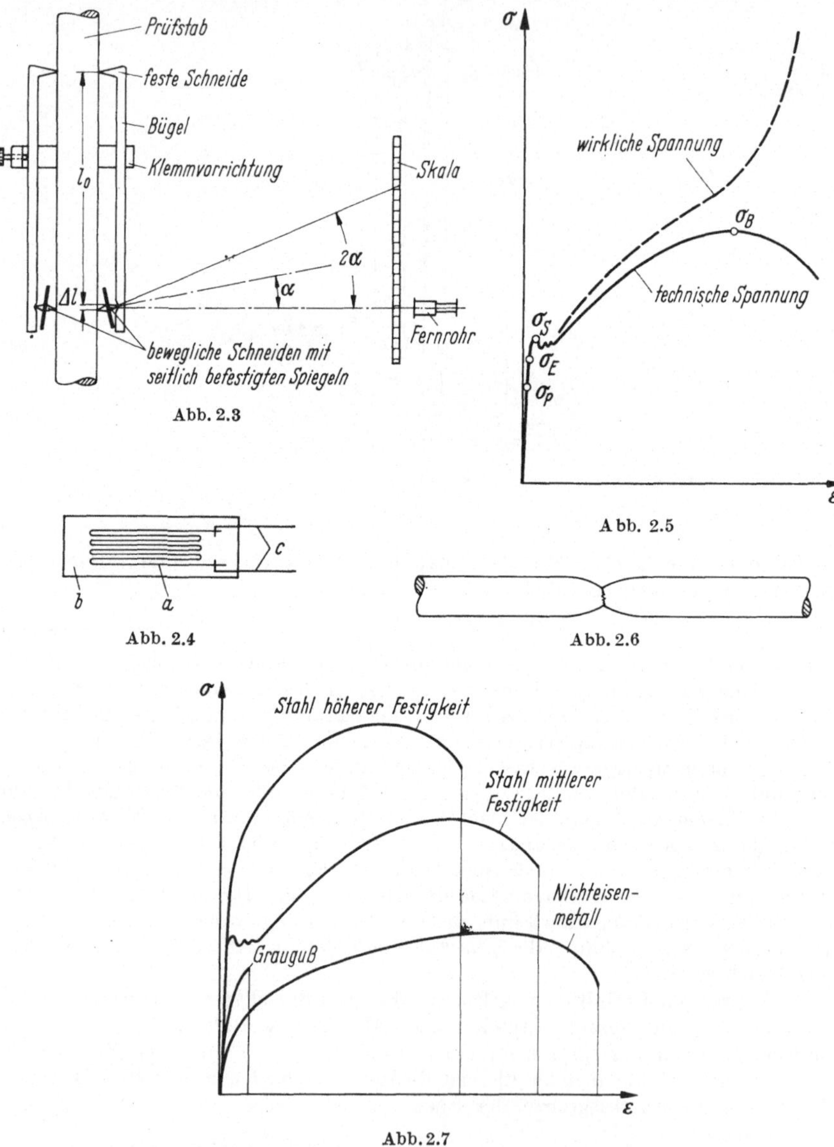

Abb. 2.3

Abb. 2.4

Abb. 2.5

Abb. 2.6

Abb. 2.7

Wird die Spannung auf die sich während des Zugversuches einstellende kleinere Querschnittsfläche A bezogen, so ergibt sich die *Realspannung* F/A, die bei großer Dehnung wesentlich größer ist als die nach (2.1/1) berechnete konventionelle Spannung. In Abb. 2.5 ist die Realspannung eingetragen (gestrichelte Linie). Innerhalb des durch die Sicherheitsvorschriften begrenzten Beanspruchungsbereiches kommt der konventionellen Spannung die größere Bedeutung zu; denn der Ingenieur muß sich auf den in den technischen Zeichnungen dargestellten undeformierten Zustand des jeweiligen Bauteils beziehen.

Soll der Werkstoff hohen Temperaturen standhalten (wie bei Gasturbinen, Düsenantrieben, Atomreaktoren oder Apparaten der Verfahrenstechnik), so ist zu beachten, daß oberhalb bestimmter Grenztemperaturen Festigkeit und Streckgrenze stark abfallen und von der Belastungsgeschwindigkeit abhängen. Bei extrem hohen Temperaturen tritt eine auch bei konstanter Belastung stetig zunehmende Verformung ein (*Kriechen*). Andererseits zeigt sich bei extrem tiefen Temperaturen eine erhöhte Neigung zum Trennbruch ohne vorausgehende Verformung (*Sprödbruch*) [2.1].

2.2 Druckversuch

Für die Prüfung von Baustoffen dient vor allem der Druckversuch. Als Probekörper dienen kleine Würfel, die in der Prüfmaschine zwischen harten ebenen und polierten Auflageflächen zusammengedrückt werden. Als wichtigste Größen bestimmt man die *Quetschgrenze* (Druckfließgrenze) und die *Druckfestigkeit* σ_{dB}, die wie die Zugfestigkeit auf den ursprünglichen Querschnitt bezogen werden [2.1].

2.3 Dauerschwingversuch

Im Maschinen- und Fahrzeugbau sind häufig wiederholte und schwingende Belastungen vorherrschend. Um das Verhalten der Werkstoffe bei derartigen Beanspruchungen beurteilen zu können, führt man *Dauerschwingversuche* durch. Dabei wird der Probestab in besonders konstruierten Prüfmaschinen (Pulsatoren) einer periodisch veränderlichen Belastung unterworfen. Die einzelne Schwingung heißt *Lastspiel* (Abb. 2.8), der Spannungsmittelwert *Mittelspannung* (σ_m), die

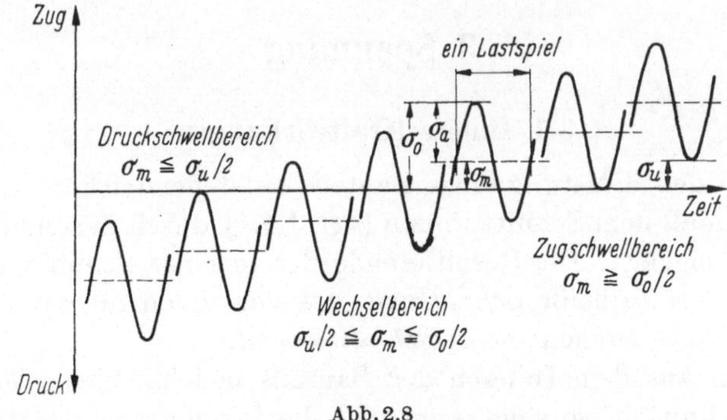

Abb. 2.8

größte Spannung *Oberspannung* (σ_o), die kleinste Spannung *Unterspannung* (σ_u), ihre halbe Differenz *Spannungsausschlag* (σ_a). Die nach der *Bruchlastspielzahl N* zum Bruch des Probestabes führenden Spannungswerte werden durch große Buchstaben als Indizes gekennzeichnet (σ_M, σ_O, σ_U, σ_A), wobei N angegeben werden muß. Durch Auftragen des für den Brucheintritt maßgeblichen Spannungsausschlages σ_A (mit Angabe des zugehörigen σ_M-Wertes) über dem Logarithmus der Bruchlastspielzahl entsteht die Wöhler-Linie[1] (Abb. 2.9). Oberhalb der *Grenzlastspielzahl* (für Stahl bei $2 \cdot 10^6$ bis 10^7) bleiben die Spannungswerte praktisch konstant und werden unter dem Begriff *Dauerschwingfestigkeit* (Bezeichnung $\sigma_M \pm \sigma_A$, ohne Angabe von N) zusammengefaßt. Die *Schadenslinie* gibt an, wieviel Lastspiele bei einer bestimmten Schwingbeanspruchung ertragen werden können, ohne daß sich ein merkliches Absinken der Dauerschwingfestigkeit zeigt (bezüglich weiterer Details vgl. [2.1]).

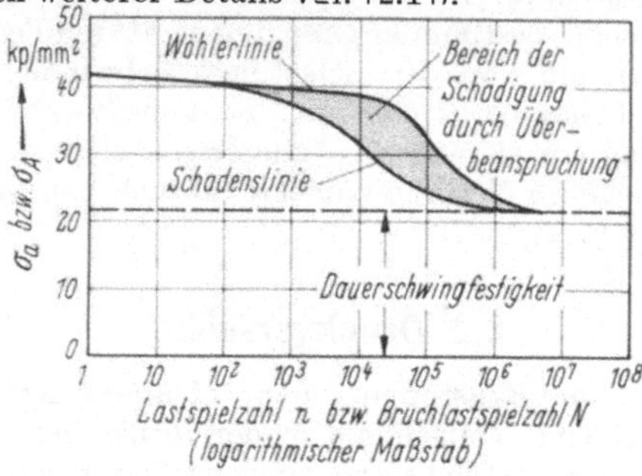

Abb. 2.9

Die *Elastostatik* stellt für den Bereich der elastischen Formänderung die Grundlagen zur Berechnung der Spannungsverteilung in den einzelnen Bauteilen, sowie zur Beurteilung der Stabilität ihrer Gleichgewichtslage zur Verfügung. Dabei kann mit praktisch ausreichender Genauigkeit die Gültigkeit des linearen Elastizitätsgesetzes (2.1/3) angenommen werden.

Der von den jeweils geltenden Bauvorschriften geforderte Sicherheitsnachweis gegen Bruch, Verformung oder Instabilität gehört zum Aufgabengebiet der *Festigkeitslehre*.

3 Spannung

3.1 Innere Kraftwirkungen

Die bei der Belastung eines Bauteils entstehenden inneren Kräfte werden gemäß dem Schnittprinzip (vgl. I.1.1) durch Zerschneiden des Bauteils freigelegt. Die Resultierende der in einer Schnittfläche auftretenden Kräfte heißt *Schnittkraft*, das von ihnen für einen Bezugspunkt erzeugte Moment heißt *Schnittmoment*.

Werden aus dem Inneren des Bauteils beliebig kleine Teilkörper herausgeschnitten, so zeigt sich, daß die Gleichgewichtsbedingungen zur Berechnung der an den Seitenflächen dieser Teilkörper angreifenden Schnittkräfte und -momente nicht ausreichen. Bei Zerlegung des Bauteils in kleine Tetraeder würden z. B. an jeder Seitenfläche in bezug auf kartesische Koordinaten drei Kraft- und drei Momentkomponen-

[1] August Wöhler (geb. 1819 in Soltau, gest. 1914 in Hannover).

ten, d. h. pro Tetraeder 24, bei n Tetraedern $24n$ Kraftgrößen auftreten. Mit Berücksichtigung der Oberflächenbedingungen und des Reaktionsgesetzes reduziert sich diese Zahl zwar etwa auf die Hälfte. Es stehen aber nur $6n$ Gleichgewichtsbedingungen zur Verfügung. Die Berechnung der in kleinen Bereichen wirkenden Kräfte führt daher, wenn von Ausnahmefällen abgesehen wird, auf *statisch unbestimmte Aufgaben*.

3.2 Spannungsvektor

Trotz der in Mikrobereichen sehr komplizierten und unstetigen Materieverteilung kann für die in Makrobereichen durchzuführenden Untersuchungen eine *stetige Materieverteilung* zugrunde gelegt werden, d. h. die im jeweils betrachteten Bauteil befindliche Materie bildet ein *Kontinuum* (die Elastostatik wird so zu einem Teilgebiet der *Kontinuumsmechanik*). Bei Zerlegung einer durch das Bauteil gelegten Schnittfläche in Flächenelemente dA kann jedem Flächenelement ein Kraftelement $d\boldsymbol{F}$ und ein Momentelement $d\boldsymbol{M}$ zugeordnet werden, denn bei stetiger Materieverteilung sind auch die inneren Kräfte und Momente, die durch gegenseitige Anziehung von Materieteilchen entstehen, stetig verteilt (Abb. 3.1). Bei Division des Kraft- bzw. Momentelementes durch dA entsteht der *Spannungsvektor*

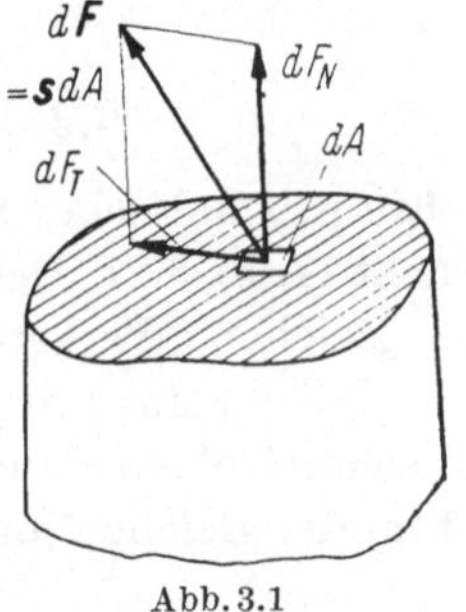

Abb. 3.1

$$\boldsymbol{s} = d\boldsymbol{F}/dA\,, \tag{3.2/1}$$

der schon durch CAUCHY[1] eingeführt wurde, sowie der *Momentenspannungsvektor*

$$\boldsymbol{m} = d\boldsymbol{M}/dA\,. \tag{3.2/2}$$

Die Berücksichtigung des Momentenspannungsvektors würde auf eine verfeinerte Materieauffassung (Cosseratkontinuum [3.1—3.4]) führen. Im folgenden werden — wie in der klassischen Mechanik — nur die Spannungsvektoren berücksichtigt; sie reichen zur Darstellung der Schnittkräfte und -momente aus.

Wird das Kraftelement in die normal zum Flächenelement gerichtete Komponente dF_N (vom Werkstoff weg positiv, zum Werkstoff hin negativ) und die tangential gerichtete Komponente dF_T zerlegt, so entstehen bei Division durch dA die inneren Flächenkräfte oder *Spannun-*

---

[1] AUGUSTIN LOUIS CAUCHY (geb. 1789 in Paris, gest. 1857 in Sceaux bei Paris).

gen. Die normal zum Flächenelement gerichtete Spannung heißt *Normalspannung*; sie errechnet sich aus

$$\sigma = dF_N/dA\,. \tag{3.2/3}$$

Eine positive Normalspannung ist vom Werkstoff weg gerichtet, übt mithin eine Zugwirkung aus und heißt Zugspannung; eine negative Normalspannung wirkt zum Werkstoff hin, übt daher eine Druckwirkung aus und heißt Druckspannung.

Die tangential gerichtete Spannung heißt *Schubspannung* und errechnet sich aus

$$\tau = dF_T/dA\,. \tag{3.2/4}$$

Die Dimension der Spannungen ist kp/cm² oder kp/mm².

3.3 Einachsiger Spannungszustand

Ein prismatischer Stab sei in Richtung seiner Achse auf Zug beansprucht (Abb. 3.2). Der Stab sei homogen, d.h. er bestehe überall aus dem gleichen Werkstoff. Die Untersuchung der Deformation zeigt dann, daß ein einachsiger Spannungszustand möglich ist, bei dem in allen Querschnittsebenen (senkrecht zur Stabachse, $\alpha = 0$, vgl. Abb. 3.2 rechts) die gleiche Normalspannung

$$\sigma_0 = dF_{NO}/dA = \text{const} \tag{3.3/1}$$

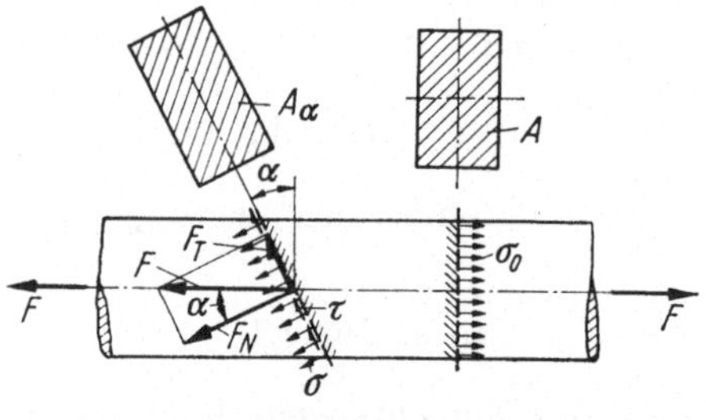

Abb. 3.2

übertragen wird (von Störungen, die durch die Krafteinleitung an den Stabenden bedingt sind, wird abgesehen). Der Index 0 kennzeichnet die Querschnittsebene. Da in der Querschnittsebene keine Schubspannungen auftreten, gilt $dF_{TO} = 0$. Die Kraftelemente dF_{NO} sind mithin zu den Flächenelementen proportional und setzen sich bei Integration über die Querschnittsfläche A zu einer Resultierenden zusammen, die der von außen eingeleiteten Kraft F das Gleichgewicht hält:

$$F = \int_{(A)} dF_{NO}\,. \tag{3.3/2}$$

Die Wirkungslinie der von außen eingeleiteten Kraft F liegt in der *Stabachse*, denn die Kraftelemente $d\boldsymbol{F}$ bilden eine Gruppe paralleler Kräfte im Sinne von I.19.1 und sind zu den Flächenelementen proportional. Der zugehörige Kräftemittelpunkt ist deshalb zugleich Querschnittsschwerpunkt. Die Verbindungslinie der Querschnittsschwerpunkte ist definitionsgemäß die *Stabmittellinie* (vgl. I.8.2 und I.19.3), die bei prismatischen Stäben auch *Stabachse* heißt.

Aus (3.3/1) folgt

$$F = \int_{(A)} \sigma_0 dA = \sigma_0 A\,, \quad \sigma_0 = F/A\,. \tag{3.3/3}$$

Mit Bezug auf eine zweite Schnittebene, die mit der Stabachse den Winkel $\pi/2 - \alpha$ bildet, gilt für die Normal- bzw. Tangentialkomponente der Schnittkraft (Abb. 3.2 links)

$$F_N = F\cos\alpha\,, \quad F_T = F\sin\alpha\,. \tag{3.3/4}$$

Die neue Schnittfläche A_α ist im Verhältnis $1:\cos\alpha$ größer als die Querschnittsfläche A (Flächenprojektion):

$$A_\alpha = A/\cos\alpha\,. \tag{3.3/5}$$

Infolge der Homogenität sind auch die an der neuen Schnittfläche angreifenden Spannungen als gleichmäßig verteilt anzusehen, und aus (3.2/3) und (3.2/4) folgen

$$\sigma = F_N/A_\alpha, \quad \tau = F_T/A_\alpha. \tag{3.3/6}$$

Nach Einsetzen von (3.3/4) und (3.3/5), sowie mit Einführung des in (3.3/3) definierten Spannungswertes σ_0 erhält man

$$\sigma = \sigma_0\cos^2\alpha\,, \quad \tau = \sigma_0\sin\alpha\cos\alpha\,, \tag{3.3/7}$$

oder mit Einführung des doppelten Winkels

$$\sigma = \frac{\sigma_0}{2}[1 + \cos(2\alpha)]\,, \quad \tau = \frac{\sigma_0}{2}\sin(2\alpha)\,. \tag{3.3/8}$$

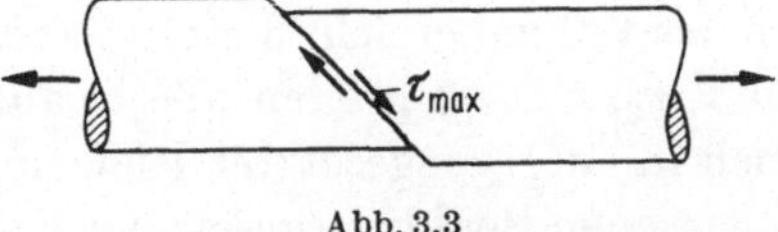

Abb. 3.3

Man erkennt, daß die Schubspannung unter dem Winkel $\alpha = 45°$ ihren Höchstwert $\tau_{max} = \sigma_0/2$ erreicht (bei schubempfindlichen Stoffen zeigt sich ein Abgleiten der Gefügeteilchen in Richtung der maximalen Schubspannungen, vgl. Abb. 3.3).

3.4 Spannungskomponenten und Momentengleichgewicht

Zur allgemeinen Spannungsanalyse sei auf den Zustand des Körpers *nach* der Verformung Bezug genommen. In einem kartesischen Koordinatensystem x, y, z mögen die Ebenen $x = x_0$, $y = y_0$, $z = z_0$ als Schnittflächen dienen (Abb. 3.4). Die Spannungen, die an den Schnittufern des durch $x < x_0$, $y < y_0$, $z < z_0$ gekennzeichneten Volumbereiches angreifen, seien *in den positiven Koordinatenrichtungen positiv* definiert. Zur Unterscheidung aller auftretenden Spannungen sind offenbar *zwei Indizes* erforderlich; es sei vereinbart, daß *der erste Index die Richtung der Flächennormale der Schnittfläche und der zweite die Richtung der Spannung angibt. Stimmen beide Indizes überein, so handelt es sich um eine Normalspannung* (bei Verwendung des Zeichens σ genügt dann *ein* Index); *sind die Indizes verschieden, so handelt es sich um eine Schubspannung.* An den drei vorn liegenden Flächen wirken dann die in Abb. 3.4 eingezeichneten Spannungen, und zwar

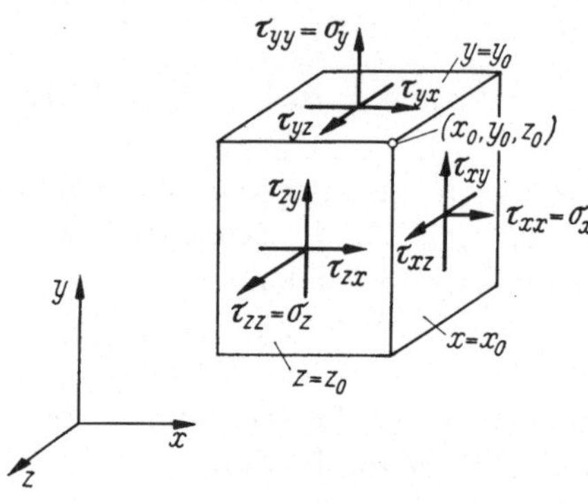

Abb. 3.4

$$\tau_{xx} = \sigma_x,\ \tau_{xy} \text{ und } \tau_{xz} \text{ an der Fläche } x = x_0;$$

$$\tau_{yx},\ \tau_{yy} = \sigma_y \text{ und } \tau_{yz} \text{ an der Fläche } y = y_0; \text{ schließlich}$$

$$\tau_{zx},\ \tau_{zy} \text{ und } \tau_{zz} = \sigma_z \text{ an der Fläche } z = z_0.$$

An den Schnittufern des Volumbereichs der größeren Koordinatenwerte (z. B. mit $x > x_0$, $y > y_0$, $z > z_0$) greifen alle Spannungen mit jeweils gleicher Größe, jedoch in entgegengesetzter Richtung an; dies geht aus dem in I.8.1 nachgewiesenen Reaktionsgesetz der Kontaktkräfte hervor (in Abb. 3.5 gilt dies für die an den hinten liegenden Seitenflächen des Tetraeders angreifenden Spannungen). Die auf diese Weise definierten Spannungen heißen auch *Spannungskomponenten,* denn sie sind die Komponenten der an den Schnittflächen angreifenden *Spannungsvektoren.*

Es sei nun das Momentengleichgewicht des in Abb. 3.5 ersichtlichen infinitesimal kleinen Tetraeders untersucht. Seine drei hinten liegenden Seitenflächen liegen auf den Ebenen $x = x_0, y = y_0, z = z_0$, während die Normale der vierten mit den Koordinatenrichtungen spitze Winkel bildet. Für den betrachteten Volumbereich gilt $x > x_0$, $y > y_0$, $z > z_0$; deshalb wirken die Spannungskomponenten an den hinten liegenden Seitenflächen den Koordinatenrichtungen *entgegen*. Infolge der voraus-

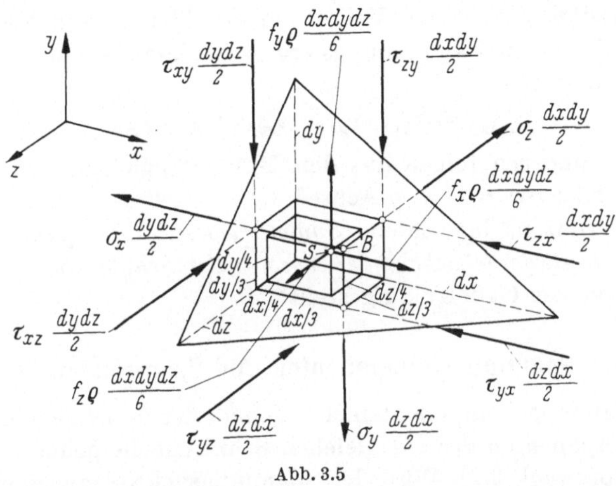

Abb. 3.5

gesetzten Stetigkeit der inneren Kräfte und der Kleinheit des Tetraeders können die an den Seitenflächen angreifenden Spannungen als konstant angesehen werden; es handelt sich wieder um Gruppen paralleler Kraftelemente (im Sinne von I.19.1), die daher den Flächenelementen, in die sich die Seitenflächen des Tetraeders zerlegen lassen, proportional sind. Die zugehörigen resultierenden Kräfte jeder Tetraederseite gehen mithin durch einen gemeinsamen Kräftemittelpunkt, der mit dem Flächenschwerpunkt zusammenfällt, und errechnen sich als Produkt von Spannung und Fläche. So ergeben sich die eingezeichneten Kräfte. Man erkennt aus der Abbildung, daß sich die Wirkungslinien der Normalkräfte $\sigma_x\, dy\, dz/2$, $\sigma_y\, dz\, dx/2$ und $\sigma_z\, dx\, dy/2$ im Schwerpunkt B der vorderen Seitenfläche schneiden; dieser ist zugleich Angriffspunkt der Resultierenden jener Spannungen, die an der vorderen Seitenfläche angreifen. Für die Formulierung des Momentensatzes seien Drehachsen verwendet die durch B gehen; dann treten in den Momentengleichungen weder die erwähnten drei Normalkräfte, noch die an der vorderen Fläche angreifenden Kräfte auf. Sind Massenkräfte vorhanden und wird der auf die Masseneinheit bezogene Massenkraftvektor (Fernwirkungen wie Gravitation, Magnetismus usw.) mit $\boldsymbol{f}$ bezeichnet, so ist $\boldsymbol{f}\,\varrho\, dx\, dy\, dz/6$ der resultierende Massenkraftvektor des Tetraeders, der infolge der vorausgesetzten Stetigkeit der Materieverteilung im Tetraederschwerpunkt S angreift. Hierbei ist $dx\,dy\,dz/6$ das Volumen des Tetraeders und ϱ die spezifische Masse. Die Koordinatendifferenzen der Punkte S und B sind $dx/12$, $dy/12$ und $dz/12$. Für eine durch B gelegte Parallele zur z-Achse als Drehachse folgt:

$$-\tau_{yx}\frac{dz\,dx}{2}\frac{dy}{3}+\tau_{xy}\frac{dy\,dz}{2}\frac{dx}{3}+\varrho\frac{dx\,dy\,dz}{6}\left(f_x\frac{dy}{12}-f_y\frac{dx}{12}\right)=0\,. \qquad (3.4/1)$$

Nach Division durch das Volumelement bleiben die Massenkraftbeiträge infinitesimal klein und es ergibt sich die erste der drei folgenden Gleichungen:

$$\tau_{xy}=\tau_{yx},\quad \tau_{yz}=\tau_{zy},\quad \tau_{zx}=\tau_{xz}\,. \qquad (3.4/2)$$

Die beiden anderen folgen aus den Momentengleichungen für Drehachsen parallel zur x- bzw. y-Achse[1].

Das hiermit nachgewiesene *Symmetriegesetz der Spannungen*, das man auch *Gesetz der Gleichheit der zugeordneten Schubspannungen* nennt, wurde schon von CAUCHY aufgestellt.

3.5 Spannungskomponenten und Spannungsvektor

Die Spannungskomponenten sind gemäß der in 3.4 gegebenen Definition Komponenten des zur gleichen Schnittfläche gehörenden Spannungsvektors (vgl. 3.2). Wird der Spannungsvektor mit einem auf die Normalenrichtung der Schnittfläche hinweisenden Index versehen, so gilt

$$\tau_{xx}=\sigma_x=\mathbf{s}_x\mathbf{e}_x,\quad \tau_{xy}=\mathbf{s}_x\mathbf{e}_y,\quad \tau_{xz}=\mathbf{s}_x\mathbf{e}_z \text{ usw.} \qquad (3.5/1)$$

Werden andererseits die an der Fläche $x = x_0$ angreifenden Spannungskomponenten $\tau_{xx} = \sigma_x$, τ_{xy} und τ_{xz} mit den zugehörigen Einheitsvektoren ($\mathbf{e}_x$, $\mathbf{e}_y$ bzw. $\mathbf{e}_z$) multipliziert, so entstehen die Vektoren $\tau_{xx}\mathbf{e}_x$, $\tau_{xy}\mathbf{e}_y$ und $\tau_{xz}\mathbf{e}_z$. Durch ihre vektorielle Addition ergibt sich wieder der Spannungsvektor

$$\mathbf{s}_x=\tau_{xx}\mathbf{e}_x+\tau_{xy}\mathbf{e}_y+\tau_{xz}\mathbf{e}_z\,. \qquad (3.5/2)$$

Verwendet man für x, y, z allgemein lateinische Buchstaben, und zwar k, m, n, p, q, r (vgl. I.4.1), so gilt für die an einer Fläche mit der Normalenrichtung q angreifenden Spannungskomponenten und dem zugehörigen Spannungsvektor:

$$\tau_{qk}=\mathbf{s}_q\mathbf{e}_k,\quad \mathbf{s}_q=\tau_{qk}\mathbf{e}_k\,. \qquad (3.5/3)$$

Für den rechts stehenden Ausdruck — ebenso in den weiteren Beziehungen — gilt die Summationskonvention (Summation über jeden In-

[1] Das Ergebnis gilt auch, wenn der Angriffspunkt der Massenkraft (Massenschwerpunkt) nicht genau mit dem Volumenschwerpunkt S zusammenfällt (Unterschiede bleiben klein höherer Ordnung).

dex, der wie hier der Index k, *zweimal* vorkommt, vgl. I.4.1). Für $q = x$ ergeben sich wieder die vorausgegangenen Gleichungen; die Gleichungen mit $q = y$ bzw. z gelten für die an den Flächen $y = y_0$ und $z = z_0$ angreifenden Spannungsvektoren. Wegen des Symmetriegesetzes der Schubspannungen gilt allgemein

$$\tau_{qk} = \tau_{kq}, \quad \boldsymbol{s}_q \boldsymbol{e}_k = \boldsymbol{s}_k \boldsymbol{e}_q. \tag{3.5/4}$$

Für Normalspannungen, d.h. für $q = k$, handelt es sich hierbei um eine Identität; (3.5/3) kann daher auch in der Form

$$\tau_{qk} = \boldsymbol{s}_k \boldsymbol{e}_q, \quad \boldsymbol{s}_q = \tau_{kq} \boldsymbol{e}_k \tag{3.5/5}$$

geschrieben werden.

Bei einem zweiten kartesischen Koordinatensystem u, v, w, das gegenüber dem ersten beliebig orientiert ist, mögen die griechischen Indizes λ, μ, ν, ϱ statt u, v, w verwendet werden (vgl. I.4.1). Dann sind $\tau_{\lambda\mu}$ die an einer Fläche mit der Normalenrichtung λ angreifenden Spannungskomponenten, und $\boldsymbol{s}_\lambda$ ist der zugehörige Spannungsvektor. Analog zu (3.5/3) und (3.5/5) ergibt sich:

$$\tau_{\lambda\mu} = \tau_{\mu\lambda} = \boldsymbol{s}_\lambda \boldsymbol{e}_\mu = \boldsymbol{s}_\mu \boldsymbol{e}_\lambda, \quad \boldsymbol{s}_\lambda = \tau_{\lambda\mu} \boldsymbol{e}_\mu = \tau_{\mu\lambda} \boldsymbol{e}_\mu. \tag{3.5/6}$$

Hierbei ist $\boldsymbol{e}_\lambda$ bzw. $\boldsymbol{e}_\mu$ der Einheitsvektor in λ- bzw. μ-Richtung (man beachte rechts die Summation über μ).

3.6 Spannungsvektor und Spannungstensor bei Drehung des Bezugssystems

Abb. 3.6 zeigt ein kleines Tetraeder, dessen vorn liegende Fläche dA eine Normalenrichtung haben möge, die mit der u-, v- oder w-Richtung,

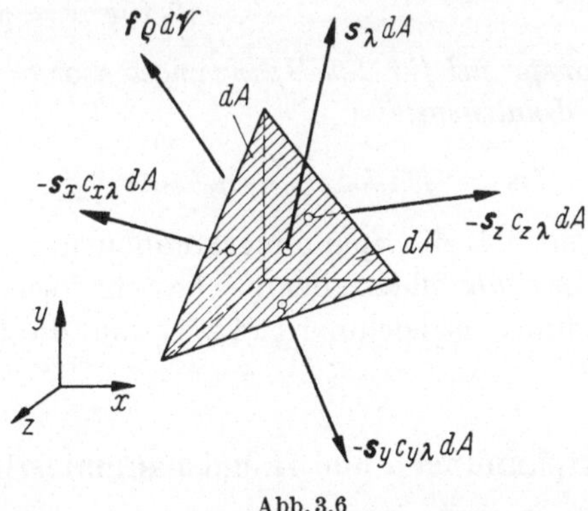

Abb. 3.6

allgemein mit der λ-Richtung des neuen Koordinatensystems zusammenfällt, während die drei übrigen Seitenflächen, wie in Abb. 3.5, in den Ebenen $x = x_0$, $y = y_0$ und $z = z_0$ liegen. Die in der Ebene $x = x_0$

liegende Seitenfläche kann offenbar durch Projektion von dA auf die y, z-Ebene erzeugt werden, hat daher den Inhalt $c_{x\lambda}\, dA$; hierbei ist $c_{x\lambda}$ der Richtungskosinus zwischen der x- und der λ-Richtung (vgl. I.4.1); die beiden anderen hinten liegenden Seitenflächen lassen sich durch Projektion von dA auf die z, x- bzw. x, y-Ebene erzeugen. Diese drei Seitenflächen bilden die Schnittufer des Volumbereiches $x > x_0$, $y > y_0$, $z > z_0$, so daß die an ihnen angreifenden Spannungskomponenten gemäß den Definitionen von 3.4 den x, y, z-Richtungen entgegen wirken und die zugehörigen *Spannungsvektoren negativ* einzuführen sind. Ferner ist wieder der Massenkraftvektor $\boldsymbol{f}\varrho\, d\mathcal{V}$ zu berücksichtigen (mit $d\mathcal{V}$ als Volumelement). Aus dem Gleichgewicht folgt

$$\boldsymbol{s}_\lambda dA - \boldsymbol{s}_x c_{x\lambda}\, dA - \boldsymbol{s}_y c_{y\lambda}\, dA - \boldsymbol{s}_z c_{z\lambda}\, dA + \boldsymbol{f}\varrho\, d\mathcal{V} = 0. \qquad (3.6/1)$$

Nach Division durch dA entspricht der Quotient $d\mathcal{V}/dA$ einer infinitesimal kleinen Länge; der Massenkraftanteil bleibt mithin wieder infinitesimal klein. Es folgt die *Transformationsformel für den Spannungsvektor beim Übergang auf ein gedrehtes Koordinatensystem*:

$$\boldsymbol{s}_\lambda = \boldsymbol{s}_q c_{q\lambda}. \qquad (3.6/2)$$

Man beachte hierbei die Summation über q. Durch Einsetzen von (3.5/3), (3.5/5) und (3.5/6) erhält man

$$\tau_{\lambda\mu}\boldsymbol{e}_\mu = \tau_{qk}\boldsymbol{e}_k c_{q\lambda} = \tau_{kq}\boldsymbol{e}_k c_{q\lambda}. \qquad (3.6/3)$$

Werden beide Seiten mit $\boldsymbol{e}_\varrho$ skalar multipliziert, so ergibt sich bei Anwendung der Rechenregeln (vgl. I.4.1)

$$\boldsymbol{e}_k\boldsymbol{e}_\varrho = c_{k\varrho}, \quad \boldsymbol{e}_\mu\boldsymbol{e}_\varrho = \delta_{\mu\varrho} = \begin{cases} 1 \text{ für } \mu = \varrho \\ 0 \text{ für } \mu \neq \varrho \end{cases} \qquad (3.6/4)$$

die *Transformationsformel für den Spannungstensor beim Übergang auf ein gedrehtes Koordinatensystem*:

$$\tau_{\lambda\varrho} = c_{q\lambda}c_{k\varrho}\tau_{qk} = c_{q\lambda}c_{k\varrho}\tau_{kq} = \tau_{\varrho\lambda}. \qquad (3.6/5)$$

Damit ist bewiesen, daß die Spannungskomponenten einen *symmetrischen Tensor zweiter Stufe* bilden; denn es besteht formale Übereinstimmung, mit der Definitionsgleichung I (4.2/1), und die Indizes sind vertauschbar.

3.7 Hauptspannungen und Hauptspannungsrichtungen

Die bei Drehung des Koordinatensystems entstehenden neuen Spannungen sind durch (3.6/5) gegeben. Es seien nun spezielle Lagen des neuen Koordinatensystems gesucht, für welche die Schubspannungen verschwinden und nur noch Normalspannungen wirksam sind, d.h. die

Bedingungen

$$\tau_{\lambda\mu} = \begin{cases} \sigma_{(\lambda)} \text{ für } \lambda = \mu \\ 0 \text{ für } \lambda \neq \mu, \end{cases} \quad \text{bzw. } \tau_{\lambda\mu} = \sigma_{(\lambda)}\delta_{\lambda\mu} \text{ (keine Summation)} \tag{3.7/1}$$

erfüllt sind. Die Normalspannungen $\sigma_{(\lambda)}$ sind dann nach CAUCHY die *Hauptspannungen*; infolge der vorgenommenen Spezialisierung des Koordinatensystems unterliegt der Index λ bei $\sigma_{(\lambda)}$ nicht der Summationskonvention und wurde aus diesem Grunde eingeklammert. Die Achsen des neuen Koordinatensystems liegen dann parallel zu den *Spannungshauptachsen* (kurz *Hauptachsen* genannt). Je zwei Hauptachsen bilden eine *Hauptspannungsebene*. Mit (3.7/1) geht (3.6/3) über in

$$\sigma_{(\lambda)}\boldsymbol{e}_\lambda = \tau_{kq}c_{q\lambda}\boldsymbol{e}_k. \tag{3.7/2}$$

Nach skalarer Multiplikation mit $\boldsymbol{e}_m$ folgt bei Anwendung der Regeln $\boldsymbol{e}_\lambda\boldsymbol{e}_m = c_{m\lambda}$, $\boldsymbol{e}_k\boldsymbol{e}_m = \delta_{km}$:

$$\sigma_{(\lambda)}c_{m\lambda} = \tau_{mq}c_{q\lambda} \text{ bzw. } (\tau_{mq} - \delta_{mq}\sigma_{(\lambda)})\, c_{q\lambda} = 0. \tag{3.7/3}$$

Für $\lambda = u, v, w$ erhält man drei Gruppen von je drei homogenen linearen Gleichungen für die gesuchten Richtungskosinus:

$$\begin{aligned} &\text{Für } m = x: && (\sigma_x - \sigma_{(\lambda)})\, c_{x\lambda} + \tau_{xy}c_{y\lambda} + \tau_{xz}c_{z\lambda} = 0, \\ &\text{Für } m = y: && \tau_{xy}c_{x\lambda} + (\sigma_y - \sigma_{(\lambda)})\, c_{y\lambda} + \tau_{yz}c_{z\lambda} = 0, \\ &\text{Für } m = z: && \tau_{xz}c_{x\lambda} + \tau_{yz}c_{y\lambda} + (\sigma_z - \sigma_{(\lambda)})\, c_{z\lambda} = 0. \end{aligned} \tag{3.7/4}$$

Nach der Theorie der linearen homogenen Gleichungen muß im Falle einer nichttrivialen Lösung die Koeffizientendeterminante verschwinden:

$$\begin{vmatrix} \sigma_x - \sigma & \tau_{xy} & \tau_{xz} \\ \tau_{xy} & \sigma_y - \sigma & \tau_{yz} \\ \tau_{xz} & \tau_{yz} & \sigma_z - \sigma \end{vmatrix} = 0. \tag{3.7/5}$$

Diese Bedingung gilt für $\lambda = u, v, w$ gemeinsam; deshalb wurde der Index λ bei $\sigma_{(\lambda)}$ nunmehr weggelassen; die Normalspannung σ ist also hier eine der drei Hauptspannungen. Die Ausrechnung führt auf die folgende Gleichung dritten Grades:

$$\sigma^3 - I_I\,\sigma^2 + I_{II}\,\sigma - I_{III} = 0. \tag{3.7/6}$$

Da die Hauptspannungen von der Orientierung des Bezugssystems unabhängig sind, müssen auch die Koeffizienten dieser Gleichung von der Orientierung des Bezugssystems unabhängig sein. Solche Ausdrücke heißen *Invarianten*. Die Koeffizienten der vorliegenden Gleichung heißen *Spannungsinvarianten* und haben die Form:

$$
\begin{aligned}
I_I &= \sigma_x + \sigma_y + \sigma_z \quad (\text{Spannungssumme } S),\\
I_{II} &= \sigma_x\sigma_y + \sigma_y\sigma_z + \sigma_z\sigma_x - \tau_{xy}^2 - \tau_{yz}^2 - \tau_{zx}^2, \qquad (3.7/7)\\
I_{III} &= \begin{vmatrix} \sigma_x & \tau_{xy} & \tau_{xz} \\ \tau_{xy} & \sigma_y & \tau_{yz} \\ \tau_{xz} & \tau_{yz} & \sigma_z \end{vmatrix}.
\end{aligned}
$$

In der Tensorrechnung sind Invarianten daran zu erkennen, daß alle Indizes paarweise auftreten, also sämtlich an Summationen teilnehmen. Man erkennt die Invarianzeigenschaft an Hand der Rechenregeln aus I.4.1. Für die erste Invariante gilt mit Anwendung der Beziehung (3.6/5), bzw. der aus ihr hervorgehenden Umkehrung für ein beliebig gegenüber dem x, y, z-System gedrehtes kartesisches Koordinatensystem

$$I_I = \tau_{kk} = c_{k\lambda} c_{k\mu} \tau_{\lambda\mu}. \qquad (3.7/8)$$

Nach Anwendung der Regel $c_{k\lambda} c_{k\mu} = \delta_{\lambda\mu}$ folgt

$$I_I = \tau_{\lambda\mu}\delta_{\lambda\mu} = \tau_{\lambda\lambda} = S, \qquad (3.7/9)$$

also ein invarianter Ausdruck. Für die zweite Invariante gilt entsprechend bei Anwendung derselben Rechenregeln

$$I_{II} = \frac{1}{2} I_I^2 - \frac{1}{2} \tau_{km}\tau_{km} = \frac{1}{2} I_I^2 - \frac{1}{2} \tau_{\lambda\mu}\tau_{\lambda\mu}, \qquad (3.7/10)$$

ebenso für die dritte Invariante

$$I_{III} = -\frac{1}{3} I_I^3 + I_I I_{II} + \frac{1}{3} \tau_{km}\tau_{mp}\tau_{pk}, \qquad (3.7/11)$$

oder nach Umformung

$$I_{III} = -\frac{1}{3} I_I^3 + I_I I_{II} + \frac{1}{3} \tau_{\lambda\mu}\tau_{\mu\nu}\tau_{\nu\lambda}. \qquad (3.7/12)$$

Nach dem Fundamentalsatz der Algebra läßt sich (3.7/6) auch als Produkt der Differenzen der Unbekannten σ gegenüber den Wurzeln schreiben; da diese mit den Hauptspannungen σ_I, σ_{II}, σ_{III} identisch sind, gilt

$$(\sigma - \sigma_I)(\sigma - \sigma_{II})(\sigma - \sigma_{III}) = 0. \qquad (3.7/13)$$

Durch Ausmultiplizieren und Vergleich mit (3.7/6) folgen

$$
\begin{aligned}
I_I &= \sigma_I + \sigma_{II} + \sigma_{III},\\
I_{II} &= \sigma_I\sigma_{II} + \sigma_{II}\sigma_{III} + \sigma_{III}\sigma_I, \qquad (3.7/14)\\
I_{III} &= \sigma_I\sigma_{II}\sigma_{III}.
\end{aligned}
$$

Dieses Ergebnis wird durch (3.7/9), (3.7/10) und (3.7/12) bei Anwendung von (3.7/1), d. h. bei Drehung der Achsen in die Lage der Hauptachsen bestätigt. Die Spannungsinvarianten sind also — wie ihr Name sagt — unabhängig von der Orientierung des Koordinatensystems. Insbesondere zeigt die erste Invariante, daß *die Summe der drei Normalspannungen (Spannungssumme) für drei zueinander senkrechte Schnittebenen stets gleich der Summe der drei Hauptspannungen ist.*

Bei Berechnung der Hauptspannungen ist es zweckmäßig, das Glied mit σ^2 aus (3.7/6) zu eliminieren, indem die neue Unbekannte

$$\tilde{\sigma} = \sigma - \frac{1}{3} I_I \tag{3.7/15}$$

eingeführt wird; dann nimmt (3.7/6) die Form der *reduzierten Gleichung dritten Grades* an:

$$\tilde{\sigma}^3 - 3p\tilde{\sigma} + 2q = 0. \tag{3.7/16}$$

Die hier auftretenden Hilfsgrößen p und q errechnen sich aus

$$p = \frac{1}{9} I_I^2 - \frac{1}{3} I_{II}; \quad q = -\frac{1}{27} I_I^3 + \frac{1}{6} I_I I_{II} - \frac{1}{2} I_{III}. \tag{3.7/17}$$

Ihre Ermittlung setzt die Berechnung der Invarianten aus (3.7/7) voraus. Man kann den Rechnungsgang abkürzen, indem man den Spannungstensor in den *Deviator* $\tilde{\tau}_{km}$ und den *Kugeltensor* $\mathring{\tau}_{km} = \frac{1}{3} I_I \delta_{km}$ zerlegt:

$$\tau_{km} = \tilde{\tau}_{km} + \mathring{\tau}_{km}. \tag{3.7/18}$$

Die Deviatorkomponenten sind:

$$\tilde{\tau}_{km} = \tau_{km} - \frac{1}{3} I_I \delta_{km},$$

bzw.

$$\tilde{\sigma}_x = \sigma_x - I_I/3, \quad \tilde{\sigma}_y = \sigma_y - I_I/3, \quad \tilde{\sigma}_z = \sigma_z - I_I/3, \tag{3.7/19}$$
$$\tilde{\tau}_{xy} = \tau_{xy}, \quad \tilde{\tau}_{yz} = \tau_{yz}, \quad \tilde{\tau}_{zx} = \tau_{zx}.$$

Infolge (3.7/15) und (3.7/19) bestehen die Identitäten $\tilde{\tau}_{km} - \delta_{km}\tilde{\sigma} = \tau_{km} - \delta_{km}\sigma$, so daß die Ausgangsgleichungen (3.7/4) und die Determinante (3.7/5) unverändert bleiben, wenn die wirklichen Spannungskomponenten durch die Deviatorkomponenten ersetzt werden. *Daraus folgt, daß der durch die Deviatorkomponenten repräsentierte Spannungszustand dieselben Hauptachsen besitzt wie der wirkliche.* Zur Lösung des Hauptachsenproblems kann daher auch der *Spannungsdeviator* verwendet werden; seine Invarianten sind:

$$\tilde{I}_I = \tilde{\sigma}_x + \tilde{\sigma}_y + \tilde{\sigma}_z = \tilde{\sigma}_I + \tilde{\sigma}_{II} + \tilde{\sigma}_{III} = 0,$$
$$\begin{aligned} \tilde{I}_{II} &= \tilde{\sigma}_x\tilde{\sigma}_y + \tilde{\sigma}_y\tilde{\sigma}_z + \tilde{\sigma}_z\tilde{\sigma}_x - \tilde{\tau}_{xy}^2 - \tilde{\tau}_{yz}^2 - \tilde{\tau}_{zx}^2 \\ &= \tilde{\sigma}_I\tilde{\sigma}_{II} + \tilde{\sigma}_{II}\tilde{\sigma}_{III} + \tilde{\sigma}_{III}\tilde{\sigma}_I, \end{aligned} \tag{3.7/20}$$
$$\tilde{I}_{III} = \begin{vmatrix} \tilde{\sigma}_x & \tilde{\tau}_{xy} & \tilde{\tau}_{xz} \\ \tilde{\tau}_{xy} & \tilde{\sigma}_y & \tilde{\tau}_{yz} \\ \tilde{\tau}_{xz} & \tilde{\tau}_{yz} & \tilde{\sigma}_z \end{vmatrix} = \tilde{\sigma}_I\tilde{\sigma}_{II}\tilde{\sigma}_{III}.$$

Die Verwendung des Spannungsdeviators führt wegen des Verschwindens seiner ersten Invariante zu rechnerischen Vorteilen; die Beziehungen (3.7/17) gehen in die kürzere Form

$$p = -\frac{1}{3}\tilde{I}_{II}, \quad q = -\frac{1}{2}\tilde{I}_{III} \tag{3.7/21}$$

über.

Es läßt sich zeigen, daß die Ungleichungen

$$p > 0, \quad p^3 > q^2 \tag{3.7/22}$$

bestehen. Hierzu drücken wir die Invarianten des Deviators durch seine Hauptspannungen aus, wobei auf (3.7/20) Bezug genommen wird. Mit den Abkürzungen

$$\tilde{\sigma}_I = a, \quad \tilde{\sigma}_{II} = b, \quad \tilde{\sigma}_{III} = c \tag{3.7/23}$$

folgen

$$a = -b - c, \quad p = \frac{1}{3}(-ab - bc - ca) = \frac{1}{3}[-a(b + c) - bc]$$

und

$$p = \frac{1}{3}[(b + c)^2 - bc] = \frac{1}{12}[3(b + c)^2 + (b - c)^2] > 0. \tag{3.7/24}$$

Damit ist die erste Ungleichung (3.7/22) bewiesen. Weiter folgt

$$q = -\frac{1}{2}abc = \frac{1}{8}(b + c)[(b + c)^2 - (b - c)^2] \tag{3.7/25}$$

und schließlich nach kurzer Zwischenrechnung

$$p^3 - q^2 = \frac{1}{12^3}(b - c)^2[9(b + c)^2 - (b - c)^2]^2 > 0. \tag{3.7/26}$$

Damit ist auch die zweite Ungleichung bewiesen.

Im Anschluß an die Theorie der Gleichung dritten Grades wird zunächst eine Hilfsgröße φ aus

$$\cos\varphi = -\frac{q}{p\sqrt{p}} \quad \text{im Bereich } 0 \leq \varphi \leq \pi \tag{3.7/27}$$

bestimmt [wegen der Ungleichungen (3.7.22) ist $\cos\varphi$ reell und liegt zwischen -1 und $+1$, so daß auch φ reell ist]. Die Hauptspannungen lassen sich dann in der Form

$$\begin{aligned}\sigma_I &= \frac{1}{3}I_I + 2\sqrt{p}\cos\left(\frac{\varphi}{3}\right),\\ \sigma_{II} &= \frac{1}{3}I_I + 2\sqrt{p}\cos\left(\frac{\varphi}{3} - \frac{2\pi}{3}\right),\\ \sigma_{III} &= \frac{1}{3}I_I + 2\sqrt{p}\cos\left(\frac{\varphi}{3} + \frac{2\pi}{3}\right)\end{aligned} \tag{3.7/28}$$

darstellen; die Reihenfolge wurde so gewählt, daß die Ungleichungen

$$\sigma_I \geq \sigma_{II} \geq \sigma_{III} \tag{3.7/29}$$

erfüllt sind. Hat man die Größen p und q aus (3.7/21) für beliebig vorgegebene Spannungskomponenten ermittelt, so kann man die gesuchten

Hauptspannungen auch zeichnerisch bestimmen. Hierzu trägt man auf einer als σ-Achse dienenden Geraden in einem passenden Spannungsmaßstab die Strecke $I_I/3$ ab (Abb. 3.7) und schlägt einen Kreis mit dem Radius $2\sqrt{p}$. Ferner trägt man vom Mittelpunkt des Kreises die Strecke $2q/p$ ab, und zwar bei positivem q der σ-Richtung entgegen, d.h. nach links (Abb. 3.7), bei negativem q nach rechts (Abb. 3.8). Eine durch den Endpunkt gehende Senkrechte zur σ-Achse schneidet dann den Kreis in einem Punkte, dessen Radiusvektor mit der σ-Achse den Winkel φ bildet. Die Abtragung von $\varphi/3$ auf goniometrischem Wege von der σ-Achse aus führt zum Kreispunkte I; vom Punkte I zum Punkte III führt die zusätzliche Abtragung des Winkels $2\pi/3$, ebenso von III nach II, so daß die Punkte I, II, III Eckpunkte eines gleichseitigen Dreiecks sind. Die Lote von diesen Punkten auf die σ-Achse liefern die gesuchten Hauptspannungen.

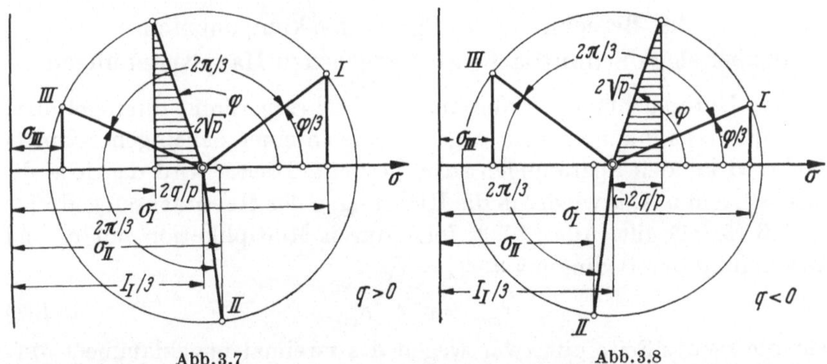

Abb. 3.7 Abb. 3.8

Nach Ermittlung der Hauptspannungen können die zugehörigen Richtungskosinus aus (3.7/4) berechnet werden. Hierzu wird durch einen Richtungskosinus dividiert, z.B. durch c_{xI}, wenn mit Richtung I begonnen wird:

$$\begin{aligned} \sigma_x - \sigma_I + \tau_{xy}\beta_I + \tau_{xz}\gamma_I &= 0, \\ \tau_{xy} + (\sigma_y - \sigma_I)\,\beta_I + \tau_{yz}\gamma_I &= 0, \\ \tau_{xz} + \tau_{yz}\beta_I + (\sigma_z - \sigma_I)\,\gamma_I &= 0. \end{aligned} \tag{3.7/30}$$

Dabei wurden die Abkürzungen

$$c_{yI}/c_{xI} = \beta_I, \quad c_{zI}/c_{xI} = \gamma_I \tag{3.7/31}$$

verwendet. Diese Größen werden aus zwei Gleichungen errechnet und mit Hilfe der dritten kontrolliert. Existiert keine Lösung, so ist $c_{xI} = 0$, und die Rechnung muß mit einem anderen Richtungskosinus als Divisor wiederholt werden. Wir machen ferner Gebrauch von der Orthogonalitätsbeziehung I (4.1/14) mit $\lambda = \mu$ (Bildung des Quadrates des Einheitsvektors $\boldsymbol{e}_I$):

$$c_{xI}^2 + c_{yI}^2 + c_{zI}^2 = 1. \tag{3.7/32}$$

Mit Einführung der Hilfsgrößen aus (3.7/31) folgt:

$$\frac{1}{c_{xI}^2} = 1 + \beta_I^2 + \gamma_I^2. \tag{3.7/33}$$

Hieraus wird c_{xI} berechnet, wobei zunächst beide Vorzeichen mitzunehmen sind. Aus (3.7/31) erhält man schließlich auch die beiden anderen Richtungskosinus. Das Verfahren wird ebenso für die Achsen *II* und *III* mit den entsprechenden Werten durchgeführt. Die endgültigen Vorzeichen werden der Bedingung angepaßt, daß die Richtungen *I*, *II* und *III* ein Rechtssystem bilden. Eine Kontrolle liefert die Determinante der Richtungskosinus, die den Wert $+1$ haben muß, oder der Satz, wonach die Richtungskosinus zugleich ihre Unterdeterminanten sind (vgl. I.4.1); schließlich kann auch mit I (4.1/14) für $\lambda \neq \mu$ kontrolliert werden.

3.8 Berechnung der Spannungskomponenten für beliebige Schnittflächen bei gegebenen Hauptspannungen

Die Untersuchung sei nun im umgekehrten Sinne durchgeführt: Die Hauptspannungen seien gegeben, die in einer beliebigen Schnittfläche wirkenden Spannungen seien gesucht. Hierzu wird das Koordinatensystem u, v, w wieder in die Richtungen der Hauptachsen gedreht, so daß (3.7/1) gilt. Aus (3.7/3) folgt durch Multiplikation mit $c_{k\lambda}$ bei Anwendung der Bedingung $c_{q\lambda}c_{k\lambda} = \delta_{qk}$:

$$\tau_{km} = c_{k\lambda}c_{m\lambda}\sigma_{(\lambda)}. \tag{3.8/1}$$

Für die rechte Seite gilt zwar wegen des zweimal ungeklammert auftretenden Index λ die Summation über λ. Wegen des Faktors $\sigma_{(\lambda)}$ kann jedoch von der Regel $c_{k\lambda}c_{m\lambda} = \delta_{km}$ *kein* Gebrauch gemacht werden. Für die einzelnen Spannungskomponenten im x, y, z-System ergibt sich

$$\sigma_x = \tau_{xx} = c_{xI}^2\sigma_I + c_{xII}^2\sigma_{II} + c_{xIII}^2\sigma_{III},$$

$$\tau_{xy} = c_{xI}c_{yI}\sigma_I + c_{xII}c_{yII}\sigma_{II} + c_{xIII}c_{yIII}\sigma_{III}, \text{ usw.} \tag{3.8/2}$$

Diese Beziehungen hätten auch aus (3.6/5) durch Vertauschung des u, v, w- mit dem x, y, z-System gewonnen werden können. Allgemein liefert (3.8/1) die an einer Fläche mit der Normalenrichtung k (bzw. m) angreifende und in Richtung m (bzw. k) wirkende Spannungskomponente. Der an einer Fläche mit der Normalenrichtung k angreifende Spannungsvektor ergibt sich durch Multiplikation mit dem Einheitsvektor in m-Richtung und Summation über m:

$$\boldsymbol{s}_k = \boldsymbol{e}_m\tau_{km} = \boldsymbol{e}_m c_{k\lambda}c_{m\lambda}\sigma_{(\lambda)}. \tag{3.8/3}$$

Mit der Rechenregel $\boldsymbol{e}_m c_{m\lambda} = \boldsymbol{e}_\lambda$ ergibt sich hieraus

$$\boldsymbol{s}_k = \boldsymbol{e}_\lambda c_{k\lambda}\sigma_{(\lambda)}. \tag{3.8/4}$$

Diese Beziehung entspricht dem Gleichgewicht eines kleinen Tetraeders, dessen Seitenflächen von den drei Hauptspannungsebenen und der (beliebigen) Schnittfläche mit der Normalenrichtung k gebildet werden (Abb. 3.9). Das Quadrat des Spannungsvektors wird

$$s_k^2 = \sigma_k^2 + \tau_k^2 = \sum_\lambda c_{k\lambda}^2 \sigma_{(\lambda)}^2. \tag{3.8/5}$$

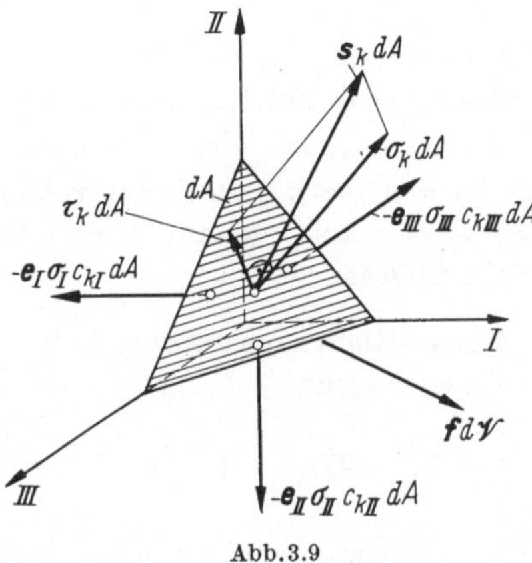

Abb. 3.9

Hierbei sind die Komponenten des Spannungsvektors, wie in Abb. 3.9 ersichtlich, die Normalspannung σ_k und die Schubspannung τ_k; dabei ist τ_k die *resultierende Schubspannung* an der Schnittfläche mit der Normalenrichtung k, so daß *ein* Index genügt. Für die Normalspannung folgt aus (3.8/2):

$$\sigma_k = \sum_\lambda c_{k\lambda}^2 \sigma_{(\lambda)}. \tag{3.8/6}$$

Durch Einführung der Abkürzungen

$$c_{kI}^2 = f, \quad c_{kII}^2 = g, \quad c_{kIII}^2 = h \tag{3.8/7}$$

kann nunmehr auf den Index k verzichtet werden; es ergibt sich aus (3.8/5)

$$\sigma^2 + \tau^2 = f\sigma_I^2 + g\sigma_{II}^2 + h\sigma_{III}^2 \tag{3.8/8}$$

und aus (3.8/6)

$$\sigma = f\sigma_I + g\sigma_{II} + h\sigma_{III}. \tag{3.8/9}$$

Die Richtungskosinus $c_{k\lambda}$ sind Komponenten des *Einheitsvektors* $\mathbf{e}_k$, so daß

$$f + g + h = 1 \tag{3.8/10}$$

gilt. Wird (3.8/9) quadriert und von (3.8/8) subtrahiert, so tritt auf der linken Seite nur noch das Quadrat der Schubspannung auf. Bei Beachtung der aus (3.8/10) durch Multiplikation mit f hervorgehenden Beziehungen

$$f - f^2 = fg + fh \text{ usw.} \tag{3.8/11}$$

ergibt sich für die in einer beliebigen Schnittfläche wirkende Schubspannung der Ausdruck

$$\tau = \sqrt{fg(\sigma_I - \sigma_{II})^2 + gh(\sigma_{II} - \sigma_{III})^2 + hf(\sigma_I - \sigma_{III})^2}. \tag{3.8/12}$$

Wie erwähnt, handelt es sich hierbei um die an der jeweiligen Schnittfläche angreifende *resultierende Schubspannung*, z.B. bei einer Fläche $x = \text{const}$ um $\tau_x = \sqrt{\tau_{xy}^2 + \tau_{xz}^2}$, bei einer Fläche $y = \text{const}$ um $\tau_y = \sqrt{\tau_{yz}^2 + \tau_{yx}^2}$ usw. Für $\sigma_I = \sigma_{II} = \sigma_{III}$ (*allseitiger Zug* oder *Druck*, auch *hydrostatischer Spannungszustand* genannt) *verschwindet die Schubspannung in jeder Schnittfläche.*

Eliminiert man einen Richtungskosinus, z.B. h aus (3.8/8) und (3.8/9) mittels (3.8/10), so folgen:

$$\sigma^2 + \tau^2 = f(\sigma_I^2 - \sigma_{III}^2) + g(\sigma_{II}^2 - \sigma_{III}^2) + \sigma_{III}^2 \tag{3.8/13}$$

und

$$\sigma = f(\sigma_I - \sigma_{III}) + g(\sigma_{II} - \sigma_{III}) + \sigma_{III}. \tag{3.8/14}$$

Wird auch g eliminiert, indem (3.8/14) mit $(\sigma_{II} + \sigma_{III})$ multipliziert und von (3.8/13) subtrahiert wird, so ergibt sich

$$\sigma^2 - (\sigma_{II} + \sigma_{III})\,\sigma + \tau^2 = -\sigma_{II}\sigma_{III} + f(\sigma_I - \sigma_{II})(\sigma_I - \sigma_{III}). \tag{3.8/15}$$

Durch Umformung läßt sich die erste der drei nachstehenden Beziehungen gewinnen [die beiden anderen folgen durch zyklische Vertauschung bzw. durch Elimination von f und h oder von f und g aus (3.8/8) und (3.8/9)]:

$$\left(\sigma - \frac{\sigma_{II} + \sigma_{III}}{2}\right)^2 + \tau^2 = \left(\frac{\sigma_{II} - \sigma_{III}}{2}\right)^2 + f(\sigma_I - \sigma_{II})(\sigma_I - \sigma_{III}) = R_I^2,$$

$$\left(\sigma - \frac{\sigma_{III} + \sigma_I}{2}\right)^2 + \tau^2 = \left(\frac{\sigma_I - \sigma_{III}}{2}\right)^2 - g(\sigma_{II} - \sigma_{III})(\sigma_I - \sigma_{II}) = R_{II}^2,$$

$$\left(\sigma - \frac{\sigma_I + \sigma_{II}}{2}\right)^2 + \tau^2 = \left(\frac{\sigma_I - \sigma_{II}}{2}\right)^2 + h(\sigma_I - \sigma_{III})(\sigma_{II} - \sigma_{III}) = R_{III}^2. \tag{3.8/16}$$

Bei Anordnung der Glieder wurden die Ungleichungen (3.7/29) berücksichtigt. Da in allen drei Gleichungen die Faktoren von σ^2 und τ^2 gleich Eins sind und kein gemischtes Produkt auftritt, läßt sich der analytische Zusammenhang durch *Kreise* darstellen.

3.9 Darstellung des Spannungszustandes mit Hilfe der Mohrschen Kreise

Zur geometrischen Deutung der Gleichungen (3.8/16) dient zweckmäßig ein von den Spannungskomponenten σ und τ gebildetes Koordinatensystem. Wie in Abb. 3.10 ersichtlich, liegen die Mittelpunkte M_I, M_{II}, M_{III} der auftretenden drei Scharen konzentrischer Kreise auf der σ-Linie, und zwar in einem Abstand vom Koordinatenursprung, der jeweils gleich der halben Summe zweier Hauptspannungen ist. Die Radien R_I, R_{II}, R_{III} der Kreise sind je nach den Werten von f, g

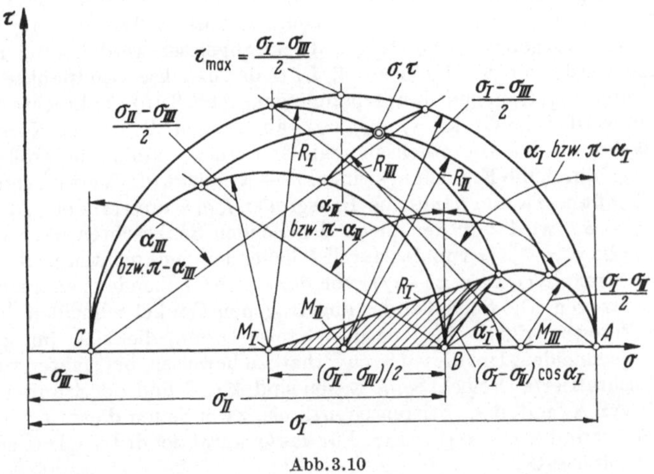

Abb. 3.10

und h verschieden. Diese Darstellung der in beliebigen Schnittflächen wirkenden Spannungskomponenten geht auf MOHR[1] zurück. Zunächst seien jene Grenzfälle untersucht, bei denen eine Hauptachse in der Schnittebene liegt. Verschwindet z. B. f, so steht die Normale zur Schnittfläche auf Hauptachse I senkrecht, d. h. Hauptachse I liegt in der Schnittfläche [vgl. (3.8/7)]. Man erkennt, daß die erste Hauptspannung dann in der ersten Gleichung (3.8/16) nicht mehr auftritt. *In bezug auf Schnittflächen, die eine Hauptachse enthalten, verhalten sich die angreifenden Spannungen daher so, als ob nur ein zweiachsiger Spannungszustand bestehen würde.* Der so erhaltene *erste Grenzkreis* mit dem Mittelpunkt M_I im Abstand $(\sigma_{II} + \sigma_{III})/2$ hat den Radius $(\sigma_{II} - \sigma_{III})/2$. Die zweite der Gleichungen (3.8/16) liefert für $g = 0$, d. h. für eine Schnittfläche, die die Hauptachse II enthält, den *zweiten Grenzkreis* mit dem Mittelpunkt M_{II} im Abstand $(\sigma_I + \sigma_{III})/2$ vom Ursprung und dem Radius $(\sigma_I - \sigma_{III})/2$. Analog erhält man aus der dritten Gleichung für $h = 0$, d. h. für eine Schnittfläche, die die Hauptachse III enthält, den *dritten Grenzkreis* mit dem Mittelpunkt M_{III} im Abstand $(\sigma_I + \sigma_{II})/2$ vom Ursprung und dem Radius $(\sigma_I - \sigma_{II})/2$. In Abb. 3.10 sind die so festgelegten drei Grenzkreise als Halbkreise ersichtlich (die Beschränkung auf die obere Hälfte des Diagramms ist wegen der Tatsache gerechtfertigt, daß die Schubspannung in allen drei Gleichungen nur in der zweiten Potenz auftritt und daher eine Aussage über ihr Vorzeichen — ebensowenig wie über ihre Richtung — aus diesen Gleichungen nicht

[1] OTTO MOHR (geb. 1835 in Wesselburen/Holstein, gest. 1918 in Dresden).

möglich ist). Beachtet man, daß die Hilfsgrößen f, g und h als Quadrate der Richtungskosinus nur Zahlenwerte zwischen 0 und +1 annehmen können, so folgen die Ungleichungen

$$\begin{aligned} (\sigma_{II} - \sigma_{III})/2 &\leq R_I \leq \sigma_I - (\sigma_{II} + \sigma_{III})/2, \\ |\sigma_{II} - (\sigma_I + \sigma_{III})/2| &\leq R_{II} \leq (\sigma_I - \sigma_{III})/2, \\ (\sigma_I - \sigma_{II})/2 &\leq R_{III} \leq (\sigma_I + \sigma_{II})/2 - \sigma_{III}. \end{aligned} \qquad (3.9/1)$$

Außer den Grenzkreisen sind daher nur Kreisbögen möglich, die das von den Grenzkreisen eingeschlossene Gebiet durchlaufen. Alle, für beliebige Schnittflächen möglichen Wertepaare σ, τ liegen innerhalb des von den drei Grenzkreisen eingeschlossenen Kreisbogendreiecks. Mit Hilfe des nachstehend beschriebenen Verfahrens läßt sich die Lage des Punktes σ, τ ermitteln, so daß die Werte von σ und τ für eine beliebig vorgegebene Schnittebene direkt abgelesen werden können.

Hierzu werden in den Punkten A, B, C der σ-Achse (Endpunkte der vom Ursprung aus aufgetragenen Hauptspannungen, Abb. 3.10) Senkrechte errichtet; von diesen werden die Winkel α_I, α_{II}, α_{III} abgetragen, die von der Normalen der Schnittfläche mit den Hauptachsen gebildet werden. Winkel die größer als $\pi/2$ sind, werden durch die Ergänzungswinkel $\pi - \alpha$ ersetzt (die Vertauschung von α mit $\pi - \alpha$ läßt $\cos^2 \alpha$ und damit die Hilfsgrößen f, g, h unverändert); der Winkel α_I bzw. $\pi - \alpha_I$ wird von der durch A gehenden Senkrechten nach links, der Winkel α_{II} bzw. $\pi - \alpha_{II}$ von der durch B gehenden Senkrechten nach links und rechts, der Winkel α_{III} bzw. $\pi - \alpha_{III}$ von der durch C gehenden Senkrechten nach rechts abgetragen. Die Schenkel der abgetragenen Winkel schneiden die Grenzkreise in Punkten, durch die jene drei Kreise laufen, die sich im gesuchten Punkte σ, τ schneiden. Um diesen Sachverhalt zu beweisen, betrachten wir das in Abb. 3.10 schraffierte Dreieck. Seine Ecken sind M_I, B und der Schnittpunkt des Schenkels von α_I mit dem dritten Grenzkreis. Zwei Seiten dieses Dreiecks sind $(\sigma_{II} - \sigma_{III})/2$ und $(\sigma_I - \sigma_{II}) \cos \alpha_I$. Für das Quadrat der dritten Seite ergibt sich aus dem Kosinussatz

$$(\sigma_{II} - \sigma_{III})^2/4 + (\sigma_I - \sigma_{II})^2 \cos^2 \alpha_I + (\sigma_{II} - \sigma_{III})(\sigma_I - \sigma_{II}) \cos^2 \alpha_I.$$

Mit $\cos^2 \alpha_I = f$ erkennt man durch Vergleich mit (3.8/16), daß die dritte Seite gleich dem Radius R_I ist, was zu beweisen war. Der Kreis um M_I geht mithin durch die Schnittpunkte des Schenkels von α_I mit dem zweiten und dritten Grenzkreis, der Kreis um M_{II} durch die Schnittpunkte der Schenkel von α_{II} mit dem ersten und dritten Grenzkreis (je ein Schnittpunkt auf jeder Seite) und der Kreis um M_{III} durch die Schnittpunkte des Schenkels von α_{III} mit dem ersten und zweiten Grenzkreis.

3.10 Oktaederspannungen

Innerhalb der unendlich vielen möglichen Schnittebenen nehmen jene acht Schnittebenen eine Sonderstellung ein, deren Normalen mit den drei Hauptachsen gleiche Winkel bilden; sie repräsentieren die Seitenflächen eines *regulären Oktaeders* (Abb. 3.11). Für die drei Kosinusquadrate gilt dann

$$f = g = h = 1/3. \qquad (3.10/1)$$

Für die *Oktaedernormalspannung* ergibt sich aus (3.8/9):

$$\sigma_0 = \frac{1}{3}(\sigma_I + \sigma_{II} + \sigma_{III}) = \frac{1}{3} I_I. \qquad (3.10/2)$$

Für die *Oktaederschubspannung* folgt aus (3.8/12):

$$\tau_0 = \frac{1}{3}\sqrt{(\sigma_I - \sigma_{II})^2 + (\sigma_{II} - \sigma_{III})^2 + (\sigma_I - \sigma_{III})^2}. \qquad (3.10/3)$$

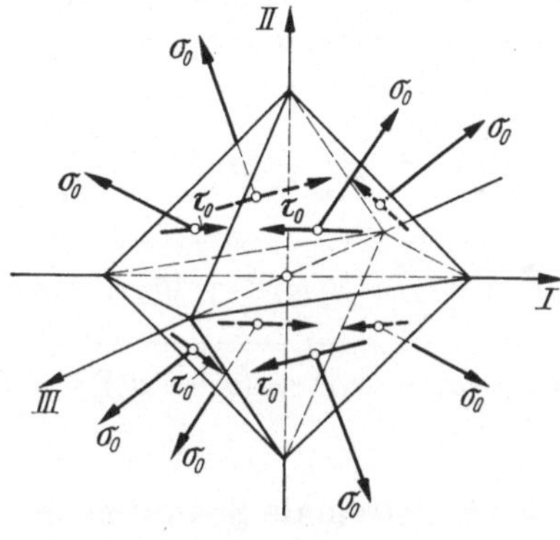

Abb. 3.11

Mit Bezug auf (3.7/14) und (3.7/17) erkennt man, daß dieser Ausdruck nur von der ersten und zweiten Spannungsinvarianten abhängt und in der Form

$$\tau_0 = \frac{1}{3}\sqrt{2I_I^2 - 6I_{II}} = \sqrt{2p} \qquad (3.10/4)$$

geschrieben werden kann. Drückt man die Spannungsinvarianten mittels (3.7/7) durch die auf beliebige orthogonale Koordinaten x, y, z bezogenen Spannungskomponenten aus, so erhält man:

$$\sigma_0 = \frac{1}{3}(\sigma_x + \sigma_y + \sigma_z) \qquad (3.10/5)$$

und

$$\tau_0 = \frac{1}{3}\sqrt{(\sigma_x - \sigma_y)^2 + (\sigma_y - \sigma_z)^2 + (\sigma_z - \sigma_x)^2 + 6(\tau_{xy}^2 + \tau_{yz}^2 + \tau_{zx}^2)}. \qquad (3.10/6)$$

Bei Bezugnahme auf (3.7/18) erkennt man den Zusammenhang mit dem Spannungsdeviator:

$$\begin{aligned}\tau_0 &= \frac{1}{3}\sqrt{(\tilde\sigma_x - \tilde\sigma_y)^2 + (\tilde\sigma_y - \tilde\sigma_z)^2 + (\tilde\sigma_z - \tilde\sigma_x)^2 + 6(\tilde\tau_{xy}^2 + \tilde\tau_{yz}^2 + \tilde\tau_{xz}^2)}\\ &= \sqrt{\frac{1}{3}(\tilde\sigma_x^2 + \tilde\sigma_y^2 + \tilde\sigma_z^2 + 2\tilde\tau_{xy}^2 + 2\tilde\tau_{yz}^2 + 2\tilde\tau_{zx}^2)} \qquad (3.10/7)\\ &= \sqrt{\frac{1}{3}\tilde\tau_{km}\tilde\tau_{km}}.\end{aligned}$$

Oktaederschub- und -normalspannung dienen zur Beurteilung der *Beanspruchung des Werkstoffes bei komplizierten Spannungszuständen.* Unter den verschiedenen Hypothesen der Werkstoffbeanspruchung (vgl. 11) hat die *Hypothese der Oktaederschubspannung* (auch *Hypothese der Gestaltänderungsenergie* genannt) große Bedeutung erlangt; durch Vergleich mit dem Spannungszustand im zugbeanspruchten Probestab läßt sich für gleiches τ_0 eine *Effektivspannung* σ_e definieren, wobei in den vorstehenden Gleichungen $\sigma_I = \sigma_e$, $\sigma_{II} = \sigma_{III} = 0$, bzw. $\sigma_x = \sigma_e$, $\sigma_y = \sigma_z = \tau_{xy} = \tau_{yz} = \tau_{zx} = 0$ zu setzen ist. Es folgt

$$\begin{aligned}\sigma_e &= \frac{3\sqrt{2}}{2}\tau_0 = 3\sqrt{p} = \sqrt{\frac{3}{2}\tilde{\tau}_{km}\tilde{\tau}_{km}} = \sqrt{I_I^2 - 3I_{II}} \\ &= \sqrt{\frac{1}{2}[(\sigma_I - \sigma_{II})^2 + (\sigma_{II} - \sigma_{III})^2 + (\sigma_{III} - \sigma_I)^2]} \qquad (3.10/8) \\ &= \sqrt{\frac{1}{2}[(\sigma_x - \sigma_y)^2 + (\sigma_y - \sigma_z)^2 + (\sigma_z - \sigma_x)^2] + 3[\tau_{xy}^2 + \tau_{yz}^2 + \tau_{zx}^2]}\,.\end{aligned}$$

3.11 Extremale Spannungen

Das Mohrsche Spannungsdiagramm (Abb. 3.10) vermittelt ein aufschlußreiches Bild des gesamten Spannungszustandes. Die Hauptspannungen stellen die äußersten Werte dar, die von den Normalspannungen erreicht werden können. Durch die Ungleichungen (3.7/29) ist die größte Normalspannung mit σ_I, die kleinste mit σ_{III} festgelegt. Ist daher σ_I *positiv*, so handelt es sich um *die größte auftretende Zugspannung*; andererseits stellt σ_{III} *bei negativem Zahlenwert die absolut größte auftretende Druckspannung* dar.

Man erkennt ferner, daß die *größte Schubspannung* an der höchsten Stelle des durch σ_I und σ_{III} bestimmten Grenzkreises liegt und ihr Betrag gleich dem Radius dieses Kreises wird:

$$\tau_{\max} = \frac{1}{2}(\sigma_I - \sigma_{III}) = \tau_{II}. \qquad (3.11/1)$$

Die Richtung von $\tau_{\max}$ ergibt sich aus (3.8/1); wegen $g = 0$ liegt die m-Richtung in der Ebene der Hauptachsen I und III. Fällt sie mit der x-Richtung zusammen und liegt die dazu senkrechte y-Richtung ebenfalls in dieser Ebene, so sind die Richtungen II und z identisch (Abb. 3.12). Mit $c_{zI} = c_{zIII} = c_{xII} = c_{yII} = 0$ folgt dann aus (3.8/2):

$$\sigma_x = c_{xI}^2\sigma_I + c_{xIII}^2\sigma_{III},\ \tau_{xy} = c_{xI}c_{yI}\sigma_I + c_{xIII}c_{yIII}\sigma_{III},\ \tau_{xz} = 0. \qquad (3.11/2)$$

Mit α als Winkel zwischen den Richtungen x und III gilt

$$c_{xI} = -c_{yIII} = \sin\alpha, \quad c_{xIII} = c_{yI} = \cos\alpha, \qquad (3.11/3)$$

und aus (3.11/2) folgt

$$\sigma_x = \sigma_I\sin^2\alpha + \sigma_{III}\cos^2\alpha, \quad \tau_{xy} = (\sigma_I - \sigma_{III})\sin\alpha\cos\alpha. \qquad (3.11/4)$$

Mithin erreicht die Schubspannung ihr Maximum bei $\alpha = \pm\frac{\pi}{4}$.

Abb. 3.13 zeigt wie diese Spannungskomponenten an einem Prisma angreifen, dessen Seitenflächen durch die Hauptspannungsebenen und die 45°-Schnittfläche gebildet werden.

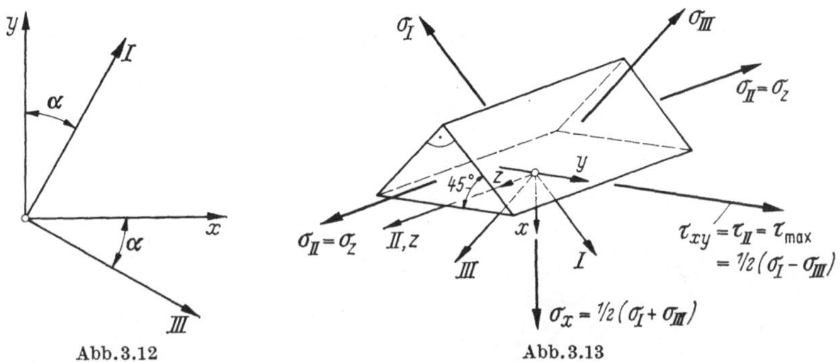

Abb. 3.12

Abb. 3.13

Für Schnittebenen, welche durch die Hauptachsen I oder III gehen, deren Spannungswerte also auf den beiden kleineren Grenzkreisen liegen, erhält man für Winkel von 45° mit Achse II ähnliche Fälle; allerdings erreicht die Schubspannung dann nur die relativen Höchstwerte

$$\tau_{III} = \frac{1}{2}(\sigma_I - \sigma_{II}), \quad \tau_I = \frac{1}{2}(\sigma_{II} - \sigma_{III}) = \tau_{II} - \tau_{III}. \qquad (3.11/5)$$

Die durch (3.11/1) und (3.11/5) festgelegten drei Schubspannungswerte nennt man *Hauptschubspannungen*. Wie gezeigt wurde, wirken sie in Schnittebenen, die jeweils zu einer Hauptachse parallel liegen und mit den beiden anderen Winkel von 45° bilden. Diese Ebenen stehen aber nicht aufeinander senkrecht, sondern bilden die Seitenflächen eines *regulären Dodekaeders* (Abb. 3.14). Man erkennt, daß die Summe der ersten und dritten Hauptschubspannung gleich der maximalen Hauptschubspannung ist:

$$\tau_I + \tau_{III} = \tau_{II} = \tau_{\max}. \qquad (3.11/6)$$

Sind die drei Hauptspannungen einander gleich, so verschwinden alle Hauptschubspannungen und damit zugleich jegliche Schubspannungen in beliebigen Schnittebenen. Dieser Sonderfall ist bei *allseitigem Zug* oder *allseitigem Druck* erfüllt. Alle drei Mohrschen Kreise entarten dann zu einem gemeinsamen Punkt $\sigma = \sigma_I = \sigma_{II} = \sigma_{III}$. Abb. 3.15 veranschaulicht den Fall des allseitigen Druckes, des *hydrostatischen Spannungszustandes*; die Druckspannung $-\sigma = p$ wirkt senkrecht zu jeder beliebig orientierten Schnittfläche (dieser Spannungszustand ist u. a. bei *idealen Flüssigkeiten* realisiert, d. h. bei Flüssigkeiten ohne Zähigkeitseigenschaften. Er stellt sich aber auch in jedem homogen-isotropen Körper ein, der von einer solchen Flüssigkeit vollständig umgeben ist, wenn von Volumkräften abgesehen wird).

Wie der Vergleich mit (3.10/3) und (3.10/7) zeigt, können die Oktaederschubspannung und die Effektivspannung auch unmittelbar aus den drei Hauptschubspannungen errechnet werden:

$$\tau_0 = \frac{2}{3}\sqrt{\tau_I^2 + \tau_{II}^2 + \tau_{III}^2}, \tag{3.11/7}$$

$$\sigma_e = \sqrt{2(\tau_I^2 + \tau_{II}^2 + \tau_{III}^2)}. \tag{3.11/8}$$

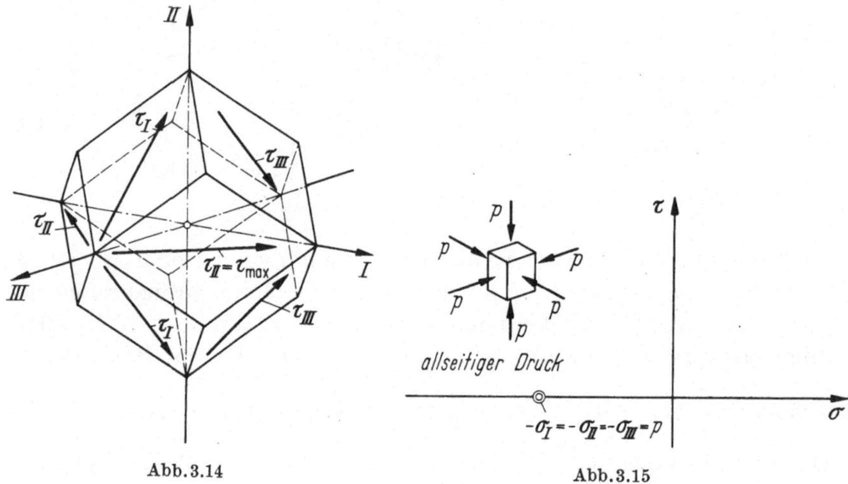

Abb. 3.14

Abb. 3.15

3.12 Beispiel zum dreiachsigen Spannungszustand

Der in Abb. 3.16 gezeichnete Rechtkant sei durch die Spannungen $\sigma_x = 930$, $\sigma_y = 660$, $\sigma_z = 1110$, $\tau_{xy} = 420$, $\tau_{yz} = 60$, $\tau_{zx} = 480$ beansprucht; die gemeinsame Dimension ist kp/cm² und sei bei Darstellung des numerischen Rechnungsganges zur Abkürzung weggelassen. Diese Dimension gilt also auch für I_I; für $\tilde{I}_{II} = -3p$ gilt die Dimension $\text{kp}^2\text{cm}^{-4}$, für $\tilde{I}_{III} = -2q$ die Dimension $\text{kp}^3\text{cm}^{-6}$. Gesucht sind die Hauptspannungen, die Richtungskosinus der Hauptachsen, die Hauptschubspannungen, die Oktaederschubspannung und die Effektivspannung.

Zunächst sei die e ste Invariante berechnet:

$$I_I = \sigma_x + \sigma_y + \sigma_z = 2700.$$

Die Deviatorspannungen $\tilde{\sigma}_x = \sigma_x - I_I/3$ usw. haben die Werte $\tilde{\sigma}_x = 30$, $\tilde{\sigma}_y = -240$, $\tilde{\sigma}_z = 210$ (die Schubspannungen bleiben unverändert). Damit ergibt sich aus (3.7/20):

$$\tilde{I}_{II} = -90^2 \cdot 57; \quad \tilde{I}_{III} = 90^3 \cdot 56.$$

Aus (3.7/21) folgen

$$p = 19 \cdot 90^2; \quad q = -28 \cdot 90^3; \quad 2\sqrt{p} = 784{,}6.$$

Damit liefert (3.7/27)

$$\cos\varphi = \frac{28}{19\sqrt{19}} = 0{,}33808.$$

Hieraus erhält man

$$\varphi = 70^\circ\, 15'.$$

Weiter folgen

$$\cos\left(\frac{\varphi}{3}\right) = 0{,}9176; \quad \cos\left(\frac{\varphi - 2\pi}{3}\right) = -0{,}11465; \quad \cos\left(\frac{\varphi + 2\pi}{3}\right) = -0{,}8030.$$

Damit ergeben sich aus (3.7/28) folgende Hauptspannungen:

$$\sigma_I = 1620 \text{ kpcm}^{-2}; \quad \sigma_{II} = 810 \text{ kpcm}^{-2}; \quad \sigma_{III} = 270 \text{ kpcm}^{-2}.$$

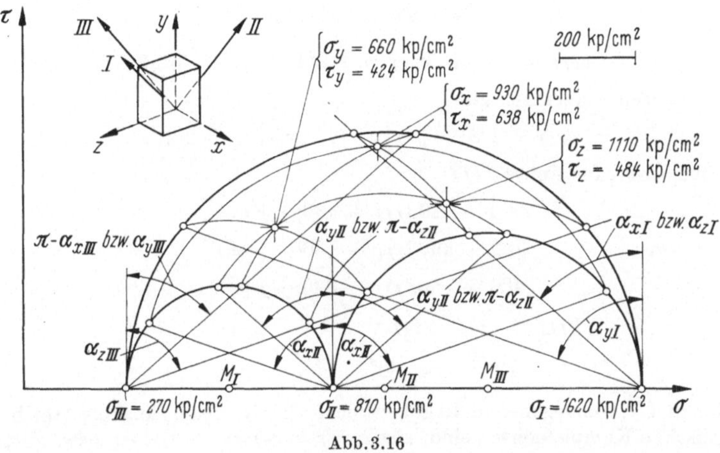

Abb. 3.16

Zu demselben Ergebnis gelangt man auch mit Hilfe der in Abb. 3.8 ersichtlichen einfachen Konstruktion. Die Hauptschubspannungen haben mit Bezug auf (3.11/1) und (3.11/5) die Werte

$$\tau_I = 270 \text{ kpcm}^{-2}; \quad \tau_{II} = \tau_{\max} = 675 \text{ kpcm}^{-2}; \quad \tau_{III} = 405 \text{ kpcm}^{-2}.$$

Die Oktaederschubspannung folgt aus (3.10/4):

$$\tau_0 = \sqrt{2p} = 555 \text{ kpcm}^{-2}.$$

Schließlich ergibt sich für die Effektivspannung aus (3.10/8)

$$\sigma_e = \frac{3}{2}\tau_0\sqrt{2} = 3\sqrt{p} = 1177 \text{ kpcm}^{-2}.$$

Aus (3.7/30) erhält man für Achse I die drei Gleichungen

$$\begin{aligned} -690 + 420\beta_I + 480\gamma_I &= 0, \\ 420 - 960\beta_I + 60\gamma_I &= 0, \\ 480 + 60\beta_I - 510\gamma_I &= 0. \end{aligned}$$

Hierbei ist eine Gleichung zuviel (die Koeffizientendeterminante ist gleich Null, Kontrollmöglichkeit).

Mit der Lösung

$$\beta_I = 0{,}5; \quad \gamma_I = 1$$

ergibt sich aus (3.7/33)

$$1/c_{xI}^2 = 9/4; \quad c_{xI} = \pm 2/3$$

und damit aus (3.7/31):

$$c_{yI} = \pm 1/3; \quad c_{zI} = \pm 2/3.$$

Mit den oberen Vorzeichen wird

$$c_{xI} = 2/3; \quad c_{yI} = 1/3; \quad c_{zI} = 2/3.$$

Für Achse *II* gilt:

$$120 + 420\beta_{II} + 480\gamma_{II} = 0,$$
$$420 - 150\beta_{II} + 60\gamma_{II} = 0,$$
$$480 + 60\beta_{II} + 300\gamma_{II} = 0,$$
$$\beta_{II} = 2, \quad \gamma_{II} = -2, \quad c_{xII}^2 = \frac{1}{9},$$
$$c_{xII} = \pm 1/3, \quad c_{yII} = \pm 2/3, \quad c_{zII} = \mp 2/3.$$

Mit den oberen Vorzeichen gilt

$$c_{xII} = 1/3; \quad c_{yII} = 2/3; \quad c_{zII} = -2/3.$$

Schließlich folgt für Achse *III*:

$$660 + 420\beta_{III} + 480\gamma_{III} = 0,$$
$$420 + 390\beta_{III} + 60\gamma_{III} = 0,$$
$$480 + 60\beta_{III} + 840\gamma_{III} = 0,$$
$$\beta_{III} = -1, \quad \gamma_{III} = -1/2, \quad c_{xIII}^2 = 4/9,$$
$$c_{xIII} = \pm 2/3, \quad c_{yIII} = \mp 2/3, \quad c_{zIII} = \mp 1/3.$$

Aus der in I.4.1 angegebenen Regel, wonach die Richtungskosinus gleich ihren algebraischen Komplementen sind, also $c_{xIII} = c_{yI}c_{zII} - c_{zI}c_{yII}$ usw. gilt, folgt für Achse III die Beschränkung auf die unteren Vorzeichen. Mithin ergibt sich:

Hauptachse	$c_{x\lambda}$	$c_{y\lambda}$	$c_{z\lambda}$	$\sigma_{(\lambda)}$ [kp/cm²]
I	2/3	1/3	2/3	1620
II	1/3	2/3	−2/3	810
III	−2/3	2/3	1/3	270

Die Determinante der Richtungskosinus wird gleich $+1$; dadurch ist das Achsensystem als rechtsdrehend bestätigt.

Berechnet man noch die an den Seitenflächen des Rechtkants angreifenden resultierenden Schubspannungen, so erhält man:

$$\tau_x = \sqrt{\tau_{xy}^2 + \tau_{xz}^2} = 638 \text{ kpcm}^{-2} \quad \text{und analog:}$$
$$\tau_y = 424 \text{ kpcm}^{-2}, \quad \tau_z = 484 \text{ kpcm}^{-2}.$$

Trägt man diese Werte über den zugehörigen, d.h. an denselben Flächen angreifenden Normalspannungen in das Mohrsche Diagramm ein, so ergeben sich die in Abb. 3.16 eingetragenen Punkte. Man erkennt die Erfüllung der in 3.9 abgeleiteten Regeln: Die Spannungspaare σ_x, τ_x, ebenso σ_y, τ_y und σ_z, τ_z liegen innerhalb des von den drei Grenzkreisen eingeschlossenen Gebietes auf Kreisen um M_I, M_{II}, M_{III}, deren Schnittpunkte mit den Grenzkreisen zu Geraden gehören, die durch die Punkte σ_I, σ_{II}, σ_{III} der σ-Achse laufen und mit der τ-Achse dieselben Winkel bilden, wie die zugehörigen Hauptachsen mit den x, y, z-Achsen.

3.13 Zweiachsige Spannungszustände

Der zweiachsige Spannungszustand ist für technische Belange von besonderer Bedeutung und soll deshalb ausführlich erläutert werden. In 3.9 wurden bereits die Spannungen untersucht, welche zu den Punkten des großen Grenzkreises im Mohrschen Diagramm gehören; dabei wurde die z-Achse in die Richtung der zweiten Hauptachse gedreht. Aus Gründen der Schreibweise möge jetzt die z-Achse mit der dritten Hauptachse zusammenfallen; ferner sei $\sigma_z = \sigma_{III} = 0$ gesetzt, um einen reinen zweiachsigen Spannungszustand zu erhalten, wie er etwa in einem ebenen Blech bei Zugbeanspruchung in zwei Richtungen zu erwarten ist. Von den Ungleichungen (3.7/29) sei hier nur die erste, also $\sigma_I \geq \sigma_{II}$ beibehalten. Für die Richtungskosinus gilt dann mit α als Winkel zwischen den Richtungen I und x (Hauptspannungswinkel, Abb. 3.17):

λ	$c_{x\lambda}$	$c_{y\lambda}$	$c_{z\lambda}$
I	$\cos\alpha$	$\sin\alpha$	0
II	$-\sin\alpha$	$\cos\alpha$	0
III	0	0	1

(3.13/1)

Für die Spannungen ergibt sich hiermit aus (3.8/1):

$$\begin{aligned} \sigma_x &= \sigma_I \cos^2\alpha + \sigma_{II} \sin^2\alpha\,, \\ \sigma_y &= \sigma_I \sin^2\alpha + \sigma_{II} \cos^2\alpha\,, \\ \tau_{xy} &= (\sigma_I - \sigma_{II}) \sin\alpha \cos\alpha\,. \end{aligned} \tag{3.13/2}$$

Durch Einführung des doppelten Winkels mit Hilfe der bekannten Formeln

$$\sin\alpha\cos\alpha = \frac{1}{2}\sin(2\alpha)\,, \quad \cos^2\alpha - \sin^2\alpha = \cos(2\alpha) \tag{3.13/3}$$

lassen sich die Ausdrücke (3.13/2) in der einfachen Form

$$\begin{aligned} \sigma_x + \sigma_y &= \sigma_I + \sigma_{II}\,, \\ \sigma_x - \sigma_y &= (\sigma_I - \sigma_{II}) \cos(2\alpha)\,, \\ \tau_{xy} &= \frac{1}{2}(\sigma_I - \sigma_{II}) \sin(2\alpha) \end{aligned} \tag{3.13/4}$$

schreiben. Die korrespondierenden Werte von σ_x, σ_y und τ_{xy} liegen stets auf dem Kreise, dessen Mittelpunkt im Abstand $(\sigma_x + \sigma_y)/2 = (\sigma_I + \sigma_{II})/2$ vom Ursprung liegt und dessen Radius den Betrag $(\sigma_I - \sigma_{II})/2$ hat. Der Winkel (2α) erscheint als Basiswinkel des schraffierten rechtwinkligen Dreiecks, dessen Katheten von τ_{xy} und $(\sigma_x - \sigma_y)/2$ gebildet werden; er ist zugleich Zentriwinkel des Kreisbogens, der von der Dreieckspitze D zum linken Schnittpunkt F des Kreises mit der σ-Achse läuft. Da der zugehörige Peripheriewinkel bekanntlich halb so groß ist, kann α selbst als Winkel zwischen der σ-Achse und der Geraden abgelesen werden, die von D zum rechten Schnittpunkt E des Kreises mit der σ-Achse führt. Aus (3.13/4) oder aus Abb. 3.17 ergeben sich die Beziehungen:

$$\tan(2\alpha) = \frac{2\tau_{xy}}{\sigma_x - \sigma_y}, \tag{3.13/5}$$

$$\sigma_I + \sigma_{II} = \sigma_x + \sigma_y, \quad \sigma_I - \sigma_{II} = \sqrt{(\sigma_x - \sigma_y)^2 + 4\tau_{xy}^2}. \tag{3.13/6}$$

Wegen der ersten Ungleichung (3.7/29) gilt für die Wurzel das positive Vorzeichen. Die Hauptspannungen errechnen sich aus

$$\left.\begin{aligned} \sigma_I &= \frac{\sigma_x + \sigma_y}{2} + \sqrt{\left(\frac{\sigma_x - \sigma_y}{2}\right)^2 + \tau_{xy}^2}, \\ \sigma_{II} &= \frac{\sigma_x + \sigma_y}{2} - \sqrt{\left(\frac{\sigma_x - \sigma_y}{2}\right)^2 + \tau_{xy}^2}. \end{aligned}\right\} \tag{3.13/7}$$

Hat man bei gegebenen Werten σ_x, σ_y, τ_{xy} zunächst die Hauptspannungen berechnet, so dient zur Bestimmung der Hauptspannungsrichtungen zweckmäßig eine der folgenden Formeln:

$$\tan\alpha = \frac{\sigma_I - \sigma_x}{\tau_{xy}} = \frac{\sigma_y - \sigma_{II}}{\tau_{xy}} = \frac{\tau_{xy}}{\sigma_I - \sigma_y} = \frac{\tau_{xy}}{\sigma_x - \sigma_{II}}. \tag{3.13/8}$$

Sie beruhen auf den bekannten Beziehungen

$$\tan\alpha = \frac{1 - \cos(2\alpha)}{\sin(2\alpha)} = \frac{\sin(2\alpha)}{1 + \cos(2\alpha)} \tag{3.13/9}$$

und lassen sich aus (3.13/4) leicht ableiten. Die Verwendung von (3.13/8) hat den Vorteil, daß der Winkel α, den Hauptachse I mit der x-Achse bildet, direkt berechnet werden kann, während bei Verwendung von (3.13/5) zunächst unbestimmt bleiben würde, welcher Hauptachse der errechnete Winkel zuzuordnen ist [die Funktion $\tan(2\alpha)$ hat für α und $\alpha \pm \pi/2$ denselben Wert].

Wie aus der zweiten Gleichung (3.11/4) mit σ_{II} statt σ_{III} zu ersehen ist, erreicht die Schubspannung τ_{xy} für $\alpha = \pm 45°$, d. h. für eine Schnittrichtung unter 45° gegen die Hauptachsen I und II ein relatives Maximum vom Betrage

$$\tau_{III} = \frac{1}{2}(\sigma_I - \sigma_{II}). \tag{3.13/10}$$

Ist die kleinere der beiden Hauptspannungen eine Druckspannung und die größere eine Zugspannung, so handelt es sich bei den gegebenen Spannungswerten um die größte Schubspannung; bei Numerierung gemäß den Ungleichungen $\sigma_I \geq \sigma_{II} \geq \sigma_{III}$ müßte in diesen Fällen σ_{III} statt σ_{II} und τ_{II} statt τ_{III} geschrieben werden, denn die mit σ_{II} bezeichnete Hauptspannung zählt dann als *dritte* und $\sigma_{III} = 0$ als *zweite* Hauptspannung.

Im Falle $\sigma_{II} > 0$ ist die größte Schubspannung aus (3.11/1) mit $\sigma_{III} = 0$ zu berechnen:

$$\tau_{\max} = \frac{1}{2}\sigma_I = \tau_{II}. \tag{3.13/11}$$

Die Numerierung entspricht hier der erwähnten Festlegung der Reihenfolge.

Im Falle $\sigma_{II} < \sigma_I < 0$ ergibt sich für die größte Schubspannung

$$\tau_{\max} = \frac{1}{2}|\sigma_{II}|. \tag{3.13/12}$$

Zur Einhaltung der Reihenfolge müßte hier σ_{III} statt σ_{II} geschrieben werden.

Die zu (3.13/11) und (3.13/12) gehörenden Schnittflächen bilden Winkel von 45° mit der x, y-Ebene.

3.14 Anwendungen der Mohrschen Kreise bei zweiachsigen Spannungszuständen

Bei zweiachsigen Spannungszuständen ist der Mohrsche Kreis sowohl für die zeichnerische Ermittlung der Hauptspannungen nach Größe und Richtung, als auch zur Bestimmung der an einer gegebenen Schnittfläche wirkenden Spannungen besonders geeignet.

Zur Lösung der erstgenannten Aufgabe geht man zweckmäßig folgendermaßen vor: Es wird ein Spannungsmaßstab festgelegt, z.B. 1 cm $\mathrel{\widehat{=}}$ 100 kp/cm²; unter Beachtung dieses Maßstabes trägt man auf der σ-Achse des σ, τ-Koordinatensystems die gegebene Normalspannung σ_x ab, Endpunkt A in Abb. 3.17, ferner die gegebene Normalspannung σ_y, Endpunkt B. Auf der Mitte zwischen A und B liegt Punkt C. Von B aus trägt man die gegebene Schubspannung τ_{xy} ab, und zwar vertikal nach oben, falls sie im Sinne der Festsetzungen von 3.4 positiv ist, andernfalls nach unten, Endpunkt D. Dann schlägt man um C mit CD als Radius einen Kreis, der die σ-Achse rechts in E (Endpunkt von σ_I bzw. σ_{II}) und links in F (Endpunkt von σ_{II} bzw. σ_{III}) schneidet (vgl. 3.13). Die Verbindungsgerade DE liefert die x- Richtung, wenn die σ-Achse zugleich als Hauptspannungsrichtung I dient.

Bei Anwendung des beschriebenen Verfahrens hat die von der x-Achse zur Hauptachse führende Drehung innerhalb des Mohrschen Diagramms den gleichen Drehsinn, wie im Werkstoff. Ein herausgeschnittenes Rechteck kann stets so neben den Mohrschen Kreis gezeichnet weren, daß die zugehörigen Achsen parallel liegen. Je nachdem σ_x

größer oder kleiner als σ_y und τ_{xy} positiv oder negativ ist, ergeben sich vier typische Fälle, welche in den Abbildungen 3.17, 3.18, 3.19 und 3.20 einzeln demonstriert sind. Zur Kontrolle der jeweiligen Konstruktion sei noch folgende *Regel* angegeben:

Die Hauptachse I erscheint gegenüber der Achse der größeren Normalspannung um einen Winkel, der kleiner als 45° ist, nach der Seite gedreht, nach welcher die Schubspannung zeigt, die mit der größeren Normalspannung am gleichen Schnittufer angreift Die Regel ist in Abb. 3.21 durch Hervorhebung des jeweiligen 45°-Sektors veranschaulicht (dunkel angelegt).

Sind die Hauptspannungen nach Größe und Richtung gegeben, aber die an einer bestimmten Schnittfläche angreifenden Spannungen gesucht (*Aufgaben zweiter Art*), so erhält man die Punkte E und F durch Abtragen der Hauptspannungen. Man schlägt um den in der Mitte zwischen E und F liegenden Punkt C den Kreis CE als Radius. Zur gegebenen x-Richtung legt man durch E eine Parallele, welche den Kreis in D schneidet. Das Lot von D auf die σ-Achse, Fußpunkt B, hat die Länge von τ_{xy}. Der Abstand des Punktes B von der τ-Achse wird gleich σ_y. Die Strecke BC ist über C hinaus abzutragen, Endpunkt A. Der Abstand des Punktes A von der τ-Achse wird gleich σ_x.

Die Handhabung ist nachstehend für einige praktisch wichtige Belastungsfälle durchgeführt. Bei *einachsiger Zugbeanspruchung* (Abb. 3.22) berührt der Kreis die τ-Achse von rechts. Die maximalen Schubspannungen treten unter einem Schnittwinkel von 45° zur Zugrichtung auf und haben — ebenso wie die in denselben Schnitten auftretenden Zugspannungen — den halben Betrag der von außen eingeleiteten Zugspannung (vgl. hierzu 3.3).

Bei *einachsiger Druckbeanspruchung* (Abb. 3.23) berührt der Kreis die τ-Achse von links. Die von außen eingeleitete Druckspannung zählt als dritte Hauptspannung, während die erste und zweite Hauptspannung verschwinden. Die unter 45° auftretenden maximalen Schubspannungen haben — ebenso wie die in denselben Schnitten wirkenden Druckspannungen — den halben Betrag der von außen eingeleiteten Druckspannung.

Bei *zweiachsiger Zug-Druckbeanspruchung von gleichem Betrage* (Abb. 3.24) liegt der Mittelpunkt des Kreises im Koordinatenursprung. Die maximalen Schubspannungen treten unter einem Schnittwinkel von 45° auf und sind dem Betrage nach gleich den von außen eingeleiteten Hauptpannungen. Da für diese Schnittflächen die Normalspannungen verschwinden, liegt für ein unter 45° herausgeschnittenes Element der Sonderfall der *reiner Schubbeanspruchung* vor.

Bei *zweiachsigem Zug von gleichem Betrage in beiden Richtungen* (Abb. 3.25) entartet der Kreis zu einem Punkt, der auf der positiven Seite der σ-Achse liegt. Die aufgebrachten Spannungen bilden die erste und zweite Hauptspannung, während die dritte verschwindet. Alle senkrecht zur dritten Hauptachse gerichteten Normalspannungen sind unabhängig vom Schnittwinkel gleich der von außen eingeleiteten Zugspannung.

Bei *zweiachsigem Druck von gleichem Betrage in beiden Richtungen* (Abb. 3.26) entartet der Kreis zu einem Punkt, der auf der negativen Seite der σ-Achse liegt. Die aufgebrachten Spannungen bilden die zweite und dritte Hauptspannung, während die erste verschwindet. Alle senkrecht zur ersten Hauptachse gerichteten Normalspannungen sind unabhängig vom Schnittwinkel gleich der von außen eingeleiteten Druckspannung.

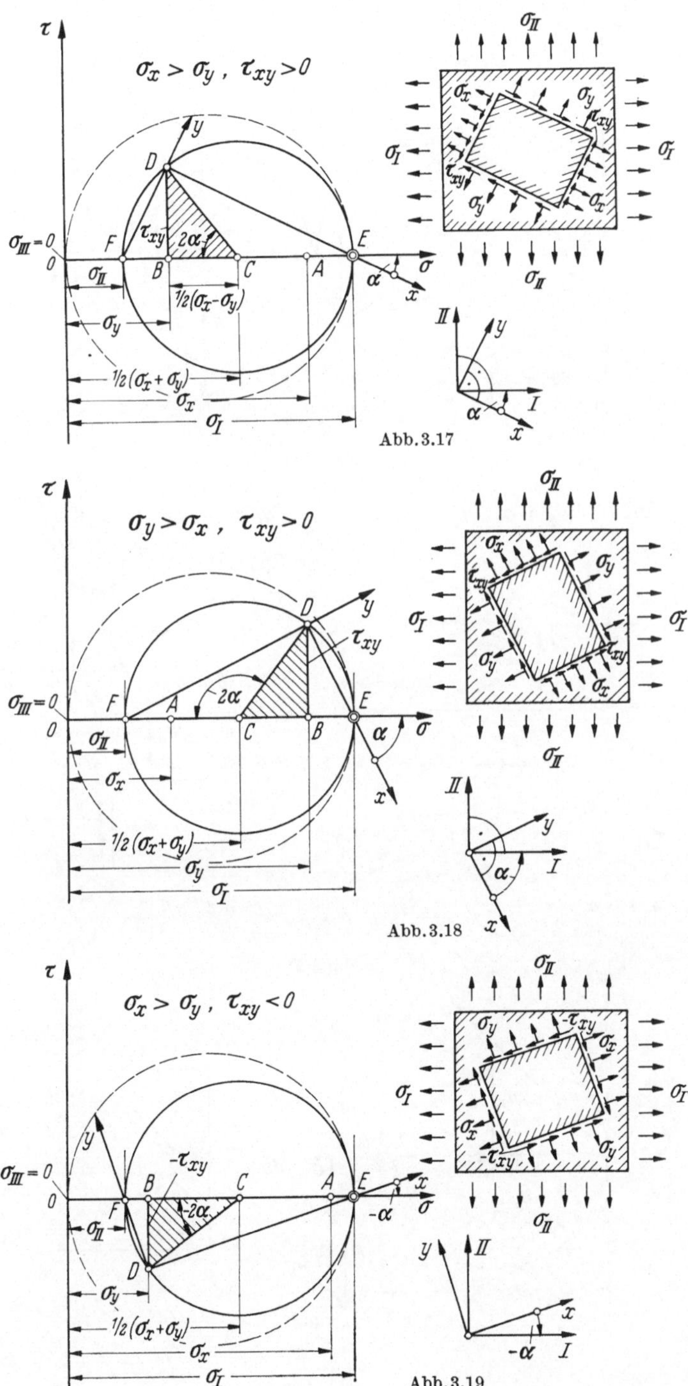

Abb. 3.17

Abb. 3.18

Abb. 3.19

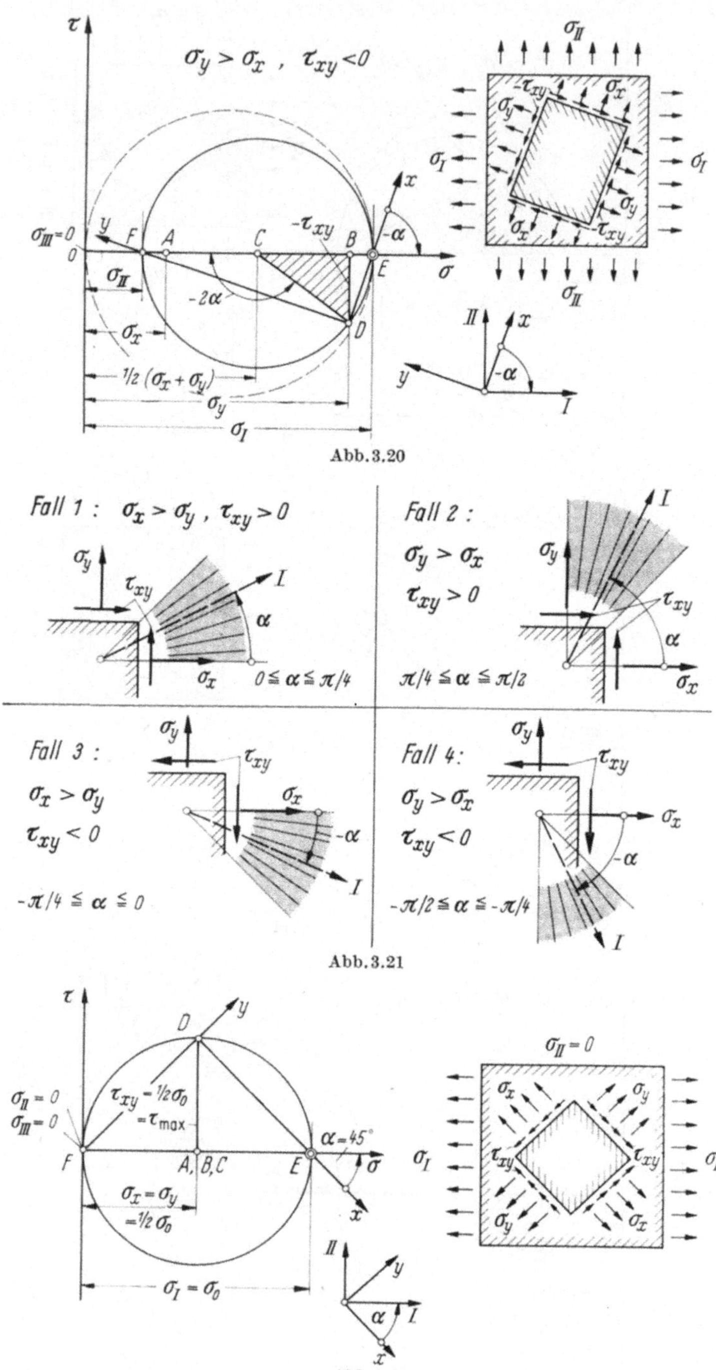

Abb. 3.20

Abb. 3.21

Abb. 3.22

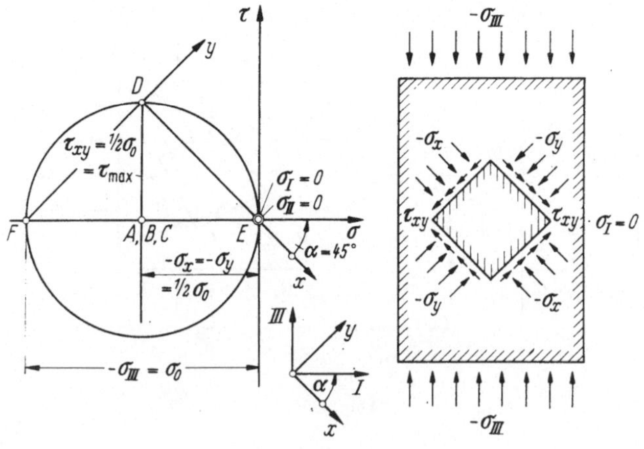

Abb. 3.23

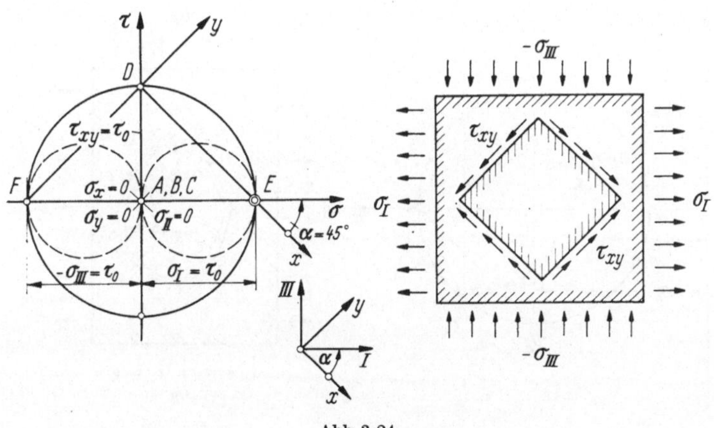

Abb. 3.24

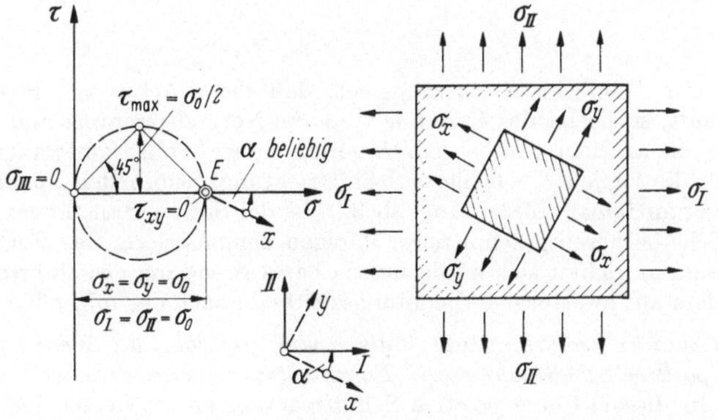

Abb. 3.25

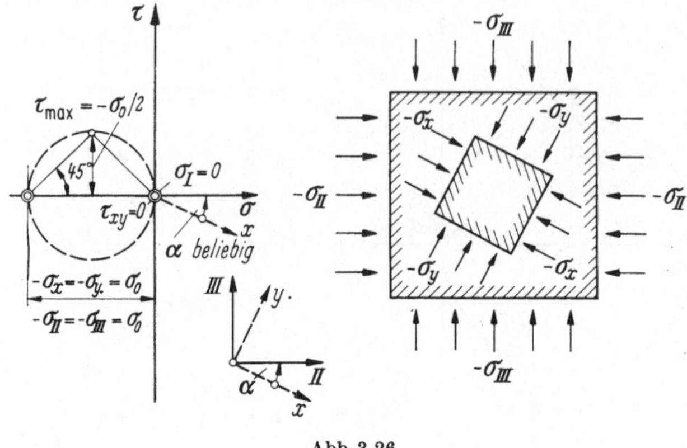

Abb. 3.26

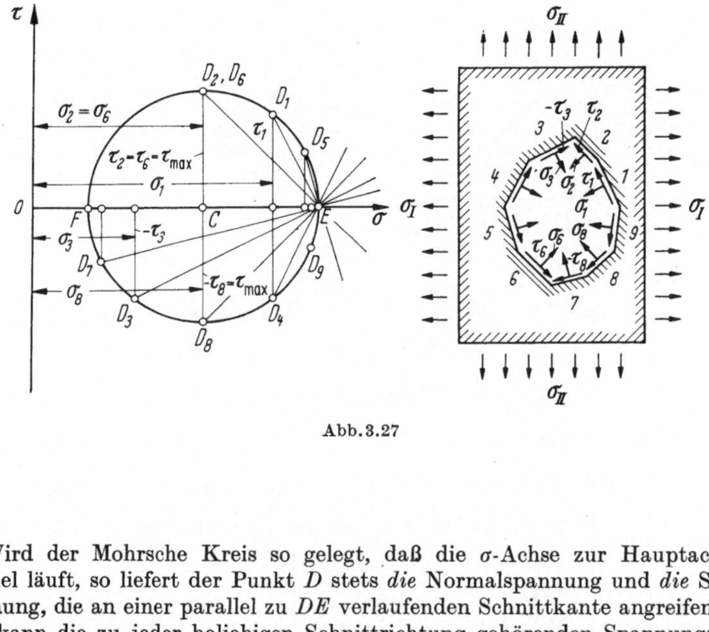

Abb. 3.27

Wird der Mohrsche Kreis so gelegt, daß die σ-Achse zur Hauptachse I parallel läuft, so liefert der Punkt D stets *die* Normalspannung und *die* Schubspannung, die an einer parallel zu DE verlaufenden Schnittkante angreifen, d.h. man kann die zu jeder beliebigen Schnittrichtung gehörenden Spannungskomponenten unmittelbar ablesen. In Abb. 3.27 ist der Sachverhalt für ein willkürlich aus der Scheibe herausgeschnittenes Polygon demonstriert. Das Vorzeichen der Schubspannung richtet sich infolgedessen bei Anwendung des Mohrschen Spannungskreises auf zweiachsige Spannungszustände nach der folgenden Regel:

Fährt man an der Schnittkante entlang und liegt dabei der Werkstoff rechts, so wirkt die positive Schubspannung in Fahrtrichtung, die negative der Fahrtrichtung entgegen. In diesem Sinne positive Schubspannungen erscheinen im Mohrschen Diagramm in der oberen, negative in der unteren Halbebene.

3.15 Beispiele

3.15.1 Ermittlung der Hauptspannungen. Gegeben sind die Spannungskomponenten $\sigma_x = 1050 \text{ kp/cm}^2$, $\sigma_y = 450 \text{ kp/cm}^2$, $\sigma_z = 0$, $\tau_{xy} = 400 \text{ kp/cm}^2$, $\tau_{zx} = 0$, $\tau_{zy} = 0$. Gesucht sind die Hauptspannungen, der Hauptspannungswinkel α, die Hauptschubspannungen, die maximale Schubspannung, die Oktaederschubspannung und die Effektivspannung. Zunächst werden die beiden Hauptspannungen aus (3.13/7) errechnet: $\sigma_I = 1250 \text{ kp/cm}^2$, $\sigma_{II} = 250 \text{ kp/cm}^2$. Aus (3.13/8) folgt $\tan\alpha = 0{,}5$. Es handelt sich daher mit Bezug auf Abb. 3.21 um Fall 1. Die dritte Hauptspannung ist hier $\sigma_{III} = \sigma_z = 0$. Aus (3.11/1) und (3.11/5) ergeben sich die Hauptschubspannungen $\tau_I = 125 \text{ kp/cm}^2$, $\tau_{II} = 625 \text{ kp/cm}^2 = \tau_{\max}$, $\tau_{III} = 500 \text{ kp/cm}^2$. Die Oktaederschubspannung ergibt sich aus (3.10/6): $\tau_0 = 540 \text{ kp/cm}^2$. Die Effektivspannung errechnet sich aus (3.10/8) zu $\sigma_e = 1145 \text{ kp/cm}^2$. Die zeichnerische Lösung entspricht Abb. 3.17.

3.15.2 Ermittlung der Schnittspannungen. Gegeben sind die Hauptspannungen $\sigma_I = 1250 \text{ kp/cm}^2$, $\sigma_{II} = 250 \text{ kp/cm}^2$, $\sigma_{III} = 0$. Gesucht sind die Spannungskomponenten im Schnitt mit $\tan\alpha = -3$. Mit Bezug auf Abb. 3.21 handelt es sich um Fall 3. Wir berechnen zunächst an Hand bekannter Formeln

$$\cos(2\alpha) = (1 - \tan^2\alpha)/(1 + \tan^2\alpha) = -0{,}8$$

und

$$\sin(2\alpha) = 2\tan\alpha/(1 + \tan^2\alpha) = -0{,}6.$$

Aus (3.13/4) errechnen sich $\sigma_x + \sigma_y = 1500 \text{ kp/cm}^2$, $\sigma_y - \sigma_x = 800 \text{ kp/cm}^2$, $\tau_{xy} = -300 \text{ kp/cm}^2$, also $\sigma_y = 1150 \text{ kp/cm}^2$, $\sigma_x = 350 \text{ kp/cm}^2$. Die zeichnerische Lösung entspricht Abb. 3.20.

3.16 Gleichgewichtsbedingungen

Bisher wurden nur Änderungen der Spannungen untersucht, die mit der Drehung der jeweiligen Schnittebene in Zusammenhang stehen. Die Frage einer örtlichen Veränderung des Spannungstensors blieb noch offen. In vielen Fällen bleibt der Spannungstensor wirklich unabhängig vom Ort, so z. B. bei einem Rechtkant, der lückenlos aus einem Werkstoff mit vollkommen gleichmäßiger Beschaffenheit besteht (*Homogenität*) und auf allen Seitenflächen konstant verteilte Spannungen aufnimmt (ein Spannungszustand mit konstanten Spannungskomponenten heißt *homogener Spannungszustand*, vgl. 3.17).

Über die bisherige Betrachtungsweise hinausgehend, sollen nun auch örtliche Veränderungen der Spannungen Berücksichtigung finden. In Abb. 3.28 ist ein Rechtkant gezeichnet, dessen Seitenflächen zu den Achsen des kartesischen Koordinatensystems x, y, z parallel liegen. Die hinten liegende linke untere Ecke soll die Koordinaten x, y, z, die vorn liegende rechte obere Ecke die Koordinaten $x + dx$, $y + dy$, $z + dz$ haben, so daß die Kantenlängen durch die Differentiale dx, dy, dz gegeben sind. Gemäß den in 3.4 vereinbarten Definitionen wirken die vorn angreifenden Spannungskomponenten in Richtung der Koordinaten, die hinten angreifenden entgegengesetzt (vgl. auch Abb. 3.4 und 3.5). Mit Bezug auf die Voraussetzung der stetigen Massenverteilung dürfen die Spannungen, die ja durch Wechselwirkungen von Materieteilchen entstehen, als stetig verteilt, und damit als stetige Funktionen der Koordinaten aufgefaßt werden. Auf den in Abb. 3.28 hinten liegenden Flächen sind dann die Spannungskomponenten Funktionen von x, y, z, auf den vorn liegenden Flächen Funktionen von $x + dx, y, z$ (rechte Seitenfläche) bzw. $x, y + dy, z$ (obere Seitenfläche) bzw. $x, y, z + dz$ (vordere Seitenfläche). Um die Übersichtlichkeit nicht zu beeinträchtigen, wurden in Abb. 3.28 nur die in x-Richtung wirkenden Kräfte eingezeichnet. Das Gleichgewicht in x-Richtung liefert die Bedingung

$$\begin{aligned}[\sigma_x(x + dx, y, z)] &- \sigma_x(x, y, z)]\, dy\, dz \\ &+ [\tau_{yx}(x, y + dy, z) - \tau_{yx}(x, y, z)]\, dz\, dx \\ &+ [\tau_{zx}(x, y, z + dz) - \tau_{zx}(x, y, z)]\, dx\, dy \\ &+ \varrho f_x\, dx\, dy\, dz = 0.\end{aligned} \tag{3.16/1}$$

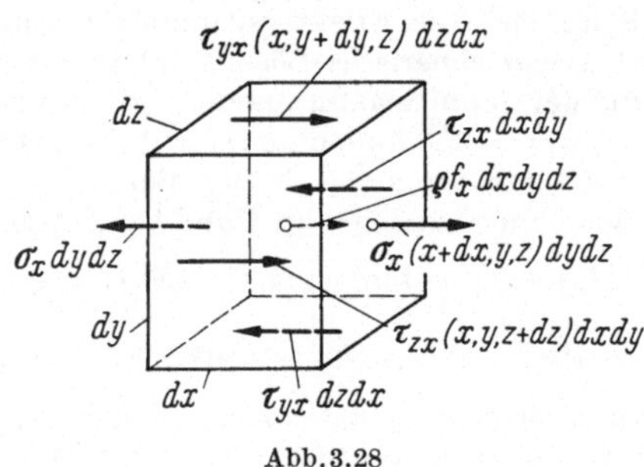

Abb. 3.28

Hierbei ist f_x die x-Komponente der Massenkraft (Massenkräfte entstehen durch physikalische Fernwirkungen, wie Gravitation, Magnetismus usw.) und ϱ die Dichte im deformierten Zustand. Für eine stetige und differenzierbare Funktion $F(x, y, z)$ gilt allgemein

$$\begin{aligned}F(x + dx, y, z) &= F(x, y, z) + \frac{\partial F(x, y, z)}{\partial x}\, dx, \\ F(x, y + dy, z) &= F(x, y, z) + \frac{\partial F(x, y, z)}{\partial y}\, dy, \\ F(x, y, z + dz) &= F(x, y, z) + \frac{\partial F(x, y, z)}{\partial z}\, dz.\end{aligned} \tag{3.16/2}$$

Ähnliche Beziehungen traten in I.9.2 bei den Differentialgleichungen des Balkengleichgewichtes auf; während es sich dort nur um *eine* unabhängige Veränderliche handelte, sind hier die *drei* Veränderlichen x, y, z zu unterscheiden, so daß *partielle* Differentiationen (gekennzeichnet durch das Zeichen ∂) notwendig werden. Bei Anwendung dieser Formeln folgt aus (3.16/1) nach Division durch das Volumelement $dx\, dy\, dz$ die erste der folgenden Gleichungen (die beiden anderen gehen aus den Gleichgewichtsbedingungen für die y- und z-Richtung hervor bzw. ergeben sich durch zyklische Vertauschung):

$$\begin{aligned}\frac{\partial \sigma_x}{\partial x} + \frac{\partial \tau_{yx}}{\partial y} + \frac{\partial \tau_{zx}}{\partial z} + \varrho f_x &= 0, \\ \frac{\partial \tau_{xy}}{\partial x} + \frac{\partial \sigma_y}{\partial y} + \frac{\partial \tau_{zy}}{\partial y} + \varrho f_y &= 0, \\ \frac{\partial \tau_{xz}}{\partial x} + \frac{\partial \tau_{yz}}{\partial y} + \frac{\partial \sigma_z}{\partial z} + \varrho f_z &= 0.\end{aligned} \tag{3.16/3}$$

Zum Übergang auf ein zweites kartesisches Koordinatensystem u, v, w, das gegenüber dem ersten beliebig orientiert ist, ist es zweckmäßig, die in I.4 eingeführte Indexschreibweise anzuwenden. Werden statt x, y, z die lateinischen Zeichen k, m und statt u, v, w die griechischen Zeichen λ, μ verwendet und die Komponenten des Ortsvektors mit r_k statt $r_x = x$, $r_y = y$, $r_z = z$ bzw. r_λ statt $r_u = u$, $r_v = v$, $r_w = w$ bezeichnet, so gilt bei Beachtung der Ortsunabhängigkeit der Richtungskosinus

$$\begin{aligned} r_k &= c_{k\lambda} r_\lambda, \quad dr_k = c_{k\lambda}\, dr_\lambda, \\ r_\lambda &= c_{k\lambda} r_k, \quad dr_\lambda = c_{k\lambda}\, dr_k, \\ \frac{\partial}{\partial r_k} &= \frac{\partial r_\lambda}{\partial r_k} \frac{\partial}{\partial r_\lambda} = c_{k\lambda} \frac{\partial}{\partial r_\lambda}, \\ \frac{\partial}{\partial r_\lambda} &= \frac{\partial r_k}{\partial r_\lambda} \frac{\partial}{\partial r_k} = c_{k\lambda} \frac{\partial}{\partial r_k}. \end{aligned} \tag{3.16/4}$$

Die partiellen Differentialoperatoren haben daher Vektoreigenschaft (bezüglich der Definition des Vektors durch seine projektiven Eigenschaften vgl. I.4). Der zugehörige Vektor ist

$$\begin{aligned} \nabla &= \boldsymbol{e}_x \frac{\partial}{\partial x} + \boldsymbol{e}_y \frac{\partial}{\partial y} + \boldsymbol{e}_z \frac{\partial}{\partial z} = \boldsymbol{e}_k \frac{\partial}{\partial r_k} \\ &= \boldsymbol{e}_u \frac{\partial}{\partial u} + \boldsymbol{e}_v \frac{\partial}{\partial v} + \boldsymbol{e}_w \frac{\partial}{\partial w} = \boldsymbol{e}_\lambda \frac{\partial}{\partial r_\lambda} \end{aligned} \tag{3.16/5}$$

und heißt *Nablavektor*. Zur Abkürzung soll

$$\frac{\partial A}{\partial r_k} = A_{,k}; \quad \frac{\partial B}{\partial r_\lambda} = B_{,\lambda} = B_{,k}\, c_{k\lambda} \tag{3.16/6}$$

geschrieben werden. Dann folgen aus (3.16/3) die *Gleichgewichtsbedingungen* in der Form

$$\tau_{km,k} + \varrho f_m = 0 \tag{3.16/7}$$

oder

$$\tau_{\lambda\mu,\lambda} + \varrho f_\mu = 0. \tag{3.16/8}$$

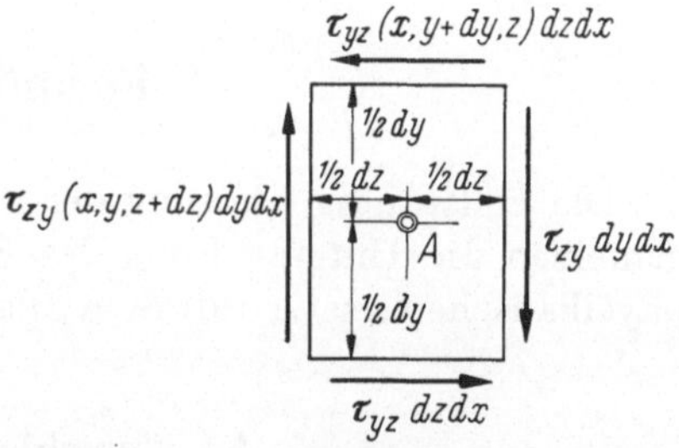

Abb. 3.29

Die zweite Form geht aus (3.16/7) mit Hilfe von (3.16/4) und (3.6/5) (Multiplikation mit $c_{m\mu}$ und Summation über m) hervor. Wird (3.16/7) noch mit dem Einheitsvektor $\boldsymbol{e}_m$ multipliziert (Summation über m), so folgt mit Einführung des Spannungsvektors gemäß (3.5/3), sowie des Massenkraftvektors $\boldsymbol{f} = \boldsymbol{e}_m f_m$ die *vektorielle Gleichgewichtsbedingung*

$$\boldsymbol{s}_{k,k} + \varrho \boldsymbol{f} = 0. \tag{3.16/9}$$

Andererseits folgt aus (3.16/8) durch Multiplikation mit $\boldsymbol{e}_\mu$ (Summation über μ) und Einführung des Spannungsvektors gemäß (3.5/6):

$$\boldsymbol{s}_{\lambda,\lambda} + \varrho \boldsymbol{f} = 0. \tag{3.16/10}$$

Das Kräftespiel am Rechtkant läßt besonders deutlich erkennen, daß die Symmetrie des Spannungstensors auch bei Vorhandensein von Massenkräften gewährleistet ist. Abb. 3.29 zeigt die Projektion des Rechtskants auf die y, z-Ebene, wobei nur die Kräfte eingezeichnet wurden, die in bezug auf eine durch den Mittelpunkt A des Rechtkants in x-Richtung gelegte Drehachse ein Moment besitzen. Da die Vektoren aller Normalkräfte durch diese Drehachse gehen, ebenso auch die Vektoren der an den Flächen $x = \text{const}$ angreifenden Schubkräfte, sowie der Vektor der Massenkraft, verbleiben nur die Momente der eingezeichneten Schubkräfte. Der Momentensatz liefert

$$[\tau_{yz} - \tau_{zy} + \tau_{yz}(x, y + dy, z) - \tau_{zy}(x, y, z + dz)] \frac{1}{2} dx\, dy\, dz = 0.$$

Nach Division durch das Volumelement erkennt man, daß Glieder auftreten, die beim Vergleich mit den übrigen infinitesimal klein sind; es ergibt sich wieder $\tau_{yz} = \tau_{zy}$ in Übereinstimmung mit (3.4/2).

3.17 Homogener Spannungszustand

Sind die auf kartesische Koordinaten bezogenen Spannungskomponenten konstant, so liegt ein *homogener Spannungszustand* vor; es verschwinden sämtliche Differentialquotienten $\frac{\partial \sigma_x}{\partial x}$, $\frac{\partial \tau_{xy}}{\partial x}$ usw., und die Gleichgewichtsbedingungen (3.16/7) sind nur erfüllt, wenn der Massenkraftvektor verschwindet. *Ein homogener Spannungszustand ist daher nur möglich, wenn keine Massenkräfte vorhanden sind.*

4 Formänderung

Die vollständige Lösung der Spannungsprobleme erfordert im allgemeinen die Untersuchung des Formänderungsvorganges, der durch physikalische Gesetze mit dem Spannungstensor kausal verknüpft ist.

4.1 Verschiebungsvektor

Bei der geometrischen Beschreibung des Formänderungsvorganges müssen die Koordinaten des deformierten und des undeformierten Körpers voneinander unterschieden werden. Das raumfeste Koordinatensystem x, y, z diente im vorigen Abschnitt zur Beschreibung des Spannungszustandes, also des Zustandes *nach* Aufbringen der Belastung und damit *nach* Eintritt der durch diese Belastung unmittelbar hervorgerufenen Formänderung. Daher gelten die Koordinaten x, y, z für den *deformierten* Körper. Die Koordinaten des undeformierten Körpers, d.h. des Körpers *vor* Aufbringung der Belastung seien mit x^*, y^*, z^* bezeichnet. Ein beliebiger Körperpunkt geht während der Formänderung von der Lage A^* in die Lage A über; der von A^* nach A führende Vektor ist der *Verschiebungsvektor* $\boldsymbol{V}$. Mit Bezug auf Abb. 4.1 gilt

$$\boldsymbol{V} = \boldsymbol{r} - \boldsymbol{r}^*. \tag{4.1/1}$$

Für die Darstellung der Ortsvektoren von A^* und A, sowie des Verschiebungsvektors $\boldsymbol{V}$ durch ihre Komponenten (vgl. I.3.1) gilt

$$\begin{aligned} \boldsymbol{r}^* &= \boldsymbol{e}_x x^* + \boldsymbol{e}_y y^* + \boldsymbol{e}_z z^*, \quad \boldsymbol{r} = \boldsymbol{e}_x x + \boldsymbol{e}_y y + \boldsymbol{e}_z z, \\ \boldsymbol{V} &= \boldsymbol{e}_x V_x + \boldsymbol{e}_y V_y + \boldsymbol{e}_z V_z. \end{aligned} \tag{4.1/2}$$

Damit folgt aus (4.1/1) für die Komponenten des Verschiebungsvektors

$$V_x = x - x^*, \; V_y = y - y^*, \; V_z = z - z^*. \tag{4.1/3}$$

4.2 Verzerrungstensor

Ein zu A infinitesimal benachbarter Körperpunkt B befand sich vor der Formänderung an der Stelle B^*; sein Ortsvektor ist $\boldsymbol{r} + d\boldsymbol{r}$, bzw. vorher $\boldsymbol{r}^* + d\boldsymbol{r}^*$. Aus Abb. 4.1 erkennt man die Identität

$$d\boldsymbol{r}^* + \boldsymbol{V} + d\boldsymbol{V} = d\boldsymbol{r} + \boldsymbol{V}; \tag{4.2/1}$$

mithin gilt

$$d\boldsymbol{r}^* = d\boldsymbol{r} - d\boldsymbol{V}, \tag{4.2/2}$$

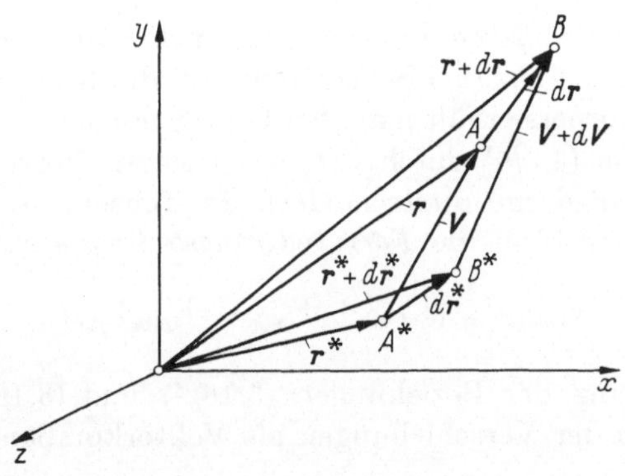

Abb. 4.1

was auch aus (4.1/1) durch Bildung der Differentiale hervorgeht. Die halbe Differenz der Quadrate der Linienelemente AB und A^*B^* wird mit Anwendung von (4.2/2)

$$\begin{aligned} \frac{1}{2}\left[(d\boldsymbol{r})^2 - (d\boldsymbol{r}^*)^2\right] &= \frac{1}{2}\left[(dr)^2 - (dr^*)^2\right] = (d\boldsymbol{r} - d\boldsymbol{r}^*)\,(d\boldsymbol{r} + d\boldsymbol{r}^*)/2 \\ &= d\boldsymbol{r}\, d\boldsymbol{V} - \frac{1}{2}(d\boldsymbol{V})^2. \end{aligned} \tag{4.2/3}$$

Infolge der vorausgesetzten stetigen Materieverteilung kann auch der Formänderungsvorgang als stetig angesehen werden. Dann können auch die Komponenten des Verschiebungsvektors als eindeutige, stetige und differenzierbare Funktionen der Koordinaten x, y, z aufgefaßt werden, so daß

$$d\boldsymbol{V} = \frac{\partial \boldsymbol{V}}{\partial x} dx + \frac{\partial \boldsymbol{V}}{\partial y} dy + \frac{\partial \boldsymbol{V}}{\partial z} dz$$
$$= \boldsymbol{e}_x\left(\frac{\partial V_x}{\partial x} dx + \frac{\partial V_x}{\partial y} dy + \frac{\partial V_x}{\partial z} dz\right) + \boldsymbol{e}_y\left(\frac{\partial V_y}{\partial x} dx + \frac{\partial V_y}{\partial y} dy + \frac{\partial V_y}{\partial z} dz\right)$$
$$+ \boldsymbol{e}_z\left(\frac{\partial V_z}{\partial x} dx + \frac{\partial V_z}{\partial y} dy + \frac{\partial V_z}{\partial z} dz\right) \qquad (4.2/4)$$

zu setzen ist. Aus (4.2/3) folgt hiermit

$$\frac{1}{2}[(dr)^2 - (dr^*)^2] = e_{xx}(dx)^2 + e_{yy}(dy)^2 + e_{zz}(dz)^2 + 2(e_{xy}\,dx\,dy + e_{yz}\,dy\,dz + e_{zx}\,dz\,dx). \qquad (4.2/5)$$

Die Größen

$$e_{xx} = \frac{\partial V_x}{\partial x} - \frac{1}{2}\left[\left(\frac{\partial V_x}{\partial x}\right)^2 + \left(\frac{\partial V_y}{\partial x}\right)^2 + \left(\frac{\partial V_z}{\partial x}\right)^2\right],$$
$$e_{xy} = \frac{1}{2}\left[\frac{\partial V_x}{\partial y} + \frac{\partial V_y}{\partial x} - \frac{\partial V_x}{\partial x}\frac{\partial V_x}{\partial y} - \frac{\partial V_y}{\partial x}\frac{\partial V_y}{\partial y} - \frac{\partial V_z}{\partial x}\frac{\partial V_z}{\partial y}\right] \text{usw.} \qquad (4.2/6)$$

nennt man *Verzerrungskomponenten* oder auch *Komponenten des Eulerschen Verzerrungstensors* (bei Bezugnahme auf die Koordinaten des undeformierten Körpers erhält man den Lagrangeschen[1] Verzerrungstensor, der sich von (4.2/6) durch entgegengesetzte Vorzeichen bei den nichtlinearen Gliedern unterscheidet). In Tensorschreibweise folgen mit Bezug auf (3.16/6) die *Formänderungsbedingungen*

$$e_{km} = \frac{1}{2}(V_{k,m} + V_{m,k} - V_{p,m}V_{p,k}). \qquad (4.2/7)$$

Bei Beachtung der Beziehungen (3.16/4) und (3.16/5) sowie der Transformation der Verschiebungen als Vektorkomponenten gemäß

$$V_k = c_{k\lambda}V_\lambda \qquad (4.2/8)$$

geht (4.2/7) über in (weitere griechische Indizes μ, ϱ, ξ für u, v, w)

$$e_{km} = c_{k\lambda}c_{m\mu}\cdot\frac{1}{2}(V_{\lambda,\mu} + V_{\mu,\lambda} - c_{p\varrho}c_{p\xi}V_{\varrho,\lambda}V_{\xi,\mu}) \,. \qquad (4.2/9)$$

bzw. bei Anwendung der Orthogonalitätsregel $c_{p\varrho}c_{p\xi} = \delta_{\varrho\xi}$:

$$e_{km} = c_{k\lambda}c_{m\mu}\cdot\frac{1}{2}(V_{\lambda,\mu} + V_{\mu,\lambda} - V_{\varrho,\lambda}V_{\varrho,\mu}). \qquad (4.2/10)$$

Der halbe Inhalt der Klammer ist aber mit den Verzerrungskomponenten

$$e_{\lambda\mu} = \frac{1}{2}(V_{\lambda,\mu} + V_{\mu,\lambda} - V_{\varrho,\lambda}V_{\varrho,\mu}) \qquad (4.2/11)$$

---

[1] Joseph Louis Comte de Lagrange (geb. 1736 in Turin, gest. 1813 in Paris).

identisch, die auf das kartesische Koordinatensystem u, v, w bezogen sind, wie der Vergleich mit (4.2/7) erkennen läßt. Daher gilt

$$e_{km} = c_{k\lambda} c_{m\mu} e_{\lambda\mu}. \tag{4.2/12}$$

Diese Beziehung ist äquivalent der Definitionsgleichung I (4.2/1) des Tensors zweiter Stufe; *die Verzerrungskomponenten bilden daher einen Tensor zweiter Stufe* (auch mittels der Invarianz des in (4.2/5) gegebenen Ausdruckes $e_{km}\, dr_k\, dr_m$ kann auf die Tensoreigenschaft der Größen e_{km} geschlossen werden). Aus (4.2/6) bzw. (4.2/7) ersieht man, daß der so eingeführte Verzerrungstensor *symmetrisch* ist (Vertauschbarkeit seiner beiden Indizes)[1].

Die Komponenten des Verzerrungstensors stehen in unmittelbarem Zusammenhang mit Größen, die einer direkten Messung zugänglich sind. Ein Linienelement, das nach der Formänderung der Größe und Richtung nach mit dx identifiziert werden kann, hatte wegen $dy = dz = 0$, $dr = dx$ vor der Formänderung mit Bezug auf (4.2/5) die Länge $dr^* = dx\sqrt{1 - 2e_{xx}}$. *Man definiert nun das Verhältnis der Verlängerung einer Strecke zu ihrer ursprünglichen Länge als Dehnung*; die Dehnung ist daher durch Messung dieser Strecke vor und nach der Formänderung, d.h. *experimentell* bestimmbar. Für die Dehnung in x-Richtung ergibt sich mithin die erste der folgenden Gleichungen (die beiden anderen folgen durch zyklische Vertauschung):

$$\varepsilon_x = (dx - dr^*)/dr^* = (1/\sqrt{1 - 2e_{xx}}) - 1,$$
$$\varepsilon_y = (1/\sqrt{1 - 2e_{yy}}) - 1, \quad \varepsilon_z = (1/\sqrt{1 - 2e_{zz}}) - 1. \tag{4.2/13}$$

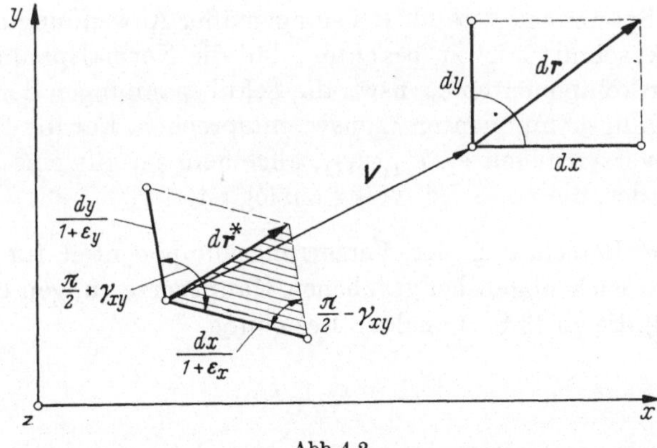

Abb. 4.2

Ein Linienelement, das nach der Formänderung in der x, y-Ebene liegt, also nur die Komponenten dx und dy besitzt, hatte vor der Formänderung die Kom-

[1] Die Frage, ob der so eingeführte *symmetrische* Verzerrungstensor für die vollständige Beschreibung der Deformation ausreicht, wird in 4.4 behandelt.

ponenten $dx/(1+\varepsilon_x)$ und $dy/(1+\varepsilon_y)$, welche im allgemeinen keinen rechten Winkel bildeten. Bezeichnen wir diesen Winkel mit $\pi/2+\gamma_{xy}$, so entspricht γ_{xy} der *Winkeländerung*. Aus der Anwendung des Kosinussatzes für das in Abb. 4.2 schraffierte Dreieck ergibt sich:

$$(dr^*)^2 = \left(\frac{dx}{1+\varepsilon_x}\right)^2 + \left(\frac{dy}{1+\varepsilon_y}\right)^2 + \frac{2dx\,dy}{(1+\varepsilon_x)(1+\varepsilon_y)}\sin\gamma_{xy}. \qquad (4.2/14)$$

Andererseits folgt aus (4.2/5) mit $(d\boldsymbol{r})^2 = (dx)^2 + (dy)^2$:

$$(dr^*)^2 = (1-2e_{xx})(dx)^2 + (1-2e_{yy})(dy)^2 - 4e_{xy}\,dx\,dy. \qquad (4.2/15)$$

Mithin gilt

$$\sin\gamma_{xy} = 2(1+\varepsilon_x)(1+\varepsilon_y)\,e_{xy}. \qquad (4.2/16)$$

Die Komponenten e_{xx}, e_{yy}, e_{zz} stehen daher mit den *Dehnungen* ε_x, ε_y, ε_z und die Komponenten e_{xy}, e_{yz}, e_{zx} mit den *Winkeländerungen* $\gamma_{xy}, \gamma_{yz}, \gamma_{zx}$ in Zusammenhang.

Als symmetrischer Tensor zweiter Stufe hat der Verzerrungstensor im übrigen dieselben Eigenschaften wie der Spannungstensor. Es existieren also drei zueinander senkrechte Hauptachsen, die *Verzerrungshauptachsen* oder auch *Dehnungshauptachsen* genannt werden. Für diese Achsen verschwinden die gemischten Komponenten des Verzerrungstensors, mithin auch die Winkeländerungen, so daß die Orthogonalität der Dehnungshauptachsen bei der Verformung solange erhalten bleibt, als sich die Verteilung der Verzerrungen nicht ändert. Die Lage der Dehnungshauptachsen läßt sich in derselben Weise ermitteln wie die der Spannungshauptachsen; ebenso läßt sich der allgemeine räumliche Verzerrungszustand in derselben Weise durch Kreise darstellen, wie der räumliche Spannungszustand. Bei sinngemäßer Anwendung der Ergebnisse aus Abschnitt 3 ist zu beachten, daß die Normalspannungen den Verzerrungskomponenten e_{xx} usw., die Schubspannungen den gemischten Verzerrungskomponenten e_{xy} usw. entsprechen. Für die Ermittluug der Hauptverzerrungen e_I, e_{II}, e_{III}, allgemein $e_{(\lambda)}$ gilt eine Gleichuug dritten Grades, die zu (3.7/6) völlig analog ist.

Für die Berechnung der Verzerrungskomponenten für beliebige orthogonale Richtungen bei gegebenen Hauptverzerrungen ergibt sich aus (4.2/12) die zu (3.8/1) analoge Beziehung

$$e_{km} = c_{k\lambda} c_{m\lambda} e_{(\lambda)}. \qquad (4.2/17)$$

Von den Dehnungshauptachsen wird, ebenso wie von den Spannungshauptachsen ein Oktaeder gebildet, das dadurch gekennzeichnet ist, daß die Normalen der Seitenflächen mit den Dehnungshauptachsen gleiche Winkel bilden (dieses *Dehnungsoktaeder* hat dieselbe Form wie das in Abb. 3.11 dargestellte Spannungsoktaeder). Die maximale Winkeländerung in Ebenen, orthogonal zu einer Oktaederseite wird analog zu (3.10/6)[1]:

$$\gamma_0 = \frac{2}{3}\sqrt{(e_I - e_{II})^2 + (e_{II} - e_{III})^2 + (e_{III} - e_I)^2} \qquad (4.2/18)$$

$$= \frac{2}{3}\sqrt{(e_{xx} - e_{yy})^2 + (e_{yy} - e_{zz})^2 + (e_{zz} - e_{xx})^2 + 6(e_{xy}^2 + e_{yz}^2 + e_{zx}^2)}.$$

4.3 Linearer Verzerrungstensor

Bei vielen technischen Werkstoffen, insbesondere bei Stahl, bleiben die Formänderungen innerhalb des durch die Sicherheitsvorschriften begrenzten Belastungsbereiches sehr klein. Dadurch bietet sich die Möglichkeit zu wesentlichen Vereinfachungen. Kann angenommen werden, daß nicht nur die Verzerrungskomponenten, sondern auch alle Ableitungen des Verschiebungsvektors klein gegenüber Eins bleiben, so gehen die Beziehungen (4.2/6) in die schon von CAUCHY aufgestellte lineare Form

$$e_{xx} = \frac{\partial V_x}{\partial x}, \; e_{xy} = \frac{1}{2}\left(\frac{\partial V_x}{\partial y} + \frac{\partial V_y}{\partial x}\right), \text{ usw.} \qquad (4.3/1)$$

über. In Tensorschreibweise erhält man die *linearen Formänderungsbedingungen* in der Form

$$e_{km} = \frac{1}{2}(V_{k,m} + V_{m,k}). \qquad (4.3/2)$$

Aus (4.2/13) folgen im Rahmen der Linearisierung

$$e_{xx} = \varepsilon_x, \; e_{yy} = \varepsilon_y, \; e_{zz} = \varepsilon_z, \qquad (4.3/3)$$

d.h. diese Verzerrungskomponenten sind direkt mit den Dehnungen identisch; ebenso werden auch die Hauptverzerrungen e_I, e_{II}, e_{III}, allgemein $e_{(\lambda)}$ gleich den Hauptdehnungen ε_I, ε_{II}, ε_{III}, allgemein $\varepsilon_{(\lambda)}$. Durch Linearisierung von (4.2/16) folgen weiter:

$$e_{xy} = \frac{1}{2}\gamma_{xy}, \; e_{yz} = \frac{1}{2}\gamma_y, \; e_{zx} = \frac{1}{2}\gamma_{zx}. \qquad (4.3/4)$$

Hieraus erkennt man, daß die gemischten Verzerrungskomponenten mit den *halben* Winkeländerungen identisch sind.

4.4 Zusammenhang zwischen linearer Verzerrung und Drehung

Die grundlegende Bedeutung der gewonnenen Beziehungen rechtfertigt eine Vertiefung der Darstellung; dabei bietet sich Gelegenheit, auf den Begriff der *Drehung* einzugehen. Auch die in 4.2 (Fußnote) angeschnittene Frage, ob die Einführung eines symmetrischen Verzerrungstensors zur mathematischen Beschreibung des Deformationsvorganges ausreicht, läßt sich dabei erörtern.

---

[1] Hierbei tritt zusätzlich der Faktor 2 auf, weil γ_0 als Winkeländerung der zweifachen Verzerrungskomponente entspricht [vgl. (4.3/4)].

In Abb. 4.3 ist die Bewegung eines Zweibeins, projiziert auf die x, y-Ebene, dargestellt; es sei von den Linienelementen dx und dy (nach der Verformung), bzw. $dx/(1 + \varepsilon_x)$ und $dy/(1 + \varepsilon_y)$ (vor der Verformung) gebildet. Wird zunächst vom unverformten Zustand aus eine Parallelverschiebung vorgenommen (gemeinsame Verschiebung aller Punkte ist $\boldsymbol{V}$), so kommt das Zweibein mit den strichpunktiert eingezeichneten Geraden zur Deckung. Durch die anschließende Drehung um den Winkel φ_z, der so klein sei, daß er noch als Komponente eines Drehvektors gelten kann (Linearisierung, vgl. I.20.2), geht das Zweibein in die

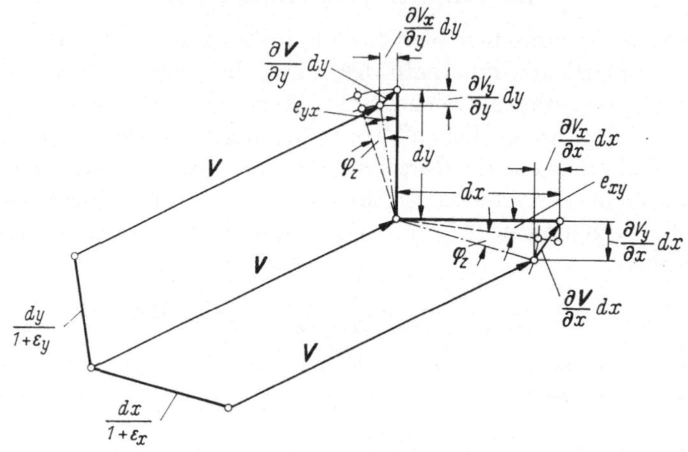

Abb. 4.3

gestrichelt eingezeichnete Lage über. Bei diesen Bewegungen verhält sich das Zweibein noch wie ein starrer Körper, so daß die Längen und der rechte Winkel erhalten geblieben sind. Die nun folgende *Deformation* läßt sich durch vier Effekte kennzeichnen: Dehnung von $dx/(1 + \varepsilon_x)$ in die Länge dx und Drehung um die kleine Winkeländerung e_{xy} im positiven Sinne, Dehnung von $dy/(1 + \varepsilon_y)$ in die Länge dy und Drehung um die kleine Winkeländerung e_{yx} im negativen Sinne (wie in 4.2 werden Winkeländerungen im Sinne der deformationsbedingten Verkleinerung des Zweibeinwinkels positiv eingeführt). Wie aus Abb. 4.3 zu erkennen ist, hat sich das eine Linienelement dx insgesamt im positiven Sinne um einen Winkel gedreht, der innerhalb der Linearisierung mit $\partial V_y/\partial x$ identisch ist, das Linienelement dy um einen Winkel, der im Rahmen der Linearisierung mit $\partial V_x/\partial y$ identifiziert werden kann. Mithin bestehen die Beziehungen:

$$e_{xy} = \frac{\partial V_y}{\partial x} - \varphi_z, \quad e_{yx} = \frac{\partial V_x}{\partial y} + \varphi_z. \tag{4.4/1}$$

Man erkennt, daß bei dieser Betrachtung, die von der Bewegung als starrer Körper ausgeht, die Winkeländerungen e_{xy} und e_{yx} im allgemeinen *verschiedene* Werte haben können. Für die Dehnung in x-Richtung gilt innerhalb der Linearisierung (in Übereinstimmung mit 4.3)

$$\varepsilon_x = e_{xx} = \frac{\partial V_x}{\partial x}. \tag{4.4/2}$$

Die analogen Beziehungen für Zweibeine, die auf die y, z- bzw. z, x-Ebene projiziert sind, ergeben sich durch zyklische Vertauschung der in (4.4/1) und (4.4/2) auftretenden Indizes. Die Größen e_{xx}, e_{xy} usw. bilden offenbar die Komponenten eines im allgemeinen unsymmetrischen Verzerrungstensors, der sich mit (4.6/4) in der Form

$$e_{km} = V_{m,k} + \varepsilon_{kmq}\varphi_q \tag{4.4/3}$$

darstellen läßt [vgl. auch I (4.1/16)]. Aus den Beziehungen (4.4/1) folgt

$$\varphi_z = \frac{1}{2}(e_{yx} - e_{xy} + V_{y,x} - V_{x,y}). \tag{4.4/4}$$

Mithin gilt allgemein für den Drehvektor

$$\varphi_k = \frac{1}{2}\varepsilon_{kpq}(e_{qp} + V_{q,p}). \tag{4.4/5}$$

Hieraus ist zu erkennen, daß der Drehvektor durch die antimetrischen Komponenten des Verzerrungstensors beeinflußt wird. Bei Aufstellung der Stoffgesetze, die den kausalen Zusammenhang zwischen Spannungen und Verzerrungen regeln, zeigt sich aber, daß ein symmetrischer Spannungstensor nur mit symmetrischen Komponenten des Verzerrungstensors in kausalem Zusammenhang stehen kann. Durch Vernachlässigung der Momentenspannungen hatte sich in 3.4 aus der Momentengleichung die Symmetrie des Spannungstensors ergeben, in Übereinstimmung mit den Konzeptionen der klassischen Kontinuumsmechanik. *Da in dieser die Stoffgesetze nur Aussagen für die symmetrischen Komponenten des Verzerrungstensors enthalten, ist es für die Lösung des Spannungs- und Verschiebungsproblems gleichgültig, ob ein symmetrischer oder unsymmetrischer Verzerrungstensor eingeführt wird.* Die antimetrischen Komponenten des Verzerrungstensors und der von ihnen abhängende Drehvektor bleiben daher in den aufgestellten Gleichungen (4.4/1) bis (4.4/5) unbestimmt. Erst eine zusätzliche, über die bisherige Untersuchung hinausgehende Überlegung, z.B. der folgenden Art, kann zu einer weiteren Bestimmungsgleichung führen. Um die an einer beliebigen Stelle im Innern auftretende Drehung zu messen, sei an der betreffenden Stelle des Kontinuums ein kleiner starrer Körper plaziert, dessen räumliche Bewegung während der Deformation beobachtet wird. Um Richtungseinflüsse auszuschalten, sei angenommen, daß es sich um eine kleine Kugel handelt. Die Verschiebungen der Oberflächenpunkte der Kugel werden um so genauer mit den entsprechenden Verschiebungen des Kontinuums übereinstimmen, je kleiner der Kugelradius ist. Beim Grenzübergang zu einem verschwindend kleinen Kugelradius werden infolge der vorausgesetzten stetigen Verformung die Verschiebungen und Verschiebungsableitungen im Kugelmittelpunkt für Kugel und Kontinuum übereinstimmen. Für die Drehung der Kugel gilt aber als Drehung eines starren Körpers die Beziehung I (20.2/2), also mit $\boldsymbol{V} - \boldsymbol{V}_0$ statt $d\boldsymbol{r}$, $\boldsymbol{\varphi}$ statt $d\boldsymbol{\varphi}$ und $\boldsymbol{r} - \boldsymbol{r}_0$ statt $\boldsymbol{r}$ (der Index 0 bezieht sich auf den Kugelmittelpunkt)

$$\boldsymbol{V} - \boldsymbol{V}_0 = \boldsymbol{\varphi} \times (\boldsymbol{r} - \boldsymbol{r}_0). \tag{4.4/6}$$

Für eine Drehung um die z-Achse folgen daher

$$V_x - V_{x0} = -\varphi_z(y - y_0), \quad V_y - V_{y0} = \varphi_z(x - x_0). \tag{4.4/7}$$

Nach Einsetzen in (4.4/4) ergibt sich $e_{xy} = e_{yx}$, d.h. *der Verzerrungstensor ist auf Grund dieser Überlegung als symmetrisch anzusehen*:

$$e_{km} = e_{mk} = (e_{km} + e_{mk})/2. \tag{4.4/8}$$

Beim Einsetzen von (4.4/3) in den rechts stehenden Ausdruck entfällt das den Drehvektor enthaltende antimetrische Glied, und die rein geometrisch abgeleitete Beziehung (4.3/2) wird so bestätigt.

Andererseits entfällt damit für den Drehvektor der Einfluß des Verzerrungstensors, und (4.4/5) geht in

$$\varphi_k = \frac{1}{2}\varepsilon_{kpq}V_{q,p} \tag{4.4/9}$$

über. Die Komponenten des Drehvektors sind

$$\varphi_x = \frac{1}{2}\left(\frac{\partial V_z}{\partial y} - \frac{\partial V_y}{\partial z}\right), \quad \varphi_y = \frac{1}{2}\left(\frac{\partial V_x}{\partial z} - \frac{\partial V_z}{\partial x}\right), \quad \varphi_z = \frac{1}{2}\left(\frac{\partial V_y}{\partial x} - \frac{\partial V_x}{\partial y}\right). \tag{4.4/10}$$

Nach Multiplikation mit den Einheitsvektoren ergibt sich die Determinantendarstellung

$$\boldsymbol{\varphi} = \frac{1}{2}\begin{vmatrix} \boldsymbol{e}_x & \boldsymbol{e}_y & \boldsymbol{e}_z \\ \dfrac{\partial}{\partial x} & \dfrac{\partial}{\partial y} & \dfrac{\partial}{\partial z} \\ V_x & V_y & V_z \end{vmatrix}. \tag{4.4/11}$$

Mit Bezug auf (3.16/5) und I (3.3/4) kann der Drehvektor mithin als halbes Vektorprodukt des Nablavektors mit dem Verschiebungsvektor geschrieben werden:

$$\boldsymbol{\varphi} = \frac{1}{2}\nabla \times \boldsymbol{V}. \tag{4.4/12}$$

Die durch (4.4/11) bzw. (4.4/12) definierte Rechenoperation heißt *Rotation*. Durch skalare Multiplikation mit $\boldsymbol{e}_k$ entsteht die Komponente des Drehvektors in k-Richtung

$$\varphi_k = \frac{1}{2}\boldsymbol{e}_k(\nabla \times \boldsymbol{V}) = \frac{1}{2}[\boldsymbol{e}_k, \nabla, \boldsymbol{V}] \tag{4.4/13}$$

in Übereinstimmung mit (4.4/9) [vgl. I (4.1/18)].

Die Formel (4.4/12) findet u. a. in der Strömungsmechanik ihre Anwendung; dabei ist der Verschiebungsvektor durch den Geschwindigkeitsvektor, der Verzerrungstensor durch den Tensor der Verzerrungsgeschwindigkeiten und der Drehvektor durch den Wirbelvektor zu ersetzen. Der rein geometrische Aufbau dieser Formel sollte aber nicht darüber hinwegtäuschen, daß sie sich auf einer unvollständigen Materievorstellung gründet[1].

4.5 Lineare Volumdehnung

Mit Bezug auf Abb. 4.4 sei ein kleiner Rechtkant längs der Dehnungshauptachsen herausgeschnitten; seine Kanten hatten vor der Verformung die Längen a^*, b^*, c^*. Nach der Verformung sind die Kantenlängen $a = (1 + \varepsilon_I)\,a^*$, $b = (1 + \varepsilon_{II})\,b^*$, $c = (1 + \varepsilon_{III})\,c^*$. Das Volumen hatte vor der Verformung den Betrag $a^*b^*c^*$; nach der Verformung ist es auf $a^*b^*c^*(1 + \varepsilon_I)(1 + \varepsilon_{II})(1 + \varepsilon_{III})$ angewachsen. Das

[1] In genaueren Kontinuumstheorien, wie z. B. beim Cosserat-Kontinuum führt die Berücksichtigung der Momentenspannungen auf unsymmetrische Spannungs- und Verzerrungstensoren, sowie auf einen Drehvektor, der ohne die hier durchgeführte zusätzliche Überlegung durch Bezugnahme auf das Stoffgesetz zu bestimmen ist (vgl. [3.1—3.4] und [4.1]).

Verhältnis der Volumzunahme zum ursprünglichen Volumen heißt *Volumdehnung* und sei mit e bezeichnet; innerhalb der Linearisierung folgt

$$e = \varepsilon_I + \varepsilon_{II} + \varepsilon_{III} = e_I + e_{II} + e_{III}. \tag{4.5/1}$$

Diese Größe stellt — in Analogie zur ersten Spannungsinvariante — die *erste Verzerrungsinvariante* dar; sie ist gleich der Summe der Dehnungen in drei zueinander senkrechten Richtungen, unabhängig von der Orientierung. So gilt z.B.

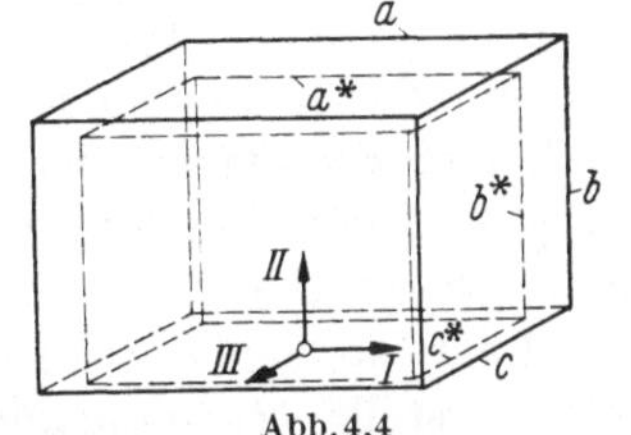

Abb. 4.4

$$e = \varepsilon_x + \varepsilon_y + e_z = e_{kk} = V_{k,k}. \tag{4.5/2}$$

4.6 Kompatibilität

Die Formänderungsbedingungen (4.2/7), oder bei linearem Verzerrungstensor (4.3/2), garantieren die Möglichkeit, den Verzerrungskomponenten einen differenzierbaren Verschiebungsvektor zuzuordnen. Nur wenn dieser an jeder Stelle des Definitionsbereiches (d.h. des Volumbereiches des zu untersuchenden Bauteils) *eindeutig* und *stetig* ist, besteht nach der Verformung ein lückenloser und rißfreier körperlicher Zusammenhang der Materieteilchen. Ein Verzerrungstensor, der diese Bedingungen erfüllt, heißt *kompatibel*. Werden die zweiten Ableitungen des Verzerrungstensors gebildet, so ergibt sich aus (4.3/2) bei Beschränkung auf *geometrische Linearität*:

$$e_{km,pq} = \frac{1}{2}(V_{k,mpq} + V_{m,kpq}). \tag{4.6/1}$$

Die rechts stehenden Verschiebungsableitungen lassen sich durch Bildung der folgenden Linearkombination eliminieren:

$$e_{km,pq} + e_{pq,km} - e_{kp,mq} - e_{mq,kp} = 0. \tag{4.6/2}$$

Für die linke Seite dieser Gleichung lassen sich bei freier Wahl der vier Indizes im dreidimensionalen Raum $3^4 = 81$ Ausdrücke bilden, die teilweise bis auf das Vorzeichen miteinander identisch, teilweise identisch gleich Null sind. Es verbleiben sechs Gleichungen, die sich in der kurzen Form

$$\varepsilon_{kpr}\varepsilon_{mqs}e_{km,pq} = 0 \tag{4.6/3}$$

schreiben lassen. Das hierbei verwendete Symbol ε_{kpr} ist gleich dem Spatprodukt der Einheitsvektoren und repräsentiert einen antisymmetrischen relativen (d.h. vom Drehsinn des Koordinatensystems abhängigen) Tensor dritter Stufe (vgl. I.4.1):

$$\varepsilon_{kpr} = [e_k, e_p, e_r] = \begin{cases} 1 \text{ für } k, p, r = x, y, z \text{ oder } y, z, x \\ \qquad \text{oder } z, x, y; \\ 0 \text{ für } k = p \text{ oder } p = r \text{ oder } r = k \\ -1 \text{ für } k, p, r = y, x, z \text{ oder } z, y, x \text{ oder } x, z, y. \end{cases} \tag{4.6/4}$$

An Hand dieser Regeln ist das Verschwinden der linken Seite von (4.6/3) nach Einsetzen von (4.6/1) leicht einzusehen (Summationen über k, m, p, q). Die an den Summationen nicht teilnehmenden Indizes r und s sind vertauschbar und weisen darauf hin, daß der auf der linken Seite von (4.6/3) stehende Ausdruck einen symmetrischen Tensor zweiter Stufe darstellt (*Inkompatibilitätstensor*). Sein Verschwinden ist für kompatibile Verzerrungstensoren notwendig; dazu sind *im Raum sechs* partielle Differentialgleichungen vom Typ (4.6/3) zu erfüllen, die man *Kompatibilitätsbedingungen* nennt. Bei *ebener Verzerrung* ist nur *eine* Kompatibilitätsbedingung zu erfüllen; sind die Verzerrungskomponenten z.B. von z unabhängig, so gilt

$$e_{xx,yy} + e_{yy,xx} - 2e_{xy,xy} = 0. \tag{4.6/5}$$

Verzerrungstensoren, die nicht den Kompatibilitätsforderungen genügen, heißen *inkompatibel*. So sind z.B. die rein thermischen Verzerrungen bei beliebigen Temperaturverteilungen im allgemeinen inkompatibel; durch den geometrischen Zwang der Kompatibilität entstehen zusätzliche, durch das physikalische Spannungs-Verzerrungsgesetz mit Spannungen (Wärmespannungen) gekoppelte Verzerrungen (vgl. 7).

Sind die Kompatibilitätsforderungen in größeren Bereichen erfüllt, nicht aber an einzelnen Punkten, Linien oder Flächen, so entstehen Unstetigkeiten des Verschiebungsvektors (*Verschiebungssprünge* oder *Versetzungen*). Sie lassen sich theoretisch mit jenen Versetzungen in Zusammenhang bringen, die mit Hilfe der Gittertheorien definiert werden können (durch neue Theorien, auf die hier nicht eingegangen werden kann, wird eine Überrückung der Kluft angestrebt,die zwischen der Kontinuumsmechanik und den Gittertheorien besteht).

4.7 Bezugnahme auf den undeformierten Körper bei geometrischer Linearisierung

Innerhalb der durch Bezugnahme auf kleine Verschiebungsableitungen entstandenen *geometrisch linearen Theorie* können die Gleichgewichts- und Formänderungsbedingungen, die hier auf die Koordinaten des deformierten Körpers bezogen wurden, in unveränderter Form auf die Koordinaten des undeformierten Körpers übertragen werden. Die Zulässigkeit dieses Verfahrens gründet sich auf die leicht erkennbare Tatsache, daß die Unterschiede in den beiden Darstellungsarten von derselben Größenordnung klein bleiben wie die Unterschiede des Eulerschen gegenüber dem Lagrangeschen Verzerrungstensor.

5 Prinzip der virtuellen Arbeit

5.1 Prinzip der virtuellen Arbeit deformierbarer Kontinua mit linearer Verzerrung

In I.21.4 wurde das Prinzip der virtuellen Arbeiten für Systeme starrer Körper abgeleitet; es besagt, daß die Summe der Arbeiten im Gleichgewicht befindlicher Kräftegruppen (*statischer Gruppen*) bei kinematisch möglichen Verschiebungen und Drehungen (*kinematischen Gruppen*) der einzelnen starren Systemteile verschwindet. Bei einem deformierbaren Kontinuum bilden die Spannungen τ_{km} und die Massenkraft f_m eine *statische Gruppe*, wenn sie die *Gleichgewichtsbedingungen* (3.16/7) erfüllen:

$$\tau_{km,k} + \varrho f_m = 0. \qquad (5.1/1)$$

Andererseits bilden die Verzerrungen e_{km} und die Verschiebungen V_k eine *kinematische Gruppe*, wenn sie die *Formänderungsbedingungen* (4.3/2) erfüllen:

$$\frac{1}{2}(V_{k,m} + V_{m,k}) - e_{km} = 0. \qquad (5.1/2)$$

Alle in diesen Gleichungen auftretenden Größen werden — wie bisher — innerhalb des Definitionsbereiches (d.h. des Körpervolumens $\mathcal{V}$) als eindeutige, stetig differenzierbare Ortsfunktionen vorausgesetzt. *Zwischen der statischen und der kinematischen Gruppe braucht bei den weiteren Überlegungen keine gegenseitige Abhängigkeit zu bestehen.* So kann die kinematische Gruppe durch irgendeine andere als die hier verwendete statische Gruppe physikalisch verursacht sein; ebenso kann die statische Gruppe die physikalische Ursache irgend eines Deformationszustandes sein, der nicht der hier verwendeten kinematischen Gruppe entspricht.

Durch Multiplikation von (5.1/1) mit V_m (Summation über m) und von (5.1/2) mit τ_{km} (Summation über k und m) folgt nach Addition

$$V_m(\tau_{km,k} + \varrho f_m) + \tau_{km}(V_{m,k} - e_{km}) = 0. \qquad (5.1/3)$$

Hierbei wurde von der durch die Symmetrie des Spannungstensors bedingten Identität $\frac{1}{2}(V_{k,m} + V_{m,k})\,\tau_{km} = \tau_{km} V_{m,k}$ Gebrauch gemacht. Der gewonnene Ausdruck läßt sich mit Hilfe der Umformung $V_m \tau_{km,k} + \tau_{km} V_{m,k} = (\tau_{km} V_m)_{,k}$ in der kürzeren Form

$$(\tau_{km} V_m)_{,k} + \varrho f_m V_m = \tau_{km} e_{km} \qquad (5.1/4)$$

schreiben. Mit Verwendung des Spannungsvektors, des Massenkraftvektors und des Verschiebungsvektors gilt

$$\tau_{km} V_m = \boldsymbol{s}_k \boldsymbol{e}_m V_m = \boldsymbol{s}_k \boldsymbol{V}, \quad f_m V_m = \boldsymbol{e}_m \boldsymbol{f} V_m = \boldsymbol{f}\boldsymbol{V}, \qquad (5.1/5)$$

und (5.1/4) geht über in

$$(\boldsymbol{s}_k \boldsymbol{V})_{,k} + \varrho \boldsymbol{f} \boldsymbol{V} = \tau_{km} e_{km}. \tag{5.1/6}$$

Bei Bezugnahme auf die in I.21.1 gegebene Definition des Arbeitsbegriffes ist zu beachten, daß hier die statische Gruppe bereits in voller Größe am Körper angreift, bevor die kinematische Gruppe wirksam wird; die statische Gruppe arbeitet daher zeitlich unverändert an den Verschiebungen, Drehungen und Verzerrungen der kinematischen Gruppe.

Die derart entstehenden Arbeitsbeträge heißen *virtuelle Arbeiten*; sie sind mithin direkt den skalaren Produkten aus Kraft- und Wegvektoren gleichzusetzen. Alle in (5.1/4) und (5.1/6) auftretenden Arbeitsbeträge sind auf die Volumeinheit bezogen zu verstehen. Das erste Glied stellt offenbar die Arbeit dar, die an den sechs Seitenflächen eines kleinen Rechtskants (Kanten dx, dy, dz), d.h. an seiner gesamten Oberfläche von den dort angreifenden Spannungsvektoren $\boldsymbol{s}_k$ während der Verschiebung $\boldsymbol{V}$ geleistet wird. Definitionsgemäß haben die Spannungsvektoren an je zwei einander gegenüberliegenden Seitenflächen des Rechtskants entgegengesetzte Vorzeichen (vgl. 3.6), während der Verschiebungsvektor sein Vorzeichen beibehält. Mithin haben auch die zugehörigen Arbeitsbeträge paarweise entgegengesetzte Vorzeichen; aus den so entstehenden Differenzen geht der durch die Summe der partiellen Ableitungen (*Divergenz*) repräsentierte Arbeitsbetrag $(\boldsymbol{s}_k \boldsymbol{V})_{,k}$ hervor. Das zweite Glied ist die Arbeit des Massenkraftvektors. Die beiden ersten Glieder in (5.1/6) und ebenso in (5.1/4) stellen mithin Arbeiten dar, die durch äußere Ursachen entstehen und deshalb *virtuelle äußere Arbeiten* genannt seien.

Die Größe $\tau_{km} e_{km}$ betrifft die Arbeit, die von den am Volumelement angreifenden Spannungen infolge der Verzerrung geleistet wird und deshalb *virtuelle Verzerrungsarbeit* pro Volumeinheit genannt sei. Die Ausrechnung ergibt

$$\begin{aligned} \tau_{km} e_{km} &= \tau_{xx} e_{xx} + \tau_{yy} e_{yy} + \tau_{zz} e_{zz} + 2(\tau_{xy} e_{xy} + \tau_{yz} e_{yz} + \tau_{zx} e_{zx}) \\ &= \sigma_x \varepsilon_x + \sigma_y \varepsilon_y + \sigma_z \varepsilon_z + \tau_{xy} \gamma_{xy} + \tau_{yz} \gamma_{yz} + \tau_{zx} \gamma_{zx}, \end{aligned} \tag{5.1/7}$$

oder in bezug auf die Spannungs- oder Dehnungshauptachsen

$$\tau_{km} e_{km} = \sigma_I \varepsilon_{(I)} + \sigma_{II} \varepsilon_{(II)} + \sigma_{III} \varepsilon_{(III)} = \sigma_{(I)} \varepsilon_I + \sigma_{(II)} \varepsilon_{II} + \sigma_{(III)} \varepsilon_{III}. \tag{5.1/8}$$

Hierbei sind $\varepsilon_{(I)}$, $\varepsilon_{(II)}$, $\varepsilon_{(III)}$ die Dehnungen in Richtung der Spannungshauptachsen (also im allgemeinen *nicht* die Hauptdehnungen) und $\sigma_{(I)}$, $\sigma_{(II)}$, $\sigma_{(III)}$ die Normalspannungen in Richtung der Dehnungshauptachsen (also im allgemeinen *nicht* die Hauptspannungen). Wie in 8.1 dargelegt wird, geht dieser Arbeitsbetrag bei Verknüpfung der Spannungen mit den Verzerrungen durch das Hookesche Gesetz in den doppelten Betrag der wirklichen Verzerrungsarbeit über.

Mit diesen Definitionen folgt aus (5.1/6) oder (5.1/4) der Satz:

Die Summe der virtuellen äußeren Arbeiten ist gleich der virtuellen Verzerrungsarbeit.

Denkt man sich das Volumelement aus dem Kontinuum herausgeschnitten und an den Seitenflächen des entstandenen Hohlraumes die Reaktionsspannungen angebracht (gemäß dem Reaktionsgesetz wirken diese den am Volumelement angreifenden Spannungen entgegen), so ist die von diesen Spannungen bei der Verzerrung geleistete Arbeit gleich der *negativen* virtuellen Verzerrungsarbeit. Dieser Arbeitsbetrag, also die Größe $-\tau_{km} e_{km}$, sei *virtuelle innere Arbeit* genannt. Das *Prinzip der virtuellen Arbeit deformierbarer Kontinua* kann dann in folgender Form ausgesprochen werden:

Die Summe der virtuellen äußeren und inneren Arbeiten ist Null.

Das Prinzip hat sowohl für die Berechnung der Verformung von Bauteilen, als auch für die Lösung statisch unbestimmter Aufgaben grundlegende Bedeutung. Bei schwierigen Problemen führt es zu verhältnismäßig leicht formulierbaren Beziehungen. Mit Hilfe statischer Gruppen können Formänderungsgleichungen aufgestellt werden; andererseits lassen sich mit Hilfe kinematischer Gruppen Gleichgewichtsbedingungen gewinnen.

Wird z. B. die einfachste statische Gruppe, der homogene Spannungszustand mit $\tau_{km} = \text{const}$, $f_m = 0$ [vgl. (3.17)] in (5.1/4) eingesetzt, so folgt $\tau_{km}(V_{m,k} - e_{km}) = 0$; da der Spannungstensor symmetrisch ist, treten nur die symmetrischen Teile des Tensors $V_{m,k}$ und des Verzerrungstensors in der virtuellen Arbeit auf (die in 4.4 auf anderem Wege nachgewiesene Unbestimmtheit des antimetrischen Teiles des Verzerrungstensors wird also durch das Prinzip der virtuellen Arbeiten bestätigt); es folgt also $\frac{1}{2}(V_{k,m} + V_{m,k} - e_{km} - e_{mk})\,\tau_{km} = 0$. Da die sechs Spannungskomponenten beliebige Konstante sein können, verschwinden alle sechs Komponenten des in der Klammer stehenden symmetrischen Tensors, und es folgt für den symmetrischen Teil des Verzerrungstensors (bzw. für den Verzerrungstensor selbst, wenn dieser wie in 4.2 oder auf Grund der in 4.4 gegebenen Drehungsdefinition *symmetrisch* eingeführt wird) Übereinstimmung mit (5.1/2).

Wird andererseits als einfachste kinematische Gruppe die Parallelverschiebung $V_m = \text{const}$ mit $e_{km} = 0$ in (5.1/4) eingesetzt, so folgt $(\tau_{km,k} + \varrho f_m)\, V_m = 0$. Da die Verschiebungskomponenten V_m drei beliebige Konstante sein können, gehen hieraus die drei Gleichgewichtsbedingungen (5.1/1) hervor.

Das Prinzip der virtuellen Arbeiten wird meist als Integralaussage für einen bestimmten Volumbereich verwendet. Wird (5.1/6) mit dem Volumelement $d\mathcal{V}$ multipliziert und über das Körpervolumen $\mathcal{V}$ integriert, so folgt ($\overset{(v)}{W}_a$ ist *virtuelle äußere Arbeit*):

$$\overset{(v)}{W}_a = \int\limits_{(\mathcal{V})} (\boldsymbol{s}_k \boldsymbol{V})_{,k} d\mathcal{V} + \int\limits_{(\mathcal{V})} \varrho \boldsymbol{f} \boldsymbol{V} \, d\mathcal{V} = \int\limits_{(\mathcal{V})} \tau_{km} e_{km}. \qquad (5.1/9)$$

Das erste Integral läßt sich in ein Oberflächenintegral verwandeln. Nach dem Gauss'schen Integralsatz[1] gilt für jede stetige, eindeutige und differenzierbare Ortsfunktion H:

$$\int\limits_{(\mathcal{V})} H_{,k} \, d\mathcal{V} = \int\limits_{(A)} H c_{k\lambda} dA_\lambda \qquad \text{für } k = x, y, z. \qquad (5.1/10)$$

Der Index λ kennzeichnet hierbei die Richtung der Oberflächennormale, $c_{k\lambda}$ ist Richtungskosinus zwischen der nach außen gerichteten Oberflächennormale und der k-Richtung, A ist die Oberfläche des betrachteten Körpers mit dem Volumen $\mathcal{V}$ und dA_λ das Oberflächenelement. Der Beweis ergibt sich im Falle $k = x$ durch Zerlegung des Körpers in Prismen mit der Querschnittsfläche $dy\,dz$. Wird $d\mathcal{V} = dx\,dy\,dz$ gesetzt und innerhalb jedes Prismas über x integriert, so verbleibt ein Oberflächenintegral, das mit der rechten Seite von (5.1/10) für $k = x$ identisch ist; denn das Rechteck mit der Fläche $dy\,dz$ ist die Projektion des Oberflächenelementes dA_λ in x-Richtung, also gleich $c_{x\lambda}\,dA_\lambda$. Für $k = y$ und $k = z$ verläuft der Beweis analog. Mithin gilt

$$\int\limits_{(\mathcal{V})} (\boldsymbol{s}_k \boldsymbol{V})_{,k} d\mathcal{V} = \int\limits_{(A)} \boldsymbol{s}_k \boldsymbol{V} c_{k\lambda} dA_\lambda. \qquad (5.1/11)$$

Mit $\boldsymbol{s}_k c_{k\lambda} = \boldsymbol{s}_\lambda$ [vgl. (3.6/2)] folgt das *Prinzip der virtuellen Arbeit deformierbarer Kontinua* in der Form:

Statische Gruppe

$$\overset{(v)}{W}_a = \int\limits_{(A)} \boldsymbol{s}_\lambda \boldsymbol{V} dA_\lambda + \int\limits_{(\mathcal{V})} \varrho \boldsymbol{f} \boldsymbol{V} d\mathcal{V} = \int\limits_{(\mathcal{V})} \tau_{km} e_{km} d\mathcal{V}. \qquad (5.1/12)$$

Kinematische Gruppe

Die Deutung des ersten Integrals als virtuelle Arbeit der Oberflächenkräfte wird hier besonders anschaulich.

5.2 Einführung quasi-starrer Oberflächenelemente

Die Körperoberfläche sei in einzelne Flächenstücke mit den Nummern $\varkappa = I, II, III, \ldots$ aufgeteilt. Es sei $\boldsymbol{r} = \boldsymbol{e}_x x + \boldsymbol{e}_y y + \boldsymbol{e}_z z$ der auf das kartesische Koordinatensystem x, y, z bezogene Ortsvektor,

[1] CARL FRIEDRICH GAUSS (geb. 1777 in Braunschweig, gest. 1855 in Göttingen).

ferner $\boldsymbol{r}_\varkappa$ der Ortsvektor des Schwerpunktes der Fläche $A_\varkappa$. Es sei vorausgesetzt, daß die der kinematischen Gruppe entsprechende Bewegung der einzelnen Teilflächen in erster Näherung als Bewegung kleiner starrer Scheiben aufgefaßt werden darf[1]. Ist $\boldsymbol{V}_\varkappa$ der Verschiebungsvektor des Schwerpunktes und $\boldsymbol{\varphi}_\varkappa$ der Drehvektor der Fläche $A_\varkappa$, so kann der Verschiebungsvektor $\boldsymbol{V}$ innerhalb der Fläche $A_\varkappa$ mit Bezug auf I.20.3 in der Form

$$\boldsymbol{V} = \boldsymbol{V}_\varkappa + \boldsymbol{\varphi}_\varkappa \times (\boldsymbol{r} - \boldsymbol{r}_\varkappa) \tag{5.2/1}$$

geschrieben werden. Damit geht das Oberflächenintegral über in

$$\int_{(A)} \boldsymbol{s}_\lambda \boldsymbol{V}\, dA_\lambda = \sum_\varkappa \int_{(A_\varkappa)} \boldsymbol{s}_\lambda \{\boldsymbol{V}_\varkappa + \boldsymbol{\varphi}_\varkappa \times (\boldsymbol{r} - \boldsymbol{r}_\varkappa)\}\, dA_\lambda. \tag{5.2/2}$$

Mit Anwendung der Rechenregel I (3.4/4) gilt für das auftretende Spatprodukt die Vertauschungsmöglichkeit

$$\boldsymbol{s}_\lambda \{\boldsymbol{\varphi}_\varkappa \times (\boldsymbol{r} - \boldsymbol{r}_\varkappa)\} = \{(\boldsymbol{r} - \boldsymbol{r}_\varkappa) \times \boldsymbol{s}_\lambda\}\, \boldsymbol{\varphi}_\varkappa.$$

Wird ferner beachtet, daß die Vektoren $\boldsymbol{V}_\varkappa$ und $\boldsymbol{\varphi}_\varkappa$ innerhalb jeder kleinen Fläche definitionsgemäß Konstante sind, so geht (5.2/2) über in

$$\int_{(A)} \boldsymbol{s}_\lambda \boldsymbol{V}\, dA_\lambda = \sum_\varkappa \left\{ \boldsymbol{V}_\varkappa \int_{(A_\varkappa)} \boldsymbol{s}_\lambda dA_\lambda + \boldsymbol{\varphi}_\varkappa \int_{(A_\varkappa)} (\boldsymbol{r} - \boldsymbol{r}_\varkappa) \times \boldsymbol{s}_\lambda\, dA_\lambda \right\}. \tag{5.2/3}$$

Die beiden auftretenden Integrale repräsentieren offenbar die resultierende Kraft $\boldsymbol{F}_\varkappa$ und das resultirende Moment $\boldsymbol{M}_\varkappa$ der am Flächenstück $A_\varkappa$ angreifenden Spannungsvektoren:

$$\int_{(A_\varkappa)} \boldsymbol{s}_\lambda\, dA_\lambda = \boldsymbol{F}_\varkappa, \quad \int_{(A_\varkappa)} (\boldsymbol{r} - \boldsymbol{r}_\varkappa) \times \boldsymbol{s}_\lambda dA_\lambda = \boldsymbol{M}_\varkappa. \tag{5.2/4}$$

Damit ergibt sich das Prinzip der virtuellen Arbeiten in der Form

$$\sum_\varkappa (\boldsymbol{F}_\varkappa \boldsymbol{V}_\varkappa + \boldsymbol{M}_\varkappa \boldsymbol{\varphi}_\varkappa) + \int_{(\mathcal{V})} \varrho \boldsymbol{f} \boldsymbol{V}\, d\mathcal{V} - \int_{(\mathcal{V})} \tau_{km} e_{km}\, d\mathcal{V} = 0. \tag{5.2/5}$$

Nach Umwandlung der skalaren Produkte $\boldsymbol{F}_\varkappa \boldsymbol{V}_\varkappa$ und $\boldsymbol{M}_\varkappa \boldsymbol{\varphi}_\varkappa$ in Summen der Produkte gleichnamiger Komponenten bietet sich eine kürzere Schreibweise an, die eine Gesamtsummation über alle Kraft- und Momentangriffstellen und zugleich alle kartesischen Komponenten gestattet. Für diesen Zweck seien in diesem Abschnitt die Indizes p, q, t reserviert, die gemäß Tabelle (5.2/6) den Richtungen der kartesischen Koordinaten x, y, z auf den einzelnen Flächenstücken zuzuordnen sind.

---

[1] Bei Zug, Druck, Biegung und Torsion prismatischer Stäbe werden z. B. die Verschiebungen und Drehungen auf den als quasi-starr betrachteten Querschnitt bezogen (vgl. die Abschnitte 12, 17 und 18).

$\varkappa$	I	II	III	IV	V	...
$x_\varkappa\ y_\varkappa\ z_\varkappa$	$x_I\ y_I\ z_I$	$x_{II}\ y_{II}\ z_{II}$	$x_{III}\ y_{III}\ z_{III}$	$x_{IV}\ y_{IV}\ z_{IV}$	$x_V\ y_V\ z_V$	...
$p,\ q,\ t$	1 2 3	4 5 6	7 8 9	10 11 12	13 14 15	...

(5.2/6)

Da die Komponentendarstellung des skalaren Produktes von der Orientierung des verwendeten Koordinatensystems unabhängig ist, können für jedes Flächenstück anders orientierte Bezugskoordinaten eingeführt werden (die x_{II}-Richtung braucht z.B. zur x_V-Richtung nicht parallel zu sein, usw.). Damit folgt

Statische Gruppe

$$\overset{(v)}{W}_a = \sum_q (F_q V_q + M_q \varphi_q) + \int_{(\mathscr{V})} \varrho f_m V_m \, d\mathscr{V} = \int_{(\mathscr{V})} \tau_{km} e_{km} \, d\mathscr{V}. \tag{5.2/7}$$

Kinematische Gruppe

Bei der Anwendung tritt in der Regel nur eine der beiden Gruppen wirklich auf, während die andere nicht realisiert zu sein braucht und deshalb *virtuell* genannt wird.

5.3 Arbeitsprinzip der virtuellen kinematischen Gruppe

Tritt die statische Gruppe wirklich ein, während die kinematische virtuell ist, so gilt bei Abwesenheit von Massenkräften (virtuelle Größen seien durch den oben stehenden Index (v) gekennzeichnet):

Wirkliche statische Gruppe

$$\overset{(v)}{W}_a = \sum_q (F_q \overset{(v)}{V}_q + M_q \overset{(v)}{\varphi}_q) = \int_{(\mathscr{V})} \tau_{km} \overset{(v)}{e}_{km} \, d\mathscr{V}. \tag{5.3/1}$$

Virtuelle kinematische Gruppe

Erfüllt die virtuelle kinematische Gruppe die z_t Zwangsbedingungen, die durch die Auflagerung des Tragwerks bedingt sind (vgl. I.10.1 und I.13.2), so wird in den Auflagerungen keine Arbeit geleistet (vgl. I.21.3) und die Zahl der Nummern, die q auf der linken Seite der Arbeitsgleichung durchläuft, verringert sich um z_t.

Sind $(e_{km})_{V_q=1}$ jene Verzerrungen, die mit der Verschiebung $V_q = 1$ eine kinematische Gruppe bilden, während alle anderen Verschiebungen, sowie alle Drehungen verschwinden, so folgt

$$F_q = \int_{(\mathscr{V})} \tau_{km} (e_{km})_{V_q=1} \, d\mathscr{V}. \tag{5.3/2}$$

Sind $(e_{km})_{\varphi_q=1}$ jene Verzerrungen, die mit der Drehung $\varphi_q = 1$ eine kinematische Gruppe bilden, während alle anderen Drehungen, sowie alle Verschiebungen verschwinden, so folgt

$$M_q = \int_{(\mathscr{V})} \tau_{km} (e_{km})_{\varphi_q=1} \, d\mathscr{V}. \tag{5.3/3}$$

Sind $\overset{(0)}{e}_{km}$ kompatible Verzerrungen, für die alle Verschiebungen und Drehungen an der Oberfläche verschwinden (*Nullverzerrungen*), so folgt

$$\int_{(\mathscr{V})} \tau_{km} \overset{(0)}{e}_{km} \, d\mathscr{V} = 0. \tag{5.3/4}$$

Auch bei *Erstarrung* und damit bei Verschwinden des Verzerrungstensors sind virtuelle kinematische Gruppen möglich. Dann geht (5.3/1) über in:

Wirkliche statische Gruppe

$$\overset{(v)}{W}_a = \sum_q (F_q \overset{(v)}{V}_q + M_q \overset{(v)}{\varphi}_q) = 0. \tag{5.3/5}$$

Virtuelle kinematische Gruppe

Erstarrt das gesamte System, so können zugleich alle Verschiebungen und Drehungen verschwinden, so daß (5.3/5) identisch erfüllt ist. Werden die Auflagerbindungen gelöst, so ergeben sich aus (5.3/5) die *sechs Gleichgewichtsbedingungen des starren Körpers*. Erstreckt sich die Erstarrung nur auf einzelne Systemteile und wirken zwischen den Systemteilen, sowie in den Auflagern ausschließlich nichtarbeitende Bindungs- bzw. Auflagerreaktionen (Zwangskräfte bzw. -momente), so ergeben sich aus (5.3/5) bei $f > 0$ Freiheitsgraden (d.h. bei Getrieben oder Mechanismen) f *Gleichgewichtsbedingungen*. Im Falle eines statisch bestimmten Tragwerks ($f = 0$) leistet bei Lösen *einer* Bindung (oder *eines* Auflagers) die zugehörige Bindungs- bzw. Auflagerkraftgröße Arbeit, liefert daher zur linken Seite von (5.3/5) einen Beitrag und läßt sich bei bekannten äußeren Kräften unmittelbar aus dieser Gleichung berechnen (vgl. I.21.4). Im Falle eines g-fach statisch unbestimmten Tragwerkes sind $g + 1$ Bindungen bzw. Auflagerungen zu lösen; die mittels (5.3/5) gewonnene Gleichung enthält dann die zugehörigen Bindungs- bzw. Auflagerkraftgrößen. Stets handelt es sich um spezielle, den Rechnungsgang u. U. stark abkürzende Linearkombinationen der Gleichgewichtsbedingungen, die sich oft auf anderem Wege nur umständlich aufstellen lassen.

5.4 Arbeitsprinzip der virtuellen statischen Gruppe

Tritt die kinematische Gruppe wirklich auf, während die statische Gruppe nicht realisiert zu sein braucht, d.h. virtuell ist und keine

Massenkräfte enthält, so gilt

Virtuelle statische Gruppe

$$\overset{(v)}{W}_a = \sum_q (F_q \overset{(v)}{V}_q + \overset{(v)}{M}_q \varphi_q) = \int_{(\mathscr{V})} \overset{(v)}{\tau}_{km} e_{km} \, d\mathscr{V}. \tag{5.4/1}$$

Wirkliche kinematische Gruppe

Leisten die virtuellen Auflagerreaktionen keine Arbeit, so verringert sich die Zahl der Nummern, die q durchläuft, um z_t.

Ist die Verschiebung V_q eines Oberflächenpunktes gesucht, so wird zu ihrer Berechnung die äußere Kraft $F_q = 1$ verwendet. Für die zugehörige virtuelle statische Gruppe mit dem Spannungstensor $(\tau_{km})_{F_q=1}$ kommen bei g-facher statischer Unbestimmtheit $g + 1$ mögliche Gruppen in Betracht, die voneinander linear unabhängig sind, und von denen die rechnerisch einfachste zu wählen ist. Auf der linken Seite von (5.4/1) verbleibt dann nur das Glied V_q, und die gesuchte Verschiebung errechnet sich aus

$$V_q = \int_{(\mathscr{V})} e_{km} (\tau_{km})_{F_q=1} \, d\mathscr{V}. \tag{5.4/2}$$

Ist die Drehung φ_q an einem Punkte der Körperoberfläche gesucht, so ist an derselben Stelle das äußere Moment $M_q = 1$ einzuführen. Im übrigen verläuft der Gedankengang völlig analog, und die Drehung errechnet sich aus

$$\varphi_q = \int_{(\mathscr{V})} e_{km} (\tau_{km})_{M_q=1} \, d\mathscr{V}. \tag{5.4/3}$$

Bei statisch unbestimmten Tragwerken sind auch ohne äußere Kräfte und ohne Massenkräfte statische Gruppen möglich, *Eigengruppen* genannt, die mit *Eigenspannungen* in Zusammenhang stehen. Das Tragwerk kann statisch bestimmt gelagert, aber hinsichtlich seines Aufbaues statisch unbestimmt sein (*innere statische Unbestimmtheit*; ohne äußere Kräfte und ohne Massenkräfte wären dann alle Auflagerreaktionen gleich Null, wie bei einem statisch bestimmt gelagerten starren Körper, vgl. I.7). Andererseits kann das Tragwerk hinsichtlich seines Aufbaues statisch bestimmt, aber hinsichtlich der Auflagerung statisch unbestimmt sein (*äußere statische Unbestimmtheit*). Schließlich kann sowohl innere als auch äußere statische Unbestimmtheit vorliegen. In allen diesen Fällen sind Eigenspannungen möglich. Allgemein können bei g-facher statischer Unbestimmtheit g voneinander unabhängige Eigengruppen auftreten, die durch den Index $e = 1, 2, \ldots, g$ gekennzeichnet seien. Bei Abwesenheit von äußeren Kräften und Massenkräften gilt mit $\overset{(e)}{\tau}_{km}$ als *Eigenspannungstensor*

$$\overset{(v)}{W}_a = \int_{(\mathcal{V})} \underset{\substack{\text{Eigen-}\\\text{gruppe}}}{\overset{(e)}{\tau}_{km}} \cdot \underset{\substack{\text{Wirkl.}\\\text{kinem. Gr.}}}{e_{km}}\, d\mathcal{V} = 0. \tag{5.4/4}$$

Diese Beziehung hat für statisch unbestimmte Tragwerke grundlegende Bedeutung. Da sie für jede Eigengruppe gilt, liefert sie bei g-facher statischer Unbestimmtheit g Gleichungen, also genau so viele, wie — außer den Gleichgewichtsbedingungen — zur Lösung erforderlich sind. Diese Gleichungen können als *Kompatibilitätsbedingungen im allgemeineren Sinne* bezeichnet werden.

6 Linear-isotrope Elastizität

6.1 Linear-isotropes Elastizitätsgesetz für den einachsigen Spannungszustand

Bei Zugbeanspruchung in einer Richtung, wie z.B. beim Prüfstab in der Zerreißmaschine, gilt innerhalb des Proportionalitätsbereiches das lineare Elastizitätsgesetz (Hookesches Gesetz) in der Form (2.1/3). Die Zugspannung σ ist dann mit der größten Hauptspannung (σ_I) identisch (vgl. 3.7 und Abb. 3.2). Bei der vorausgesetzten Isotropie ist die Dehnung in Richtung dieser Hauptspannung zugleich die größte Hauptdehnung (vgl. 4.2). Bei geometrischer Linearität sind ferner die Hauptdehnungen mit den Hauptverzerrungen identisch (vgl. 4.3); mithin gilt statt (2.1/3):

$$\varepsilon_I = \sigma_I / E. \tag{6.1/1}$$

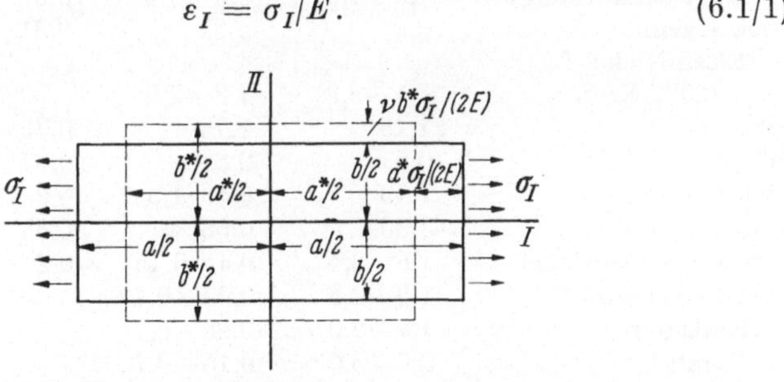

Abb. 6.1

Bei Messung der Dehnung quer zur Zugrichtung zeigt sich eine *Kontraktion* (Zusammenziehung bzw. negative Dehnung), die der Dehnung ε_I proportional ist. Bei Isotropie gilt (Abb. 6.1)

$$\varepsilon_{II} = \varepsilon_{III} = -\nu\varepsilon_I = -\nu\sigma_I/E. \tag{6.1/2}$$

Der auftretende Proportionalitätsfaktor ν heißt *Querdehnzahl*, sein Kehrwert $1/\nu$ Poissonsche Zahl[1]. Elastizitätsmodul und Querdehnzahl repräsentieren die beiden einzigen Stoffkonstanten des isotropen linear-elastischen Körpers mit symmetrischem Spannungstensor. In Tabelle (6.1/3) sind einige Werte zusammengestellt (die Tabelle enthält auch die Dichte und die lineare Wärmedehnzahl).

Durchschnittswerte elastischer und thermischer Konstanten wichtiger Stoffe

Bezeichnung	Spez. Gew. bei Raumtemperatur	Elastizitätsmodul bei Raumtemperatur	Querdehnzahl	Lineare Wärmedehnzahl zwischen 0 und 100 °C
Dimension	p/cm^3	$10^6 \frac{kp}{cm^2}$	1	$10^{-5} \cdot \frac{1}{grad}$
Aluminium, rein	2,70	0,72	0,34	2,4
Duralumin (AlCuMg)	~2,8	0,71–0,74	0,33–0,34	2,3
Silumin (AlSi, G-AlSi)	~2,7	0,76–0,85	0,34	1,9–2,2
Blei	11,35	0,17	0,44	2,9
Eisen, rein	7,86	2,16	0,28	1,2
C-Stahl	~7,85	~2,1	0,28	1,1
Leg. Stahl	7–7,9	1,9–2,2	0,2–0,3	1,1–1,6
Gußeisen (Grauguß)	7,1–7,3	0,75–1,3	0,24–0,26	0,9
Gold	19,3	0,81	0,42	1,4
Kupfer, rein	8,93	1,26	0,35	1,7
Bronze (SnBZ 6)	8,73	1,11	0,35	1,7
Messing (Ms 60)	8,3–8,5	0,9–1,0	0,38	1,8–1,9
Magnesium	1,74	0,45	0,28	2,6
Magnesiumlegiergn.	1,8–1,9	0,4–0,45	~0,3	2,5
Nickel, rein	8,9	2,05	0,31	1,3
Eisen-Nickel-Leg. (20% Ni)	8,1–8,2	1,8–2,0		1,0–2,0
Platin	21,45	1,73	0,39	0,9
Silber	10,5	0,81	0,37	2,0
Zink	7,13	0,4–1,3	0,2–0,3	2,6
Zinn	7,30	0,56	0,33	2,7
Beton, hochwertiger	1,5–2,4	0,4–0,45	~0,2	~1,2
Fels, Sandstein	1,9–2,3	0,04–0,4		0,7–1,2
Kalkstein	1,7–2,9	0,25–0,7		
Granit	2,6–3,0	0,15–0,7		0,3–0,8
Glas	2,2–2,6	0,4–1,0	0,19–0,28	0,3–1,0
Quarzglas	2,2	0,7	0,17	0,05
Porzellan	2,3–2,5	0,7–0,8		0,3–0,4

(6.1/3)

[1] SIMÉON DÉNIS POISSON (geb. 1781 in Phitiviers/Department Loiret, gest. 1840 in Paris).

6.2 Linear-isotropes Elastizitätsgesetz für den dreiachsigen Spannungszustand

Bei einem beliebigen Spannungszustand haben die drei Hauptspannungen im allgemeinen von Null verschiedene Werte. Bei *Isotropie* erzeugt jede Hauptspannung in ihrer Richtung gemäß (6.1/1) eine Dehnung, sowie gemäß (6.1/2) Kontraktionen in den beiden Querrichtungen; so ergeben sich die nachstehenden, auf CAUCHY zurückgehenden drei linearen Gleichungen (ε_I, ε_{II}, ε_{III} sind hierbei zunächst die Dehnungen in Richtung der Spannungshauptachsen; anschließend wird bewiesen, daß es die *Hauptdehnungen* sind):

$$\begin{aligned} E\varepsilon_I &= \sigma_I - \nu(\sigma_{II} + \sigma_{III}), \\ E\varepsilon_{II} &= \sigma_{II} - \nu(\sigma_I + \sigma_{III}), \\ E\varepsilon_{III} &= \sigma_{III} - \nu(\sigma_I + \sigma_{II}). \end{aligned} \tag{6.2/1}$$

Diese Gleichungen lassen sich in die kürzere Form

$$E\varepsilon_{(\lambda)} = (1 + \nu)\,\sigma_{(\lambda)} - \nu S \quad \text{mit} \quad \lambda = I,\ II,\ III \tag{6.2/2}$$

überführen, wobei

$$S = \sigma_I + \sigma_{II} + \sigma_{III} = I_I \tag{6.2/3}$$

die *Spannungssumme* ist [vgl. (3.7/7) und (3.7/9)]. Durch Addition der drei Dehnungen entsteht die Volumdehnung [vgl. (4.5/1) und (4.5/2)]

$$e = e_I + e_{II} + e_{III} = \frac{1 - 2\nu}{E} S. \tag{6.2/4}$$

Wird in (6.2/2) S mittels (6.2/4) durch e ersetzt, so ergibt sich ein Gleichungssystem, das für $\nu \neq 0{,}5$ die Berechnung der Spannungen aus den Dehnungen gestattet:

$$\sigma_{(\lambda)} = \frac{E}{1 + \nu}\left(e_{(\lambda)} + \frac{\nu}{1 - 2\nu} e\right). \tag{6.2/5}$$

Multipliziert man beide Seiten von (6.2/2) mit $c_{k\lambda}$ und $c_{m\lambda}$, so ergibt sich bei Summation über λ mit Anwendung der für die Transformation der Spannungs- und Verzerrungskomponenten maßgeblichen Beziehungen (3.8/1) und (4.2/17):

$$e_{km} = \frac{1 + \nu}{E}\left(\tau_{km} - \frac{\nu}{1 + \nu}\,\delta_{km} S\right). \tag{6.2/6}$$

Auf demselben Wege erhält man aus (6.2/5) für $\nu \neq 0{,}5$

$$\tau_{km} = \frac{E}{1 + \nu}\left(e_{km} + \frac{\nu}{1 - 2\nu}\,\delta_{km} e\right). \tag{6.2/7}$$

Für die Ermittlung der Dehnungshauptachsen (vgl. 4.2) gilt formal derselbe Rechnungsgang, der in 3.7 für die Bestimmung der Spannungshauptachsen angegeben wurde; dabei genügt es, die Komponenten des *Spannungsdeviators* zu verwenden [vgl. (3.7/18)], die sich durch Abspaltung des *Spannungskugeltensors* $\mathring{\tau}_{km} = \frac{1}{3}\,\delta_{km}\,S$ ergeben:

$$\tilde{\tau}_{km} = \tau_{km} - \frac{1}{3}\,\delta_{km} S\,. \qquad (6.2/8)$$

Ebenso genügen zur Bestimmung der Dehnungshauptachsen die Komponenten des *Verzerrungsdeviators*, die sich durch Abspaltung des *Verzerrungskugeltensors* $\mathring{e}_{km} = 1/3\;\delta_{km}\,e$ ergeben:

$$\tilde{e}_{km} = e_{km} - \frac{1}{3}\,\delta_{km} e\,. \qquad (6.2/9)$$

Der Spannungstensor ist dann gleich der Summe aus dem Spannungskugeltensor und dem Spannungsdeviator; ebenso ist der Verzerrungstensor gleich der Summe aus dem Verzerrungskugel tensor und dem Verzerrungsdeviator:

$$\tau_{km} = \mathring{\tau}_{km} + \tilde{\tau}_{km}, \quad e_{km} = \mathring{e}_{km} + \tilde{e}_{km}\,. \qquad (6.2/10)$$

Durch Einsetzen von (6.2/4) und (6.2/6) bzw. (6.2/7) folgt als äquivalente Darstellung des *isotropen Elastizitätsgesetzes*:

$$\mathring{e}_{km} = \frac{1-2\nu}{E}\,\mathring{\tau}_{km}, \quad \tilde{e}_{km} = \frac{1+\nu}{E}\,\tilde{\tau}_{km}\,. \qquad (6.2/11)$$

Die Komponenten der beiden Kugeltensoren und ebenso die Komponenten der beiden Deviatoren sind infolge des Hookeschen Gesetzes zueinander proportional. Diese Beziehungen haben für den isotropen linear-elastischen Körper mit symmetrischem Spannungstensor fundamentale Bedeutung. Man erkennt besonders anschaulich, daß nur *zwei* Stoffkonstanten auftreten können.

Wie in 3.7 nachgewiesen wurde, gelten die linearen Gleichungen (3.7/4) in gleicher Form für den Spannungstensor wie für den Spannungsdeviator; wegen (6.2/11) haben diese Gleichungen bei Isotropie auch für den Verzerrungsdeviator und damit für den Verzerrungstensor dieselbe Form, so daß die aus ihnen hervorgehenden *Spannungshauptachsen mit den Dehnungshauptachsen zusammenfallen*; die $\varepsilon_{(\lambda)}$ sind mithin hier wirklich die *Hauptdehnungen*. Wegen $(1+\nu)/E > 0$ (vgl. 8.2) bestehen ferner die zu (3.7/29) analogen Ungleichungen

$$\varepsilon_I \geq \varepsilon_{II} \geq \varepsilon_{III}\,. \qquad (6.2/12)$$

Bei Verwendung der technischen Bezeichnungen (4.3/3) und (4.3/4) bestehen die Beziehungen:

$$\begin{aligned}
\varepsilon_x &= \frac{1}{E}\,(\sigma_x - \nu\sigma_y - \nu\sigma_z)\,,\\
\varepsilon_y &= \frac{1}{E}\,(\sigma_y - \nu\sigma_z - \nu\sigma_x)\,,\\
\varepsilon_z &= \frac{1}{E}\,(\sigma_z - \nu\sigma_x - \nu\sigma_y)\,,
\end{aligned}$$

$$\gamma_{xy} = \frac{1}{G}\,\tau_{xy}, \quad \gamma_{yz} = \frac{1}{G}\,\tau_{yz}, \quad \gamma_{zx} = \frac{1}{G}\,\tau_{zx}\,. \qquad (6.2/13)$$

In den letzten Gleichungen wurde zur Abkürzung der *Schubmodul*

$$G = \frac{E}{2(1+\nu)} \tag{6.2/14}$$

eingeführt, der für die von den Schubspannungen hervorgerufene Formänderung maßgebend ist.

Für die Spannungen als lineare Funktionen der Verzerrungen gelten für $\nu \neq 0{,}5$ die Beziehungen:

$$\sigma_x = 2G\left(\varepsilon_x + \frac{\nu e}{1-2\nu}\right),$$

$$\sigma_y = 2G\left(\varepsilon_y + \frac{\nu e}{1-2\nu}\right),$$

$$\sigma_z = 2G\left(\varepsilon_z + \frac{\nu e}{1-2\nu}\right),$$

$$\tau_{xy} = G\gamma_{xy}, \quad \tau_{yz} = G\gamma_{yz}, \quad \tau_{zx} = G\gamma_{zx}. \tag{6.2/15}$$

7 Linear-isotrope Thermoelastizität

7.1 Thermische Formänderung

Bei Erwärmung eines isotropen homogenen Stoffes um eine örtlich verschiedene Temperaturdifferenz ϑ erfahren die Längenelemente eine thermische Dehnung die innerhalb gewisser Grenztemperaturen gleich $\alpha\vartheta$ gesetzt werden kann. Die hierbei eingeführte *lineare Wärmedehnzahl* α ist dann weder von der Temperatur, noch (wegen der vorausgesetzten Isotropie und Homogenität) von der Richtung des Längenelementes, noch von den Koordinaten abhängig und daher eine echte Stoffkonstante [vgl. Tabelle (6.1/3)].

Die thermischen Verzerrungskomponenten $\overset{(\vartheta)}{e}_{km}$ sind mithin

$$\overset{(\vartheta)}{e}_{xx} = \overset{(\vartheta)}{e}_{yy} = \overset{(\vartheta)}{e}_{zz} = \alpha\vartheta, \quad \overset{(\vartheta)}{e}_{xy} = \overset{(\vartheta)}{e}_{yz} = \overset{(\vartheta)}{e}_{zx} = 0, \tag{7.1/1}$$

oder in Tensorschreibweise

$$\overset{(\vartheta)}{e}_{km} = \alpha\vartheta\,\delta_{km} \tag{7.1/2}$$

Diese Verzerrungen sind bei beliebigen Temperaturverteilungen im allgemeinen nicht kompatibel (bezüglich des Begriffes der Kompatibilität, d.h. der geometrischen Möglichkeit der Formänderung vgl. 4.6).

7.2 Thermoelastische Formänderung

Da nur eine geometrisch mögliche Formänderung eintreten kann, entstehen nur kompatible Verzerrungen. Sind die thermischen Verzerrungen nicht kompatibel, so werden durch den Kompatibilitätszwang zusätzliche elastische Verzerrungen $\overset{(s)}{e}_{km}$ hervorgerufen, die gemäß dem linearen Elastizitätsgesetz von Spannungen begleitet sind. Die so entstehenden Spannungen heißen *Wärmespannungen*. Für den Tensor der kompatiblen Gesamtverzerrungen gilt dann

$$e_{km} = \overset{(s)}{e}_{km} + \overset{(\vartheta)}{e}_{km} = \overset{(s)}{e}_{km} + \alpha\vartheta\,\delta_{km}. \tag{7.2/1}$$

Für den Tensor der elastischen Verzerrungen, der in das Elastizitätsgesetz eingeht, ist

$$\overset{(s)}{e}_{km} = e_{km} - \alpha\vartheta\,\delta_{km} \tag{7.2/2}$$

zu setzen.

8 Verzerrungsarbeit

8.1 Verzerrungsarbeit bei Isotropie für einachsigen Zug

Ein prismatischer Stab mit der Koordinate z in Richtung seiner Achse (vgl. 3.3) habe die Querschnittsfläche A. Bei Belastung durch die Zugkraft F ergibt sich aus dem Gleichgewicht am abgeschnittenen Stabteil als alleinige Schnittkraft die Normalkraft $N = F$.

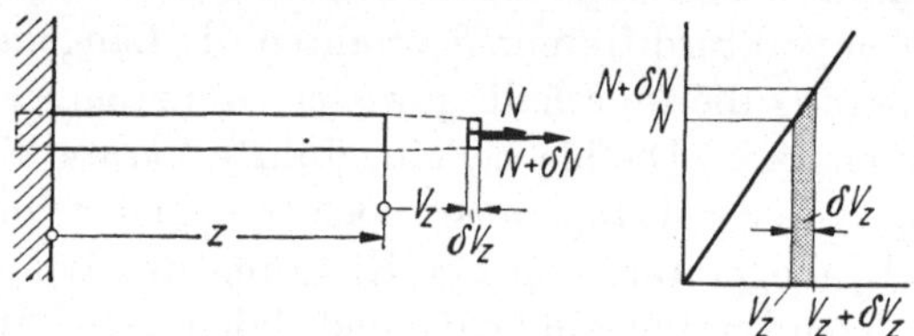

Abb. 8.1

Bei homogenem Stoff und störungsfreier Krafteinteilung darf angenommen werden, daß als einzige Spannungskomponente die konstante Zugspannung $\sigma_z = N/A$ entsteht. Bei linear-isotropem Elastizitätsgesetz ergibt sich aus (6.1/1) für die zugehörige Dehnung

$$\varepsilon_z = \frac{\sigma_z}{E} = \frac{N}{EA} = \text{const}. \tag{8.1/1}$$

Bei linearer Verzerrung gilt gemäß (4.3/1)

$$\varepsilon_z = \frac{\partial V_z}{\partial z} = \text{const}. \tag{8.1/2}$$

Der Stab sei an der Stelle $z = 0$ eingespannt; dann gilt bei der Integration nach z die Anfangsbedingung $(V_z)_{z=0} = 0$, und es folgt

$$V_z = \varepsilon_z z = \frac{\sigma_z}{E} z = \frac{N}{EA} z. \tag{8.1/3}$$

Zustandsänderungen seien durch das Zeichen δ gekennzeichnet. Eine infinitesimal kleine Änderung δF der äußeren Kraft führt zur Änderung $\delta N = \delta F$ der Normalkraft, zur Spannungsänderung $\delta\sigma_z = \delta N/A$, zur Dehnungsänderung $\delta\varepsilon_z$ und zur Verschiebungsänderung an der Stelle z vom Betrage (Abb. 8.1 links)

$$\delta V_z = \frac{z}{EA}\,\delta N. \tag{8.1/4}$$

Gemäß der in I.21.1 gegebenen Definition der Arbeit einer Kraft gilt für die von N auf dem Wege δV_z geleistete Arbeit (*Verzerrungsarbeit*)

$$\delta W = N\,\delta V_z. \tag{8.1/5}$$

Im Kraft-Weg-Diagramm (Abb. 8.1 rechts) erscheint diese infinitesimal kleine Arbeit als Flächeninhalt des schmalen Streifens von der Breite δV_z und der Höhe $N + \delta N/2$ (das Produkt aus $\delta N/2$ und δV_z ist als klein zweiter Ordnung gegen $N\,\delta V_z$ zu vernachlässigen). Die gewonnene Beziehung gilt für beliebiges Deformationsgesetz. Für linear-isotropes Elastizitätsgesetz folgt gemäß (8.1/2)

$$\delta V_z = \frac{z}{EA}\,\delta N = \frac{z}{E}\,\delta\sigma_z = z\,\delta\varepsilon_z \tag{8.1/6}$$

und nach Einsetzen in (8.1/5)

$$\delta W = \frac{z}{EA}\,N\,\delta N = \frac{zA}{E}\,\sigma_z\,\delta\sigma_z = EAz\varepsilon_z\,\delta\varepsilon_z. \tag{8.1/7}$$

Durch Integration über den Belastungsvorgang mit der Anfangsbedingung $W = N_z = \sigma_z = \varepsilon_z = 0$ ergibt sich

$$W = \frac{z}{2EA}\,N^2 = \frac{zA}{2E}\,\sigma_z^2 = \frac{EA}{2z}\,V_z^2 = \frac{zEA}{2}\,\varepsilon_z^2. \tag{8.1/8}$$

Die gewonnenen Ausdrücke sind quadratisch und mithin stets *positiv*, auch wenn der Stab auf Druck beansprucht wird; *es handelt sich um die durch die Arbeit der äußeren Kraft im Stab gespeicherte innere Energie.* Die Verzerrungsarbeit bei Hookeschem Gesetz kann mithin auch als *Verzerrungsenergie* bezeichnet werden; sie wird bei Entlastung vom Stab wieder nach außen abgegeben. Der Be- und Entlastungsvorgang stellt daher bei linearem Elastizitätsgesetz eine *verlustlos-umkehrbare Zustandsänderung* dar[1]. Bei Division durch die Länge z des Stababschnittes entsteht die *Verzerrungsarbeit pro Längeneinheit*:

$$W^* = \frac{1}{2EA}\,N^2 = \frac{A}{2E}\,\sigma_z^2 = \frac{EA}{2z^2}\,V_z^2 = \frac{EA}{2}\,\varepsilon_z^2. \tag{8.1/9}$$

Wird noch durch die Querschnittsfläche dividiert, so entsteht die *Verzerrungsarbeit pro Volumeinheit*, auch *Verzerrungsenergiedichte* ge-

[1] Dieser Sachverhalt kann nach A. Föppl auch als Definition des elastischen Verhaltens dienen.

nannt:

$$W^{***} = \frac{\sigma_z^2}{2E} = \frac{E\varepsilon_z^2}{2}. \tag{8.1/10}$$

Durch die weiteren Darstellungsarten

$$W = \frac{1}{2} N V_z, \; W^* = \frac{1}{2} N \varepsilon_z, \; W^{***} = \frac{1}{2} \sigma_z \varepsilon_z \tag{8.1/11}$$

kommt zum Ausdruck, daß die Verzerrungsarbeit in der linearen Elastizitätstheorie als *halbes Produkt aus Kraft und Weg*, bzw. aus den Kraft- und Formänderungsgrößen des Endzustandes zu berechnen ist. Dieser Sachverhalt wurde von CLAPEYRON[1] aufgedeckt. Die Kraft wächst zu dem von ihrem Angriffspunkt zurückgelegten Weg proportional an, so daß sich im Kraft—Weg-Diagramm eine Gerade ergibt (die geleistete Arbeit erscheint als Flächeninhalt eines *Dreiecks* und damit als halbes Produkt aus Kraft und Weg, Abb. 8.1).

8.2 Verzerrungsarbeit bei Isotropie für den dreiachsigen Spannungszustand

Zur Ermittlung der Verzerrungsarbeit bei beliebiger Beanspruchung sei ein kleiner Rechtkant betrachtet, dessen Kanten parallel zu den Hauptachsen liegen mögen (Abb. 8.2). Die Hauptspannungen $\sigma_I, \sigma_{II}, \sigma_{III}$, die mit Rücksicht auf die Kleinheit des Elementes bei dieser

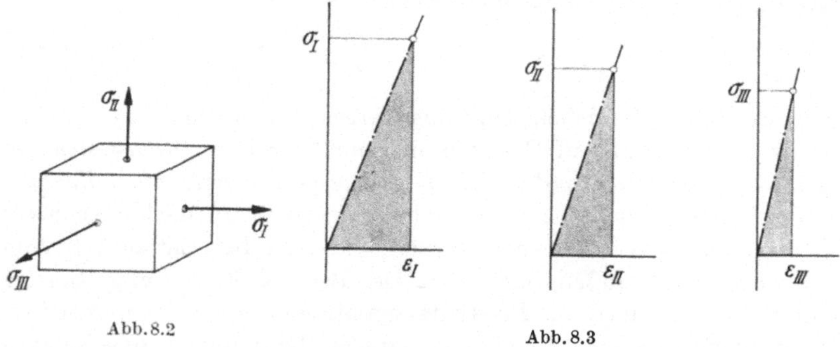

Abb. 8.2 Abb. 8.3

Betrachtung als gleichmäßig über die jeweilige Seitenfläche verteilt angesehen werden können, sollen zunächst während des Belastungsvorganges proportional zueinander anwachsen, was z. B. auf hydraulischem Wege bewirkt werden kann. Die zugehörigen Kraft—Weg-Diagramme sind jeweils durch vom Nullpunkt ausgehende Gerade gekennzeichnet (Abb. 8.3). Die gesamte Verzerrungsarbeit pro Volum-

[1] BENOIT PIERRE EMIL CLAPEYRON (geb. 1799 in Paris, gest. 1864 in Paris).

einheit ergibt sich als Summe der Flächeninhalte der zugehörigen Dreiecke

$$W^{***} = \frac{1}{2}(\sigma_I e_I + \sigma_{II} e_{II} + \sigma_{III} e_{III}) = \frac{1}{2} \sum_{\lambda = I,II,III} \sigma_{(\lambda)} e_{(\lambda)}. \qquad (8.2/1)$$

oder mit $\sigma_{(\lambda)} = c_{k\lambda} c_{m\lambda} \tau_{km}$ (keine Summation über λ):

$$W^{***} = \frac{1}{2} \sum_{\lambda} c_{k\lambda} c_{m\lambda} \tau_{km} e_{(\lambda)}, \qquad (8.2/2)$$

oder wegen $\sum_{\lambda} c_{k\lambda} c_{m\lambda} e_{(\lambda)} = e_{km}$:

$$W^{***} = \frac{1}{2} \tau_{km} e_{km}. \qquad (8.2/3)$$

Die Verzerrungsarbeit linear-elastischer Körper ist daher, in Übereinstimmung mit dem Satz von CLAPEYRON, formal gleich dem halben Betrage jener Größe, die bei Ableitung des Prinzips der virtuellen Arbeiten (ohne Voraussetzung einer physikalischen Kausalität) als virtuelle Verzerrungsarbeit definiert wurde.

Bei Einsetzen von (6.2/1) in (8.2/1) folgt

$$W^{***} = \frac{1}{2E} [\sigma_I^2 + \sigma_{II}^2 + \sigma_{III}^2 - 2\nu(\sigma_I \sigma_{II} + \sigma_{II} \sigma_{III} + \sigma_{III} \sigma_I)]. \qquad (8.2/4)$$

Auch bei anderem Ablauf des Belastungsvorganges ergibt sich stets dieselbe Größe, wenn nur die erreichten Endwerte der drei Hauptspannungen dieselben sind. Zur Demonstration dieses für die lineare Elastizitätstheorie charakteristischen Sachverhaltes sei der Rechtkant ein zweites Mal in anderer Weise belastet: Zunächst sei die Spannung σ_I allein aufgebracht; das erste Diagramm (Abb. 8.4

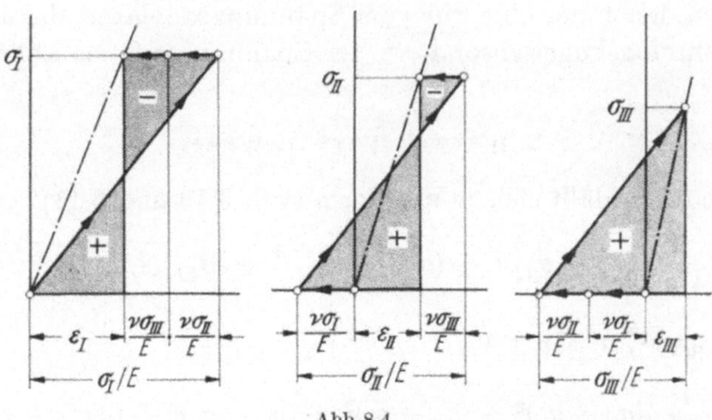

Abb. 8.4

links) zeigt dann ein Dreieck mit dem Flächeninhalt $\sigma_I^2/(2E)$. Im zweiten und dritten Diagramm (Abb. 8.4 Mitte und rechts) zeigt sich infolge der Querkontraktion jeweils eine vom Nullpunkt aus nach links, d. h. längs der negativen ε-Achse laufende Gerade, die im Abstand $\nu\sigma_I/E$ endet; da die Spannungen σ_{II} und σ_{III} noch gleich Null sind, entstehen hier zunächst keine Arbeitsbeiträge. Wird nun σ_{II} aufgebracht, so treten in den Richtungen I und III Querkontraktionen vom

Betrage $\nu\sigma_{II}/E$ auf; die bereits vorhandene Spannung σ_I leistet dabei die negative Arbeit $-\nu\sigma_I\sigma_{II}/E$ (Rechteckfläche). Im zweiten Diagramm erscheint ein Dreieck vom Flächeninhalt $\sigma_{II}^2/(2E)$, während im dritten Diagramm auch jetzt noch kein Arbeitsbeitrag entsteht. Bei Aufbringung von σ_{III} zeigen sich schließlich im ersten und zweiten Diagramm Querkontraktionen, die zu den negativen Arbeitsbeträgen $-\nu\sigma_I\sigma_{III}/E$ bzw. $-\nu\sigma_{II}\sigma_{III}/E$ (Rechtecke) führen; im dritten Diagramm entsteht ein Dreieck mit dem Flächeninhalt $\sigma_{III}^2/(2E)$. Man erkennt bei Addition aller Arbeitsbeträge wieder die Übereinstimmung mit (8.2/4). Der lineare Zusammenhang zwischen Spannungen und Verformungen hat also bei einem beliebigen Belastungsvorgang nicht nur die Eindeutigkeit der im Endzustand auftretenden Verformungen zur Folge, sondern auch die *Eindeutigkeit der Verzerrungsarbeit.* Zu dieser Folgerung gelangte BETTI[1]. Die Verzerrungsarbeit kann daher ohne Bezugnahme auf den zeitlichen Ablauf des Belastungsvorganges allein durch die im Endzustand auftretenden Spannungen oder Verzerrungen ausgedrückt werden. Die Ursache liegt darin, daß der dem Hookeschen Gesetz folgende Werkstoff keinem Einfluß der Belastungsvorgeschichte unterliegt: *Der Hookesche Stoff hat kein Gedächtnis.*

Zur weiteren Verwendung der Beziehung (8.2/4) sei von den nachstehenden Identitäten Gebrauch gemacht [S ist Spannungssumme, vgl. (3.7/7)]:

$$\sigma_I^2 + \sigma_{II}^2 + \sigma_{III}^2 = \frac{1}{3}\left[(\sigma_I - \sigma_{II})^2 + (\sigma_{II} - \sigma_{III})^2 + (\sigma_{III} - \sigma_I)^2 + S^2\right],$$

$$\sigma_I\sigma_{II} + \sigma_{II}\sigma_{III} + \sigma_{III}\sigma_I = \frac{1}{6}\left[2S^2 - (\sigma_I - \sigma_{II})^2 - (\sigma_{II} - \sigma_{III})^2 - (\sigma_{III} - \sigma_I)^2\right]. \qquad (8.2/5)$$

Man erkennt hieraus, daß die Verzerrungsarbeit pro Volumeinheit, ebenso wie der Spannungstensor selbst, in zwei Anteile zerlegt werden kann, von denen der eine nur vom Spannungsdeviator, der andere nur vom Spannungskugeltensor bzw. der Spannungssumme abhängt [vgl. (3.7/18)]:

$$W^{***} = \tilde{W}^{***} + \mathring{W}^{***}. \qquad (8.2/6)$$

Der erste Anteil läßt sich in der Form (vgl. 3.10 und 3.11)

$$\begin{aligned}\tilde{W}^{***} &= \frac{1}{12G}\left[(\sigma_I - \sigma_{II})^2 + (\sigma_{II} - \sigma_{III})^2 + (\sigma_{III} - \sigma_I)^2\right] \\ &= \frac{1}{3G}\left[\tau_I^2 + \tau_{II}^2 + \tau_{III}^2\right] \qquad (8.2/7) \\ &= \frac{1}{12G}\left[(\sigma_x - \sigma_y)^2 + (\sigma_y - \sigma_z)^2 + (\sigma_z - \sigma_x)^2 + 6(\tau_{xy}^2 + \tau_{yz}^2 + \tau_{zx}^2)\right] \\ &= \frac{G}{3}\left[(\varepsilon_x - \varepsilon_y)^2 + (\varepsilon_y - \varepsilon_z)^2 + (\varepsilon_z - \varepsilon_x)^2 + \frac{3}{2}(\gamma_{xy}^2 + \gamma_{yz}^2 + \gamma_{zx}^2)\right]\end{aligned}$$

schreiben und heißt wegen seines Zusammenhanges mit den Hauptschubspannungen *Gestaltänderungsarbeit* pro Volumeinheit oder *Gestalt-*

[1] ENRICO BETTI (geb. 1823 in Pistoia, gest. 1892 in Pisa).

änderungsenergiedichte. Der zweite Anteil ist

$$\mathring{W}^{***} = \frac{1-2\nu}{6E} S^2 = \frac{E}{6(1-2\nu)} e^2 \tag{8.2/8}$$

(der letzte Ausdruck gilt für $\nu \neq 1/2$) und heißt *Volumänderungsarbeit pro Volumeinheit* oder *Volumänderungsenergiedichte.*

Die Ausdrücke sind von der Wahl des Koordinatensystems unabhängig, d.h. *Invarianten*; denn in Tensorschreibweise treten alle Indizes paarweise auf und nehmen daher an Summationen teil:

$$\begin{aligned}\tilde{W}^{***} &= \frac{1}{12G}(3\tau_{km}\tau_{km} - \tau_{kk}\tau_{mm}) = \frac{1}{4G}\tilde{\tau}_{km}\tilde{\tau}_{km} \\ &= \frac{G}{3}(3e_{km}e_{km} - e_{kk}e_{mm}) = G\tilde{e}_{km}\tilde{e}_{km}, \\ \mathring{W}^{***} &= \frac{1-2\nu}{6E}\tau_{kk}\tau_{mm} = \frac{E}{6(1-2\nu)} e_{kk}e_{mm} \quad \text{für } \nu \neq 1/2\end{aligned} \tag{8.2/9}$$

und

$$W^{***} = \frac{1}{4G}\left(\tau_{km}\tau_{km} - \frac{\nu}{1+\nu}\tau_{kk}\tau_{mm}\right), \tag{8.2/10}$$

bzw.

$$W^{***} = G\left(e_{km}e_{km} + \frac{\nu}{1-2\nu} e_{kk}e_{mm}\right) \text{ für } \nu \neq \frac{1}{2}\,. \tag{8.2/11}$$

Durch partielle Differentiation nach den Spannungs- bzw. Verzerrungskomponenten und Vergleich mit (6.2/6) bzw. (6.2/7) folgen

$$\frac{\partial W^{***}}{\partial \tau_{km}} = e_{km}, \tag{8.2/12}$$

bzw.

$$\frac{\partial W^{***}}{\partial e_{km}} = \tau_{km}. \tag{8.2/13}$$

Da weder die Gestaltänderungsarbeit, noch die Volumänderungsarbeit negativ sein können, sind die Faktoren $G = E/(2+2\nu)$ und $E/(1-2\nu)$ positiv, so daß die Ungleichung

$$-1 < \nu < \frac{1}{2} \tag{8.2/14}$$

besteht. Dieses Ergebnis ist durch experimentelle Befunde bestätigt [vgl. Tabelle (6.1/3); allerdings sind Stoffe mit negativen ν-Werten, die eine besonders hohe Schubsteifigkeit aufweisen müßten, nicht bekannt].

9 Folgerungen aus dem Arbeitsprinzip

9.1 Sätze von Castigliano

Das Arbeitsprinzip (5.2/7) sei auf den Sonderfall angewandt, daß keine Massenkräfte vorhanden sind, die kinematische Gruppe die wirkliche ist und die statische aus den bei infinitesimal kleinen Belastungsänderungen wirklich eintretenden Größen δF_q, δM_q und $\delta\tau_{km}$ besteht. Dann folgt

$$\sum_q (V_q\,\delta F_q + \varphi_q\,\delta M_q) = \int_{(\mathscr{V})} e_{km}\,\delta\tau_{km}\,d\mathscr{V}. \tag{9.1/1}$$

Bei linear-isotropem Elastizitätsgesetz gilt für die Verzerrungsarbeit pro Volumeinheit als Funktion der Spannungen (8.2/10). Bei infinitesimal kleinen Änderungen der Spannungen ändert sich die Verzerrungsarbeit pro Volumeinheit um den Betrag [Anwendung von (8.2/12)]

$$\delta W^{***} = \frac{\partial W^{***}}{\partial\tau_{km}}\,\delta\tau_{km} = e_{km}\,\delta\tau_{km}. \tag{9.1/2}$$

Die rechte Seite von (9.1/1) ist mithin gleich $\int_{(\mathscr{V})} \delta W^{***}\,d\mathscr{V} = \delta W$ und es folgt

$$\delta W = \sum_q (V_q\,\delta F_q + \varphi_q\,\delta M_q). \tag{9.1/3}$$

Da die Verzerrungsarbeit pro Volumeinheit gemäß (8.2/10) eine homogene Funktion zweiten Grades der Spannungen ist und die Spannungen innerhalb der linearen Theorie lineare Funktionen der äußeren Kraftgrößen sind, kann die Verzerrungsarbeit auch als homogene Funktion zweiten Grades der äußeren Kraftgrößen geschrieben werden. Bei infinitesimal kleinen Änderungen der äußeren Kraftgrößen ändert sich W mithin um den Betrag

$$\delta W = \sum_q \left(\frac{\partial W}{\partial F_q}\,\delta F_q + \frac{\partial W}{\partial M_q}\,\delta M_q\right). \tag{9.1/4}$$

Durch Vergleich mit (9.1/3) folgen die Beziehungen:

$$V_q = \frac{\partial W}{\partial F_q}, \quad \varphi_q = \frac{\partial W}{\partial M_q}. \tag{9.1/5}$$

Sie repräsentieren den zweiten Satz von CASTIGLIANO[1]:

Der partielle Differentialquotient der Verzerrungsarbeit nach einer äußeren Kraft (bzw. einem äußeren Moment) ist gleich der Verschiebung des Angriffspunktes dieser Kraft in deren Richtung (bzw. der Drehung an der Angriffsstelle dieses Momentes um dessen Drehachse).

Wird andererseits das Arbeitsprinzip auf den Fall angewandt, daß keine Massenkräfte vorhanden sind, die statische Gruppe die wirkliche ist und die kinematische aus den bei infinitesimal kleinen Belastungsänderungen wirklich eintretenden Größen δV_q, $\delta\varphi_q$ und δe_{km} besteht, so folgt aus (5.2/7)

$$\sum_q (F_q\,\delta V_q + M_q\,\delta\varphi_q) = \int_{(\mathscr{V})} \tau_{km}\,\delta e_{km}\,d\mathscr{V}. \tag{9.1/6}$$

[1] CARLO ALBERTO PIO CASTIGLIANO (geb. 1847 in Asti, gest. 1884 in Mailand).

Mit Bezugnahme auf die Arbeitsdefinition (vgl. I.21.1) oder auf die Verzerrungsarbeit pro Volumeinheit als Funktion zweiten Grades der Verzerrungen [vgl. (8.2/11) und (8.2/13)] ist die rechte Seite mit δW identisch. Da sich W auch als Funktion der Oberflächenverschiebungen und -drehungen schreiben läßt, wird

$$\delta W = \sum_q \left(\frac{\partial W}{\partial V_q} \, \delta V_q + \frac{\partial W}{\partial \varphi_q} \, \delta \varphi_q \right). \tag{9.1/7}$$

Durch Vergleich mit (9.1/6) folgen die Beziehungen:

$$F_q = \frac{\partial W}{\partial V_q}, \quad M_q = \frac{\partial W}{\partial \varphi_q}. \tag{9.1/8}$$

Sie repräsentieren den ersten Satz von CASTIGLIANO:

Der partielle Differentialquotient der Verzerrungsarbeit nach einer Oberflächenverschiebung (bzw. -drehung um eine beliebige Bezugsachse) ist gleich der dort in Richtung dieser Verschiebung angreifenden äußeren Kraft (bzw. dem dort um diese Bezugsachse drehenden äußeren Moment).

9.2 Anwendung auf statisch unbestimmte Systeme

In einem g-fach statisch unbestimmten System sind g voneinander unabhängige Eigenspannungszustände möglich; die zugehörigen Kraftgrößen bilden die *Eigengruppen* (vgl. 5.4). Durch Lösen von g Bindungen läßt sich ein tragfähiges Ersatzsystem herstellen, das *Hauptsystem* genannt sei. Die zugehörige, mit der äußeren Belastung im Gleichgewicht befindliche Kräftegruppe sei *Hauptgruppe* genannt und mit $\overset{(0)}{G}$ gekennzeichnet. Wird eine der gelösten Bindungen wieder eingebaut, so entsteht ein einfach statisch unbestimmtes System, in dem ein Eigenspannungszustand möglich ist. Die zugehörige Eigengruppe sei mit $\overset{(e)}{G}$ gekennzeichnet, wobei der Index e eine der g Nummern der zuvor gelösten Bindungen repräsentiert. Auf diese Weise lassen sich g einfach statisch unbestimmte Ersatzsysteme und damit g voneinander unabhängige Eigengruppen definieren (gekennzeichnet durch den Index e). Wird in jeder dieser Eigengruppen eine Kraftgröße angenommen, so können, da es sich um einfach statisch unbestimmte Systeme handelt, alle übrigen Eigenkraftgrößen aus Gleichgewichtsbedingungen bestimmt werden. Durch Einführung von g statisch unbestimmten Faktoren X_e lassen sich die Anteile der Eigengruppen an der Gruppe G der wirklichen Kraftgrößen des Systems in der Form $X_e \overset{(e)}{G}$ darstellen, und es folgt

$$\overset{}{G} = \overset{(0)}{G} + \sum_{e=1}^{g} X_e \overset{(e)}{G}. \tag{9.2/1}$$

Wird im wirklichen System eine Bindung mit der Nummer e gelöst und soll dabei der wirkliche Spannungszustand nicht gestört werden, so muß die zuvor wirksame Bindungskraftgröße als äußere Kraftgröße an beiden Teilen der gelösten Bindung in entgegengesetzten Richtungen angebracht werden. Wird bei allen g Bindungen in dieser Weise verfahren und werden diese Kraftgrößen bei den F_q und M_q mitgezählt, so muß für das so belastete Hauptsystem noch gefordert werden, daß die g Relativbewegungen verschwinden, die — zufolge der in Wirklichkeit vorhandenen Bindungen — nicht auftreten können. Mit Bezug auf (9.1/5) sind diese Relativbewegungen zu $\partial W/\partial X_e$ proportional, so daß die Bedingungen

$$\partial W/\partial X_e = 0 \quad \text{für} \quad e = 1, 2, \ldots, g \tag{9.2/2}$$

zu erfüllen sind. Hierbei handelt es sich um g Kompatibilitätsbedingungen allgemeinerer Art [vgl. (5.4/4)], die zusammen mit den Gleichgewichtsbedingungen zur Bestimmung der unbekannten Kraftgrößen des Systems gerade ausreichen.

Aus (9.2/2) folgt, daß die Verzerrungsarbeit als Funktion der X_e für den wirklich eintretenden Zustand zu einem Extremum wird. Um festzustellen, ob es sich um ein Maximum oder Minimum handelt, sei die bei kleinen (jetzt *nicht* infinitesimal kleinen) Änderungen δX_e eintretende Änderung der Verzerrungsarbeit untersucht (der Index e^* durchlaufe dieselben Nummern wie e):

$$W(X_e + \delta X_e) = W(X_e) + \sum_{e=1}^{g} \frac{\partial W}{\partial X_e} \delta X_e + \sum_{e=1}^{g} \sum_{e^*=1}^{g} \frac{1}{2} \frac{\partial^2 W}{\partial X_e \partial X_{e^*}} \delta X_e \, \delta X_{e^*}. \tag{9.2/3}$$

Da W von den zweifachen Produkten der wirklichen Kraftgrößen abhängt [vgl. (9.2/1)], ist diese Darstellung vollständig. Das zweite Glied der rechten Seite verschwindet wegen (9.2/2), das dritte Glied repräsentiert die allein von den δX_e herrührende Verzerrungsarbeit, die nicht negativ sein kann (vgl. Schluß von 8.2). *Folglich wird die Verzerrungsenergie in statisch unbestimmten Systemen als Funktion der statisch unbestimmten Größen für den wirklich eintretenden Zustand zum Minimum.* Diese Aussage stellt einen Sonderfall des zweiten Satzes von CASTIGLIANO dar und wurde bereits von MENABREA[1] angewandt.

[1] LUIGI FEDERIGO MENABREA (geb. 1809 in Chambery, gest. 1896 in Chambery).

10 Steifigkeit, Nachgiebigkeit, virtuelle Arbeit und Superposition in der linearen Elastostatik

10.1 Steifigkeit, Nachgiebigkeit und virtuelle Arbeit

Die Gleichgewichts- und Formänderungsbedingungen bei geometrischer Linearität, sowie die Spannungs-Dehnungsgleichungen bei physikalischer Linearität (d.h. für lineares Elastizitätsgesetz) bilden das Gleichungssystem der linearen Elastostatik. Der lineare Aufbau aller dieser Gleichungen hat zur Folge, daß zwischen den äußeren Kraftgrößen und den Oberflächenverschiebungen bzw. -drehungen, soweit sie ausschließlich durch die äußeren Kraftgrößen erzeugt sind, lineare Gleichungen folgender Form bestehen:

$$F_p = \sum_q (a_{pq} V_q + c_{pq} \varphi_q), \quad M_p = \sum_q (d_{pq} V_q + b_{pq} \varphi_q), \qquad (10.1/1)$$

$$V_p = \sum_q (\alpha_{pq} F_q + \gamma_{pq} M_q), \quad \varphi_p = \sum_q (\vartheta_{pq} F_q + \beta_{pq} M_q). \qquad (10.1/2)$$

Die Koeffizienten a_{pq}, b_{pq}, c_{pq} und d_{pq} heißen *Steifigkeitszahlen*, die Koeffizienten α_{pq}, β_{pq}, γ_{pq} und ϑ_{pq} heißen *Nachgiebigkeitszahlen* (oder auch Einflußzahlen). Da das zweite Gleichungssystem aus dem ersten hervorgeht, läßt sich die zweite Koeffizientengruppe aus der ersten berechnen (ebenso umgekehrt). Die zugehörigen Beziehungen ergeben sich aus (10.1/1), wenn die Ausdrücke für die rechts auftretenden kinematischen Größen aus (10.1/2) eingesetzt werden [oder aus (10.1/2), wenn die Ausdrücke für die rechts stehenden statischen Größen aus (10.1/1) eingesetzt werden]. Mit δ_{pt} als Kronecker-Symbol folgen:

$$\begin{aligned} &\sum_q (a_{pq}\alpha_{qt} + c_{pq}\vartheta_{qt}) = \delta_{pt}, \quad \sum_q (a_{pq}\gamma_{qt} + c_{pq}\beta_{qt}) = 0, \\ &\sum_q (d_{pq}\alpha_{qt} + b_{pq}\vartheta_{qt}) = 0, \quad \sum_q (d_{pq}\gamma_{qt} + b_{pq}\beta_{qt}) = \delta_{pt}. \end{aligned} \qquad (10.1/3)$$

Durch Vergleich von (5.3/2) und (5.3/3) mit (10.1/1) lassen sich die Steifigkeitszahlen in folgender Form darstellen:

$$\begin{aligned} a_{pq} &= \int_{(\mathscr{V})} (\tau_{km})_{V_q=1} (e_{km})_{V_p=1}\, d\mathscr{V}, \quad c_{pq} = \int_{(\mathscr{V})} (\tau_{km})_{\varphi_q=1} (e_{km})_{V_p=1}\, d\mathscr{V}, \\ d_{pq} &= \int_{(\mathscr{V})} (\tau_{km})_{V_q=1} (e_{km})_{\varphi_p=1}\, d\mathscr{V}, \quad b_{pq} = \int_{(\mathscr{V})} (\tau_{km})_{\varphi_q=1} (e_{km})_{\varphi_p=1}\, d\mathscr{V}. \end{aligned} \qquad (10.1/4)$$

Aus den Hinweisen $V_q = 1$ bzw. $V_p = 1$ usw. geht hervor, daß im Integranden jeweils Produkte gleichnamiger Komponenten von Spannungs- und Verzerrungstensoren auftreten, die zu verschiedenen Belastungszuständen gehören. Allgemein gilt für diese Produkte, wenn sich der

Spannungstensor auf einen Zustand (1) und der Verzerrungstensor auf einen Zustand (2) bezieht [vgl. (6.2/7)]:

$$\overset{(1)}{\tau}_{km}\overset{(2)}{e}_{km} = 2G\left(\overset{(1)}{e}_{km}\overset{(2)}{e}_{km} + \frac{\nu}{1-2\nu}\overset{(1)}{e}\overset{(2)}{e}\right) = \overset{(2)}{\tau}_{km}\overset{(1)}{e}_{km}. \qquad (10.1/5)$$

Wird diese Symmetrie in (10.1/4) beachtet, so folgen die durch MAXWELL[1] auf anderem Wege gefundenen *Symmetriebedingungen* der Steifigkeits- und Nachgiebigkeitszahlen:

$$\begin{aligned} a_{pq} &= a_{qp}, \quad c_{pq} = d_{qp}, \quad b_{pq} = b_{qp}, \\ \alpha_{pq} &= \alpha_{qp}, \quad \gamma_{pq} = \vartheta_{qp}, \quad \beta_{pq} = \beta_{qp}. \end{aligned} \qquad (10.1/6)$$

Die in der zweiten Reihe stehenden Symmetriebedingungen der Nachgiebigkeitszahlen ergeben sich aus (10.1/3) bei Beachtung der Symmetrie der Steifigkeitszahlen, oder aus den zu (10.1/4) analogen Beziehungen, die aus dem Vergleich von (5.4/2) und (5.4/3) mit (10.1/2) hervorgehen, wenn (10.1/5) beachtet wird.

Für die Verzerrungsarbeit bei Abwesenheit von Massenkräften und ohne Temperatureffekte folgt aus (8.2/10) und (5.2/7):

$$W = \int_{(\mathscr{V})} \frac{1}{2E}\left[(1+\nu)\,\tau_{km}\tau_{km} - \nu S^2\right] d\mathscr{V} = \frac{1}{2}\sum_q (F_q V_q + M_q \varphi_q) \qquad (10.1/7)$$

und nach Einsetzen von (10.1/1) bzw. (10.1/2) mit Berücksichtigung der Symmetriebedingungen (10.1/6)

$$W = \frac{1}{2}\sum_p \sum_q (a_{pq} V_p V_q + 2c_{pq} V_p \varphi_q + b_{pq}\varphi_p\varphi_q), \qquad (10.1/8)$$

bzw.

$$W = \frac{1}{2}\sum_p \sum_q (\alpha_{pq} F_p F_q + 2\gamma_{pq} F_p M_q + \beta_{pq} M_p M_q). \qquad (10.1/9)$$

Auch an Hand dieser Darstellungen lassen sich die Sätze von CASTIGLIANO bestätigen.

Bei Stäben wirken im Querschnitt in der Regel nur eine Normalspannung σ und eine Schubspannung τ, so daß für (10.1/7)

$$W = \int_{(\mathscr{V})} \frac{1}{2E}\left[\sigma^2 + 2(1+\nu)\,\tau^2\right] d\mathscr{V} = \frac{1}{2}\sum_q (F_q V_q + M_q \varphi_q) \qquad (10.1/10)$$

zu setzen ist.

Das in 5.4 interpretierte Arbeitsprinzip virtueller statischer Gruppen nimmt bei Anwendung von (6.2/6) folgende Form an:

$$\overset{(v)}{W} = \int_{(\mathscr{V})} \frac{1}{E}\left[(1+\nu)\overset{(v)}{\tau}_{km}\tau_{km} - \nu\overset{(v)}{S}S\right] d\mathscr{V} = \sum_q \left(\overset{(v)}{F}_q V_q + \overset{(v)}{M}_q \varphi_q\right), \qquad (10.1/11)$$

---

[1] JAMES CLERK MAXWELL (geb. 1831 in Edinburgh, gest. 1879 in Cambridge).

bzw. bei Stäben

$$\overset{(v)}{W} = \int_{(\mathscr{V})} \frac{1}{E}\left[\overset{(v)}{\sigma}\sigma + 2(1+\nu)\overset{(v)}{\tau}\tau\right] d\mathscr{V} = \sum_q \left(\overset{(v)}{F}_q V_q + \overset{(v)}{M}_q \varphi_q\right). \tag{10.1/12}$$

Ist die virtuelle Gruppe eine *Eigengruppe*, so ist die *rechte Seite Null* [vgl. (5.4/4)]. Die linke Seite zeigt, daß *sich die virtuelle Arbeit bei Vertauschung der virtuellen mit der wirklichen statischen Gruppe nicht ändert* [dies wird auch bei Einsetzen von (10.1/2) bestätigt].

10.2 Superposition

Infolge der Linearität der Grundgleichungen der linearen Elastostatik (Gleichgewichts-, Formänderungs- und Stoffgleichungen) besteht auch zwischen den äußeren Kraftgrößen, numeriert mit $q = 1, 2, \ldots, b$, bezeichnet mit B_q (*Belastung*), und den inneren Kraft- und Formänderungsgrößen, numeriert mit $t = 1, 2, \ldots, c$, bezeichnet mit D_t (*Unbekannte*), ein linearer Zusammenhang:

$$D_t = \sum_{q=1}^{b} H_{tq} B_q \quad \text{für } t = 1, 2, \ldots, c. \tag{10.2/1}$$

Die Koeffizienten H_{tq} sind aus den Gleichungen der linearen Elastostatik als die zu den Einheitsbelastungen $B_q = 1$ gehörenden Unbekannten zu ermitteln. Nach ihrer Kenntnis ist das jeweilige elastostatische Problem praktisch gelöst, denn aus (10.2/1) folgen für jede beliebige Belastung alle Unbekannten.

Sind ferner $\overset{(\alpha)}{B}_q$ mit $\alpha = 1, 2, \ldots, b$ linear unabhängige Belastungen, so läßt sich jede Belastung als Linearkombination

$$B_q = \sum_{\alpha=1}^{b} g_\alpha \overset{(\alpha)}{B}_q \tag{10.2/2}$$

schreiben; hierbei sind die Koeffizienten g_α die Gewichte der Einzelbelastungen. Zu den Einzelbelastungen $\overset{(\alpha)}{B}_q$ gehören nach (10.2/1) die Unbekannten

$$\overset{(\alpha)}{D}_t = \sum_{q=1}^{b} H_{tq} \overset{(\alpha)}{B}_q. \tag{10.2/3}$$

Andererseits folgt aus (10.2/1), (10.2/2) und (10.2/3) für die Gesamtwerte der Unbekannten

$$D_t = \sum_{q=1}^{b} \sum_{\alpha=1}^{b} H_{tq} g_\alpha \overset{(\alpha)}{B}_q = \sum_{\alpha=1}^{b} g_\alpha \overset{(\alpha)}{D}_t. \tag{10.2/4}$$

Mithin gilt für die Unbekannten die gleiche Linearkombination wie für die gegebenen Kraftgrößen. Dieser Sachverhalt heißt *lineare Superposition*.

Bei Eintragung der Zahlenwerte in Tabellen bilden die Größen H_{tq} eine Tabelle mit t Zeilen und q Spalten (Rechteckmatrix), die Größen D_t bzw. B_q eine Spalte mit t bzw. q Feldern (Spaltenmatrix).

11 Festigkeitshypothesen

Zur Beurteilung der Stoffbeanspruchung bei mehrachsigen Spannungszuständen sind zusätzliche Hypothesen erforderlich, die eine Umrechnung auf einen einachsigen Vergleichszustand mit gleichem Beanspruchungs- bzw. Verformungsmaß ermöglichen. Die so errechenbare Normalspannung heißt *Effektivspannung* oder *Vergleichsspannung* (σ_e), die zugehörige Dehnung *Effektivdehnung* oder *Vergleichsdehnung* (ε_e). Diese Größen entsprechen (innerhalb der jeweiligen Hypothese) der Spannung und Dehnung eines Probestabes beim Zugversuch bzw. Zug—Druck-Schwingungsversuch. Die Beanspruchung heißt *zulässig*, wenn σ_e kleiner ist als $\sigma_{0,2}/S_F$ und σ_B/S_B (bzw. σ_A/S_B bei bestimmtem Verhältnis σ_A/σ_M, vgl. 2.3). Hierbei sind S_F und S_B die *Sicherheitswerte* gegen Verformen und Bruch. Zur Darstellung der Hypothesen ist das Koordinatensystem σ, τ von MOHR (Normal- und Schubspannung an Schnittflächen) oder das System σ_0, $3\tau_0/\sqrt{2}$ von HENCKY[1] (Oktaedernormal- und -schubspannung, vgl. 3.10) geeignet.

11.1 Normalspannungshypothese

Die naheliegende Annahme, daß die *größte Normalspannung* als Maß der Stoffbeanspruchung anzusehen ist, führt zu der Effektivspannung

$$\sigma_e = \sigma_{\max}. \tag{11.1/1}$$

Diese Hypothese hat für den mehrachsigen Zug Berechtigung, weil in diesem Beanspruchungsbereich häufig *Trennbrüche* auftreten (Bruchfläche senkrecht zur Richtung der größten Zugspannung). Dieser Bereich ist einer experimentellen Analyse schwer zugänglich. Der Gültigkeitsbereich kann bei vielen technischen Stoffen, deren Festigkeit bei allseitigem Zug sicher größer ist als bei einachsigem Zug, nicht bis zum einachsigen Zug ausgedehnt werden (Grenzlinien $\sigma_e = 1.6\,\sigma_B$ in Abb. 11.1 und 11.2 gestrichelt). Für die praktische

[1] HEINRICH HENCKY (geb. 1885 in Ansbach, gest. 1951 in Innervals am Brenner).

Anwendung wird deshalb mit Rücksicht auf die Gefahr des *Sprödbruches* (Trennbruch ohne vorausgehende plastische Verformung) und die — infolge der experimentellen Schwierigkeiten — sehr unvollständigen Informationen über das Stoffverhalten bei mehrachsigem Zug der Anschluß an den einachsigen Zug durch Gleichsetzen der Festigkeitswerte für allseitigen und einachsigen Zug hergestellt (Grenzlinien $\sigma_e = \sigma_B$ in Abb. 11.1 und 11.2 ausgezogen).

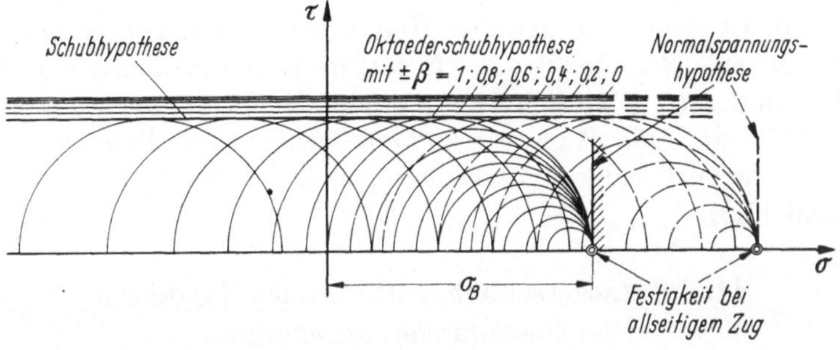

Abb. 11.1

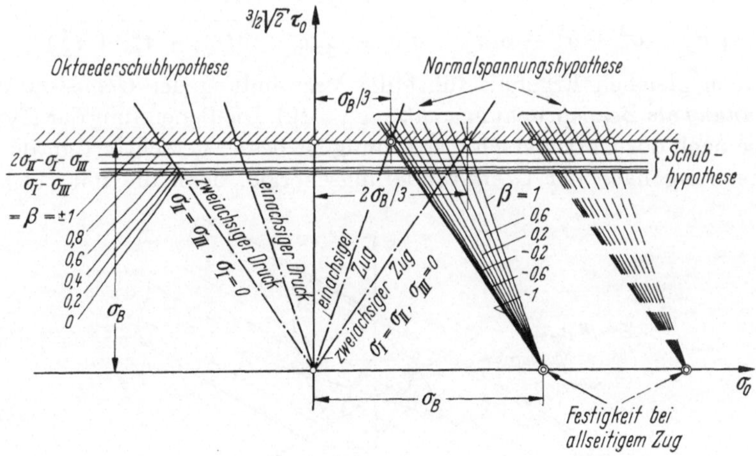

Abb. 11.2

11.2 Schubhypothese

Bei zähen Stoffen treten vorwiegend *Gleitbrüche* auf (Bruchfläche unter 45° gegen die Richtungen der größten und kleinsten Hauptspannung, vgl. 3.11 sowie Abb. 3.3). MOHR und andere sahen deshalb die *größte Schubspannung* als Maß der Stoffbeanspruchung an. Die Effektivspannung ergibt sich gemäß ihrer Definition aus (3.11/1) als doppelter Wert der maximalen Schubspannung:

$$\sigma_e = 2\,\tau_{\max} = \sigma_{\max} - \sigma_{\min}. \tag{11.2/1}$$

Die Grenzlinien $\sigma_e = \sigma_B$ sind Parallelen zur σ-, bzw. σ_0-Achse (Abb. 11.1 und 11.2). In einem von den drei Hauptspannungen gebildeten Koordinatensystem [*Spannungsraum*, in diesem Zusammenhang gelten die Ungleichungen (3.7/29) nicht!] entspricht der Bedingung $\sigma_e = \sigma_B$ als Grenzfläche der Mantel eines regulären sechsseitigen Prismas, dessen Achse mit den drei Koordinatenachsen gleiche Winkel bildet (Abb. 11.3, 11.4 und 11.5).

11.3 Oktaederschubhypothese oder Hypothese der Gestaltänderungsenergie

Der Gedanke, die zur Änderung der Gestalt aufzuwendende Arbeit, insbesondere die für lineares Elastizitätsgesetz geltende *Gestaltänderungsenergiedichte* (vgl. 8.2) als Maß der Stoffbeanspruchung anzusehen, geht auf HUBER[1], VON MISES[2], HENCKY und andere zurück. Für die Effektivspannung gilt dann

$$\sigma_e = \sqrt{\sigma_I^2 + \sigma_{II}^2 + \sigma_{III}^2 - \sigma_I\sigma_{II} - \sigma_{II}\sigma_{III} - \sigma_{III}\sigma_I} \tag{11.3/1}$$

$$= \sqrt{\sigma_x^2 + \sigma_y^2 + \sigma_z^2 - \sigma_x\sigma_y - \sigma_y\sigma_z - \sigma_z\sigma_x + 3(\tau_{xy}^2 + \tau_{yz}^2 + \tau_{zx}^2)}\,.$$

Zu dem gleichen Ergebnis führt die Verwendung der *Oktaederschubspannung* als Beanspruchungsmaß (vgl. 3.10). Die Benennung der Hypothese nach der Oktaederschubspannung ist besser gerechtfertigt als die Benennung nach der Gestaltänderungsenergie, denn die mit (11.3/1)

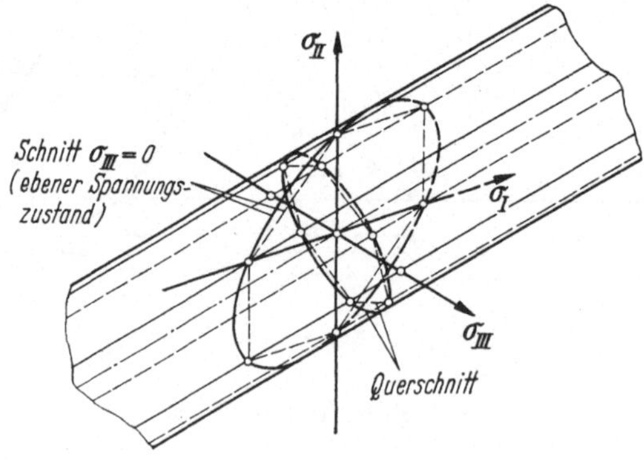

Abb. 11.3

[1] MAXIMILIAN TITUS HUBER (geb. 1872 in Kroscienko am Dunajec, gest. 1950 in Krakau).

[2] RICHARD EDLER VON MISES (geb. 1883 in Lemberg, gest. 1953 in Boston/Mass.).

definierte Effektivspannung steht nur dann mit der wirklichen Gestaltänderungsarbeit in Zusammenhang, wenn die Bedingungen $(1+\nu)\,\varepsilon_e \tilde{\tau}_{km} = \sigma_e \tilde{e}_{km}$ mit $\nu =$ const während des gesamten Belastungsvorganges vorausgesetzt werden. Die Grenzlinien $\sigma_e = \sigma_B$ sind Parallelen zur σ- bzw. σ_0-Achse (Abb. 11.1 und 11.2). Im Spannungsraum (Abb. 11.3, 11.4 und 11.5) ist die Grenzfläche $\sigma_e = \sigma_B$ ein Kreiszylinder, der das für

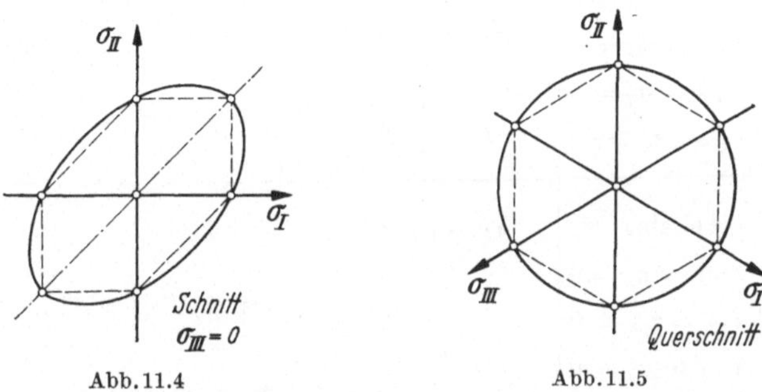

Abb. 11.4 Abb. 11.5

die Schubhypothese geltende sechsseitige Prisma an seinen Kanten, d.h. für $\sigma_I = \sigma_{II}$, $\sigma_{II} = \sigma_{III}$ oder $\sigma_{III} = \sigma_I$ berührt; in diesen drei Fällen besteht daher Übereinstimmung mit der Schubhypothese. Die größte Abweichung beider Hypothesen zeigt sich auf den Mittellinien der Seitenflächen des Prismas. Dort gilt Schub (τ) mit allseitigem Druck (p); die zugehörigen Hauptspannungen sind $p+\tau$, p und $p-\tau$, und die Effektivspannung ergibt sich nach der Oktaederschubhypothese zu $\tau\sqrt{3}$, nach der Schubhypothese zu 2τ (in beiden Fällen von p unabhängig). Diese Werte verhalten sich zueinander wie $1 : 2/\sqrt{3}$ oder $1 : 1{,}155$. Die Schubhypothese liegt zwar auf der sicheren Seite, aber Versuche haben gezeigt, daß die Oktaederschubhypothese im technisch wichtigen Bereich zwischen dem zweiachsigen Zug und dem zweiachsigen Druck dem Stoffverhalten näherkommt (Lode [11.1]).

11.4 Effektivspannung und -dehnung

Mit Bezug auf die drei Festigkeitshypothesen die in 11.1, 11.2 und 11.3 dargelegt sind, enthält Tabelle (11.4/1) die Formeln zur Ermittlung der Effektivspannung aus den Spannungen bzw. der Effektivdehnung aus den (ggf. experimentell bestimmten) Verzerrungen. Der Effektivdehnung liegen die Beziehungen (6.2/7) zugrunde, wobei zur Anpassung an die Spannungs-Dehnungslinie der Elastizitätsmodul durch den *Sekantenmodul* σ_e/ε_e zu ersetzen ist (*Eininvariantenhypothese* [11.2]). In Tabelle (11.4/1) sind auch die häufig vorkommenden zweiachsigen Spannungszustände berücksichtigt.

Hypothese	Bereich	Effektivspannung σ_e Voraussetzung: $\sigma_I > \sigma_{II} > \sigma_{III}$; $\sigma_x > \sigma_y > \sigma_z$
Alle Hypoth.	$\sigma_{II} = \sigma_{III} = 0$	σ_I
Normal-spannungs-hypothese	$\sigma_I > 0$	σ_I
	$\begin{cases} \sigma_{III} = \sigma_z = 0 \\ \tau_{xz} = \tau_{yz} = 0 \end{cases}$	$\sigma_I = \frac{1}{2}\left[\sigma_x + \sigma_y + \sqrt{(\sigma_x - \sigma_y)^2 + 4\tau_{xy}^2}\right]$
	$\begin{cases} \sigma_{II} = \sigma_y = 0 \\ \tau_{yz} = \tau_{xy} = 0 \end{cases}$	$\sigma_I = \frac{1}{2}\left[\sigma_x + \sigma_z + \sqrt{(\sigma_x - \sigma_z)^2 + 4\tau_{xz}^2}\right]$
Schub-hypothese	beliebig	$\sigma_I - \sigma_{III}$
	$\begin{cases} \sigma_{III} = \sigma_z = 0 \\ \tau_{xz} = \tau_{yz} = 0 \end{cases}$	$\sigma_I = \frac{1}{2}\left[\sigma_x + \sigma_y + \sqrt{(\sigma_x - \sigma_y)^2 + 4\tau_{xy}^2}\right]$
	$\begin{cases} \sigma_{II} = \sigma_y = 0 \\ \tau_{yz} = \tau_{xy} = 0 \end{cases}$	$\sigma_I - \sigma_{III} = \sqrt{(\sigma_x - \sigma_z)^2 + 4\tau_{xz}^2}$
	$\begin{cases} \sigma_I = \sigma_x = 0 \\ \tau_{xy} = \tau_{xz} = 0 \end{cases}$	$\lvert\sigma_{III}\rvert = \frac{1}{2}\left[\sqrt{(\sigma_y - \sigma_z)^2 + 4\tau_{yz}^2} - \sigma_y - \sigma_z\right]$
	$\begin{cases} \sigma_y = \sigma_z = 0 \\ \tau_{xy} = \tau_{xz} = 0 \end{cases}$	$\sigma_I - \sigma_{III} = \lvert\sigma_x\rvert + \lvert\tau_{yz}\rvert$ für $\lvert\sigma_x\rvert \geq \lvert\tau_{yz}\rvert$, bzw. $2\lvert\tau_{yz}\rvert$
Oktaeder-schub-hypothese	beliebig	$\sqrt{\frac{1}{2}\left[(\sigma_I - \sigma_{II})^2 + (\sigma_{II} - \sigma_{III})^2 + (\sigma_{III} - \sigma_I)^2\right]}$ $= \sqrt{\frac{1}{2}\left[(\sigma_x - \sigma_y)^2 + (\sigma_y - \sigma_z)^2 + (\sigma_z - \sigma_x)^2\right] + 3\left[\tau_{xy}^2 + \tau_{yz}^2 + \tau_{zx}^2\right]}$
	$\begin{cases} \sigma_{III} = \sigma_z = 0 \\ \tau_{xz} = \tau_{yz} = 0 \end{cases}$	$\sqrt{\sigma_I^2 - \sigma_I\sigma_{II} + \sigma_{II}^2} = \sqrt{\sigma_x^2 - \sigma_x\sigma_y + \sigma_y^2 + 3\tau_{xy}^2}$
	$\begin{cases} \sigma_{II} = \sigma_y = 0 \\ \tau_{yz} = \tau_{xy} = 0 \end{cases}$	$\sqrt{\sigma_I^2 - \sigma_I\sigma_{III} + \sigma_{III}^2} = \sqrt{\sigma_x^2 - \sigma_x\sigma_z + \sigma_z^2 + 3\tau_{xz}^2}$
	$\begin{cases} \sigma_I = \sigma_x = 0 \\ \tau_{xy} = \tau_{xz} = 0 \end{cases}$	$\sqrt{\sigma_{II}^2 - \sigma_{II}\sigma_{III} + \sigma_{III}^2} = \sqrt{\sigma_y^2 - \sigma_y\sigma_z + \sigma_z^2 + 3\tau_{yz}^2}$
	$\begin{cases} \sigma_y = \sigma_z = 0 \\ \tau_{xy} = \tau_{xz} = 0 \end{cases}$	$\sqrt{\sigma_x^2 + 3\tau_{yz}^2}$

Effektivdehnung ε_e

Voraussetzung: $\varepsilon_I > \varepsilon_{II} > \varepsilon_{III}$; $\varepsilon_x > \varepsilon_y > \varepsilon_z$

ε_I

$$\frac{1}{(1+\nu)(1-2\nu)}\left[(1-\nu)\,\varepsilon_I + \nu\varepsilon_{II} + \nu\varepsilon_{III}\right]$$

$$\frac{1}{1-\nu^2}\left[\varepsilon_I + \nu\varepsilon_{II}\right] = \frac{1}{2(1-\nu^2)}\left[(1+\nu)(\varepsilon_x+\varepsilon_y) + (1-\nu)\sqrt{(\varepsilon_x-\varepsilon_y)^2+\gamma_{xy}^2}\right]$$

$$\frac{1}{1-\nu^2}\left[\varepsilon_I + \nu\varepsilon_{III}\right] = \frac{1}{2(1-\nu^2)}\left[(1+\nu)(\varepsilon_x+\varepsilon_z) + (1-\nu)\sqrt{(\varepsilon_x-\varepsilon_z)^2+\gamma_{xz}^2}\right]$$

$$\frac{1}{1+\nu}(\varepsilon_I - \varepsilon_{III})$$

$$\frac{1}{1-\nu^2}\left[\varepsilon_I + \nu\varepsilon_{II}\right] = \frac{1}{2(1-\nu^2)}\left[(1+\nu)(\varepsilon_x+\varepsilon_y) + (1-\nu)\sqrt{(\varepsilon_x-\varepsilon_y)^2+\gamma_{xy}^2}\right]$$

$$\frac{1}{1+\nu}(\varepsilon_I - \varepsilon_{III}) = \frac{1}{1+\nu}\sqrt{(\varepsilon_x-\varepsilon_z)^2+\gamma_{xz}^2}$$

$$\frac{1}{1-\nu^2}\left|\varepsilon_{III} + \nu\varepsilon_{II}\right| = \frac{1}{2(1-\nu^2)}\left[(1-\nu)\sqrt{(\varepsilon_y-\varepsilon_z)^2+\gamma_{yz}^2} - (1+\nu)(\varepsilon_y+\varepsilon_z)\right]$$

$$\frac{1}{1+\nu}(\varepsilon_I - \varepsilon_{III}) = |\varepsilon_x| + \frac{1}{2(1+\nu)}|\gamma_{yz}| \text{ bzw. } \frac{1}{1+\nu}|\gamma_{yz}|$$

$$\frac{1}{1+\nu}\sqrt{\frac{1}{2}\left[(\varepsilon_I-\varepsilon_{II})^2+(\varepsilon_{II}-\varepsilon_{III})^2+(\varepsilon_{III}-\varepsilon_I)^2\right]}$$

$$= \frac{1}{1+\nu}\sqrt{\frac{1}{2}\left[(\varepsilon_x-\varepsilon_y)^2+(\varepsilon_y-\varepsilon_z)^2+(\varepsilon_z-\varepsilon_x)^2\right] + \frac{3}{4}\left[\gamma_{xy}^2+\gamma_{yz}^2+\gamma_{zx}^2\right]}$$

$$\frac{1}{1-\nu^2}\sqrt{(1-\nu+\nu^2)(\varepsilon_I^2+\varepsilon_{II}^2) - (1-\nu)^2\,\varepsilon_I\varepsilon_{II}}$$

$$= \frac{1}{1-\nu^2}\sqrt{(1-\nu+\nu^2)(\varepsilon_x^2+\varepsilon_y^2) + (1-\nu)^2\left(\frac{3}{4}\gamma_{xy}^2 - \varepsilon_x\varepsilon_y\right)}$$

$$\frac{1}{1-\nu^2}\sqrt{(1-\nu+\nu^2)(\varepsilon_I^2+\varepsilon_{III}^2) - (1-\nu)^2\,\varepsilon_I\varepsilon_{III}}$$

$$= \frac{1}{1-\nu^2}\sqrt{(1-\nu+\nu^2)(\varepsilon_x^2+\varepsilon_z^2) + (1-\nu)^2\left(\frac{3}{4}\gamma_{xz}^2 - \varepsilon_x\varepsilon_z\right)}$$

$$\frac{1}{1-\nu^2}\sqrt{(1-\nu+\nu^2)(\varepsilon_{II}^2+\varepsilon_{III}^2) - (1-\nu)^2\,\varepsilon_{II}\varepsilon_{III}}$$

$$= \frac{1}{1-\nu^2}\sqrt{(1-\nu+\nu^2)(\varepsilon_y^2+\varepsilon_z^2) + (1-\nu)^2\left(\frac{3}{4}\gamma_{yz}^2 - \varepsilon_y\varepsilon_z\right)}$$

$$\sqrt{\varepsilon_x^2 + \frac{3}{4(1+\nu)^2}\gamma_{yz}^2} \qquad (11.4/1)$$

11.5 Zug oder Druck und Schub

Im Querschnitt stabförmiger Bauteile werden häufig zugleich Zug- bzw. Druck- und Schubspannungen übertragen, so z.B. bei Zug

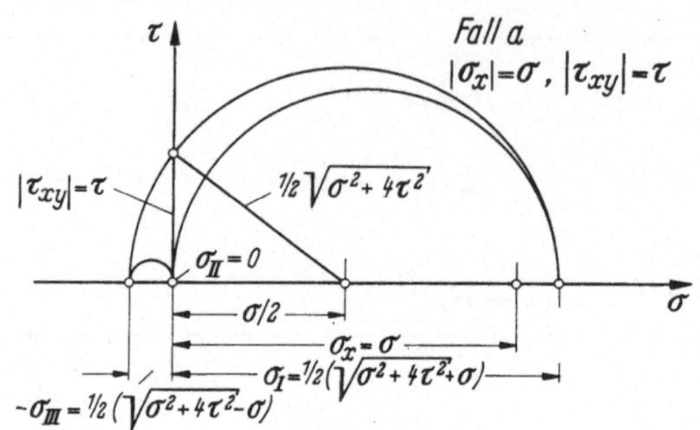

Abb. 11.6

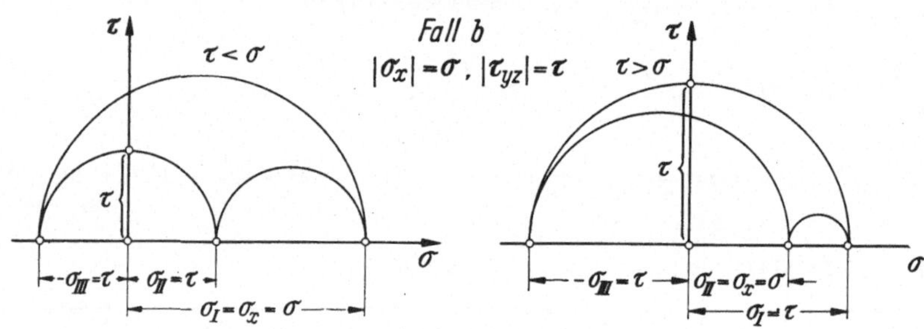

Abb. 11.7

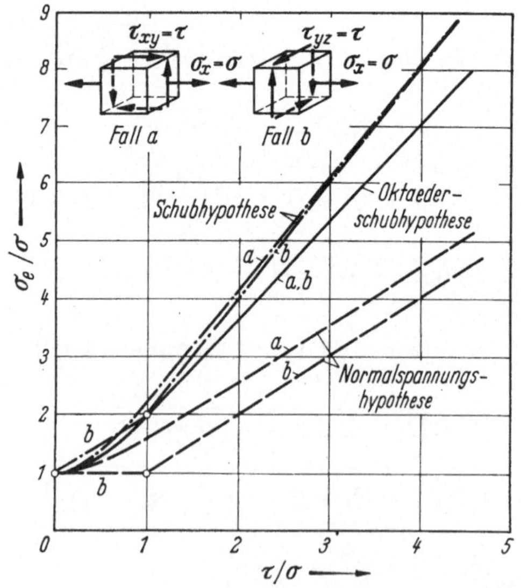

Abb. 11.8

oder Biegung mit Torsion oder Querkraft. Die Berechnung der zugehörigen Effektivspannung bietet die Möglichkeit zu einer anschaulichen Gegenüberstellung der Hypothesen. Dabei seien zwei Fälle in Betracht gezogen. Im Falle a) greifen Normal- und Schubspannung an einer gemeinsamen Schnittfläche an (wie beim Stabquerschnitt), im Fall b) an verschiedenen Schnittflächen. Die Ermittlung der zugehörigen Hauptspannungen geht aus Abb. 11.6 und 11.7 hervor. Die an Hand von Tabelle (11.4/1) ermittelten Werte der Effektivspannungen sind aus Tabelle (11.5/1) ersichtlich. Abb. 11.8 zeigt die Abhängigkeit der Effektivspannung vom Verhältnis der Schub- zur Normalspannung für die drei Hypothesen. Hiernach liefert die Schubhypothese gegenüber der experimentell gut bestätigten Oktaederschubhypothese zu hohe und die Normalspannungshypothese weitaus zu niedrige Werte.

Hypothese	Fall a) $\lvert\sigma_x\rvert = \sigma,\ \lvert\tau_{xy}\rvert = \tau$	Fall b) $\lvert\sigma_x\rvert = \sigma,\ \lvert\tau_{yz}\rvert = \tau$ $\tau \leq \sigma$	$\tau \geq \sigma$
Normalspannungs-hypothese	$\sigma_e = \frac{1}{2}\left(\sqrt{\sigma^2 + 4\tau^2} + \sigma\right)$	$\sigma_e = \sigma$	$\sigma_e = \tau$
Schubhypothese	$\sigma_e = \sqrt{\sigma^2 + 4\tau^2}$	$\sigma_e = \sigma + \tau$	$\sigma_e = 2\tau$
Oktaederschub-hypothese	$\sigma_e = \sqrt{\sigma^2 + 3\tau^2}$		

(11.5/1)

11.6 Weitere Hypothesen

In der *allgemeinen Schubhypothese* dient im σ, τ-Diagramm eine den Versuchsergebnissen angepaßte stetig gekrümmte Kurve als Grenzlinie (Mohrsche Grenzkurve). Schon SAINT VENANT[1] führte eine schräg verlaufende Gerade als Grenzlinie ein, später definierte LEON[2] eine Parabel als Grenzkurve, SIEBEL[3] ersetzte die Grenzkurve durch einen geknickten Geradenzug.

In der *allgemeinen Oktaederhypothese* dient im σ_0, τ_0-Diagramm eine stetig gekrümmte Kurve als Grenzlinie (Henckysche Grenzkurve). Von der analytischen Seite her gehört hierzu die auf M. T. HUBER zurückgehende Energiehypothese, die auf eine Ellipse führt, jedoch einen zu kleinen Wert für die Festigkeit bei allseitigem Zug bzw. Druck

[1] BARRE DE SAINT VENANT (geb. 1797 in Fortoiseau/Seine-et-Marne, gest. 1886 in Paris).
[2] ALFONS LEON (geb. 1881 in Ragusa, gest. 1951 in Wien).
[3] ERICH SIEBEL (geb. 1891 in Solingen, gest. 1961 in Stuttgart).

liefert; ferner die erweiterte Dehnungshypothese nach SANDEL [11.3] mit $\varepsilon_e = \sqrt{\varepsilon_I^2 + \varepsilon_{II}^2 + \varepsilon_{III}^2}/\sqrt{1 + 2\nu^2}$ und $\sigma_e = \sqrt{3(1 - 2\nu)^2 \sigma_0^2 + 3(1 + \nu)^2 \tau_0^2}/\sqrt{1 + 2\nu^2}$, die ebenfalls auf eine Ellipse führt und für positive σ_0-Werte eine gewisse Berechtigung hat.

Die durch NAVIER[1] vorgeschlagene *Dehnungshypothese* mit $\varepsilon_e = \varepsilon_{\max}$ und $\sigma_e = \sigma_I - \nu\sigma_{II} - \nu\sigma_{III}$ führt auf ein Verhältnis der Druckfestigkeit zur Zugfestigkeit gleich $1/\nu$ und gilt heute als umstritten.

12 Zug und Druck

Nach Bereitstellung der Grundlagen sind nunmehr die für einzelne Bauteile anzuwendenden Rechnungsarten zu erörtern. An erster Stelle stehen dabei stabartige Bauteile unter Zug- oder Druckbeanspruchung.

12.1 Prismatische Stäbe bei reiner Zugbeanspruchung

Ein prismatischer Stab sei homogen-isotrop. Die Verbindungsgerade seiner Querschnittsschwerpunkte heißt Stabachse (vgl. 3.3 und I.19.3); sie sei z-Achse des kartesischen Koordinatensystems x, y, z (Abb. 12.1).

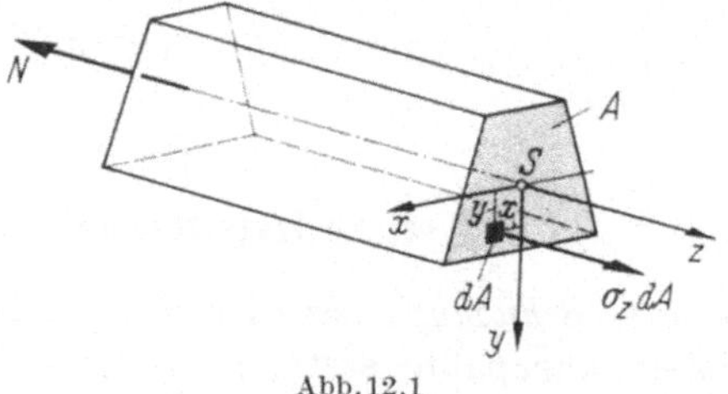

Abb. 12.1

Dann gelten die Schwerpunktsbedingungen (A Querschnittsfläche, dA Flächenelement):

$$\int_{(A)} x\,dA = 0, \quad \int_{(A)} y\,dA = 0. \tag{12.1/1}$$

Der Stab sei durch eine Kraft N beansprucht, deren Wirkungslinie in die Stabachse fällt. Wenn von der näheren Umgebung der Stabenden abgesehen wird, wo durch die Krafteinleitung Spannungsstörungen entstehen können, treten nur Normalspannungen σ_z auf. Die Kraftelemente $\sigma_z\,dA$ bilden eine Gruppe paralleler Kräfte im Sinne von I.19.1. Mit N als Normalkraft, M_x als Biegemoment um die x-Achse und M_y als

[1] LOUIS MARIE HENRI NAVIER (geb. 1875 in Dijon, gest. 1836 in Paris).

Biegemoment um die y-Achse gelten die Bedingungen

$$\int_{(A)} \sigma_z \, dA - N = 0, \quad -\int_{(A)} \sigma_z x \, dA = M_y,$$

$$\int_{(A)} \sigma_z y \, dA = M_x. \tag{12.1/2}$$

Von den Spannungen σ_z können weder Querkräfte, noch ein Torsionsmoment erzeugt werden. Mit konstantem σ_z gehen die zweite und dritte dieser Bedingungen bei Beachtung von (12.1/1) in $M_x = 0$ und $M_y = 0$ über, d. h. es treten keine Biegemomente auf. Mithin muß die resultie-

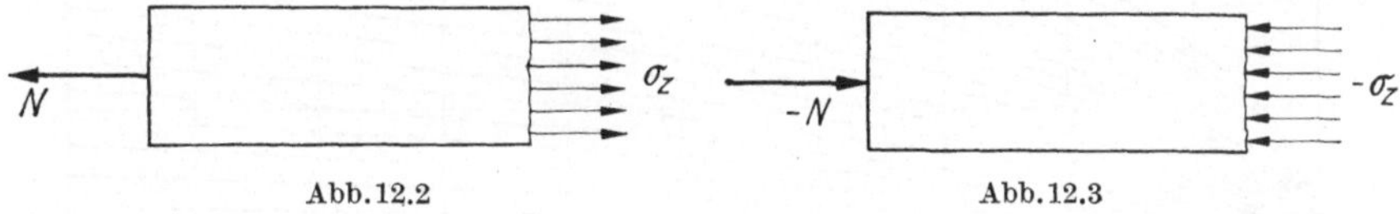

Abb. 12.2 Abb. 12.3

rende Kraft N durch den Schwerpunkt gehen. Aus der ersten Bedingung (12.1/2) folgt:

$$N = \sigma_z A. \tag{12.1/3}$$

Bei positiven Spannungen (*Zugspannungen*, Abb. 12.2) ist N positiv, also eine *Zugkraft*; bei negativen Spannungen (*Druckspannungen*, Abb. 12.3) ist N negativ, also eine *Druckkraft*.

12.2 Stäbe mit veränderlichem Querschnitt

Bei Stäben, die von der prismatischen Form etwas abweichen, kann näherungsweise mit (12.1/3) gerechnet werden, wenn die Querschnittsschwerpunkte noch auf einer Geraden liegen (*quasi-einachsiger Spannungszustand*, Abb. 12.4). Querschnittfläche A und Spannung σ_z sind dann Funktionen der Koordinate z:

$$\sigma_z = N/A(z). \tag{12.2/1}$$

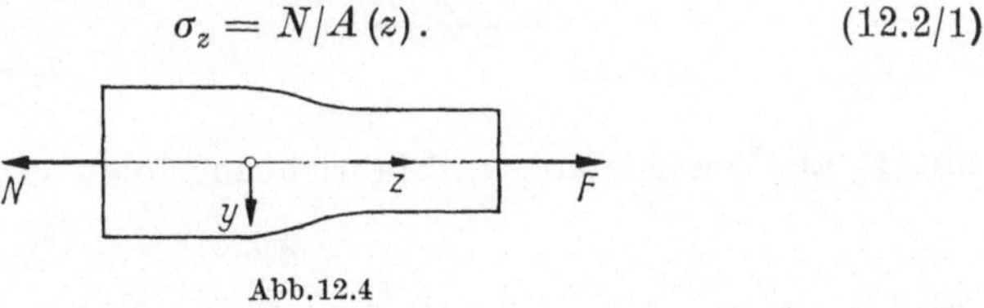

Abb. 12.4

Bei starken Querschnittsänderungen, wie auch durch Kerben, Rillen, Nuten oder Löcher, treten erhebliche Spannungskonzentrationen auf, die sich durch Multiplikation des aus (12.2/1) errechneten Spannungswertes (A ist dann der engste Querschnitt) mit *Kerbfaktoren* [12.1] berücksichtigen lassen (als Beispiel zeigt Abb. 12.5 ein Diagramm für den beiderseits gekerbten Flachstab).

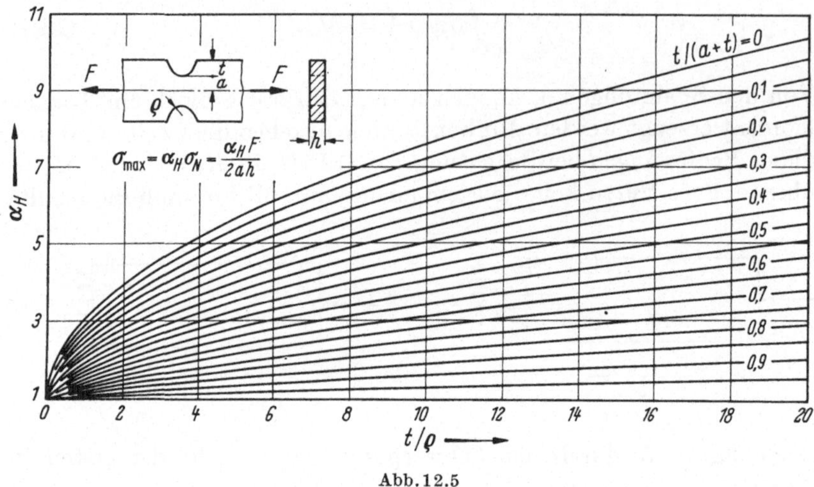

Abb. 12.5

12.3 Stabverlängerung

Im folgenden werden zugbeanspruchte prismatische oder — im Sinne von 12.2 — quasi-prismatische Stäbe betrachtet. Der Stoff sei homogen-isotrop und es gelte das Hookesche Gesetz. Als Stabkoordinate diene wieder die z-Achse eines kartesischen Koordinatensystems (Abb. 12.6). Mit der Stabkraft S (statt N sei bei reiner Zug-Druckbeanspruchung S gewählt), dem Stabquerschnitt A (bei quasi-prismatischen Stäben eine Funktion von z), dem Elastizitätsmodul E, der Normalspannung σ_z und der Dehnung in Stabrichtung ε_z gilt nach (8.1/1)

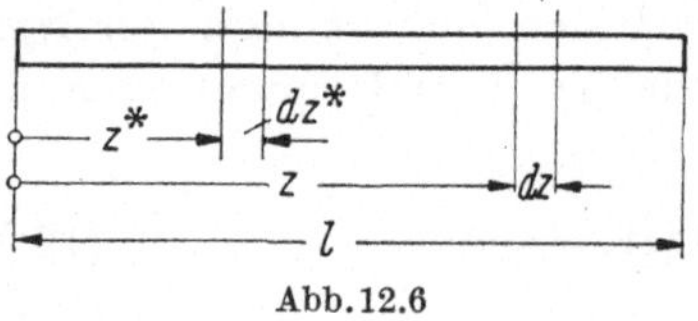

$$\varepsilon_z = \frac{\sigma_z}{E} \tag{12.3/1}$$

und mit Bezug auf (12.2/1)

$$\sigma_z = \frac{S}{A}. \tag{12.3/2}$$

Abb. 12.6

Mit V_z als Verschiebung in Stabrichtung folgt aus (4.3/1) und (4.3/3)

$$\varepsilon_z = \frac{dV_z}{dz}. \tag{12.3/3}$$

Nach Elimination von σ_z und ε_z aus diesen drei Gleichungen ergibt sich

$$\frac{dV_z}{dz} = \frac{S}{EA}. \tag{12.3/4}$$

Die Integration liefert mit z^* als Integrationsvariable

$$V_z = \int_{z^*=0}^{z} \frac{S}{EA}\, dz^* + V_{z0}. \tag{12.3/5}$$

Hierbei wurde zur Abkürzung $(V_z)_{z=0} = V_{z0}$ geschrieben. Mit l als Stablänge vor der Verformung ergibt sich für die Stabverlängerung Δl als Differenz der Verschiebungen der beiden Stabenden

$$\Delta l = \int_{z=0}^{l} \frac{S}{EA}\, dz. \tag{12.3/6}$$

Wird der Stab am linken Ende eingespannt und am rechten Ende mit der Zugkraft F belastet (Abb. 12.7), so verlangt das Gleichgewicht des an der Stelle z abgeschnittenen rechten Stabteiles

$$S = F, \tag{12.3/7}$$

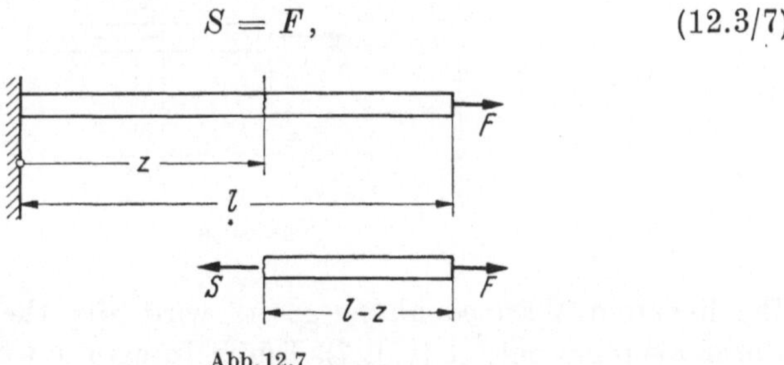

Abb. 12.7

d. h. die Stabkraft ist konstant, und (12.3/6) kann in der kürzeren Form

$$\Delta l = S/c \tag{12.3/8}$$

mit

$$\frac{1}{c} = \int_{z=0}^{l} \frac{dz}{EA} \tag{12.3/9}$$

geschrieben werden. Die Größe c heißt *Steifigkeit*, die Größe $1/c$ *Nachgiebigkeit*. Bei Homogenität ist E konstant, so daß

$$\frac{1}{c} = \frac{1}{E} \int_{z=0}^{l} \frac{dz}{A} \tag{12.3/10}$$

gesetzt werden kann. Ist auch A konstant, so gilt die einfache Beziehung

$$\frac{1}{c} = \frac{l}{EA}. \tag{12.3/11}$$

Wird der Stab durch eine Streckenlast q_z belastet (Abb. 12.8), so ist die zur Ermittlung der Stabkraft erforderliche Gleichgewichtsbedingung des an der Stelle z abgeschnittenen rechten Stabteiles (mit z^* als

Integrationsvariable)

$$S = \int_{z^*=z}^{l} q_z \, dz^* . \tag{12.3/12}$$

Bei einer Temperaturerhöhung $\vartheta = \vartheta_1 - \vartheta_0$ (mit ϑ_1 als Endtemperatur und ϑ_0 als Bezugstemperatur) treten unabhängig von der durch die Spannung hervorgerufenen Verformung thermische Dehnungen auf.

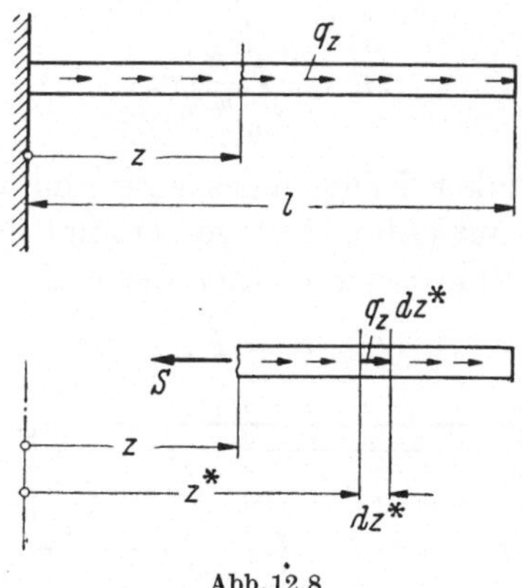

Abb. 12.8

Bei linearem Wärmedehnungsgesetz wird die thermische Dehnung durch $\alpha\vartheta$ repräsentiert (vgl. 7). Durch Integration über die Stablänge ergibt sich die zugehörige, also rein thermische Stabverlängerung

$$l^* = \int_{z=0}^{l} \alpha\vartheta \, dz . \tag{12.3/13}$$

Bei einem homogenen Stab ist α konstant. Ist auch ϑ innerhalb des Stabes konstant (gleichmäßige Erwärmung des ganzen Stabes), so folgt

$$l^* = \alpha\vartheta l . \tag{12.3/14}$$

Die Gesamtverlängerung des Stabes ergibt sich innerhalb der linearen Theorie durch einfache Addition der elastischen und thermischen Anteile:

$$\Delta l = \frac{S}{c} + l^* . \tag{12.3/15}$$

12.4 Druckbeanspruchung

12.4.1 Kontaktspannungen in Druckflächen. Bei der Kraftübertragung in ebenen Kontaktflächen (Abb. 12.9) kann näherungsweise mit einer mittleren Druckspannung

$$|\sigma| = F/A \tag{12.4/1}$$

gerechnet werden, wenn die resultierende Druckkraft (wie beim prismatischen Stab) durch den *Schwerpunkt* der Druckfläche geht.

Der Sonderfall „Druck mit Biegung“ wird in 17.5.5 behandelt.

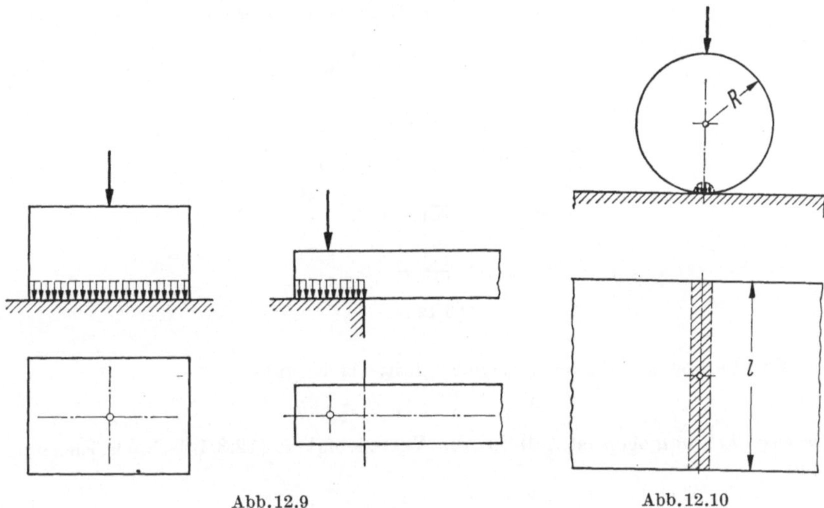

Abb. 12.9 Abb. 12.10

Bei der *Berührung zweier Bauteile mit verschiedener Oberflächenkrümmung* wird die Verteilung der Kontaktspannungen ungleichmäßig und von den elastischen Konstanten der beiden Stoffe abhängig. Für die maximale Druckspannung zwischen einer Walze (Radius R, Länge l, Abb. 12.10) und einer Platte aus verschiedenen Werkstoffen (Indizes 1 und 2) ergibt sich aus der von HERTZ[1] gegebenen Lösung des zugehörigen Randwertproblems der ebenen linearen Elastizitätstheorie

$$|\sigma_{\max}| = \sqrt{\frac{F}{\pi R l \left(\frac{1-\nu_1^2}{E_1} + \frac{1-\nu_2^2}{E_2}\right)}}. \qquad (12.4/2)$$

Sind beide Kontaktkörper zylindrisch gekrümmt (Krümmungsradien R_1 und R_2), so ist R durch $R_1 R_2/(R_1 + R_2)$ zu ersetzen [12.2 und 12.3].

Bei Schraub- und Nietverbindungen heißen die Kontaktspannungen *Lochleibungsspannungen* (vgl. 16.2). Als Kontaktfläche wird näherungsweise die Projektion der wirklichen Kontaktfläche auf die zur Kraftrichtung senkrechte Ebene eingeführt. Ist d der Niet- oder Bolzendurchmesser und t die Blech- oder Plattendicke, so gilt $A = t\,d$ und für die Lochleibungsspannung folgt

$$\sigma_L = F/A. \qquad (12.4/3)$$

12.4.2 Druckbeanspruchte schlanke Bauteile. Bei druckbeanspruchten schlanken Bauteilen, wie dünnen Stäben, Platten und Schalen, muß die *Instabilität der Gleichgewichtslage*, d. h. die Möglichkeit einer Knickung, Kippung oder Beulung als Versagensursache in Betracht gezogen werden. Die mathematische Behandlung führt auf die Theorie der *elastischen Stabilität* (vgl. 21).

---

[1] HEINRICH HERTZ (geb. 1857 in Hamburg, gest. 1894 in Bonn).

12.5 Beispiele

12.5.1 Keilförmiger Stab. Ein homogener Flachstab mit linear veränderlichem Querschnitt (Abb. 12.11) ist am linken Ende (Querschnitt A_0) eingespannt und am rechten Ende (Querschnitt A_1) durch die Kraft F auf Zug beansprucht. Wie groß ist die Stabverlängerung?

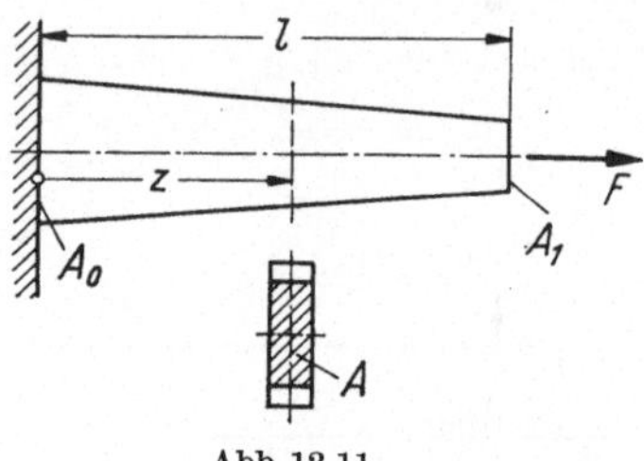

Abb. 12.11

Für die linear veränderliche Querschnittsfläche gilt

$$A = A_0 + (A_1 - A_0)\, z/l.$$

Da der Stab homogen ist, gilt für die Nachgiebigkeit (12.3/10). Nach Einsetzen folgt

$$\frac{1}{c} = \frac{1}{E} \int\limits_{z=0}^{l} \frac{dz}{A_0 + (A_1 - A_0)\, z/l}.$$

Die Ausrechnung ergibt

$$\frac{1}{c} = \frac{l}{E\,(A_1 - A_0)} \ln (A_1/A_0),$$

und die Stabverlängerung ist gemäß (12.3/8) mit $S = F$:

$$\Delta l = F/c.$$

12.5.2 Konischer Stab. Ein homogener konischer Stab ist am linken Ende (Radius r_0 des Kreisquerschnittes) eingespannt und am rechten Ende (Radius r_1 des Kreisquerschnittes) durch die Kraft F auf Zug beansprucht (Abb. 12.12). Für den Radius r gilt die lineare Beziehung

$$r = r_0 + (r_1 - r_0)\, z/l.$$

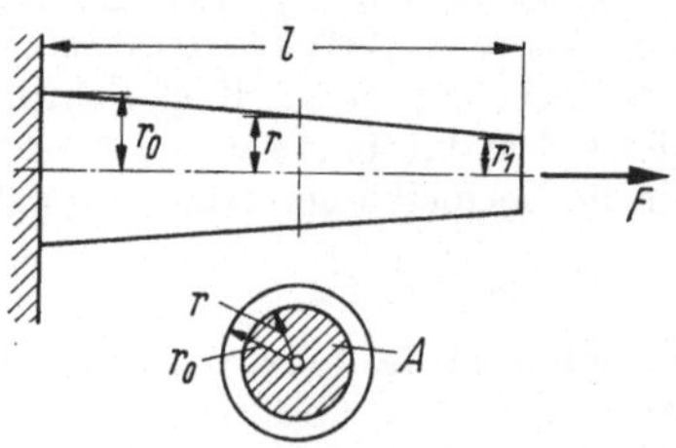

Abb. 12.12

Mithin ergibt sich für die Querschnittsfläche

$$A = \pi r^2 = \pi [r_0 + (r_1 - r_0)\, z/l]^2.$$

Nach Einsetzen in (12.3/10) ergibt sich

$$\frac{1}{c} = \frac{1}{E} \int\limits_{r=r_0}^{r_1} \frac{dz}{\pi [r_0 + (r_1 - r_0)\, z/l]^2}$$

$$= \frac{l}{\pi E (r_0 - r_1)\, [r_0 + (r_1 - r_0)\, z/l]}\Bigg|_{z=0}^{l} = \frac{l}{\pi E r_0 r_1},$$

und die Stabverlängerung kann aus (12.3/8) mit $S = F$ berechnet werden.

12.5.3 Wärmespannungen im beiderseits eingespannten Stab. Ein homogener Stab mit konstanter Querschnittsfläche ist an beiden Enden in einem sehr steifen Rahmen eingespannt (Abb. 12.13). Bei der Bezugstemperatur ϑ_0 ist er spannungsfrei. Durch eine Wärmequelle wird er auf seiner ganzen Länge gleichmäßig auf die Temperatur ϑ_1 erwärmt, ohne daß der Rahmen eine Temperaturerhöhung erfährt. Wie groß ist die Wärmespannung?

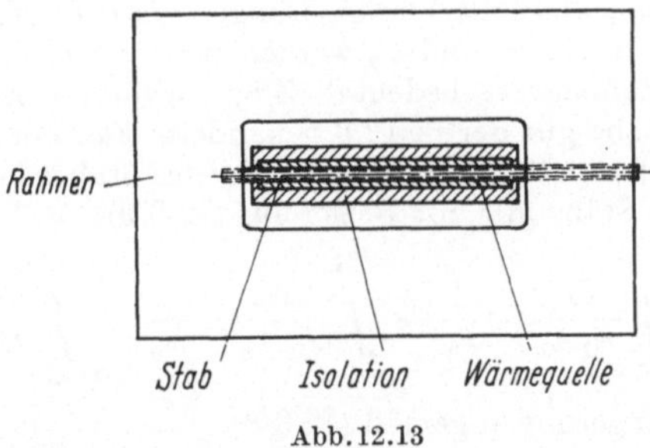

Abb. 12.13

Nach (12.3/15) gilt für die Stabverlängerung

$$\Delta l = \frac{S}{c} + l^* \quad \text{mit} \quad c = EA/l \quad \text{und} \quad l^* = \alpha \vartheta l.$$

Hierbei ist $\vartheta = \vartheta_1 - \vartheta_0$ die Temperaturerhöhung und α die lineare Wärmedehnzahl [vgl. Tabelle (6.1/3)]. Da der Rahmen keine Temperaturerhöhung erfährt und sehr steif vorausgesetzt ist, erleidet er keine wesentliche Deformation, so daß die Verlängerung des im Rahmen eingespannten Stabes gleich Null ist. Mit $\Delta l = 0$ folgt für die Stabkraft

$$S = -cl^* = -EA\alpha\vartheta$$

und für die Wärmespannung

$$\sigma = \frac{S}{A} = -E\alpha\vartheta.$$

Das negative Vorzeichen weist darauf hin, daß es sich um eine *Druckspannung* handelt (diese Druckspannung ist gerade so groß, daß die durch sie hervorgerufene elastische Kontraktion die Wärmedehnung wieder aufhebt).

12.5.4 Drei parallel eingespannte Stäbe. Drei Stäbe sind in einer Ebene parallel zueinander bei gleichen Abständen in zwei sehr steifen (quasi-starren) Balken eingespannt (eingeschraubt oder eingeschweißt, Abb. 12.14). Es sei vorausgesetzt, daß die beiden äußeren Stäbe gleiche Form haben und aus dem gleichen Stoff hergestellt sind. Zunächst wird das System durch zwei gleich große Zugkräfte F, die an den Balken angreifen und deren gemeinsame Wirkungslinie in die Achse des mittleren Stabes fällt, auseinander gezogen. Wie groß sind die Stabkräfte? Wie groß sind andererseits die Stabkräfte, wenn das ganze System von der Bezugstemperatur ϑ_0 (spannungsfreier Zustand) auf die Temperatur ϑ_1 erwärmt wird?

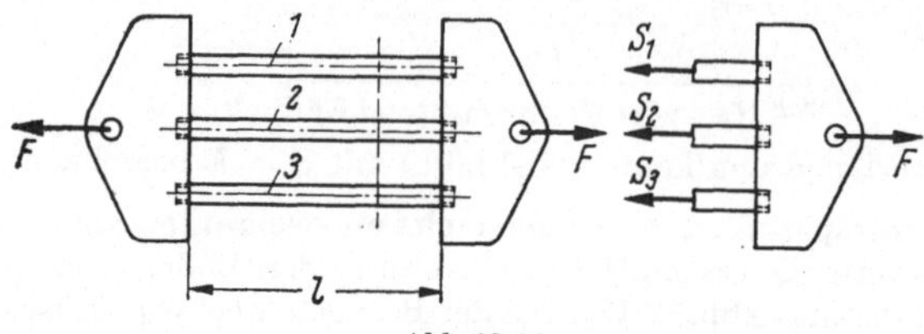

Abb. 12.14

Unter den gegebenen Bedingungen kann die Deformation des Systems auf eine relative Parallelverschiebung der beiden Balken in Richtung der Stabachsen zurückgeführt werden, so daß die Verlängerungen der drei Stäbe gleich groß sein müssen. Die Stabkräfte S_1, S_2 und S_3 werden wieder formal als Zugkräfte eingeführt (positiver Zahlenwert bedeutet Zug, negativer Zahlenwert Druck). Für jeden der drei Stäbe gilt der in 12.3 behandelte Fall der Krafteinleitung an den Stabenden, so daß die Stabkraft innerhalb jedes Stabes konstant ist. Für die Nachgiebigkeiten der Stäbe gilt mit Bezug auf (12.3/9)

$$\frac{1}{c_1} = \int\limits_{z=0}^{l} \frac{dz}{E_1 A_1}, \quad \frac{1}{c_2} = \int\limits_{z=0}^{l} \frac{dz}{E_2 A_2}, \quad \frac{1}{c_3} = \int\limits_{z=0}^{l} \frac{dz}{E_3 A_3},$$

und für die Stabverlängerungen gemäß (12.3/8)

$$\Delta l_1 = S_1/c_1, \quad \Delta l_2 = S_2/c_2, \quad \Delta l_3 = S_3/c_3.$$

Da die Verlängerungen der Stäbe gleich groß sein müssen, folgt

$$\Delta l_1 = \Delta l_2 = \Delta l_3.$$

Wegen der vorausgesetzten gleichen Beschaffenheit der beiden äußeren Stäbe gilt $c_1 = c_3$. Mithin folgen

$$S_3 = S_1, \quad S_2 = \frac{c_2}{c_1} S_1.$$

Das Gleichgewicht am rechten Teil des geschnittenen Systems (Abb. 12.14) verlangt

$$F = S_1 + S_2 + S_3 = 2S_1 + S_2.$$

Nach Elimination von S_2 ergibt sich

$$S_1 = \frac{c_1}{2c_1 + c_2} F, \quad S_2 = \frac{c_2}{2c_1 + c_2} F.$$

Erfährt das System eine Temperaturerhöhung, so setzen sich die auftretenden Stabverlängerungen aus elastischen und thermischen Anteilen zusammen. Mit Bezug auf (12.3/15) gilt bei Kennzeichnung der auftretenden Größen durch die Stabnummer β:

$$\Delta l_\beta = \frac{S_\beta}{c_\beta} + l_\beta^* \quad \text{mit} \quad \beta = 1, 2, 3.$$

Wegen der vorausgesetzten gleichen Beschaffenheit der beiden äußeren Stäbe ist außer $c_1 = c_2$ auch $l_1^* = l_2^*$ zu setzen. Bei Untersuchung des reinen Wärmespannungszustandes ist $F = 0$ (die durch F hervorgerufenen Kräfte wurden bereits berechnet und können innerhalb der linearen Theorie zu den thermischen Kräften addiert werden). Aus der Gleichgewichtsbedingung folgt dann

$$S_2 = -2S_1.$$

Hiermit und auf Grund der Zwangsbedingung $\Delta l_\beta = \Delta l$ (alle Stäbe erfahren die gleiche Verlängerung) ergibt sich

$$S_1 = \frac{c_1 c_2}{2c_1 + c_2}(l_2^* - l_1^*), \quad S_2 = -\frac{2c_1 c_2}{2c_1 + c_2}(l_2^* - l_1^*).$$

Mithin wird der Stab mit der größeren Wärmedehnzahl auf Druck beansprucht.

Die Wärmespannungen errechnen sich aus $\sigma_1 = S_1/A_1$ und $\sigma_2 = S_2/A_2$. Die gemeinsame Stabverlängerung wird

$$\Delta l = \frac{2c_1 l_1^* + c_2 l_2^*}{2c_1 + c_2}.$$

12.5.5 Stab im Fliehkraftfeld. Ein homogener prismatischer Stab befindet sich nach Art einer Turbinenschaufel im Fliehkraftfeld (Abb. 12.15). Wie groß sind die Stabverlängerung und die maximale Beanspruchung?

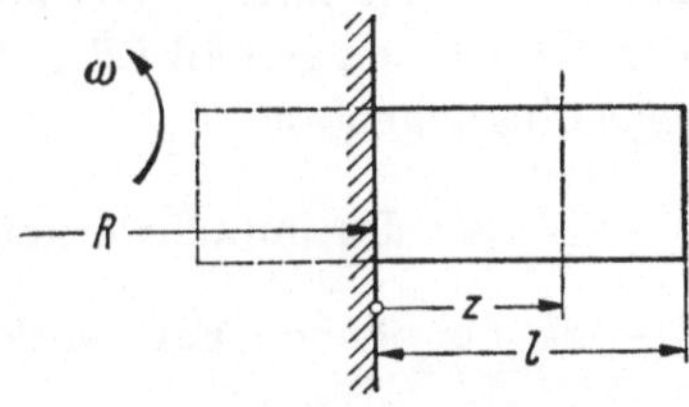

Abb. 12.15

An den einzelnen Massenelementen $\varrho A\,dz$ greifen die Fliehkräfte $\varrho\omega^2 A\,dz\,(R+z)$ an. Hierbei ist ϱ die spezifische Masse (vgl. I.19.3), ω die Winkelgeschwindigkeit (vgl. I.20.3), R der Abstand des eingespannten Stabendes von der Drehachse und $R+z$ der Abstand des Massenelementes von der Drehachse. Für die in 12.3 eingeführte Streckenlast q_z ist daher zu setzen

$$q_z = \varrho\omega^2 A\,(R+z).$$

Die Stabkraft folgt aus (12.3/12) zu

$$S = \varrho\omega^2 A\,[R(l-z) + (l^2 - z^2)/2].$$

Die Verschiebung an der Stelle z relativ zum eingespannten Stabende ergibt sich aus (12.3/5) mit $V_{z0} = 0$:

$$V_z = \frac{\varrho\omega^2}{E}\,[R(lz - z^2/2) + l^2 z/2 - z^3/6].$$

Mithin wird die Stabverlängerung

$$\Delta l = (V_z)_{z=l} = \frac{\varrho\omega^2}{2E}\,l^2(R + 2l/3).$$

Die maximale Beanspruchung wird

$$(\sigma_z)_{z=0} = (S)_{z=0}/A = \varrho\omega^2 l(R + l/2).$$

13 Fachwerke

Die in Abschnitt 12 aufgestellten Beziehungen sind für Systeme von zug- oder druckbeanspruchten Stäben aller Art ausreichend. Bei elastischen Fachwerken sind infolge der Vielzahl der auftretenden Gleichungen besondere Rechenverfahren zweckmäßig.

13.1 Bezeichnungen

Die Fachwerkstäbe seien mit arabischen, die Knotenpunkte mit römischen Zahlen gekennzeichnet (vgl. I.11 und I.14). Die Stabnummer sei mit β und die Knotennummer mit $\varkappa$ bezeichnet; ferner sei s die Zahl der Stäbe und k die Zahl der Knoten, so daß β die Zahlen $1, 2, \ldots, s$ und $\varkappa$ die Zahlen $1, 2, \ldots, k$ durchläuft. Der Grad der statischen Unbestimmtheit $g = -f$ errechnet sich gemäß I.7.1, I.10.1 und I.13.2 mit z_t als Zahl der Auflagerbedingungen aus

$$g = s + z_t - 3k \quad \text{bei Raumfachwerken,}$$

bzw. $$g = s + z_t - 2k \quad \text{bei ebenen Fachwerken,} \tag{13.1/1}$$

bzw. $$g = s + z_t - k \quad \text{bei geraden Stabketten.}$$

Ein Beispiel eines statisch unbestimmten Raumfachwerkes zeigt Abb. 13.14, eines statisch unbestimmten ebenen Fachwerks Abb. 13.11, einer statisch unbestimmten geraden Stabkette Abb. 13.3. Mit $x_\varkappa, y_\varkappa, z_\varkappa$ bei Raumfachwerken, $x_\varkappa, y_\varkappa$ bei ebenen Fachwerken und $z_\varkappa$ bei geraden Stabketten seien für jeden Knotenpunkt separate kartesische Bezugskoordinaten eingeführt. Zusammen mit der Knotennummer $\varkappa$ möge der Index m die Richtung dieser Koordinaten kennzeichnen, so daß $c_{m\beta}^{(\varkappa)}$ den Richtungskosinus der vom Knoten $\varkappa$ weg positiv definierten Richtung des an diesem Knoten befestigten Stabes β gegenüber der für diesen Knoten festgelegten m-Richtung darstellt. Wie aus Tabelle (13.1/2) hervorgeht, kann den Indizes $\varkappa$ und m ein neuer, mit p, q oder t bezeichneter Index derart zugeordnet werden, daß dieser an jedem Knoten jede kartesische Richtung repräsentiert. Er durchläuft die Zahlen $1, 2, \ldots, 3k$ bei Raumfachwerken, bzw. $1, 2, \ldots, 2k$ bei ebenen Fachwerken, bzw. $1, 2, \ldots, k$ bei geraden Stabketten. Mit Bezug auf (13.1/1) läuft q mithin allgemein von 1 bis $s + z_t - g$. Beim ebenen Fachwerk bezeichnet z. B. $q = 6$ die y_{III}-Richtung (Knoten III) oder beim Raum-

Knotennummer $\varkappa$		I			II			III			…
Richtungen $x_\varkappa, y_\varkappa, z_\varkappa$		x_I	y_I	z_I	x_{II}	y_{II}	z_{II}	x_{III}	y_{III}	z_{III}	…
Index p, q oder t	Raumfachwerke	1	2	3	4	5	6	7	8	9	…
	Ebene Fachwerke	1	2	—	3	4	—	5	6	—	…
	Gerade Stabketten	—	—	1	—	—	2	—	—	3	…
Knotenlast F_q	$F_m^{(\varkappa)}$	$F_x^{(I)}$	$F_y^{(I)}$	$F_z^{(I)}$	$F_x^{(II)}$	$F_y^{(II)}$	$F_z^{(II)}$	$F_x^{(III)}$	$F_y^{(III)}$	$F_z^{(III)}$	…
	Raumfachwerke	F_1	F_2	F_3	F_4	F_5	F_6	F_7	F_8	F_9	…
	Ebene Fachwerke	F_1	F_2	—	F_3	F_4	—	F_5	F_6	—	…
	Gerade Stabketten	—	—	F_1	—	—	F_2	—	—	F_3	…
Knotenverschiebung V_q	$V_m^{(\varkappa)}$	$V_x^{(I)}$	$V_y^{(I)}$	$V_z^{(I)}$	$V_x^{(II)}$	$V_y^{(II)}$	$V_z^{(II)}$	$V_x^{(III)}$	$V_y^{(III)}$	$V_z^{(III)}$	…
	Raumfachwerke	V_1	V_2	V_3	V_4	V_5	V_6	V_7	V_8	V_9	…
	Ebene Fachwerke	V_1	V_2	—	V_3	V_4	—	V_5	V_6	—	…
	Gerade Stabketten	—	—	V_1	—	—	V_2	—	—	V_3	…
Richtungskosinus $c_{q\beta}$	$c_{m\beta}^{(\varkappa)}$	$c_{x\beta}^{(I)}$	$c_{y\beta}^{(I)}$	$c_{z\beta}^{(I)}$	$c_{x\beta}^{(II)}$	$c_{y\beta}^{(II)}$	$c_{z\beta}^{(II)}$	$c_{x\beta}^{(III)}$	$c_{y\beta}^{(III)}$	$c_{z\beta}^{(III)}$	…
	Raumfachwerke	$c_{1\beta}$	$c_{2\beta}$	$c_{3\beta}$	$c_{4\beta}$	$c_{5\beta}$	$c_{6\beta}$	$c_{7\beta}$	$c_{8\beta}$	$c_{9\beta}$	…
	Ebene Fachwerke	$c_{1\beta}$	$c_{2\beta}$	—	$c_{3\beta}$	$c_{4\beta}$	—	$c_{5\beta}$	$c_{6\beta}$	—	…
	Gerade Stabketten	—	—	$c_{1\beta}$	—	—	$c_{2\beta}$	—	—	$c_{3\beta}$	…

(13.1/2)

fachwerk $q = 12$ die z_{IV}-Richtung (Knoten IV). Die Zuordnung ist offensichtlich eindeutig. Es gelten ferner die Bezeichnungen:

Stabkraft	S_β
Ursprüngliche Stablänge	l_β
Gesamte Stabverlängerung	Δl_β
Thermische Stabverlängerung	l_β^*
Stabsteifigkeit	c_β
Knotenlast in q-Richtung	F_q
Knotenverschiebung in q-Richtung	V_q
Richtungskosinus	$c_{q\beta}$

Die Richtung der Stabkraft wird vom herausgeschnittenen Knoten weg positiv, d.h. formal als Zugkraft festgelegt (Abb. 13.1); dasselbe gilt für den Einheitsvektor $\boldsymbol{e}_\beta^{(\varkappa)}$, während der Einheitsvektor $\boldsymbol{e}_q$ durch die positive Richtung der mit q gekennzeichneten kartesischen Koordinate definiert ist. Für die Richtungskosinus gilt mithin

$$c_{q\beta} = \boldsymbol{e}_q \boldsymbol{e}_\beta^{(\varkappa)}. \tag{13.1/3}$$

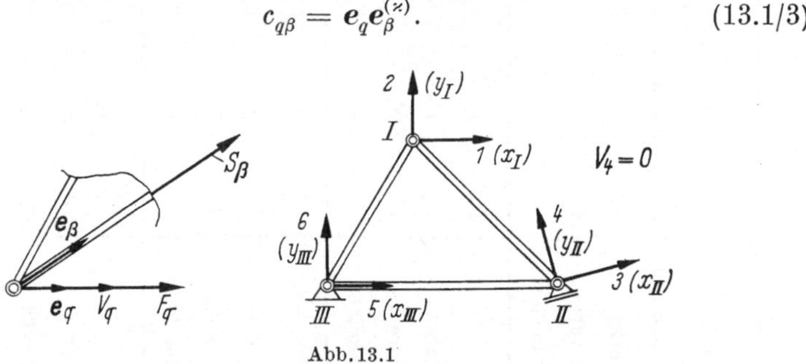

Abb. 13.1

Die Richtungskosinus sind nur für die realisierten Stabanschlüsse definiert. Zur Vereinfachung der Schreibweise sei vereinbart daß *alle Richtungskosinus für nicht realisierte* q, β*-Kombinationen gleich Null* sind.

Durch diese Schreibweise läßt sich die klassische Fachwerktheorie, die durch Föppl [13.1] und andere aufgestellt wurde, verhältnismäßig leicht der modernen Rechentechnik anpassen.

13.2 Gleichgewicht

Abb. 13.1 (links) zeigt das Kräftespiel an einem herausgeschnittenen Knoten. Durch Projektion der Kräfte auf die q-Richtung ergibt sich die Gleichgewichtsbedingung

$$\sum_{\beta=1}^{s} S_\beta c_{q\beta} + F_q = 0 \quad \text{für} \quad q = 1, 2, \ldots, s + z_t - g. \qquad (13.2/1)$$

An sich erstreckt sich die links stehende Summe nur über die Nummern der Stäbe, die an dem Knotenpunkt angeschlossen sind, auf den sich q bezieht. Auf Grund der in 13.1 getroffenen Vereinbarung darf dennoch formal über alle β summiert werden, denn die Richtungskosinus verschwinden für die nicht realisierten q, β-Kombinationen. Da q von 1 bis $s + z_t - g$ läuft, ist die Zahl der Gleichgewichtsbedingungen aller Fachwerke $s + z_t - g$. Aus der Zahl der Stäbe s und der Zahl der Auflagerreaktionen z_t errechnet sich die Summe der unbekannten Kräfte zu $s + z_t$. Zur Berechnung der unbekannten Kräfte fehlen mithin noch g Gleichungen, die durch Untersuchung der Verformung des Fachwerkes gewonnen werden müssen. Nur im Falle $g = 0$, d.h. bei statisch bestimmten Fachwerken ist die Ermittlung der unbekannten Kräfte allein aus den Gleichgewichtsbedingungen möglich (vgl. I.11 und I.14).

Die Zweckmäßigkeit der Einführung separater Bezugskoordinaten an jedem Knotenpunkt sei an Hand eines ebenen Dreistabfachwerkes demonstriert (mit $s = 3$, $z_t = 3$, $k = 3$, Abb. 13.1 rechts). Wird bei Knoten *II* die x_{II}-Richtung („3") in die Richtung der freien Beweglichkeit des Rollenlagers gelegt, so enthält die zugehörige Gleichgewichtsbedingung nur Stabkräfte, die am Knoten *II* auftretende unbekannte Auflagerkraft ist also durch Anpassung des Bezugssystems von vornherein aus dieser Gleichung eliminiert. Von den 6 Gleichgewichtsbedingungen enthalten dann drei ausschließlich die Stabkräfte als Unbekannte (es sind die Gleichungen für die „freien" q-Nummern $q = 1, 2, 3$; die Stabkräfte können wegen $g = 0$ im vorliegenden Falle aus diesen Gleichungen berechnet werden).

Für Knoten *I* (ohne Auflager) ist die Orientierung der Achsen des Bezugssystems beliebig. Bei Knoten *III* (unverschiebliches Auflager) hat die Auflagerkraft eine zunächst unbekannte Richtung, kann also nicht durch Drehung der Achsen des Bezugssystems eliminiert werden. Allgemein gilt demnach die Regel, daß bei Auflagern mit Verschieblichkeit (beim *ebenen Fachwerk* in *einer* Richtung, beim *Raumfachwerk* in *einer oder zwei* Richtungen) die Bezugssysteme zur Abkürzung der Rechnung den Richtungen der Verschieblichkeit anzupassen sind. Bei Auflagerknoten ohne Verschieblichkeit, wie auch bei Knotenpunkten ohne Auflagerung ist die Orientierung der Bezugsachsen beliebig.

Die Einhaltung dieser Regel sei nunmehr vorausgesetzt. Dann enthält die Gesamtzahl $s + z_t - g$ der Gleichgewichtsbedingungen stets $s - g$ *Gleichgewichtsbedingungen erster Art*, in denen ausschließlich

Stabkräfte als Unbekannte auftreten, ferner z_t *Gleichgewichtsbedingungen zweiter Art*, in denen außer den Stabkräften auch die Auflagerkräfte als Unbekannte erscheinen. Bei tragfähigen statisch bestimmten Fachwerken ($g = 0$) lassen sich die s Stabkräfte aus den s Gleichgewichtsbedingungen erster Art berechnen.

13.3 Formänderung

Abb. 13.2 zeigt einen Fachwerkstab (Nummer β), der an die Knotenpunkte I (mit Verschiebungsvektor $\boldsymbol{V}_I$) und II (mit Verschiebungsvektor $\boldsymbol{V}_{II}$) angeschlossen ist. Wird Knoten II festgehalten, so ist das skalare Produkt $\boldsymbol{V}_I \boldsymbol{e}_\beta^{(I)}$ gleichbedeutend mit einer Stabverkürzung. Ebenso bedeutet das skalare Produkt $\boldsymbol{V}_{II} \boldsymbol{e}_\beta^{(II)}$ eine Stabverkürzung, wenn Knoten I festgehalten wird. Die gesamte Stabverkürzung, also negative Stabverlängerung, ergibt sich innerhalb der linearen Theorie mithin als Summe der beiden Anteile:

$$\boldsymbol{V}_I \boldsymbol{e}_\beta^{(I)} + \boldsymbol{V}_{II} \boldsymbol{e}_\beta^{(II)} = -\Delta l_\beta. \tag{13.3/1}$$

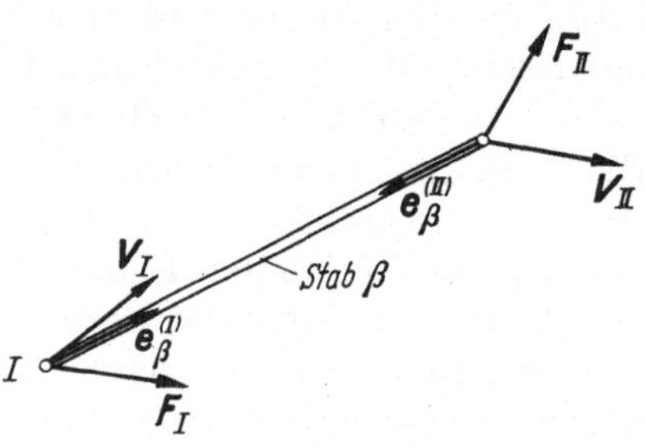

Abb. 13.2

Die kartesischen Komponenten der beiden Verschiebungsvektoren sind $V_m^{(I)}$ und $V_m^{(II)}$. Durch Auflösen der skalaren Produkte ergibt sich

$$\sum_m (V_m^{(I)} c_{m\beta}^{(I)} + V_m^{(II)} c_{m\beta}^{(II)}) = -\Delta l_\beta. \tag{13.3/2}$$

Dabei kann das Bezugssystem für Knoten II gegenüber dem Bezugssystem des Knotens I beliebig gedreht sein. Beim Übergang auf die neue Bezeichnungsweise ergibt sich die kürzere Form

$$\sum_{q=1}^{s+z_t-g} V_q c_{q\beta} + \Delta l_\beta = 0. \tag{13.3/3}$$

Hierbei hat der Index q nur jene Nummern zu durchlaufen, die sich auf die beiden Knotenpunkte an den Stabenden beziehen. Auf Grund der in 13.1 getroffenen Vereinbarung darf jedoch formal über alle q summiert werden.

13.4 Stoffgesetz

Die Stabverlängerungen stehen durch das Spannungs-Dehnungsgesetz mit den Stabkräften und durch das Wärmedehnungsgesetz mit den Temperaturerhöhungen in Zusammenhang. Werden beide Gesetze als linear vorausgesetzt, so gelten die Ergebnisse von 12.3 für jeden Fachwerkstab. Werden in (12.3/15) alle auftretenden Größen mit der Stabnummer β versehen, so ergibt sich das *Stoffgesetz des Fachwerks*

$$\Delta l_\beta = \frac{S_\beta}{c_\beta} + l_\beta^*. \qquad (13.4/1)$$

Werden mit Hilfe von (13.3/3) die Stabverlängerungen durch die Verschiebungen ausgedrückt, so ergibt sich das *erweiterte Stoffgesetz des Fachwerks*

$$S_\beta = -c_\beta\Bigl(\sum_q V_q c_{q\beta} + l_\beta^*\Bigr). \qquad (13.4/2)$$

13.5 Aufteilung der Kräfte

Durch Lösen von g Bindungen (Wegnahme von Stäben bzw. Auflagern) sei das g-fach statisch unbestimmte Fachwerk unter Wahrung der Tragfähigkeit in ein statisch bestimmtes Ersatzfachwerk (*Hauptsystem*) verwandelt, das zunächst für die Aufnahme der äußeren Kräfte als vereinfachtes Modell dienen soll. Die zugehörige Kräftegruppe sei *Hauptgruppe* genannt; sie besteht aus den Stabkräften $\overset{(0)}{S}_\beta$ und den Knotenlasten bzw. Auflagerkräften $F_q^{(0)}$. Die Gleichgewichtsbedingungen sind [vgl. (13.2/1)]

$$\sum_\beta \overset{(0)}{S}_\beta c_{q\beta} + F_q^{(0)} = 0. \qquad (13.5/1)$$

Für jene q-Nummern, die sich nicht auf die Auflagerreaktionen beziehen, gilt $F_q^{(0)} = F_q$, denn die Knotenlasten sind die wirklichen (bei innerer statischer Unbestimmtheit des wirklichen Fachwerks gilt $F_q^{(0)} = F_q$ für alle q, denn die Hauptgruppe enthält dann die wirklichen Auflagerkräfte). Für die g gelösten Bindungen sind die Hauptkräfte Null, so daß die Zahl der unbekannten Hauptkräfte gleich $s + z_t - g$ und damit gleich der Zahl der Gleichungen (13.5/1) ist. Die Hauptkräfte sind durch Auflösen dieser Gleichungen zu ermitteln. Bei ebenen Fachwerken kann der Cremonaplan vorteilhaft sein.

Wird eine der gelösten Bindungen wieder hergestellt, also einer der herausgenommenen Stäbe wieder eingesetzt oder eine Auflagerung wieder angebracht, so entsteht ein *einfach statisch unbestimmtes Fachwerk*. In einem solchen Fachwerk ist *ein* Eigenspannungszustand möglich. Da die wieder hergestellte Bindung jede der g zuvor gelösten Bindungen sein kann, lassen sich g verschiedene einfach statisch unbestimmte Fachwerke aufbauen und auf diese Weise g unabhängige Eigenspannungszustände definieren, die zugleich mögliche Eigenspannungszustände des wirklichen Fachwerks repräsentieren. Zur Kennzeichnung diene der Index e, der die Nummern $1, 2, \ldots, g$ durchläuft. Die auftretenden Eigenkräfte sind bei innerer statischer Unbestimmtheit ausschließlich Stabkräfte, bezeichnet mit $S_\beta^{(e)}$. Bei äußerer statischer Unbestimmtheit treten ferner Auflagerkräfte als Eigenkräfte auf, bezeichnet mit $F_q^{(e)}$. Die Gleichgewichtsbedingungen sind

$$\sum_\beta S_\beta^{(e)} c_{q\beta} + F_q^{(e)} = 0. \qquad (13.5/2)$$

Bei den so definierten Eigenkräften fehlen die äußeren Knotenlasten, so daß die $F_q^{(e)}$ für jene q-Nummern Null sind, die sich nicht auf die Auflagerreaktionen beziehen (bei innerer statischer Unbestimmtheit sind — wie erwähnt — die $F_q^{(e)}$ sämtlich gleich Null). Wird innerhalb jeder Eigengruppe die Größe einer Eigenkraft angenommen, z B. gleich 1 gesetzt, so reduziert sich dadurch die Zahl der unbekannten Eigenkräfte auf $s + z_t - g$ und wird gleich der Zahl der Gleichungen (13.5/2). Für die Ermittlung der Eigenkräfte gilt auf diese Weise das gleiche wie für die Ermittlung der Hauptkräfte (bei ebenen Fachwerken gegebenenfalls Cremonaplan).

Die wirklichen Stabkräfte lassen sich innerhalb der linearen Theorie aus den Hauptkräften und den Eigenkräften durch einfache Addition herleiten. Dabei ist jedoch zu beachten, daß die wahren Anteile der Eigenkräfte an den Stabkräften noch unbekannt sind. Dieser Tatsache ist durch die Einführung von unbestimmten Faktoren Rechnung zu tragen, die mit X_e bezeichnet seien. Dann gilt

$$S_\beta = \overset{(0)}{S}_\beta + \sum_{e=1}^{g} X_e S_\beta^{(e)}, \quad F_q = F_q^{(0)} + \sum_{e=1}^{g} X_e F_q^{(e)}. \qquad (13.5/3)$$

13.6 Prinzip der virtuellen Arbeit

Die Kräfte S_β und F_q erfüllen die Gleichgewichtsbedingungen (13.2/1) und bilden mithin im Sinne des Abschnittes 5 eine *statische Gruppe*. Andererseits erfüllen die Verschiebungen V_q und die Stabverlängerungen Δl_β die Formänderungsgleichungen (13.3/3) und bilden deshalb eine *kinematische Gruppe*. Wird (13.2/1) mit V_q multipliziert und über alle q summiert, so folgt

$$\sum_{q=1}^{s+z_t-g} \sum_{\beta=1}^{s} S_\beta V_q c_{q\beta} + \sum_{q=1}^{s+z_t-g} F_q V_q = 0. \qquad (13.6/1)$$

Wird von (13.3/3) Gebrauch gemacht, so ergibt sich

Statische Gruppe

$$\sum_{q=1}^{s+z_t-g} F_q V_q = \sum_{\beta=1}^{s} S_\beta \Delta l_\beta \qquad (13.6/2)$$

Kinematische Gruppe

Dieselbe Beziehung hätte sich ergeben, wenn (13.3/3) mit S_β multipliziert und nach Summation über β von (13.2/1) Gebrauch gemacht worden wäre. Sie repräsentiert das *Prinzip der virtuellen Arbeiten für Fachwerke.* Es ist hierbei wesentlich, daß zwischen der statischen und der kinematischen Gruppe kein physikalischer Zusammenhang vorausgesetzt wurde.

Der Ausdruck $\tau_{km}e_{km}$ in der allgemeineren Beziehung (5.2/7) geht bei Fachwerken wegen des in den einzelnen Stäben herrschenden einachsigen Spannungszustandes in $\sigma\varepsilon$ über (die Stabnummer sei bei dieser Betrachtung weggelassen). Mit ds als Längenelement in Richtung der Stabachse ist das Volumelement innerhalb eines Stabes $d\mathscr{V} = dA\, ds$. Das über einen Stab erstreckte Volumintegral $\int \sigma\varepsilon\, d\mathscr{V} = \int\limits_{(l)} \int\limits_{(A)} \sigma d\,A\, \varepsilon\, ds$ geht wegen $\int\limits_{(A)} \sigma\, dA = S$ und $\int\limits_{(l)} \varepsilon\, ds = \Delta l$ in $S\,\Delta l$ über. Das Integral über das Volumen des gesamten Fachwerks ist daher mit $\sum\limits_{\beta} S_\beta \Delta l_\beta$ identisch. Wird ferner beachtet, daß keine Momente M_q und keine Massenkräfte f_m auftreten, so ergibt sich Übereinstimmung mit (13.6/2). Bezüglich der weiteren Folgerungen kann an die Ergebnisse des Abschnittes 5 angeknüpft werden. Bei Verwendung virtueller kinematischer Gruppen ergeben sich Gleichgewichtsbedingungen (vgl. 5.3), bei Verwendung virtueller statischer Gruppen Kompatibilitätsbedingungen (vgl. 5.4). Beide Fälle seien für das g-fach statisch unbestimmte Fachwerk erörtert. Wie bisher seien unnachgiebige Auflagerfesseln vorausgesetzt, so daß die Auflagerreaktionen Zwangsreaktionen im Sinne von I.21.3 sind und keine Arbeit leisten.

Im ersten Falle sind virtuelle kinematische Gruppen mit möglichst vielen starren Stäben vorteilhaft. Die Zahl der von der jeweiligen kinematischen Gruppe zu erfüllenden Formänderungsbedingungen (13.3/3) ist gleich der Zahl s der Fachwerkstäbe. Sollen Kombinationen von Gleichgewichtsbedingungen gefunden werden, die eine möglichst geringe Zahl von Stabkräften enthalten, so sind $s - g - 1$ Stabverlängerungen Null zu setzen (Erstarrung der betreffenden Stäbe). Von den restlichen Stabverlängerungen ist *eine* frei zu wählen, so daß g Stabverlängerungen und $s - g$ Knotenverschiebungen aus den s Gleichungen (13.3/3) zu ermitteln sind (von den insgesamt $s + z_t - g$ Knotenverschiebungen sind z_t bereits durch die Auflagerbedingungen festgelegt). Bei Einsetzen der so gewonnenen virtuellen kinematischen Gruppe in die Arbeitsgleichung (13.6/2) entsteht eine Kombination von Gleichgewichtsbedingungen, die nur $g + 1$ Stabkräfte enthält (Auflagerkräfte treten nicht auf, da sie keine Arbeit leisten). Beim statisch bestimmten Fachwerk ($g = 0$) erstarren alle Stäbe bis auf einen; die Arbeitsgleichung liefert unmittelbar die zugehörige Stabkraft. Ist eine Auflagerkraft gesucht, so muß die dazugehörige Fessel gelöst werden; dabei kann das ganze Fachwerk starr sein (vgl. I.21.4).

Im zweiten Falle sind virtuelle statische Gruppen mit einer möglichst geringen Zahl von Stabkräften vorteilhaft. Derartige vereinfachte Kräftegruppen wurden bereits in 13.5 eingeführt. Die Hauptkräfte können zur Berechnung der Knotenverschiebungen bei gegebenen Stabverlängerungen verwendet werden. Analog zu (5.4/2) folgt

$$V_q = \sum_\beta \overset{(0)}{(S_\beta)}_{F_q=1} \Delta l_\beta. \tag{13.6/3}$$

Hierbei sind $\overset{(0)}{(S_\beta)}_{F_q=1}$ diejenigen Stabkräfte der Hauptgruppe, die von der äußeren Knotenlast $F_q = 1$ erzeugt werden. Es muß also an der Stelle, an der die Verschiebung gesucht ist, in derselben Richtung eine Kraft vom Betrage 1 angebracht werden.

Bei Verwendung der Eigenkräfte als virtuelle statische Gruppe enthält die Arbeitsgleichung nur noch Stabkräfte (die innerhalb der Eigengruppen bei äußerer statischer Unbestimmtheit möglichen Auflagerkräfte $F_q^{(e)}$ leisten keine Arbeit). Es folgt

$$\sum_\beta \overset{(e)}{S_\beta} \Delta l_\beta = 0 \qquad \text{für } e = 1, 2, \ldots, g. \tag{13.6/4}$$

Diese g Gleichungen repräsentieren die *Kompatibilitätsbedingungen* des Fachwerks. Bei Bezugnahme auf das Stoffgesetz liefern sie jene Gleichungen, die zusammen mit den Gleichgewichtsbedingungen die Berechnung der Stabkräfte ermöglichen (vgl. 13.10).

13.7 Verzerrungsarbeit

Gemäß (8.1/9) ist die Verzerrungsarbeit pro Längeneinheit im zugbeanspruchten Stab ohne Temperaturänderung mit der Stabkraft $S = N$, der Querschnittsfläche A und dem Elastizitätsmodul E durch den Betrag $S^2/(2EA)$ gegeben. Bei Integration über die Stablänge l ergibt sich die gesamte Verzerrungsenergie des Stabes $\frac{S^2}{2} \int\limits_{z=0}^{l} \frac{dz}{EA} =$

$S^2/(2c)$, wobei c die in (12.3/9) definierte *Steifigkeit* des Stabes ist. Durch Summation über alle Fachwerkstäbe ergibt sich die gesamte *Verzerrungsarbeit des Fachwerks*

$$W = \sum_\beta \frac{S_\beta^2}{2c_\beta}. \tag{13.7/1}$$

Aus (13.4/1) folgt ohne Temperaturänderung, d.h. mit $l^* = 0$:

$$\Delta l_\beta = S_\beta/c_\beta. \tag{13.7/2}$$

Die Verzerrungsarbeit kann daher auch in der Form

$$W = \sum_\beta \frac{1}{2} S_\beta \Delta l_\beta = \sum_\beta \frac{1}{2} c_\beta (\Delta l_\beta)^2 \tag{13.7/3}$$

geschrieben werden.

In der Arbeitsgleichung (13.6/2) sei vorausgesetzt, daß die statische Gruppe mit der kinematischen durch das lineare Elastizitätsgesetz verbunden ist. Nach Division durch 2 repräsentiert dann die rechte Gleichungsseite die Verzerrungsarbeit des Fachwerks. Andererseits stellt die linke Gleichungsseite die von den äußeren Knotenlasten während des Belastungsvorganges geleistete Arbeit dar, die mithin als Verzerrungsenergie im Fachwerk gespeichert wird (*Energiesatz*):

$$W = \sum_q \frac{1}{2} F_q V_q. \tag{13.7/4}$$

13.8 Steifigkeit und Nachgiebigkeit

Die bei linear-elastischer Verformung ohne Temperaturänderung auftretenden Steifigkeits- und Nachgiebigkeitszahlen sind gemäß (10.1/1) und (10.1/2) folgendermaßen definiert:

$$F_p = \sum_q a_{pq} V_q, \quad V_p = \sum_q \alpha_{pq} F_q. \tag{13.8/1}$$

Hierbei repräsentiert der Index p dieselben Nummern wie q. Aus (13.4/2) folgt mit $l^* = 0$:

$$S_\beta = -\sum_q c_\beta c_{q\beta} V_q \tag{13.8/2}$$

und aus (13.2/1) mit p statt q:

$$F_p = -\sum_\beta S_\beta c_{p\beta}. \tag{13.8/3}$$

Nach Einsetzen von (13.8/2) ergibt sich

$$F_p = \sum_q \sum_\beta c_\beta c_{p\beta} c_{q\beta} V_q. \tag{13.8/4}$$

Der Vergleich mit der linken Gleichung (13.8/1) zeigt, daß sich die Steifigkeitszahlen wie folgt berechnen lassen:

$$a_{pq} = \sum_\beta c_\beta c_{p\beta} c_{q\beta}. \tag{13.8/5}$$

Sie bilden eine symmetrische Quadratmatrix mit $s - g$ Zeilen[1], die auf Grund der Tragfähigkeit des Fachwerks regulär ist, d.h. ihre Determinante ist von Null verschieden; denn wie aus (13.8/1) hervorgeht, bilden die Nachgiebigkeitszahlen α_{pq} die zur Matrix der Steifigkeitszahlen inverse Quadratmatrix (ebenfalls regulär, symmetrisch) und können aus den linearen Gleichungen

$$\sum_p a_{pq}\alpha_{pt} = \delta_{qt} = \begin{cases} 1 \text{ für } q = t \\ 0 \text{ für } q \neq t \end{cases} \tag{13.8/6}$$

berechnet werden, wobei zweckmäßig das Eliminationsverfahren, auch Gauss'scher Algorithmus genannt (vgl. 13.13.5), angewandt wird (der Index t repräsentiert dieselben Nummern wie p und q).

Andererseits können die Einflußzahlen auch mit Hilfe der Beziehung (13.6/3) gewonnen werden (hier mit p statt q), wenn von (13.7/2) Gebrauch gemacht wird:

$$V_p = \sum_\beta \frac{1}{c_\beta} \overset{(0)}{(S_\beta)}_{F_p=1} S_\beta. \tag{13.8/7}$$

Da die Stabkräfte infolge des linearen Aufbaues der Gleichgewichtsbedingungen lineare Funktionen der äußeren Knotenlasten sind, gilt die *lineare Superposition*, d.h. es kann

$$S_\beta = \sum_q F_q (S_\beta)_{F_q=1} \tag{13.8/8}$$

gesetzt werden. Damit geht (13.8/7) über in

$$V_p = \sum_q \sum_\beta \frac{1}{c_\beta} \overset{(0)}{(S_\beta)}_{F_p=1} (S_\beta)_{F_q=1} F_q. \tag{13.8/9}$$

Der Vergleich mit der rechten Gleichung (13.8/1) zeigt, daß die Nachgiebigkeitszahlen an Hand der folgenden Beziehung berechnet werden können:

$$\alpha_{pq} = \sum_\beta \frac{1}{c_\beta} \overset{(0)}{(S_\beta)}_{F_p=1} (S_\beta)_{F_q=1}. \tag{13.8/10}$$

Hierbei kann $\overset{(0)}{(S_\beta)}_{F_p=1}$ durch $(S_\beta)_{F_p=1}$ ersetzt werden, wie aus 13.6 hervorgeht [beide Kräftegruppen unterscheiden sich nur durch Eigenkräfte, die aber wegen (13.6/4) keinen Beitrag zur vorstehenden Summe liefern]. Auch damit ist die Symmetrie der Nachgiebigkeitsmatrix bestätigt.

13.9 Anwendung der Sätze von Castigliano

Die Anwendung des ersten Satzes von Castigliano führt, wie leicht zu erkennen ist, ebenso wie das Prinzip der virtuellen kinematischen

[1] Die Zahl $s + z_t - g$ der Nummern, die p bzw. q durchlaufen, verringert sich um die Zahl z_t der durch die Auflagerfesseln verhinderten Verschiebungen.

Gruppe auf Gleichgewichtsbedingungen und bietet deshalb beim Fachwerk kaum Vorteile. Gemäß dem zweiten Satz gelten die Regeln [vgl. (9.1/5) und (9.2/2)]

$$V_q = \frac{\partial W}{\partial F_q}, \quad \frac{\partial W}{\partial X_e} = 0. \tag{13.9/1}$$

Bei Anwendung auf den Ausdruck (13.7/1) der Verzerrungsarbeit folgen

$$V_q = \sum_\beta \frac{1}{c_\beta} S_\beta \frac{\partial S_\beta}{\partial F_q}, \quad \sum_\beta \frac{1}{c_\beta} S_\beta \frac{\partial S_\beta}{\partial X_e} = 0. \tag{13.9/2}$$

Wegen (13.8/8) ist $\partial S_\beta / \partial F_q$ mit $(S_\beta)_{F_q=1}$ identisch; diese Größe darf hier mit $(\overset{(0)}{S_\beta})_{F_q=1}$ vertauscht werden, denn beide Kräftegruppen unterscheiden sich nur durch Eigenkräfte, die zur Summe keinen Beitrag liefern (vgl. auch die Bemerkung am Schluß von 13.8). Aus (13.5/3) folgt andererseits $\partial S_\beta / \partial X_e = \overset{(e)}{S_\beta}$. Offensichtlich ergibt sich Übereinstimmung mit den aus dem Arbeitsprinzip gewonnenen Beziehungen (13.6/3) und (13.6/4), wenn von (13.7/2), d.h. vom linearen Elastizitätsgesetz Gebrauch gemacht wird.

Gegenüber den Sätzen von CASTIGLIANO bietet demnach das Prinzip der virtuellen Arbeiten *zwei* Vorteile:

Es sind keine partiellen Differentiationen erforderlich.
Die gewonnenen Gleichungen sind unabhängig vom Stoffgesetz.

Für die praktische Anwendung der Ergebnisse bieten sich zwei besonders übersichtliche Verfahren an, die in analoger Form auch bei weiteren Problemen vorteilhaft sind, das *kinematische* und das *statische Verfahren.*

13.10 Kinematisches Verfahren

Beim kinematischen Verfahren werden zunächst die kinematischen Größen berechnet. Durch Einsetzen von (13.4/2) in die Gleichgewichtsbedingungen (13.2/1) ergeben sich bei Verwendung der Steifigkeitszahlen [vgl. (13.8/5)] und mit Einführung der *fiktiven Thermokraft*

$$F_p^* = \sum_\beta c_\beta c_{p\beta} l_\beta^* \tag{13.10/1}$$

die Beziehungen

$$\sum_q a_{pq} V_q = F_p - F_p^*. \tag{13.10/2}$$

Sie unterscheiden sich von den ohne Berücksichtigung von Temperaturänderungen geltenden Gln. (13.8/1) nur dadurch, daß von den Knotenlasten die fiktiven Thermokräfte zu subtrahieren sind. Offensichtlich repräsentieren die fiktiven Thermokräfte jene Knotenlasten, die bei

Temperaturänderungen aufgebracht werden müßten, um eine Verformung des Fachwerks zu verhindern (für $V_q = 0$ folgt $F_p = F_p^*$). Die Auflösung von (13.10/2) nach den Verschiebungen ergibt formal [analog zu (13.8/1)]

$$V_q = \sum_p \alpha_{pq}(F_p - F_p^*) \tag{13.10/3}$$

mit den Nachgiebigkeitszahlen als Koeffizienten.

Zur *Kontrolle* seien durch Einsetzen dieses Ausdruckes in (13.3/3) die Stabverlängerungen und aus diesen mittels (13.4/2) die Stabkräfte gebildet. Dann folgt

$$S_\beta = -c_\beta \left[\sum_p \sum_q \alpha_{pq} c_{q\beta}(F_p - F_p^*) + l_\beta^*\right]. \tag{13.10/4}$$

Nach Einsetzen in die Gleichgewichtsbedingungen (mit t statt q) und bei Verwendung der Ausdrücke für die Steifigkeitszahlen und die fiktiven Thermokräfte ergibt sich eine Beziehung, die wegen (13.8/6) identisch erfüllt ist.

Bei der praktischen Durchführung der statischen Berechnung eines Fachwerkes sind zunächst in der Systemskizze die Stabnummern festzulegen. Nach Einzeichnung der positiven Koordinatenrichtungen an den einzelnen Knoten sind die q-Nummern tabellarisch festzulegen [vgl. Tabelle (13.1/2)] und die Richtungskosinus aus dem geometrischen Aufbau des Fachwerks zu ermitteln. Aus Querschnitt, Länge, Elastizitätsmodul und Wärmedehnzahl der Stäbe errechnen sich gemäß 12.3 die Steifigkeiten c_β und — bei gegebenen Temperaturänderungen — die thermischen Stabverlängerungen l_β^* (bei homogen-prismatischen Stäben mit gleichmäßig über die Stablänge verteilter Temperaturerhöhung gilt $c_\beta = EA/l$ und $l^* = \alpha\vartheta l$). Bei gegebenen Knotenlasten F_q sind folgende Rechenschritte numerisch durchzuführen:

Rechenschritt Nr.	Zu berechnende Größe	Angewandte Gleichung	Weg
1	a_{pq}	$a_{pq} = \sum_\beta c_\beta c_{p\beta} c_{q\beta}$	direkt
2	F_q^*	$F_q^* = \sum_\beta c_\beta c_{q\beta} l_\beta^*$	direkt
3	V_q	$\sum_p a_{pq} V_p = F_q - F_q^*$	Eliminationsverfahren
4	Δl_β	$\Delta l_\beta = -\sum_q V_q c_{q\beta}$	direkt
5	S_β	$S_\beta = c_\beta(\Delta l_\beta - l_\beta^*)$	direkt
6 (Kontrolle)	F_q	$F_q = -\sum_\beta S_\beta c_{q\beta}$	direkt

(13.10/5)

Beim letzten Rechenschritt müssen sich an den von außen belasteten Knoten wieder die Knotenlasten ergeben, bzw. an den unbelasteten Knoten die Knotenlasten gleich Null sein (Kontrollmöglichkeiten). An den aufgelagerten Knoten erhält man die Auflagerkräfte.

13.11 Statisches Verfahren

Beim statischen Verfahren wird mit Bezug auf 13.5 zunächst durch Lösen von g Bindungen ein tragfähiges Hauptsystem hergestellt. Anschließend werden die zugehörigen Hauptkräfte aus (13.5/1) ermittelt. Dabei zählen die Auflagerkräfte als Unbekannte mit, so daß die auftretende Quadratmatrix außer den Richtungskosinus die Koeffizienten der z_t unbekannten Auflagerreaktionen enthält. Für die Berechnung der Eigenkräfte aus (13.5/2) kann dieselbe Quadratmatrix verwendet werden, wenn jeweils die Stab- oder Bindungskraft, die zu dem wieder eingesetzten Stab bzw. dem wieder hergestellten Auflager gehört, zur Bildung einer äußeren Gleichgewichtsgruppe verwendet wird (äußere Kraft angenommener Größe an einem Teil der wieder hergestellten Bindung, zugehörige Gegenkraft am anderen Teil). Bei ebenen Fachwerken können gegebenenfalls für die Ermittlung der Hauptkräfte, wie auch der Eigenkräfte Cremonapläne Verwendung finden.

Aus den Kompatibilitätsbedingungen (13.6/4) folgen nach Einsetzen der Stabverlängerungen aus (13.4/1) und der Stabkräfte aus (13.5/3) mit h statt e:

$$\sum_\beta \left[\frac{1}{c_\beta}\left(\overset{(0)}{S_\beta} + \sum_{h=1}^{g} X_h \overset{(h)}{S_\beta}\right) + l_\beta^*\right] \overset{(e)}{S_\beta} = 0 \quad \text{für } e = 1, 2, \ldots, g. \tag{13.11/1}$$

Der Index h durchläuft dieselben Nummern wie e. Mit den Hilfsgrößen

$$\sum_\beta \frac{1}{c_\beta} \overset{(e)}{S_\beta} \overset{(h)}{S_\beta} = K_{eh}, \quad \sum_\beta \left(\frac{1}{c_\beta} \overset{(0)}{S_\beta} + l_\beta^*\right) \overset{(e)}{S_\beta} = L_e \tag{13.11/2}$$

lassen sich die zur Ermittlung der statisch unbestimmten Größen dienenden Gleichungen in der Form

$$\sum_h X_h K_{eh} + L_e = 0 \tag{13.11/3}$$

schreiben. Wie aus (13.11/2) hervorgeht, bilden die Koeffizienten K_{eh} eine symmetrische Quadratmatrix. Nach Ermittlung der X_e können die Stabkräfte aus (13.5/2) und die Knotenverschiebungen aus (13.6/3) und (13.4/1) berechnet werden.

Für den reinen Wärmespannungszustand gilt $\overset{(0)}{S_\beta} = 0$, so daß die reinen Thermokräfte ausschließlich Linearkombinationen der Eigenkräfte sind (bei statisch bestimmten Fachwerken sind keine Eigenkräfte möglich, so daß auch keine Thermokräfte auftreten können).

Bei gegebenen Knotenlasten sind mithin folgende Rechenschritte durchzuführen:

Rechen-schritt Nr.	Zu berech-nende Größe	Angewandte Gleichung	Weg
1	$\overset{(0)}{S}_\beta$	$\sum_\beta \overset{(0)}{S}_\beta c_{q\beta} = -\overset{(0)}{F}_q$	Eliminations-verfahren
2	$\overset{(e)}{S}_\beta$	$\sum_\beta \overset{(e)}{S}_\beta c_{q\beta} = 0$ bzw. $-\overset{(e)}{F}_q$	Für jedes e Annahme einer Eigen-kraft, dann Eliminationsverfahren
3	K_{eh}	$K_{eh} = \sum_\beta \frac{1}{c_\beta} \overset{(e)}{S}_\beta \overset{(h)}{S}_\beta$	direkt
4	L_e	$L_e = \sum_\beta \left(\frac{1}{c_\beta} \overset{(0)}{S}_\beta + l^*_\beta\right) \overset{(e)}{S}_\beta$	direkt
5	X_e	$\sum_h X_h K_{eh} = -L_e$	Eliminations-verfahren
6	S_β	$S_\beta = \overset{(0)}{S}_\beta + \sum_e X_e \overset{(e)}{S}_\beta$	direkt
7	F_q	$F_q = \overset{(0)}{F}_q + \sum_e X_e \overset{(e)}{F}_q$	direkt
8	V_q	$V_q = \sum_\beta \left(\frac{1}{c_\beta} S_\beta + l^*_\beta\right) (\overset{(0)}{S}_\beta)_{F_q=1}$	direkt

(13.11/4)

Der letzte Rechenschritt setzt die Ermittlung der Stabkräfte $(\overset{(0)}{S}_\beta)_{F_q=1}$ bei Rechenschritt 1 voraus, und zwar für die q-Nummern, die den gesuchten Verschiebungen entsprechen (mithin sind zur Berechnung der Verschiebungen gegebenenfalls auch solche Knoten zu belasten, die in Wirklichkeit keine äußeren Kräfte aufnehmen). Sind alle Knotenverschiebungen gesucht, so sind bei Rechenschritt 1 alle Fälle $F_q = 1$ mitzunehmen. Die Gesamtbeträge der Hauptkräfte $\overset{(0)}{S}_\beta$ errechnen sich dann gemäß der linearen Superposition [vgl. (13.8/8)] aus der Beziehung

$$\overset{(0)}{S}_\beta = \sum_q F_q (\overset{(0)}{S}_\beta)_{F_q=1}. \qquad (13.11/5)$$

Bei diesem Verfahren kann sich offenbar ein verhältnismäßig großer Rechenaufwand ergeben, wenn außer den Stabkräften auch die Verschiebungen zu berechnen sind. Handelt es sich dagegen allein um die Ermittlung der Stabkräfte, so kann der erforderliche Rechenaufwand geringer sein als beim kinematischen Verfahren.

13.12 Verfahren für statisch bestimmte Fachwerke

Bei statischer Bestimmtheit ($g = 0$) gehen die Stabkräfte aus den Gleichgewichtsbedingungen erster Art hervor. Bei dem dabei auftretenden Richtungskosinus durchläuft der Index β alle Stabnummern, während der Index q nur die „freien" q-Nummern repräsentiert, d.h. solche, die sich nicht auf Zwangsreaktionen beziehen. Dies sind, wie aus 13.2 mit $g = 0$ hervorgeht, ebenfalls s Nummern. Die $c_{q\beta}$ der freien q-Nummern bilden mithin eine Quadratmatrix, die bei Tragfähigkeit regulär ist, d. h. eine von Null verschiedene Determinante besitzt. Die Elemente der zugehörigen inversen Matrix, die mit $c_q^{(\beta)}$ bezeichnet seien, sind aus den Definitionsgleichungen (γ durchläuft wie β die Stabnummern)

$$\sum_\beta c_{q\beta} c_p^{(\beta)} = \delta_{pq}, \quad \sum_q c_{q\beta} c_q^{(\gamma)} = \delta_{\beta\gamma} \tag{13.12/1}$$

mit Hilfe des Eliminationsverfahrens zu berechnen. Dann können die Stabkräfte in der Form

$$S_\beta = -\sum_q c_q^{(\beta)} F_q \tag{13.12/2}$$

geschrieben werden. Sie sind hier zugleich die Stabkräfte der Hauptgruppe (alle X_e sind Null). Mithin gilt $(S_\beta)_{F_q=1} = (\overset{(0)}{S_\beta})_{F_q=1} = -c_q^{(\beta)}$, und aus (13.8/10) folgen die Nachgiebigkeitszahlen

$$\alpha_{pq} = \sum_\beta \frac{1}{c_\beta} c_p^{(\beta)} c_q^{(\beta)}. \tag{13.12/3}$$

Werden ferner auch die Steifigkeitszahlen berechnet [vgl. (13.8/5)], so läßt sich zeigen, daß die weiteren Rechenregeln

$$\sum_q a_{pq} c_q^{(\beta)} = c_\beta c_{p\beta}, \quad \sum_q \alpha_{pq} c_{q\beta} = \frac{1}{c_\beta} c_p^{(\beta)} \tag{13.12/4}$$

gelten [Anwendung von (13.12/1)]. Damit geht (13.10/4) in eine Beziehung über, die wegen (13.12/2), (13.10/1) und (13.12/1) identisch erfüllt ist (eine Bestätigung, daß in statisch bestimmten Fachwerken keine Wärmespannungen möglich sind).

Die Verschiebungen errechnen sich aus

$$V_q = \sum_p \alpha_{pq} F_p - \sum_\beta l_\beta^* c_q^{(\beta)}. \tag{13.12/5}$$

Bei statisch bestimmten Fachwerken sind mithin folgende Rechenschritte durchzuführen:

Rechenschritt Nr.	Zu berechnende Größe	Angewandte Gleichung	Weg
1	$c_q^{(\beta)}$	$\sum_\beta c_{p\beta} c_q^{(\beta)} = \delta_{pq}$	Eliminationsverfahren
2	S_β	$S_\beta = -\sum_q F_q c_q^{(\beta)}$	direkt
3	α_{pq}	$\alpha_{pq} = \sum_\beta \frac{1}{c_\beta} c_p^{(\beta)} c_q^{(\beta)}$	direkt
4	V_q	$V_q = \sum_p \alpha_{pq} F_p - \sum_\beta l_\beta^* c_q^{(\beta)}$	direkt

(13.12/6)

13.13 Beispiele

13.13.1 Beiderseits eingespannte Stabkette bei beliebiger Temperaturerhöhung und mit äußerer Kraft an beliebiger Stelle in Stabrichtung. Die zu beiden Seiten des Kraftangriffspunktes liegenden Stabteile seien mit den Indizes 1 und 2 gekennzeichnet (Abb. 13.3). Da nur Längskräfte übertragen werden, bilden die

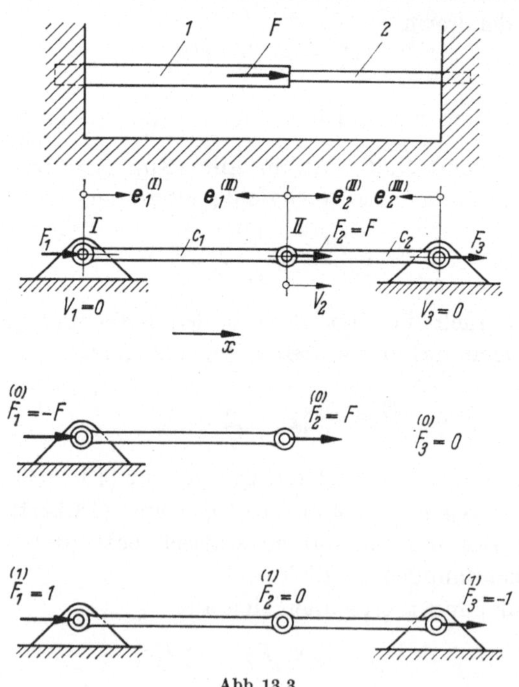

Abb. 13.3

beiden Stabteile die Glieder einer geraden Stabkette. Dabei handelt es sich entweder um zwei Stäbe und einen Knoten, so daß $s = 2$, $z_t = 0$, $k = 1$ gilt, oder um zwei Stäbe, zwei Auflager und drei Knoten, so daß $s = 2$, $z_t = 2$ und $k = 3$ zu setzen ist. Aus (13.1/1) folgt für beide Auffassungen $g = s + z_t - k = 1$. Das System ist daher *einfach statisch unbestimmt.* Mit den in Abb. 13.3 eingetragenen Bezeichnungen ist die am Knoten *II* angreifende äußere Kraft $\overset{(II)}{F_x} = F_2 = F$, während die an den Knoten *I* und *III* angreifenden Kräfte $\overset{(I)}{F_x} = F_1$ und $\overset{(III)}{F_x} = F_3$ Auflagerkräfte sind (diese Kräfte werden formal in x-Richtung positiv eingeführt). Die Richtungskosinus gemäß Tabelle (13.1/2) sind:

q	1	2	3
c_{q1}	1	-1	0
c_{q2}	0	1	-1

Da die Knoten *I* und *III* unverschieblich sind, tritt hier *nur eine Gleichgewichtsbedingung erster Art* auf (für die „freie" q-Nummer $q = 2$). Als einzige Steifigkeitszahl ist daher a_{22} zu berechnen, d.h. die Steifigkeitsmatrix besteht hier nur aus *einem Element.* Die Kraft F und die freien thermischen Verlängerungen l_1^* und l_2^* der beiden Stababschnitte seien gegeben.

Kinematisches Verfahren [Schema (13.10/5)]

(1) $$a_{22} = c_1 c_{21}^2 + c_2 c_{22}^2 = c_1 + c_2\,,$$

(2) $$F_2^* = c_1 c_{21} l_1^* + c_2 c_{22} l_2^* = -c_1 l_1^* + c_2 l_2^*,$$

(3) $$a_{22} V_2 = F_2 - F_2^*, \quad V_2 = (F_2 - F_2^*)/a_{22}, \quad F_2 = F,$$

$$V_2 = \frac{F + c_1 l_1^* - c_2 l_2^*}{c_1 + c_2}, \quad \alpha_{22} = 1/a_{22}.$$

(4) $$\Delta l_1 = -c_{11} V_1 - c_{21} V_2 - c_{31} V_3, \quad V_1 = V_3 = 0,$$

$$\Delta l_1 = \frac{F + c_1 l_1^* - c_2 l_2^*}{c_1 + c_2},$$

$$\Delta l_2 = -c_{12} V_1 - c_{22} V_2 - c_{32} V_3 = \frac{-F - c_1 l_1^* + c_2 l_2^*}{c_1 + c_2},$$

(5) $$S_1 = c_1 (\Delta l_1 - l_1^*), \quad S_2 = c_2 (\Delta l_2 - l_2^*),$$

$$S_1 = \frac{c_1}{c_1 + c_2} [F - c_2 (l_1^* + l_2^*)], \quad S_2 = \frac{c_2}{c_1 + c_2} [-F - c_1 (l_1^* + l_2^*)],$$

(6) $$F_1 = -S_1 c_{11} - S_2 c_{12}, \quad F_2 = -S_1 c_{21} - S_2 c_{22}, \quad F_3 = -S_1 c_{31} - S_2 c_{32},$$

$$F_1 = -S_1, \quad F_2 = F \text{ (Kontrolle)}, \quad F_3 = S_2.$$

Statisches Verfahren [Schema (13.11/4)]

(1) $$\overset{(0)}{S_1} c_{11} + \overset{(0)}{S_2} c_{12} = -\overset{(0)}{F_1}, \quad \overset{(0)}{S_1} c_{21} + \overset{(0)}{S_2} c_{22} = -\overset{(0)}{F_2}, \quad \overset{(0)}{S_1} c_{31} + \overset{(0)}{S_2} c_{32} = -\overset{(0)}{F_3}.$$

Das Hauptsystem sei durch Wegnahme des Stabes 2 entstanden, so daß $\overset{(0)}{S_2} = 0$

gilt. Es übernimmt die äußeren Kräfte, mithin ist $\overset{(0)}{F}_2 = F_2 = F$ zu setzen. Damit folgen:

$\overset{(0)}{S}_1$	$\overset{(0)}{S}_2$	$\overset{(0)}{F}_1$	$\overset{(0)}{F}_2$	$\overset{(0)}{F}_3$
F	0	$-F$	F	0

Wegen $g = 1$ ist nur *ein* Eigenspannungszustand möglich ($e = 1$) .

$$\text{(2)}\quad \overset{(1)}{S}_1 c_{11} + \overset{(1)}{S}_2 c_{12} = -\overset{(1)}{F}_1, \quad \overset{(1)}{S}_1 c_{21} + \overset{(1)}{S}_2 c_{22} = -\overset{(1)}{F}_2, \quad \overset{(1)}{S}_1 c_{31} + \overset{(1)}{S}_2 c_{32} = -\overset{(1)}{F}_3 .$$

Da die äußeren Kräfte vom Hauptsystem aufgenommen werden, ist beim Eigenspannungszustand Knoten *II* unbelastet, also $\overset{(1)}{F}_2 = 0$ zu setzen. Der wieder eingesetzte Stab 2 möge die Stabkraft $\overset{(1)}{S}_2 = 1$ aufnehmen; dann folgen:

$\overset{(1)}{S}_1$	$\overset{(1)}{S}_2$	$\overset{(1)}{F}_1$	$\overset{(1)}{F}_2$	$\overset{(1)}{F}_3$
1	1	-1	0	1

$$\text{(3)}\quad K_{11} = \frac{1}{c_1} (\overset{(1)}{S}_1)^2 + \frac{1}{c_2} (\overset{(1)}{S}_2)^2 = \frac{1}{c_1} + \frac{1}{c_2},$$

$$\text{(4)}\quad L_1 = \left(\frac{1}{c_1} \overset{(0)}{S}_1 + l_1^*\right) \overset{(1)}{S}_1 + \left(\frac{1}{c_2} \overset{(0)}{S}_2 + l_2^*\right) \overset{(1)}{S}_2 = \frac{F}{c_1} + l_1^* + l_2^*,$$

$$\text{(5)}\quad X_1 K_{11} = -L_1, \quad X_1 = -L_1/K_{11} = \frac{c_2}{c_1 + c_2} [-F - c_1 (l_1^* + l_2^*)],$$

$$\text{(6)}\quad S_1 = \overset{(0)}{S}_1 + X_1 \overset{(1)}{S}_1, \quad S_2 = \overset{(0)}{S}_2 + X_1 \overset{(1)}{S}_2,$$

$$S_1 = \frac{c_1}{c_1 + c_2} [F - c_2 (l_1^* + l_2^*)], \quad S_2 = \frac{c_2}{c_1 + c_2} [-F - c_1 (l_1^* + l_2^*)],$$

$$F_1 = \overset{(0)}{F}_1 + X_1 \overset{(1)}{F}_1, \quad F_2 = \overset{(0)}{F}_2 + X_1 \overset{(1)}{F}_2, \quad F_3 = \overset{(0)}{F}_3 + X_1 \overset{(1)}{F}_3,$$

$$\text{(7)}\quad F_1 = \frac{c_1}{c_1 + c_2} [-F + c_2 (l_1^* + l_2^*)], \quad F_3 = \frac{c_2}{c_1 + c_2} [-F - c_1 (l_1^* + l_2^*)],$$

$$\text{(8)}\quad V_q = \left(\frac{1}{c_1} S_1 + l_1^*\right) (\overset{(0)}{S}_1)_{F_q=1} + \left(\frac{1}{c_2} S_2 + l_2^*\right) (\overset{(0)}{S}_2)_{F_q=1} .$$

Die aus dem Prinzip der virtuellen Arbeiten gewonnene Beziehung (8) gilt nur für „freie" q-Nummern, d.h. für solche, die nicht mit einer Zwangsbedingung in Zusammenhang stehen. Wie anfangs erwähnt, kommt im vorliegenden Falle nur $q = 2$ in Betracht. Die Stabkräfte $(\overset{(0)}{S}_\beta)_{F_2=1}$ können dem bereits untersuchten Belastungsfall des Hauptsystems entnommen werden, und zwar ist $(\overset{(0)}{S}_1)_{F_2=1} = 1$ und $(\overset{(0)}{S}_2)_{F_2=1} = 0$ zu setzen. Damit ergibt sich für V_2 derselbe Wert wie beim kinematischen Verfahren.

13.13.2 Zweistabknoten. Ein Knotenpunkt mit zwei Stäben sei in der Ebene der beiden Stäbe durch eine Kraft belastet (Abb. 13.4). Werden die Stäbe als Auflagerstäbe aufgefaßt, so gilt $s = 2$, $z_t = 0$, $k = 1$ und mithin $g = s + z_t - 2k = 0$. Bei Mitzählung der Auflagergelenke gilt $s = 2$, $z_t = 4$, $k = 3$

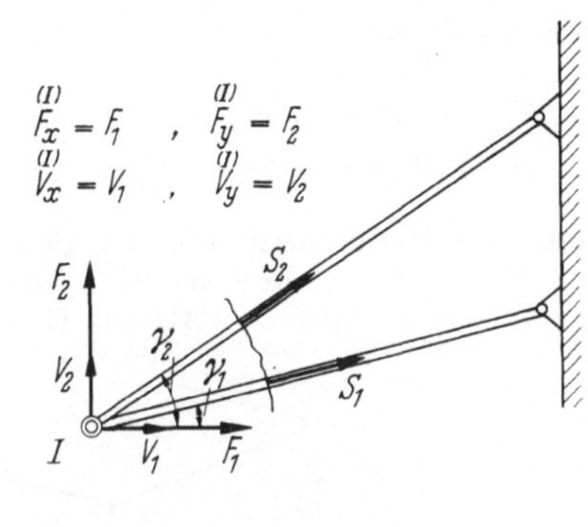

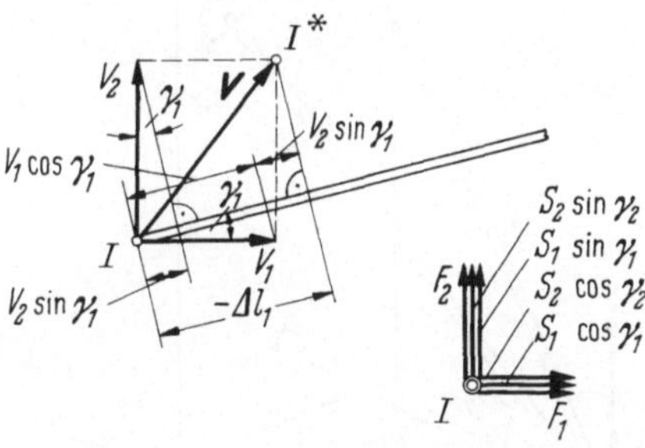

Abb. 13.4

und ebenfalls $g = 0$. Infolge der statischen Bestimmtheit kommt das Schema (13.12/6) zur Anwendung. Am belasteten Knoten, der die Nummer I trägt, seien die kartesischen Koordinaten x_I, y_I (beliebige Orientierung) und die Winkel γ_1, γ_2 der Stabrichtungen mit der x_I-Achse eingeführt. Die „freien" q-Nummern sind 1 und 2. Mit den Bezeichnungen der Tabelle (13.1/2) ergeben sich nachstehende Richtungskosinus:

$$\overset{(I)}{c}_{x1} = c_{11} = \cos\gamma_1\,, \quad \overset{(I)}{c}_{y1} = c_{21} = \sin\gamma_1\,,$$

$$\overset{(I)}{c}_{x2} = c_{12} = \cos\gamma_2\,, \quad \overset{(I)}{c}_{y2} = c_{22} = \sin\gamma_2\,.$$

(1) Mit $D = |c_{pq}| = c_{11}c_{22} - c_{12}c_{21} = \sin(\gamma_2 - \gamma_1)$ folgen

$$c_1^{(1)} = c_{22}/D = \sin\gamma_2/D, \quad c_2^{(1)} = -c_{12}/D = -\cos\gamma_2/D,$$

$$c_1^{(2)} = -c_{21}/D = -\sin\gamma_1/D, \quad c_2^{(2)} = c_{11}/D = \cos\gamma_1/D.$$

(2) $$S_1 = \frac{1}{\sin(\gamma_2 - \gamma_1)}\,(-F_1\sin\gamma_2 + F_2\cos\gamma_2),$$

$$S_2 = \frac{1}{\sin(\gamma_2 - \gamma_1)}\,(F_1\sin\gamma_1 - F_2\cos\gamma_1).$$

$$(3) \quad \alpha_{11} = \frac{1}{D^2}\left(\frac{1}{c_1}\sin^2\gamma_2 + \frac{1}{c_2}\sin^2\gamma_1\right),$$

$$\alpha_{12} = \frac{1}{D^2}\left(-\frac{1}{c_1}\sin\gamma_2\cos\gamma_2 - \frac{1}{c_2}\sin\gamma_1\cos\gamma_1\right),$$

$$\alpha_{22} = \frac{1}{D^2}\left(\frac{1}{c_1}\cos^2\gamma_2 + \frac{1}{c_2}\cos^2\gamma_1\right).$$

$$(4) \quad V_1 = \alpha_{11}F_1 + \alpha_{21}F_2 - c_1^{(1)}l_1^* - c_1^{(2)}l_2^*,$$

$$V_2 = \alpha_{12}F_1 + \alpha_{22}F_2 - c_2^{(1)}l_1^* - c_2^{(2)}l_2^*.$$

13.13.3 Räumlicher Dreistabknoten. Für den räumlichen Dreistabknoten (Abb. 13.5) gilt $s = 3$, $z_t = 0$, $k = 1$, bzw. bei Mitzählung der Auflagergelenke $s = 3$, $z_t = 9$, $k = 4$. Es folgt $g = s + z_t - 3k = 0$. Es handelt sich um das sta-

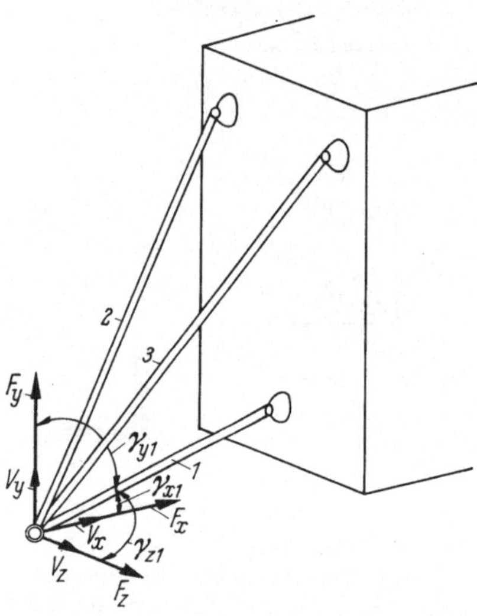

Abb. 13.5

tisch bestimmte Grundproblem der Raumstatik, das bereits in I.12.5 behandelt ist (ohne Berücksichtigung der Verformung). Der Rechnungsgang folgt dem Schema (13.12/6). Nach Ermittlung der $c_q^{(\beta)}$ als Elemente der zu $c_{q\beta}$ inversen Matrix sind die Stabkräfte aus $S_\beta = -\sum_q F_q c_q^{(\beta)}$ zu berechnen (Übereinstimmung mit dem in I.12.5 angegebenen Verfahren). Die Nachgiebigkeitszahlen ergeben sich anschließend aus $\alpha_{pq} = \sum_\beta \frac{1}{c_\beta} c_p^{(\beta)} c_q^{(\beta)}$ und schließlich die Verschiebungen aus $V_q = \sum_p \alpha_{pq}F_p - \sum_\beta l_\beta^* c_q^{(\beta)}$.

13.13.4 Statisch unbestimmter Stabknoten. Ebene Stabknoten mit mehr als zwei Stäben und räumliche Stabknoten mit mehr als drei Stäben sind statisch unbestimmt. Beispiele zeigen Abb. 13.6 und 13.7. Beim ebenen Problem treten stets 2, beim räumlichen 3 „freie“ q-Nummern auf (Richtungen der Bezugsachsen am belasteten Knoten). Nach Ermittlung der zugehörigen Richtungskosinus sind bei Anwendung des kinematischen Verfahrens gemäß Tabelle (13.10/5) zunächst die 3 bzw. 6 Elemente der Steifigkeitsmatrix und anschließend die Nachgiebigkeitszahlen als Elemente der inversen Matrix zu berechnen. Entsprechend der Zahl der „freien" q-Nummern haben diese Matrizen unabhängig von der Stabzahl (also auch bei hochgradiger statischer Unbestimmtheit) stets nur 2 bzw. 3 Reihen.

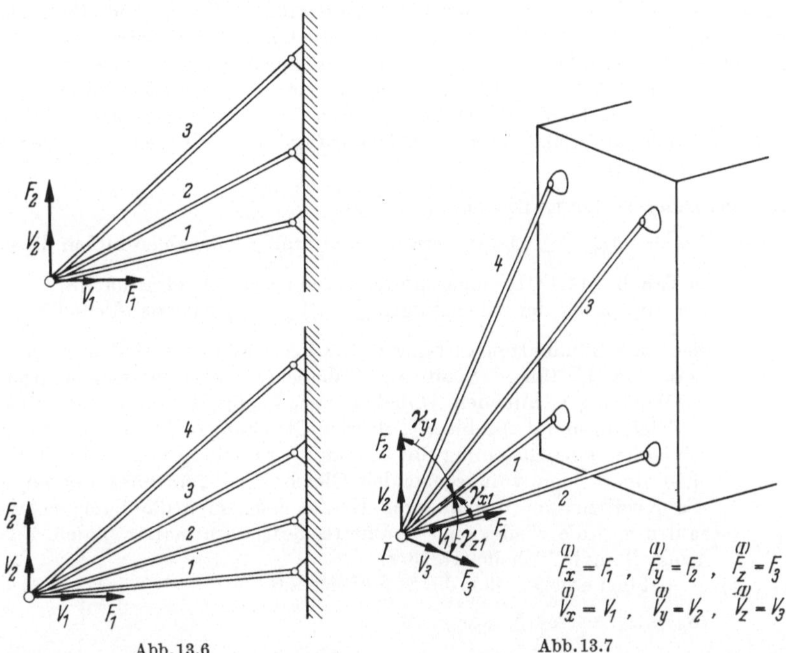

Abb. 13.6 Abb. 13.7

Bei Anwendung des statischen Verfahrens gemäß Schema (13.11/4) sind mittels der Gleichgewichtsbedingungen außer der Hauptgruppe g Eigengruppen, also insgesamt $g + 1$ Kräftegruppen zu berechnen. Die Ermittlung der X_e führt auf g Gleichungen mit g Unbekannten. Dazu kommen Rechnungsgänge für die Verschiebungen. Am Beispiel des Stabknotens ist mithin die Überlegenheit des kinematischen Verfahrens bei höherer statischer Unbestimmtheit deutlich zu erkennen.

13.13.5 Einfach statisch unbestimmtes ebenes Fachwerk. Das in Abb. 13.8 ersichtliche ebene Fachwerk hat 9 Stäbe. Gilt Stab 9 zugleich als Auflagerstab,

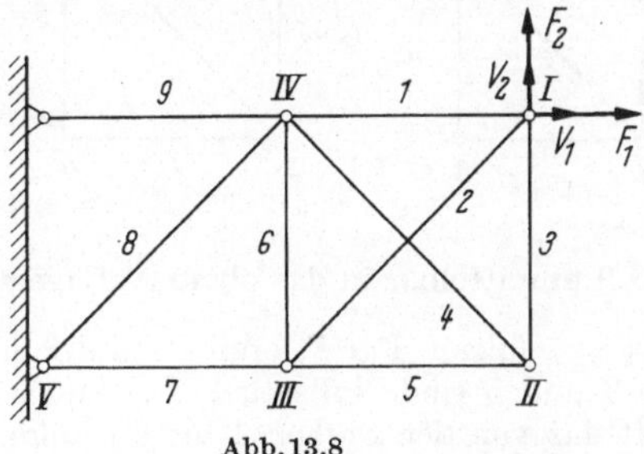

Abb. 13.8

so ist $s = 9$, $z_t = 2$, $k = 5$, und aus (13.1/1) folgt $g = s + z_t - 2k = 1$. Mithin ist das Fachwerk einfach statisch unbestimmt. Knoten V ist unverschieblich. Die acht q-Nummern, die sich auf die Knoten I bis IV beziehen, sind „frei“. Wie aus der Numerierung in Tabelle (13.13/4) hervorgeht, handelt es sich um die Nummern 1 bis 8. Diese Tabelle zeigt auch das Schema der Gleichgewichtsbedingungen und enthält die Richtungskosinus (dick eingerahmte Matrix). Es sei vorausgesetzt, daß keine thermischen Effekte auftreten ($F_q^* = 0$) und alle Stäbe aus dem gleichen Stoff (Elastizitätsmodul E) mit dem gleichen Querschnitt A hergestellt sind. Die Stabsteifigkeiten c_β sind dann zur Stablänge umgekehrt proportional [Tabelle (13.13/5), S. 124/125]. Die gemeinsame Länge der Stäbe 1, 3, 5, 6, 7, 9 sei mit l bezeichnet. Bei den Steifigkeiten tritt dann der gemeinsame Faktor EA/l, bei den Nachgiebigkeiten $l/(EA)$ auf (vgl. in den Tabellen die Vermerke am oberen Rand).

Kinematisches Verfahren [Schema (13.10/5)]

(1) Die aus $a_{pq} = \sum\limits_\beta c_\beta c_{p\beta} c_{q\beta}$ errechneten Steifigkeitszahlen bilden die erste, in Tabelle (13.13/1) eingerahmte symmetrische Quadratmatrix.

(3) Zur Auflösung der Gleichungen $\sum\limits_q a_{pq} V_q = F_p$ nach den Verschiebungen dient das Eliminationsverfahren. Die Rechenschritte sind aus den Hinweisen in der linken Spalte der Tabelle (13.13/1) zu ersehen. Aus den 8 Gleichungen mit den Unbekannten V_1 bis V_8 entstehen zunächst 7 Gleichungen für V_1 bis V_7, dann 6 Gleichungen für V_1 bis V_6, usw., schließlich eine Gleichung für V_1. Nach Ermittlung von V_1 kann V_2 aus einer der beiden vorausgehenden Gleichungen berechnet werden, usw. Als Koeffizienten der äußeren Kräfte erscheinen die Nachgiebigkeitszahlen α_{pq}, die wieder eine symmetrische Quadratmatrix bilden. Zusammenstellung in Tabelle (13.13/2).

(4), (5) Schließlich ergeben sich die Stabkräfte aus

$$(S_\beta)_{F_q=1} = -c_\beta \sum_q \alpha_{pq} c_{q\beta}.$$

Zusammenstellung in Tabelle (13.13/3).

Statisches Verfahren [Schema (13.11/4)]

Das Hauptsystem sei durch Wegnahme von Stab 4 entstanden (Abb. 13.9). Die Durchführung des Verfahrens sei beschränkt auf die Untersuchung der Wirkungen der Einheitslasten $F_1 = 1$ und $F_2 = 1$ am Knoten I. Die Kraft F_1 wird

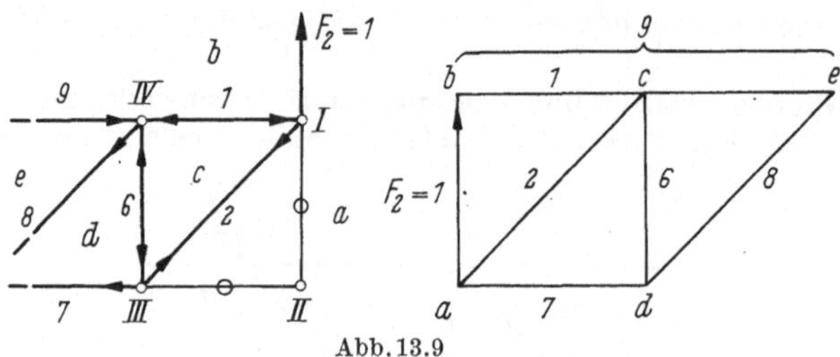

Abb. 13.9

über die Stäbe 1 und 9 unmittelbar in das obere Auflagergelenk geleitet, so daß $(\overset{(0)}{S_1})_{F_1=1} = (\overset{(0)}{S_2})_{F_2=1} = 1$ folgen. Für F_2 ergibt sich der in Abb. 13.9 ersichtliche Cremonaplan (Stäbe 3 und 5 sind Nullstäbe). Der einzig mögliche Eigenspannungszustand betrifft das von den Stäben 1 bis 6 gebildete diagonal versteifte

Quadrat. Für die rechnerische Ermittlung gilt das Schema (13.13/4). Abb. 13.10 zeigt den zugehörigen Cremonaplan; dabei wurde $\overset{(1)}{S_1} = 1$ gesetzt. Alle diese Kräfte sind in Tabelle (13.13/5) eingetragen; sie repräsentieren Spaltenmatrizen.

Faktor EA/l

Gl.-Nr.	Entstanden aus	V_1	V_2	V_3	V_4	V_5	V_6	V_7	V_8	F_1	F_2	F_3	F_4	F_5	F_6	F_7	F_8
(1)	Formel (13.8/5) mit $p =$ 1	$1+\sqrt{2}/4$	$\sqrt{2}/4$	0	0	$-\sqrt{2}/4$	$-\sqrt{2}/4$	-1	0	1							
(2)	2	$\sqrt{2}/4$	$1+\sqrt{2}/4$	0	-1	$-\sqrt{2}/4$	$-\sqrt{2}/4$	0	0		1						
(3)	3	0	0	$1+\sqrt{2}/4$	$-\sqrt{2}/4$	-1	0	$-\sqrt{2}/4$	$\sqrt{2}/4$			1					
(4)	4	0	-1	$-\sqrt{2}/4$	$1+\sqrt{2}/4$	0	0	$\sqrt{2}/4$	$-\sqrt{2}/4$				1				
(5)	5	$-\sqrt{2}/4$	$-\sqrt{2}/4$	-1	0	$2+\sqrt{2}/4$	$\sqrt{2}/4$	0	0					1			
(6)	6	$-\sqrt{2}/4$	$-\sqrt{2}/4$	0	0	$\sqrt{2}/4$	$1+\sqrt{2}/4$	0	-1						1		
(7)	7	-1	0	$-\sqrt{2}/4$	$\sqrt{2}/4$	0	0	$2+\sqrt{2}/2$	0							1	
(8)	8	0	0	$\sqrt{2}/4$	$-\sqrt{2}/4$	0	-1	0	$1+\sqrt{2}/2$								1
(9)	(1)	$1+\sqrt{2}/4$	$\sqrt{2}/4$	0	0	$-\sqrt{2}/4$	$-\sqrt{2}/4$	-1		1							
(10)	(2)	$\sqrt{2}/4$	$1+\sqrt{2}/4$	0	-1	$-\sqrt{2}/4$	$-\sqrt{2}/4$	0			1						
(11)	(3) + (4)	0	-1	1	1	-1	0	0				1	1				
(12)	(5)	$-\sqrt{2}/4$	$-\sqrt{2}/4$	-1	0	$2+\sqrt{2}/4$	$\sqrt{2}/4$	0						1			
(13)	2(4) + (6) + (8)	$-\sqrt{2}/4$	$-2-\sqrt{2}/4$	$-\sqrt{2}/4$	$2+\sqrt{2}/4$	$\sqrt{2}/4$	$\sqrt{2}/4$	$\sqrt{2}/2$					2		1		1
(14)	(7)	-1	0	$-\sqrt{2}/4$	$\sqrt{2}/4$	0	0	$2+\sqrt{2}/2$								1	
(15)	$2\sqrt{2}(3) + (6)$	$-\sqrt{2}/4$	$-\sqrt{2}/4$	$1+\sqrt{2}/2$	-1	$-7\sqrt{2}/4$	$1+\sqrt{2}/4$	-1				$2\sqrt{2}$			1		
(16)	(9) − (15)	$1+\sqrt{2}/2$	$\sqrt{2}/2$	$-1-2\sqrt{2}$	1	$3\sqrt{2}/2$	$-1-\sqrt{2}/2$			1		$-2\sqrt{2}$			-1		
(17)	(10)	$\sqrt{2}/4$	$1+\sqrt{2}/4$	0	-1	$-\sqrt{2}/4$	$-\sqrt{2}/4$				1						
(18)	(11)	0	-1	1	1	-1	0					1	1				
(19)	(12)	$-\sqrt{2}/4$	$-\sqrt{2}/4$	-1	0	$2+\sqrt{2}/4$	$\sqrt{2}/4$							1			
(20)	$\sqrt{2}(9)/2 + (13)$	$1/4+\sqrt{2}/4$	$-7/4+\sqrt{2}/4$	$-\sqrt{2}/4$	$2+\sqrt{2}/4$	$-1/4+\sqrt{2}/4$	$-1/4+\sqrt{2}/4$			$\sqrt{2}/2$			2		1		1
(21)	$(2+\sqrt{2}/2)(9)+(14)$	$5/4+\sqrt{2}$	$1/4+\sqrt{2}/2$	$-\sqrt{2}/4$	$\sqrt{2}/4$	$-1/4-\sqrt{2}/2$	$-1/4-\sqrt{2}/2$			$2+\sqrt{2}/2$						1	
(22)	16 − 6(17) − 4(20)	$-2\sqrt{2}$	1	$-1-\sqrt{2}$	$-1-\sqrt{2}$	$1+2\sqrt{2}$				$1-2\sqrt{2}$	-6	$-2\sqrt{2}$	-8		-5		-4
(23)	(18)	0	-1	1	1	-1						1	1				
(24)	(17) + (19)	0	1	-1	-1	2					1			1			
(25)	3(19) − (20) + (21)	1	2	-3	-2	6				2			-2	3	-1	1	-1
(26)	$(16)-(2+2\sqrt{2})(17)$	0	$-3-2\sqrt{2}$	$-1-2\sqrt{2}$	$3+2\sqrt{2}$	$1+2\sqrt{2}$				1	$-2-2\sqrt{2}$	$-2\sqrt{2}$			-1		
(27)	$(22)-(1+2\sqrt{2})[(23)+(24)]$	$-2\sqrt{2}$	1	$-1-\sqrt{2}$	$-1-\sqrt{2}$					$1-2\sqrt{2}$	$-7-2\sqrt{2}$	$-1-4\sqrt{2}$	$-9-2\sqrt{2}$	$-1-2\sqrt{2}$	-5		-4
(28)	2(23) + (24)	0	-1	1	1						1	2	2	1			
(29)	(25) − 6[(23)+(24)]	1	2	-3	-2					2	-6	-6	-8	-3	-1	1	-1
(30)	$(26)-(1+2\sqrt{2})[(23)+(24)]$	0	$-3-2\sqrt{2}$	$-1-2\sqrt{2}$	$3+2\sqrt{2}$					1	$-3-4\sqrt{2}$	$-1-4\sqrt{2}$	$-1-2\sqrt{2}$	$-1-2\sqrt{2}$	-1		
(31)	$(27)+(1+\sqrt{2})(28)$	$-2\sqrt{2}$	$-\sqrt{2}$	0						$1-2\sqrt{2}$	$-6-\sqrt{2}$	$1-2\sqrt{2}$	-7	$-\sqrt{2}$	-5		-4
(32)	(29) + 2(38)	1	0	-1						2	-4	-2	-4	-1	-1	1	-1
(33)	$(30)-(3+2\sqrt{2})(28)$	0	0	$4-4\sqrt{2}$						1	$-6-6\sqrt{2}$	$-7-8\sqrt{2}$	$-7-6\sqrt{2}$	$-4-4\sqrt{2}$	-1		
(34)	31	$-2\sqrt{2}$	$-\sqrt{2}$							$1-2\sqrt{2}$	$-6-\sqrt{2}$	$1-2\sqrt{2}$	-7	$-\sqrt{2}$	-5		-4
(35)	$(33)-4(1+\sqrt{2})(32)$	$-4-4\sqrt{2}$	0							$-7-8\sqrt{2}$	$10+10\sqrt{2}$	1	$9+10\sqrt{2}$	0	$3+4\sqrt{2}$	$-4-4\sqrt{2}$	$4+4\sqrt{2}$
(36)	$(1-\sqrt{2})(35)$	4								$9-\sqrt{2}$	-10	$1-\sqrt{2}$	$-11+\sqrt{2}$	0	$-5+\sqrt{2}$	4	-4

(13.13/1)

$\boxed{\alpha_{pq}}$ Faktor EA/l

p \ q	1	2	3	4	5	6	7	8
1	$\frac{9}{4} - \frac{\sqrt{2}}{4}$	$-\frac{5}{2}$	$\frac{1}{4} - \frac{\sqrt{2}}{4}$	$-\frac{11}{4} + \frac{\sqrt{2}}{4}$	0	$-\frac{5}{4} + \frac{\sqrt{2}}{4}$	1	−1
2	$-\frac{5}{2}$	$6 + 3\sqrt{2}$	$\frac{3}{2}$	$\frac{11}{2} + 3\sqrt{2}$	1	$\frac{5}{2} + 2\sqrt{2}$	−2	$2 + 2\sqrt{2}$
3	$\frac{1}{4} - \frac{\sqrt{2}}{4}$	$\frac{3}{2}$	$\frac{9}{4} - \frac{\sqrt{2}}{4}$	$\frac{5}{4} + \frac{\sqrt{2}}{4}$	1	$-\frac{1}{4} + \frac{\sqrt{2}}{4}$	0	0
4	$-\frac{11}{4} + \frac{\sqrt{2}}{4}$	$\frac{11}{2} + 3\sqrt{2}$	$\frac{5}{4} + \frac{\sqrt{2}}{4}$	$\frac{25}{4} + \frac{11\sqrt{2}}{4}$	1	$\frac{11}{4} + \frac{7\sqrt{2}}{4}$	−2	$2 + 2\sqrt{2}$
5	0	1	1	1	1	0	0	0
6	$-\frac{5}{4} + \frac{\sqrt{2}}{4}$	$\frac{5}{2} + 2\sqrt{2}$	$-\frac{1}{4} + \frac{\sqrt{2}}{4}$	$\frac{11}{4} + \frac{7\sqrt{2}}{4}$	0	$\frac{9}{4} + \frac{7\sqrt{2}}{4}$	−1	$1 + 2\sqrt{2}$
7	1	−2	0	−2	0	−1	1	−1
8	−1	$2 + 2\sqrt{2}$	0	$2 + 2\sqrt{2}$	0	$1 + 2\sqrt{2}$	−1	$1 + 2\sqrt{2}$

(13.13/2)

(13.13/3)

$(S_\beta)_{F_q=1}$

β \ q	1	2	3	4	5	6	7	8
1	$\frac{5}{4}-\frac{\sqrt{2}}{4}$	$-\frac{1}{2}$	$\frac{1}{4}-\frac{\sqrt{2}}{4}$	$-\frac{3}{4}+\frac{\sqrt{2}}{4}$	0	$-\frac{1}{4}+\frac{\sqrt{2}}{4}$	0	0
2	$\frac{1}{2}-\frac{\sqrt{2}}{4}$	$\frac{\sqrt{2}}{2}$	$\frac{1}{2}-\frac{\sqrt{2}}{4}$	$-\frac{1}{2}+\frac{3\sqrt{2}}{4}$	0	$-\frac{1}{2}+\frac{\sqrt{2}}{4}$	0	0
3	$\frac{1}{4}-\frac{\sqrt{2}}{4}$	$\frac{1}{2}$	$\frac{1}{4}-\frac{\sqrt{2}}{4}$	$-\frac{3}{4}+\frac{\sqrt{2}}{4}$	0	$-\frac{1}{4}+\frac{\sqrt{2}}{4}$	0	0
4	$\frac{1}{2}-\frac{\sqrt{2}}{4}$	$-\frac{\sqrt{2}}{2}$	$\frac{1}{2}-\frac{\sqrt{2}}{4}$	$-\frac{1}{2}-\frac{\sqrt{2}}{4}$	0	$-\frac{1}{2}+\frac{\sqrt{2}}{4}$	0	0
5	$\frac{1}{4}-\frac{\sqrt{2}}{4}$	$\frac{1}{2}$	$\frac{5}{4}-\frac{\sqrt{2}}{4}$	$\frac{1}{4}+\frac{\sqrt{2}}{4}$	0	$-\frac{1}{4}+\frac{\sqrt{2}}{4}$	0	0
6	$\frac{1}{4}-\frac{\sqrt{2}}{4}$	$-\frac{1}{2}$	$\frac{1}{4}-\frac{\sqrt{2}}{4}$	$-\frac{3}{4}+\frac{\sqrt{2}}{4}$	0	$-\frac{5}{4}+\frac{\sqrt{2}}{4}$	0	0
7	0	1	1	1	1	0	0	0
8	0	$\sqrt{2}$	0	$\sqrt{2}$	0	$\sqrt{2}$	0	$\sqrt{2}$
9	1	−2	0	−2	0	−1	1	−1

Bei Multiplikation mit der Matrix der Richtungskosinus muß sich jeweils die Spaltenmatrix mit den zugehörigen negativen Knotenlasten ergeben (Kontrollmöglichkeit mit Hilfe der Gleichgewichtsbedingungen). Die weiteren Spalten der Tabelle (13.13/5) betreffen die zur Berechnung von L_1 (für $F_1 = 1$ und $F_2 = 1$), sowie von K_{11} erforderlichen Multiplikationen und Additionen. Es folgen

$$(X_1)_{F_1=1} = -(L_1)_{F_1=1}/K_{11} = -(\sqrt{2}-1)/4, \quad (X_1)_{F_2=1} = \frac{1}{2}.$$

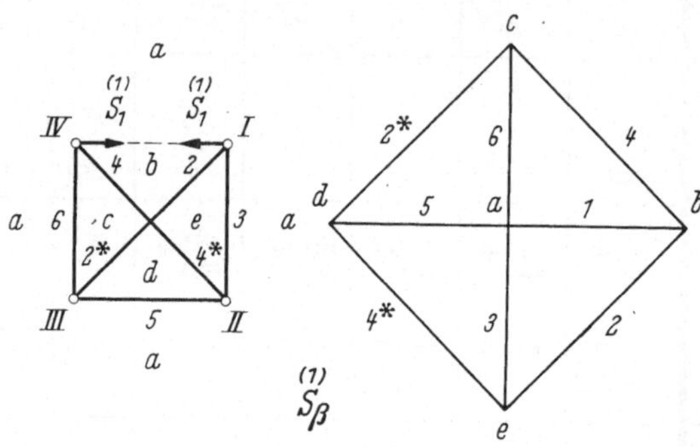

Abb. 13.10

$\varkappa$	m	q	$\overset{(0)}{S}_1$ $\overset{(1)}{S}_1$ S_1	$\overset{(0)}{S}_2$ $\overset{(1)}{S}_2$ S_2	$\overset{(0)}{S}_3$ $\overset{(1)}{S}_3$ S_3	$\overset{(1)}{S}_4$ S_4	$\overset{(0)}{S}_5$ $\overset{(1)}{S}_5$ S_5	$\overset{(0)}{S}_6$ $\overset{(1)}{S}_6$ S_6	$\overset{(0)}{S}_7$ S_7	$\overset{(0)}{S}_8$ S_8	$\overset{(0)}{S}_9$ S_9	F_1	F_2
I	x	1	-1	$-\frac{1}{\sqrt{2}}$								-1	
	y	2		$-\frac{1}{\sqrt{2}}$	-1								-1
II	x	3				$-\frac{1}{\sqrt{2}}$	-1						
	y	4			1	$\frac{1}{\sqrt{2}}$							
III	x	5		$\frac{1}{\sqrt{2}}$			1		-1				
	y	6		$\frac{1}{\sqrt{2}}$				1					
IV	x	7	1			$\frac{1}{\sqrt{2}}$				$-\frac{1}{\sqrt{2}}$	-1		
	y	8				$-\frac{1}{\sqrt{2}}$		-1		$-\frac{1}{\sqrt{2}}$			

(13.13/4)

Nach Multiplikation der Eigenkräfte mit diesen Faktoren ergeben sich durch Addition der Produkte zu den Hauptkräften die wirklichen Stabkräfte. Die letzten Spalten enthalten die zur Ermittlung der Nachgiebigkeitszahlen α_{11}, α_{12} und α_{22} erforderlichen Rechnungsgänge.

13.13.6 Zweifach statisch unbestimmtes ebenes Fachwerk. Abb. 13.11 zeigt ein ebenes Fachwerk mit 23 Stäben und 12 Knotenpunkten, das sich auf ein Rollenlager (bei Knotenpunkt *III*) und ein Gelenklager (bei Knotenpunkt *X*) stützt. Mit $s = 23$, $z_t = 3$, $k = 12$ folgt $g = s + z_t - 2k = 2$, d.h. das Fachwerk ist zweifach statisch unbestimmt. Am Rollenlager ist mit Rücksicht auf die Möglichkeit der Abspaltung der Gleichgewichtsbedingungen erster Art eine

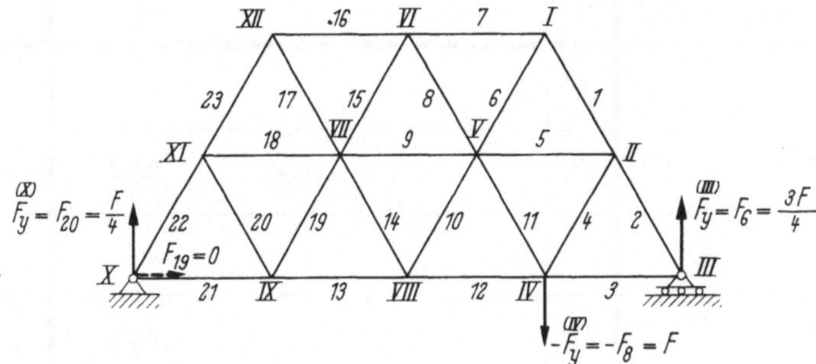

Abb. 13.11

Bezugsachse (hier die x-Achse) parallel, die zweite (hier die y-Achse) senkrecht zur Verschiebungsrichtung einzuführen. An den übrigen Knotenpunkten ist die Orientierung der Bezugsachsen beliebig (vgl. 13.2). Hier bietet sich deshalb eine einheitliche Orientierung der Bezugsachsen für alle Knotenpunkte an (Abb. 13.11). Es treten $s - g = 21$ „freie" q-Nummern auf (alle außer den Nummern 6, 19 und 20, die mit den Auflagerreaktionen in Zusammenhang stehen). Am Knotenpunkt *IV* greift die Last $F_8 = -F$ an. Da es sich um die einzige äußere Kraft handeln soll und nur die Stabkräfte gesucht sind, soll das *statische Verfahren* angewandt werden. Zur Vereinfachung sei noch $F = 1$ gesetzt.

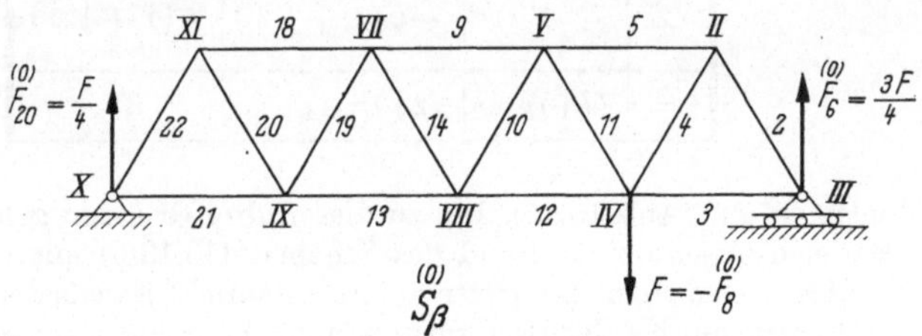

Abb. 13.12

Tabelle (13.13/6), S. 127/129 enthält die Richtungskosinus (eingerahmte Matrix) und stellt das Schema der Gleichgewichtsbedingungen dar. Das Hauptsystem sei durch Herausnahme der Stäbe 7 und 16 entstanden (Abb. 13.12). Der erste Eigenspannungszustand sei durch Wiedereinsetzen des Stabes 7 mit der Stabkraft 1 in das Hauptsystem erzeugt, der zweite durch Wiedereinsetzen des Stabes 16 mit der Stabkraft 1 in das Hauptsystem; in den Eigengruppen treten keine

β	$(\overset{(0)}{S}_\beta)_{F_1=1}$	$(\overset{(0)}{S}_\beta)_{F_2=1}$	$\overset{(1)}{S}_\beta$	Faktor $l/(EA)$				$\overset{(1)}{S}_\beta(X_1)_{F_1=1}$
				$1/c_\beta$	$\frac{1}{c_\beta}\overset{(1)}{S}_\beta(\overset{(0)}{S}_\beta)_{F_1=1}$	$\frac{1}{c_\beta}\overset{(1)}{S}_\beta(\overset{(0)}{S}_\beta)_{F_2=1}$	$\frac{1}{c_\beta}(\overset{(1)}{S}_\beta)^2$	
1	1	-1	1	1	1	-1	1	$\frac{1}{4}(1-\sqrt{2})$
2		$\sqrt{2}$	$-\sqrt{2}$	$\sqrt{2}$		$-2\sqrt{2}$	$2\sqrt{2}$	$\frac{1}{4}(2-\sqrt{2})$
3			1	1			1	$\frac{1}{4}(1-\sqrt{2})$
4			$-\sqrt{2}$	$\sqrt{2}$			$2\sqrt{2}$	$\frac{1}{4}(2-\sqrt{2})$
5			1	1			1	$\frac{1}{4}(1-\sqrt{2})$
6		-1	1	1		-1	1	$\frac{1}{4}(1-\sqrt{2})$
7		1		1				
8		$\sqrt{2}$		$\sqrt{2}$				
9	1	-2		1				
				Σ	1	$-2(1+\sqrt{2})$	$4(1+\sqrt{2})$	
				$=$	$(L_1)_{F_1=1}$	$(L_1)_{F_2=1}$	K_{11}	

äußeren Knotenlasten auf (Abb. 13.13). Die zu diesen drei Gruppen gehörenden Stabkräfte lassen sich unschwer an Hand des Schemas (13.13/6) mit Hilfe des Eliminationsverfahrens ermitteln. Die letzte Spalte entspricht jeweils der rechten Gleichungsseite (F_8 tritt nur bei der Hauptgruppe auf). Es ergeben sich die Werte der Tabelle (13.13/7), S. 130/131. Durch Multiplizieren der zugehörigen Spaltenmatrizen mit der Matrix der Richtungskosinus in (13.13/6) muß sich wieder die Spaltenmatrix der äußeren Knotenlasten ergeben [letzte Spalte von (13.13/6), bei den Eigengruppen mit $F_8 = 0$]. Die weiteren Spalten der Tabelle (13.13/7) enthalten die zur Berechnung der Hilfsgrößen K_{eh} und L_e (hier $e, h \equiv 1, 2$) erforderlichen Produktbildungen und Summen. Mit der gleichen Stabsteifigkeit c_β für alle Stäbe ergeben sich bis auf den Faktor $1/c = l/(EA)$ folgende Werte:

$$L_1 = 23\sqrt{3}/12, \quad L_2 = 3\sqrt{3}/4, \quad K_{11} = 12, \quad K_{12} = -3, \quad K_{22} = 12.$$

$\overset{(1)}{S_\beta}(X_1)_{F_2=1}$	$(S_\beta)_{F_1=1}$	$(S_\beta)_{F_2=1}$	Faktor $l/(EA)$			
			$\frac{1}{c_\beta}\overset{(0)}{(S_\beta)}_{F_1=1}(S_\beta)_{F_1=1}$	$\frac{1}{c_\beta}\overset{(0)}{(S_\beta)}_{F_1=1}(S_\beta)_{F_2=1}$	$\frac{1}{c_\beta}\overset{(0)}{(S_\beta)}_{F_2=1}(S_\beta)_{F_1=1}$	$\frac{1}{c_\beta}\overset{(0)}{(S_\beta)}_{F_2=1}(S_\beta)_{F_2=1}$
$\frac{1}{2}$	$\frac{1}{4}(5-\sqrt{2})$	$-\frac{1}{2}$	$\frac{1}{4}(5-\sqrt{2})$	$-\frac{1}{2}$	$\frac{1}{4}(-5+\sqrt{2})$	$\frac{1}{2}$
$-\frac{1}{2}\sqrt{2}$	$\frac{1}{4}(2-\sqrt{2})$	$+\frac{1}{2}\sqrt{2}$			$\frac{1}{4}(4-2\sqrt{2})$	$\sqrt{2}$
$\frac{1}{2}$	$-\frac{1}{4}(\sqrt{2}-1)$	$\frac{1}{2}$				
$-\frac{1}{2}\sqrt{2}$	$\frac{1}{4}(2-\sqrt{2})$	$-\frac{1}{2}\sqrt{2}$				
$\frac{1}{2}$	$-\frac{1}{4}(\sqrt{2}-1)$	$\frac{1}{2}$				
$\frac{1}{2}$	$-\frac{1}{4}(\sqrt{2}-1)$	$-\frac{1}{2}$			$\frac{1}{4}(-1+\sqrt{2})$	$\frac{1}{2}$
		1				1
		$\sqrt{2}$				$2\sqrt{2}$
	1	-2	1	-2	-2	4
		Σ	$\frac{1}{4}(9-\sqrt{2})$	$-\frac{5}{2}$	$-\frac{5}{2}$	$3(2+\sqrt{2})$
			α_{11}	α_{12}	α_{21}	α_{22}

(13.13/5)

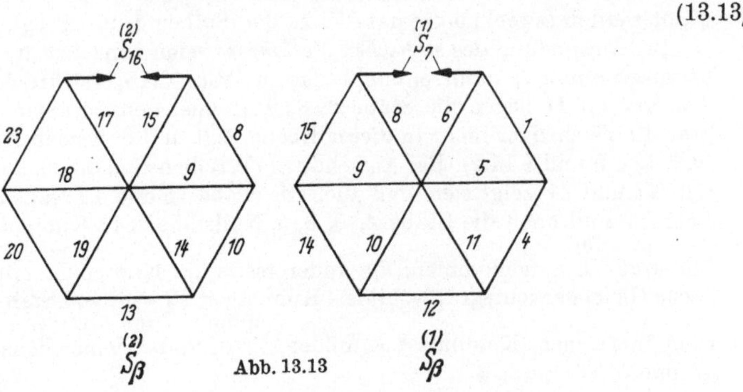

Abb. 13.13

Aus den beiden Gleichungen

$$K_{11}X_1 + K_{12}X_2 = -L_1 \quad \text{und} \quad K_{12}X_1 + K_{22}X_2 = -L_2$$

errechnen sich die Werte $X_1 = -101\sqrt{3}/540$, $X_2 = -59\sqrt{3}/540$. Die wirklichen Stabkräfte ergeben sich aus $S_\beta = \overset{(0)}{S}_\beta + X_1\overset{(1)}{S}_\beta + X_2\overset{(2)}{S}_\beta$ und nehmen die in der drittletzten Spalte angegebenen Werte an. Die letzten beiden Spalten dienen Kontrollen auf Grund der Bedingungen $\sum\limits_\beta \frac{1}{c_\beta} S_\beta \overset{(e)}{S}_\beta = 0$.

13.13.7 Zweifach statisch unbestimmtes Raumfachwerk. Das Raumfachwerk in Abb. 13.14 hat 14 Stäbe, von denen 8 als Auflagerstäbe aufgefaßt werden können, und 4 Knoten, so daß $s = 14$, $z_t = 0$ und $k = 4$ zu setzen ist. Mithin wird $g = s + z_t - 3k = 2$ (bei Mitzählung der aufgelagerten Knotenpunkte gilt

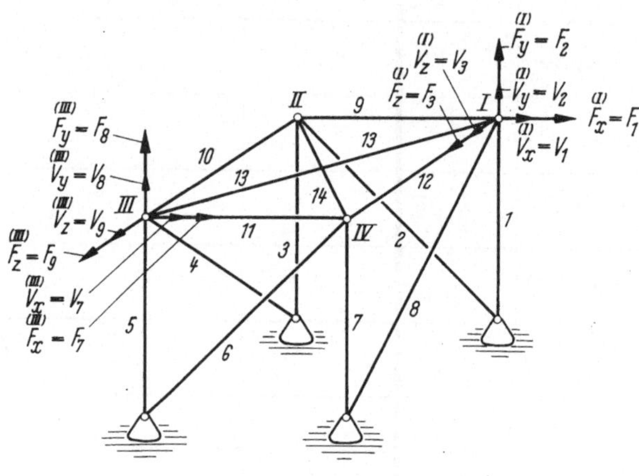

Abb. 13.14

$s = 14$, $z_t = 12$ und $k = 8$, so daß wieder $g = 2$ folgt). Das Fachwerk ist daher zweifach statisch unbestimmt. Die freien q-Nummern beziehen sich auf die nicht aufgelagerten Knotenpunkte *I* bis *IV* und sind $q = 1$ bis 12. Die Stabkräfte sollen für beliebige Belastung der Knoten *I* bis *IV* berechnet werden. Infolge des regulären Aufbaues genügt es, *einen* Knoten zu belasten. Gewählt sei Knoten *I*. Die Orientierung der Bezugsachsen an den Knotenpunkten kann hier einheitlich gewählt werden (zweckmäßig parallel zu den Stäben 1, 9, 12, vgl. Abb. 13.14).

Bei Anwendung des *statischen Verfahrens* seien zunächst die Stäbe 13 und 14 herausgenommen; dann entsteht das in Abb. 13.15 ersichtliche Hauptsystem. Am Knoten *II* liegen die Stäbe 2, 3, 9 in einer gemeinsamen Ebene, während Stab 10 als einziger nicht in dieser Ebene liegt und daher ein Nullstab sein muß (vgl. I.11.5 und I.14.2). Bei Anwendung desselben Gedankenganges auf die Knoten *III* und *IV* zeigt sich, daß auch die Stäbe 11 und 12 Nullstäbe sein müssen. Folglich sind auch die Stäbe 4, 5, 6, 7 Nullstäbe. Die Knotenlast F_1 wird von Stabkraft $\overset{(0)}{S}_9$ aufgenommen, die andererseits am Knoten *II* mit $\overset{(0)}{S}_2$ und $\overset{(0)}{S}_3$ eine ebene Gleichgewichtsgruppe bildet. Knotenlast F_2 wird von Stab 1 in die Auflagerung übertragen. Knotenlast F_3 bildet mit $\overset{(0)}{S}_1$ und $\overset{(0)}{S}_8$ eine ebene Gleichgewichtsgruppe.

				$\overset{(0)}{S_2}$	$\overset{(0)}{S_3}$	$\overset{(0)}{S_4}$	$\overset{(0)}{S_5}$			
			$\overset{(1)}{S_1}$			$\overset{(1)}{S_4}$	$\overset{(1)}{S_5}$	$\overset{(1)}{S_6}$	$\overset{(1)}{S_7}$	$\overset{(1)}{S_8}$
										$\overset{(2)}{S_8}$
$\varkappa$	m	q	S_1	S_2	S_3	S_4	S_5	S_6	S_7	S_8
I	x	1	$1/2$					$-1/2$	-1	
	y	2	$-\sqrt{3}/2$					$-\sqrt{3}/2$		
II	x	3	$-1/2$	$1/2$		$-1/2$	-1			
	y	4	$\sqrt{3}/2$	$-\sqrt{3}/2$		$-\sqrt{3}/3$				
III	x	5		$-1/2$	-1					
	y	6		$\sqrt{3}/2$						
IV	x	7			1	$1/2$				
	y	8				$\sqrt{3}/2$				
V	x	9					1	$1/2$		$-1/2$
	y	10						$\sqrt{3}/2$		$\sqrt{3}/2$
VI	x	11							1	$1/2$
	y	12								$-\sqrt{3}/2$
VII	x	13								
	y	14								
VIII	x	15								
	y	16								
IX	x	17								
	y	18								
X	x	19								
	y	20								
XI	x	21								
	y	22								
XII	x	23								
	y	24								

(13.13/6) Fortsetzung S. 128/129

			$\overset{(0)}{S_9}$	$\overset{(0)}{S_{10}}$	$\overset{(0)}{S_{11}}$	$\overset{(0)}{S_{12}}$	$\overset{(0)}{S_{13}}$	$\overset{(0)}{S_{14}}$			
			$\overset{(1)}{S_9}$	$\overset{(1)}{S_{10}}$	$\overset{(1)}{S_{11}}$	$\overset{(1)}{S_{12}}$		$\overset{(1)}{S_{14}}$	$\overset{(1)}{S_{15}}$		
			$\overset{(2)}{S_9}$	$\overset{(2)}{S_{10}}$			$\overset{(2)}{S_{13}}$	$\overset{(2)}{S_{14}}$	$\overset{(2)}{S_{15}}$	$\overset{(2)}{S_{16}}$	$\overset{(2)}{S_{17}}$
$\varkappa$	m	q	S_9	S_{10}	S_{11}	S_{12}	S_{13}	S_{14}	S_{15}	S_{16}	S_{17}
I	x	1									
	y	2									
II	x	3									
	y	4									
III	x	5									
	y	6									
IV	x	7			$-1/2$	-1					
	y	8			$\sqrt{3}/2$						
V	x	9	-1	$-1/2$	$1/2$						
	y	10		$-\sqrt{3}/2$	$-\sqrt{3}/2$						
VI	x	11							$-1/2$	-1	
	y	12							$-\sqrt{3}/2$		
VII	x	13	1					$1/2$	$1/2$		$-1/2$
	y	14						$-\sqrt{3}/2$	$\sqrt{3}/2$		$\sqrt{3}/2$
VIII	x	15		$1/2$		1	-1	$-1/2$			
	y	16		$\sqrt{3}/2$				$\sqrt{3}/2$			
IX	x	17					1				
	y	18									
X	x	19									
	y	20									
XI	x	21									
	y	22									
XII	x	23								1	$1/2$
	y	24									$-\sqrt{3}/2$

(13.13/6)

$\overset{(0)}{S}_{18}$	$\overset{(0)}{S}_{19}$	$\overset{(0)}{S}_{20}$	$\overset{(0)}{S}_{21}$	$\overset{(0)}{S}_{22}$		$\overset{(0)}{F}_{19}$	$\overset{(0)}{F}_{20}$	$\overset{(0)}{F}_{6}$	$\overset{(0)}{F}_{8}$
$\overset{(2)}{S}_{18}$	. $\overset{(2)}{S}_{19}$	$\overset{(2)}{S}_{20}$			$\overset{(2)}{S}_{23}$				F_8
S_{18}	S_{19}	S_{20}	S_{21}	S_{22}	S_{23}	F_{19}	F_{20}	F_6	$= -1$
								1	
									1
−1	$-1/2$								
	$-\sqrt{3}/2$								
	$1/2$	$-1/2$	−1						
	$\sqrt{3}/2$	$\sqrt{3}/2$							
			1	$1/2$		1			
				$\sqrt{3}/2$			1		
1		$1/2$		$-1/2$	$1/2$				
		$-\sqrt{3}/2$		$-\sqrt{3}/2$	$\sqrt{3}/2$				
					$-1/2$				
					$-\sqrt{3}/2$				

(13.13/6)

	$l/(EA)$	$\sqrt{3}/12$	1		$l\sqrt{3}/(12EA)$	
β	$1/c_\beta$	$\overset{(0)}{S}_\beta$	$\overset{(1)}{S}_\beta$	$\overset{(2)}{S}_\beta$	$\overset{(0)}{S}_\beta \overset{(1)}{S}_\beta / c_\beta$	$\overset{(0)}{S}_\beta \overset{(2)}{S}_\beta / c_\beta$
1	1		1			
2	1	−6				
3	1	3				
4	1	6	1		6	
5	1	−6	−1		6	
6	1		−1			
7	1		1			
8	1		−1	1		
9	1	−4	−1	−1	4	4
10	1	−2	−1	1	2	−2
11	1	2	−1		−2	
12	1	5	1		5	
13	1	3		1		3
14	1	2	1	−1	2	−2
15	1		1	−1		
16	1			1		
17	1			−1		
18	1	−2		−1		2
19	1	−2		−1		2
20	1	2		1		2
21	1	1				
22	1	−2				
23	1			1		
				Σ	23	9
					L_1	L_2

(13.13/7)

$l/(EA)$			$\sqrt{3}/540$			$l\sqrt{3}/(540EA)$	
$\overset{(1)}{S}{}^2_\beta/c_\beta$	$\overset{(1)}{S}_\beta \overset{(2)}{S}_\beta/c_\beta$	$\overset{(2)}{S}{}^2_\beta/c_\beta$	$X_1 \overset{(1)}{S}_\beta$	$X_2 \overset{(2)}{S}_\beta$	S_β	$S_\beta \overset{(1)}{S}_\beta/c_\beta$	$S_\beta \overset{(2)}{S}_\beta/c_\beta$
1			−101		−101	−101	
					−270		
					135		
1			−101		169	169	
1			101		−169	169	
1			101		101	−101	
1			−101		−101	−101	
1	−1	1	101	−59	42	−42	42
1	1	1	101	59	−20	20	20
1	−1	1	101	−59	−48	48	−48
1			101		191	−191	
1			−101		124	124	
		1		−59	76		76
1	−1	1	−101	59	48	48	−48
1	−1	1	−101	59	−42	−42	42
		1		−59	−59		−59
		1		59	59		−59
		1		59	−31		31
		1		59	−31		31
		1		−59	31		31
					45		
					−90		
		1		−59	−59		−59
12	−3	12			Σ	0	0
K_{11}	K_{12}	K_{22}				Kontrollen	

(13.13/7)

$\varkappa$	m	q	$\overset{(0)}{S_1}$ $\overset{(1)}{S_1}$ S_1	$\overset{(0)}{S_2}$ $\overset{(1)}{S_2}$ S_2	$\overset{(0)}{S_3}$ $\overset{(1)}{S_3}$ S_3	$\overset{(0)}{S_4}$ $\overset{(1)}{S_4}$ S_4	$\overset{(0)}{S_5}$ $\overset{(1)}{S_5}$ S_5	$\overset{(0)}{S_6}$ $\overset{(1)}{S_6}$ S_6	$\overset{(0)}{S_7}$ $\overset{(1)}{S_7}$ S_7	$\overset{(0)}{S_8}$ $\overset{(1)}{S_8}$ S_8	$\overset{(0)}{S_9}$ $\overset{(1)}{S_9}$ $\overset{(2)}{S_9}$ S_9	$\overset{(0)}{S_{10}}$ $\overset{(1)}{S_{10}}$ $\overset{(2)}{S_{10}}$ S_{10}	$\overset{(0)}{S_{11}}$ $\overset{(1)}{S_{11}}$ $\overset{(2)}{S_{11}}$ S_{11}	$\overset{(0)}{S_{12}}$ $\overset{(1)}{S_{12}}$ $\overset{(2)}{S_{12}}$ S_{12}	$\overset{(1)}{S_{13}}$ $\overset{(2)}{S_{13}}$ S_{13}	$\overset{(2)}{S_{14}}$ S_{14}	$\overset{(I)}{F_x} = F_1$	$\overset{(I)}{F_y} = F_2$	$\overset{(I)}{F_z} = F_3$
	x	1									-1				$-1/\sqrt{2}$		-1		
I	y	2	-1							$-1/\sqrt{2}$								-1	
	z	3								$1/\sqrt{2}$				1	$1/\sqrt{2}$				-1
	x	4		$1/\sqrt{2}$	-1						1					$1/\sqrt{2}$			
II	y	5		$-1/\sqrt{2}$															
	z	6										1				$1/\sqrt{2}$			
	x	7											1		$1/\sqrt{2}$				
III	y	8				$-1/\sqrt{2}$	-1												
	z	9				$-1/\sqrt{2}$						-1			$-1/\sqrt{2}$				
	x	10						$-1/\sqrt{2}$					-1			$-1/\sqrt{2}$			
IV	y	11						$-1/\sqrt{2}$	-1										
	z	12												-1		$-1/\sqrt{2}$			

(13.13/8)

β	$\overset{(0)}{(S_\beta)}_{F_q=1}$ $q=1$	2	3	4	5	6	7	8	9	10	11	12	$\overset{(1)}{S_\beta}$	$\overset{(2)}{S_\beta}$
1		1	1									1	-1	
2	$-\sqrt{2}$			$-\sqrt{2}$									$-\sqrt{2}$	
3	1			1	1								1	
4						$\sqrt{2}$			$\sqrt{2}$				$\sqrt{2}$	
5						-1		1	-1				-1	
6							$\sqrt{2}$			$\sqrt{2}$			$-\sqrt{2}$	
7							-1			-1	1		1	
8			$-\sqrt{2}$									$-\sqrt{2}$	$\sqrt{2}$	
9	1												1	1
10						-1								1
11							-1						1	1
12												1		1
13													$-\sqrt{2}$	$-\sqrt{2}$
14														$-\sqrt{2}$

(13.13/9) Fortsetzung S. 134/135

	Faktor $l/(EA)$										Faktor 1/274					
	$\frac{1}{c_\beta}$	$\frac{1}{c_\beta}\overset{(1)}{S}_\beta\,\overset{(0)}{(S_\beta)}_{F_q=1}$			$\frac{1}{c_\beta}\overset{(2)}{S}_\beta\,\overset{(0)}{(S_\beta)}_{F_q=1}$			$\frac{\overset{(1)}{S}{}^2_\beta}{c_\beta}$	$\frac{\overset{(1)}{S}_\beta\overset{(2)}{S}_\beta}{c_\beta}$	$\frac{\overset{(2)}{S}{}^2_\beta}{c_\beta}$	$(S_\beta)_{F_q=1}$					
β		$q=1$	2	3	1	2	3				$q=1$		2		3	
											1	$\sqrt{2}$	1	$\sqrt{2}$	1	$\sqrt{2}$
1	1		-1	-1				1			57	7	284	-18	212	2
2	$\sqrt{2}$	$2\sqrt{2}$						$2\sqrt{2}$			14	-217	-36	10	4	-62
3	1	1						1			217	-7	-10	18	62	-2
4	$\sqrt{2}$							$2\sqrt{2}$			-14	-57	36	-10	-4	62
5	1							1			57	7	10	-18	-62	2
6	$\sqrt{2}$							$2\sqrt{2}$			14	57	-36	10	4	-62
7	1							1			-57	-7	-10	18	62	-2
8	$\sqrt{2}$			$-2\sqrt{2}$				$2\sqrt{2}$			-14	-57	36	-10	-4	-212
9	1	1			1			1	1	1	314	-72	-5	9	31	-1
10	1									1	97	-65	5	-9	-31	1
11	1							1	1	1	40	-72	-5	9	31	-1
12	1									1	97	-65	5	-9	-31	1
13	$\sqrt{2}$							$2\sqrt{2}$	$2\sqrt{2}$	$2\sqrt{2}$	144	-40	-18	5	2	-31
14	$\sqrt{2}$									$2\sqrt{2}$	130	-97	18	-5	-2	31
	Σ	$2+2\sqrt{2}$	-1	$-1-2\sqrt{2}$	1	0	0	$6+10\sqrt{2}$	$2+2\sqrt{2}$	$4+4\sqrt{2}$						
		$(L_1)_{F_q=1}$			$(L_2)_{F_q=1}$			K_{11}	K_{12}	K_{22}						

(13.13/9)

	Faktor $l/(274EA)$											
	$\frac{1}{c_\beta} \overset{(1)}{S_\beta} (S_\beta)_{F_q=1}$						$\frac{1}{c_\beta} \overset{(2)}{S_\beta} (S_\beta)_{F_q=1}$					
	$q = 1$		2		3		1		2		3	
β	1	$\sqrt{2}$	1	$\sqrt{2}$	1	$\sqrt{2}$	1	$\sqrt{2}$	1	$\sqrt{2}$	1	$\sqrt{2}$
1	−57	−7	−284	18	−212	−2						
2	−28	434	72	−20	−8	124						
3	217	−7	−10	18	62	−2						
4	−28	−114	72	−20	−8	124						
5	−57	−7	−10	18	62	−2						
6	−28	−114	72	−20	−8	124						
7	−57	−7	−10	18	62	−2						
8	−28	−114	72	−20	−8	−424						
9	314	−72	−5	9	31	−1	314	−72	−5	9	31	−1
10							97	−65	5	−9	−31	1
11	40	−72	−5	9	31	−1	40	−72	−5	9	31	−1
12							97	−65	5	−9	−31	1
13	−288	80	36	−10	−4	62	−288	80	36	−10	−4	62
14							−260	194	−36	10	4	−62
$\sum$	0	0	0	0	0	0	0	0	0	0	0	0

Kontrollen

(13.13/9)

Nach Wegnahme der Knotenlasten und Wiedereinsetzen des Stabes 13 entsteht der erste Eigenzustand (Abb. 13.16); dabei sei $\overset{(1)}{S}_9 = 1$ gesetzt. Diese Kraft bildet am Knoten *II* mit S_2 und S_3 eine ebene Gleichgewichtsgruppe. Die Stäbe 10 und 12 bleiben Nullstäbe. Am Knoten *I* bildet $\overset{(1)}{S}_9$ mit $\overset{(1)}{S}_1$, $\overset{(1)}{S}_8$ und $\overset{(1)}{S}_{13}$ eine räumliche Gleichgewichtsgruppe, der sich in Richtung des Stabes 12 eine Culmannkraft (vgl.

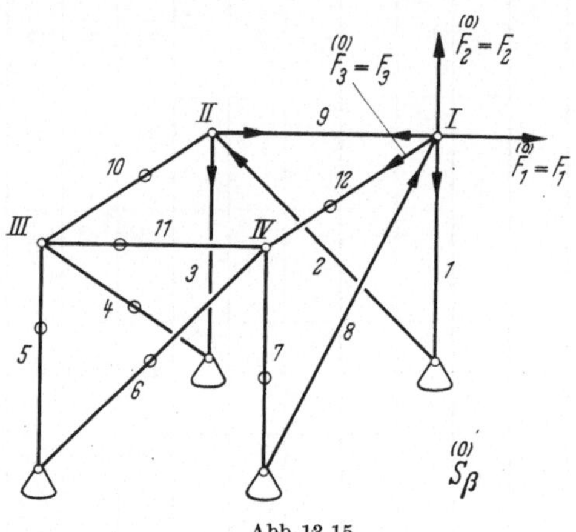

Abb. 13.15

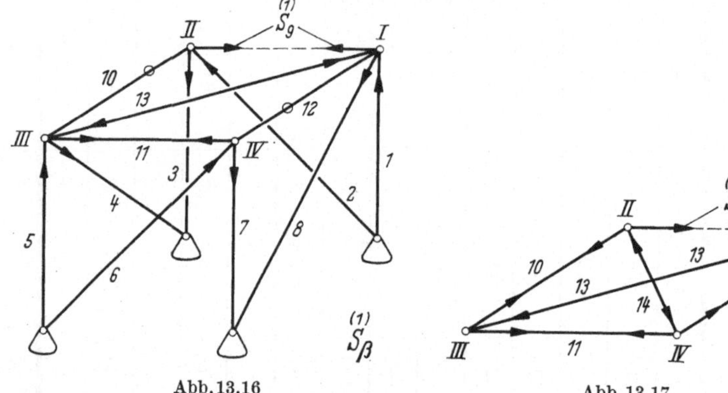

Abb. 13.16 Abb. 13.17

I.2.7) zuordnen läßt. Am Knoten *III* bilden $\overset{(1)}{S}_4$, $\overset{(1)}{S}_5$, $\overset{(1)}{S}_{11}$ und $\overset{(1)}{S}_{13}$ eine räumliche Gleichgewichtsgruppe, der sich in Richtung des Stabes 10 eine Culmannkraft zuordnen läßt. Am Knoten *IV* bilden $\overset{(1)}{S}_6$, $\overset{(1)}{S}_7$ und $\overset{(1)}{S}_{11}$ eine ebene Gleichgewichtsgruppe.

Für den zweiten Eigenzustand wird am einfachsten das durch zwei Diagonalen versteifte obere Stabviereck verwendet (Abb. 13.17). Mit $\overset{(2)}{S}_9 = 1$ werden die vier äußeren Stäbe mit der Kraft 1 auf Zug, die Diagonalstäbe mit $-\sqrt{2}$ auf Druck beansprucht.

Durch die dargelegten Zusammenhänge wird es bei dieser Aufgabe möglich, die Ermittlung der Stabkräfte für das Hauptsystem und die beiden Eigenzustände auf einfache *ebene* Kräftezerlegungen zurückzuführen. Andernfalls sind die Gleichgewichtsbedingungen erster Art der drei Stabkraftgruppen, bezogen auf die freien q-Nummern 1 bis 12 [Schema (13.13/8), S. 132], nach den Stabkräften mit Hilfe des Eliminationsverfahrens aufzulösen. Die ermittelten Stabkräfte sind in Tabelle (13.13/9), S. 133/135 eingetragen (bei den Hauptkräften wurde auch die Belastung der Knoten *II* bis *IV* berücksichtigt). Durch Einsetzen in die Gleichgewichtsbedingungen lassen sich diese Zahlenwerte leicht kontrollieren. Der weitere in Tabelle (13.13/9) ersichtliche Rechnungsgang bezieht sich auf die Ermittlung der Hilfsgrößen K_{eh} und L_e, aus denen sich die statisch unbestimmten Faktoren X_1 und X_2 errechnen:

$$K_{11}X_1 + K_{12}X_2 = -L_1, \quad K_{12}X_1 + K_{22}X_2 = -L_2.$$

Es ergibt sich:

	$F_1 = 1$	$F_2 = 1$	$F_3 = 1$
$274X_1$	$-57 - 7\sqrt{2}$	$-10 + 18\sqrt{2}$	$62 - 2\sqrt{2}$
$274X_2$	$97 - 65\sqrt{2}$	$5 - 9\sqrt{2}$	$-31 + \sqrt{2}$

Die Stabkräfte folgen aus $S_\beta = \overset{(0)}{S_\beta} + X_1 \overset{(1)}{S_\beta} + X_2 \overset{(2)}{S_\beta}$ und sind ebenfalls in Tabelle (13.13/9) eingetragen (die Glieder mit Faktor $\sqrt{2}$ separat). Die letzten beiden Spalten sind Kontrollen mit Hilfe der Beziehung $\sum_\beta \frac{1}{c_\beta} S_\beta \overset{(e)}{S_\beta} = 0$ für $e = 1, 2$.

14 Dünne Kreisringe

Ein dünner Kreisring kann als Stab mit kreisförmiger Mittellinie aufgefaßt werden (bezüglich der Definition der Stabmittellinie vgl. I.8.2 und I.19.3). Die Querschnittsabmessungen seien gegenüber dem Radius so klein, daß im Querschnitt im wesentlichen nur eine Normalkraft, *Ringkraft* genannt, übertragen wird, während Biegemomente vernachlässigt werden können. Die Untersuchung sei auf geschlossene Kreisringe bei ebener rotationssymmetrischer Belastung beschränkt.

14.1 Gleichgewicht

Als rotationssymmetrische Belastung kommt ausschließlich eine konstante radiale Streckenlast in Betracht; sie sei auf die Längeneinheit des als Stabmittellinie dienenden Kreises (Radius r, Abb. 14.1) bezogen und mit q bezeichnet. Durch Herausschneiden eines sektorartigen Ringelementes (Zentriwinkel $d\varphi$, Abb. 14.2) werden die an den Schnittflächen angreifenden Ringkräfte S zu äußeren Kräften; sie schneiden sich mit dem in radialer Richtung angreifenden Kraftelement $qrd\varphi$ in einem Punkte. Das Gleichgewicht dieser drei Kräfte ist durch das Schließen des Kräftedreiecks gewährleistet (vgl. I.1.8).

Die Ringkräfte bilden miteinander denselben Winkel $d\varphi$ wie die zugehörigen, in radialer Richtung liegenden Schnittebenen. Infolge der Kleinheit des Winkels $d\varphi$ kann das Kräftedreieck als sehr schmaler Kreissektor und das Kraftelement $qrd\varphi$ als sehr kleiner Bogen mit dem Radius S aufgefaßt werden. Mithin gilt $qrd\varphi = S\,d\varphi$ und

$$S = qr. \tag{14.1/1}$$

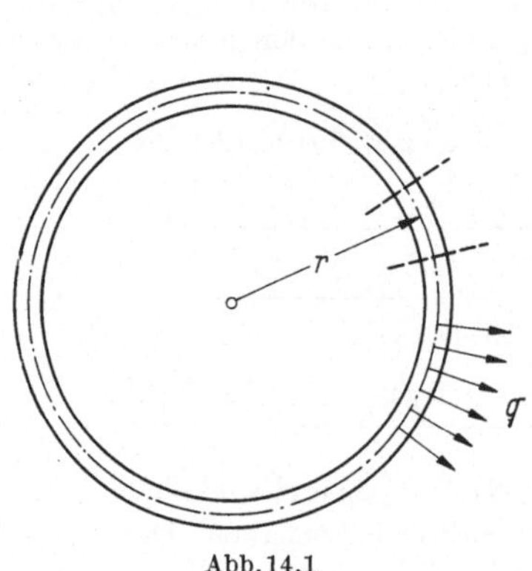

Abb. 14.1

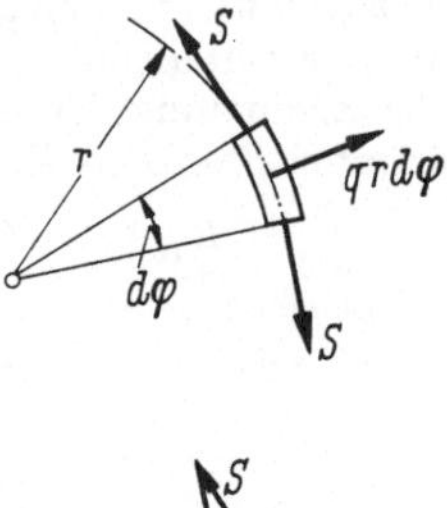

Abb. 14.2

Die Ringkraft S ist Resultierende der im Querschnitt wirkenden Normalspannungen σ (*Ringspannungen*). Im Rahmen der vorausgesetzten Kleinheit der Querschnittsabmessungen kann bei homogen-isotropem Werkstoff angenommen werden, daß sich die Ringspannungen über die Querschnittsfläche A nahezu gleichmäßig verteilen, so daß (wie beim Zugstab, vgl. 12.1)

$$\sigma = S/A, \tag{14.1/2}$$

oder wegen (14.1/1)

$$\sigma = qr/A \tag{14.1/3}$$

zu setzen ist.

14.2 Formänderung

Die Ringspannung σ steht auf Grund des jeweils geltenden Stoffgesetzes mit der *Ringdehnung* ε in Zusammenhang. Für Hookesches Gesetz und lineare Wärmdehnung gilt gemäß (7.2/1)

$$\varepsilon = \sigma/E + \alpha\vartheta. \tag{14.2/1}$$

Bei positiver Ringdehnung vergrößert sich der Radius r der Mittellinie um die *Radialverschiebung* V_r (Abb. 14.3). Die Länge der Mittellinie (Kreisumfang) ist mithin nach der Verformung $2\pi(r + V_r)$, so daß die Verlängerung $2\pi V_r$ beträgt. Definitionsgemäß ist die Ringdehnung gleich dem Verhältnis der Verlängerung der Mittellinie zu ihrer ursprünglichen Länge zu setzen; es folgt

$$\varepsilon = V_r/r \; . \qquad (14.2/2)$$

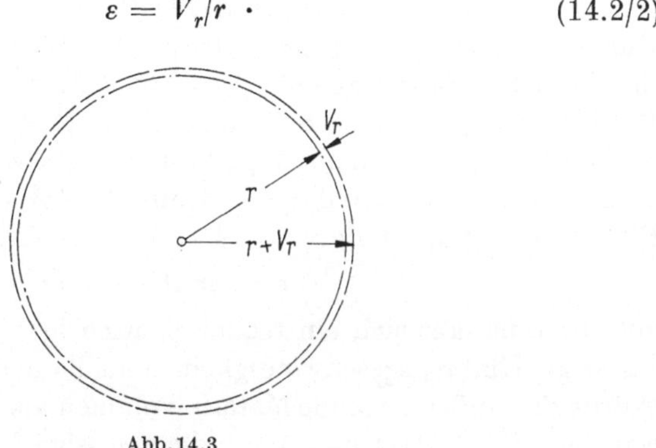

Abb. 14.3

Nach Einsetzen in (14.2/1) ergibt sich

$$V_r = (\sigma/E + \alpha\vartheta)\, r. \qquad (14.2/3)$$

14.3 Ring als Glied einer Schrumpfverbindung

Ist der Ring Glied einer Schrumpfverbindung, so sind Innen- bzw. Außenrand kreiszylindrische Kontaktflächen. Mit b_i bzw. b_a als Breite der inneren bzw. äußeren Kontaktfläche, r_i als Innenradius, r_a als

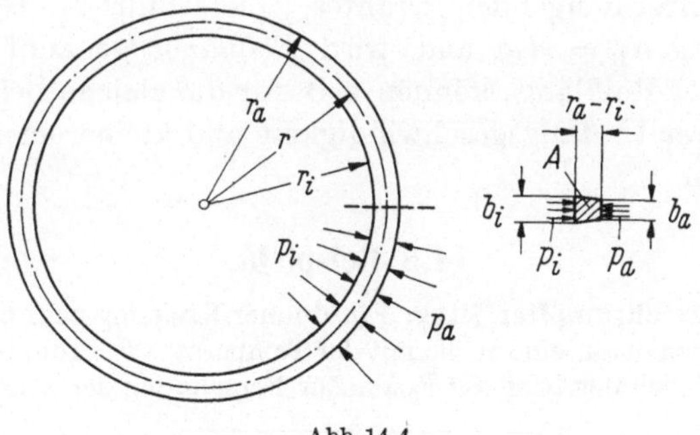

Abb. 14.4

Außenradius und p_i bzw. p_a als inneren bzw. äußeren Schrumpfdruck (Abb. 14.4) gilt für die am Ringelement wirkende Radialkraft $q r d\varphi = p_i b_i r_i\, d\varphi - p_a b_a r_a\, d\varphi$. Wegen der vorausgesetzten Kleinheit der Querschnittsabmessungen darf hierbei $r_i \approx r \approx r_a$ gesetzt werden, und es folgt

$$q = p_i b_i - p_a b_a . \qquad (14.3/1)$$

14.4 Rotierender Ring

Rotiert der Ring um seine Symmetrieachse, so entstehen radial gerichtete Trägheitskräfte (*Zentrifugalkräfte*, vgl. Bd. III, *Kinetik*). Das Ringelement hat das Volumen $Ard\varphi$ (Abb. 14.2) und die Masse $\gamma Ard\varphi/g$ (hierbei ist γ das spezifische Gewicht und g die Erdbeschleunigung). Wird die Tangentialgeschwindigkeit der Mittellinie mit v bezeichnet, so ist $\gamma Av^2\, d\varphi/g$ die Zentrifugalkraft (s. *Kinetik*). Zur Streckenlast q kommt daher der Zentrifugalkraftanteil $\gamma Av^2/(gr)$ hinzu, so daß für die Ringspannung an Stelle von (14.1/3)

$$\sigma = qr/A + \gamma v^2/g \tag{14.4/1}$$

gilt. Hieraus läßt sich ein technisch wichtiger Näherungswert für die zulässige Umfangsgeschwindigkeit schnellaufender Rotoren ableiten. Würde das außen liegende Materialvolumen als freier Ring rotieren, so wäre gemäß (14.1/1) mit $q = 0$ die zulässige Umfangsgeschwindigkeit aus

$$v^*_{\text{zul}} = \sqrt{\sigma_{\text{zul}}\, g/\gamma} \tag{14.4/2}$$

zu berechnen. Die elastische Radialverschiebung wird aber durch die Bindung an den inneren Teil des Rotors teilweise behindert. Ringdehnung und Ringspannung sind daher kleiner und die zulässige Umfangsgeschwindigkeit größer als beim freien Ring. Dennoch erkennt man aus (14.4/2) die technisch wichtige Regel, daß für schnell laufende Maschinen Werkstoffe mit möglichst großem Verhältnis

$$\sigma_B/\gamma = l_R \tag{14.4/3}$$

vorteilhaft sind. Die Länge l_R ist identisch mit der äußersten Länge eines vertikal frei hängenden Drahtes (Querschnitt A, Gewicht $\gamma A l_R$, Bruchspannung $\sigma_B = \gamma l_R$) und wird *Reißlänge* genannt. Mit Werkstoffen größerer Reißlänge können z.B. für die gleiche Leistung Turbinen mit höherer Umfangsgeschwindigkeit und kleinerem Durchmesser gebaut werden.

14.5 Beispiele

14.5.1 Aufgeschrumpfter Ring. Ein dünner Kreisring paßt bei der höheren Temperatur ϑ_s genau auf eine Welle mit der Temperatur ϑ_0 (Abb. 14.5). Nach dem Aufziehen kühlt sich der Ring auf ϑ_0 ab. Zur Berechnung der Schrumpfspannungen sei die elastische Verformung der Welle vernachlässigt (die genaue Berechnung der elastischen Verformung der Welle würde auf ein mehrdimensionales Elastizitätsproblem führen). Die Lösung ergibt sich dann aus (14.2/3) und (14.4/1); es sind zwei Zustände zu unterscheiden.

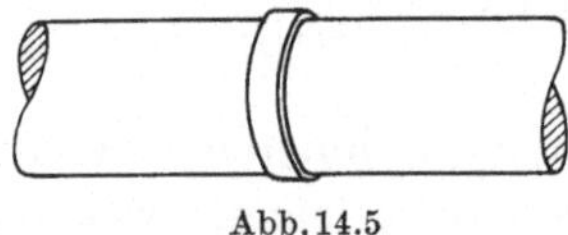

Abb. 14.5

Zustand I: Aufziehen des Ringes ($q_I = v_I = 0$, $\vartheta_I = \vartheta_s - \vartheta_0$). Es gilt:

$$\sigma_{(I)} = 0, \quad V_{r(I)} = \alpha(\vartheta_s - \vartheta_0)\, r = \alpha\vartheta_I r.$$

Zustand II: Rotation der Welle mit aufgeschrumpften Ring, Abkühlen auf ϑ_0 [$\vartheta_{II} = 0$, $p_{aII} = 0$, $p_{iII} = p$ (Schrumpfdruck), $b_i = b$ (Breite der Kontaktfläche), $\sigma_{(II)} = \sigma$ (Schrumpfspannung), $q_{II} = pb$].

$$\sigma = pbr/A + \gamma v^2/g,$$

$$V_{r(II)} = \sigma r/E.$$

Bei der vorausgesetzten Vernachlässigung der elastischen Verformung der Welle bleibt die Radialverschiebung des Ringes dieselbe wie im Zustand I; mithin folgt $V_{rII} = V_{rI} = \alpha\vartheta_I r$ und

$$\sigma = E\alpha(\vartheta_s - \vartheta_0),$$

$$p = \frac{A}{br}\left(\sigma - \frac{\gamma v^2}{g}\right).$$

Die Spannung im aufgeschrumpften Ring ist daher innerhalb des Gültigkeitsbereiches der Voraussetzungen zunächst von der Umfangsgeschwindigkeit unabhängig, während der Schrumpfdruck mit der Umfangsgeschwindigkeit abnimmt; bei der Grenzgeschwindigkeit

$$v^* = \sqrt{\sigma g/\gamma} = \sqrt{Eg\alpha(\vartheta_s - \vartheta_0)/\gamma}$$

verschwindet der Schrumpfdruck und der Ring löst sich von der Welle. Für $v \geq v^*$ gilt $p = 0$ und $\sigma = \gamma v^2/g$.

Zahlenbeispiel:

Ring aus Stahl mit $E = 21000$ kp/mm², $\alpha = 1{,}2 \cdot 10^{-5}$ grad^{-1}, $\gamma = 7{,}85 \cdot 10^{-3}$ kp/cm³, $\vartheta_0 = 20\,°$C, $\vartheta_s = 120\,°$C, $r = 30$ mm, $b = 15$ mm, $A = 60$ mm². Die Schrumpfspannung wird $\sigma = 25{,}2$ kp/mm²; für $v = 0$ wird der Schrumpfdruck $p_0 = 3{,}36$ kp/mm². Die Grenzgeschwindigkeit ist $v^* = 177$ m/s. Da sich auch die Welle elastisch verformt, sind Schrumpfspannung und Schrumpfdruck in Wirklichkeit kleiner.

14.5.2 Schrumpfverbindung aus zwei Ringen. Der innere Ring sei durch den Index 1, der äußere durch den Index 2 gekennzeichnet (Abb. 14.6). Im entspannten Zustand ist der Außenradius r_{a1} des inneren Ringes etwas größer als der Innenradius r_{i2} des äußeren Ringes. Das Verhältnis der Differenz $r_{a1} - r_{i2}$ zum

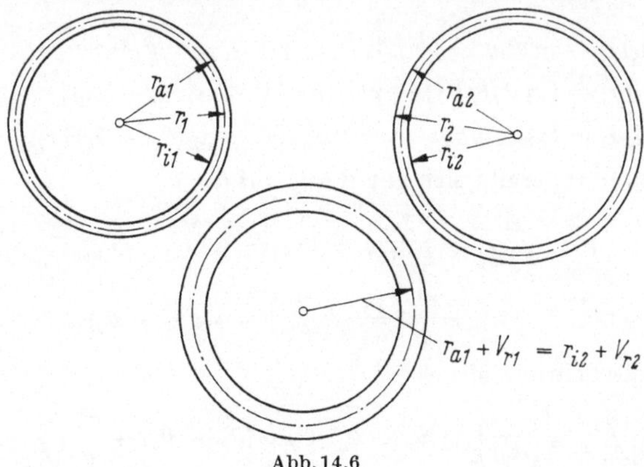

Abb. 14.6

mittleren Radius

$$r = (r_{a1} + r_{i2})/2$$

heißt *Schrumpfmaß*:

$$\varepsilon_s = (r_{a1} - r_{i2})/r.$$

Der Innenrand des inneren und der Außenrand des äußeren Ringes bleiben unbelastet, so daß $p_{i1} = p_{a2} = 0$ gilt. Der äußere Ring paßt bei der Temperatur ϑ_s genau auf den inneren Ring mit der Temperatur ϑ_0. Für das Zusammenpassen beider Ringe nach dem Aufziehen gelten die *Kompatibilitätsbedingung*

$$r_{a1} + V_{r1} = r_{i2} + V_{r2}$$

oder mit Bezug auf das Schrumpfmaß

$$V_{r2} - V_{r1} = r\varepsilon_s \tag{a}$$

und die *Kontaktbedingungen* $b_{a1} = b_{i2} = b$ (Breite der Kontaktfläche) und $p_{a1} = p_{i2} = p$ (Schrumpfdruck).

Für die Berechnung des Schrumpfdruckes und der Spannungen sind (14.2/3), (14.3/1) und (14.4/1) anzuwenden:

$$\begin{aligned} \sigma_1 &= -pbr_1/A_1 + \gamma_1 v^2/g, \\ \sigma_2 &= pbr_2/A_2 + \gamma_2 v^2/g, \\ V_{r1} &= (\sigma_1/E_1 + \alpha_1\vartheta_1)\, r_1, \\ V_{r2} &= (\sigma_2/E_2 + \alpha_2\vartheta_2)\, r_2. \end{aligned} \tag{b}$$

Infolge der hier vorausgesetzten Kleinheit der Querschnittsabmessungen beider Ringe darf

$$r_1 \approx r_2 \approx r$$

gesetzt werden. Es sind wieder zwei Zustände zu unterscheiden.

Zustand I: Aufziehen des äußeren Ringes auf den inneren ($p = v = \vartheta_1 = 0$, $\vartheta_2 = \vartheta_s - \vartheta_0$). Es folgt

$$\sigma_{1(I)} = \sigma_{2(I)} = V_{r1(I)} = 0, \quad V_{r2(I)} = \alpha_2(\vartheta_s - \vartheta_0)\, r.$$

Nach Einsetzen in (a) ergibt sich für das Schrumpfmaß

$$\varepsilon_s = \alpha_2(\vartheta_s - \vartheta_0). \tag{c}$$

Zustand II: Rotation der Schrumpfverbindung bei der gemeinsamen Temperatur ϑ_e. Es folgt:

$$\begin{aligned} \sigma_{1(II)} &= \gamma_1 v^2/g - pbr/A_1, \quad \sigma_{2(II)} = \gamma_2 v^2/g + pbr/A_2, \\ V_{r1(II)} &= [\gamma_1 v^2/(gE_1) - pbr/(E_1A_1) + \alpha_1(\vartheta_e - \vartheta_0)]\, r, \\ V_{r2(II)} &= [\gamma_2 v^2/(gE_2) + pbr/(E_2A_2) + \alpha_2(\vartheta_e - \vartheta_0)]\, r. \end{aligned}$$

Nach Einsetzen in (a) ergibt sich mit Bezug auf (c)

$$\begin{aligned} pbr\left(\frac{1}{E_1A_1} + \frac{1}{E_2A_2}\right) &+ (\alpha_2 - \alpha_1)(\vartheta_e - \vartheta_0) \\ &+ \frac{v^2}{g}\left(\frac{\gamma_2}{E_2} - \frac{\gamma_1}{E_1}\right) = \alpha_2(\vartheta_s - \vartheta_0). \end{aligned}$$

Hieraus folgt der Schrumpfdruck

$$p = \frac{E_1A_1E_2A_2}{br(E_1A_1 + E_2A_2)}\left[\alpha_1(\vartheta_e - \vartheta_0) + \alpha_2(\vartheta_s - \vartheta_e) + \frac{v^2}{g}\left(\frac{\gamma_1}{E_1} - \frac{\gamma_2}{E_2}\right)\right].$$

Der Schrumpfdruck verschwindet, und die Verbindung löst sich, wenn bei einer gemeinsamen Temperatur ϑ^* und der Geschwindigkeit v^* die Bedingung

$$\vartheta^*(\alpha_2 - \alpha_1) + \frac{v^{*2}}{g}\left(\frac{\gamma_2}{E_2} - \frac{\gamma_1}{E_1}\right) = \alpha_2\vartheta_s - \alpha_1\vartheta_0$$

erfüllt ist. Die Schrumpfverbindung kann daher im Ruhezustand durch Erwärmen auf die gemeinsame Temperatur

$$(\vartheta^*)_{v=0} = \frac{\alpha_2\vartheta_s - \alpha_1\vartheta_0}{\alpha_2 - \alpha_1}$$

gelöst werden. Bestehen beide Ringe aus dem gleichen Werkstoff, so kann die Verbindung *nicht* durch Erwärmen als Ganzes gelöst werden (dies gilt auch bei noch so hoher Geschwindigkeit unterhalb der Bruchgrenze); das Lösen der Verbindung ist dann nur möglich, wenn der äußere Ring *separat* auf eine Temperatur erwärmt wird, die mindestens um $\vartheta_s - \vartheta_0$ höher liegt als die Temperatur des inneren Ringes.

Aus (b) ergeben sich die Spannungen:

$$\sigma_{1(II)} = \frac{E_1A_1E_2A_2}{E_1A_1 + E_2A_2}\left[-\frac{1}{A_1}\{\alpha_1(\vartheta_e - \vartheta_0) + \alpha_2(\vartheta_s - \vartheta_e)\} + \frac{v^2}{gE_2}\left(\frac{\gamma_1}{A_2} + \frac{\gamma_2}{A_1}\right)\right],$$

$$\sigma_{2(II)} = \frac{E_1A_1E_2A_2}{E_1A_1 + E_2A_2}\left[\frac{1}{A_2}\{\alpha_1(\vartheta_e - \vartheta_0) + \alpha_2(\vartheta_s - \vartheta_e)\} + \frac{v^2}{gE_1}\left(\frac{\gamma_1}{A_2} + \frac{\gamma_2}{A_1}\right)\right].$$

Mit zunehmender Umfangsgeschwindigkeit nimmt daher die Druckspannung des inneren Ringes ab und die Zugspannung des äußeren Ringes zu.

Zahlenbeispiel: Innerer Ring *Stahl* mit $E_1 = 21\,000$ kp/mm², $\alpha_1 = 1{,}2 \cdot 10^{-5}$ grad⁻¹, $A_1 = 40$ mm², $\vartheta_0 = 20\,°C$; äußerer Ring *Kupfer* mit $E_2 = 7200$ kp/mm², $\alpha_2 = 1{,}7 \cdot 10^{-5}$ grad^{-1}, $A_2 = 50$ mm², $\vartheta_s = 60\,°C$, $r = 30$ mm, $b = 20$ mm. Aus (13.5/14) bis (13.5/15) folgen für $v = 0$: $p = 0{,}265$ kp/mm², $\vartheta^* = 156\,°C$, $\sigma_{1(II)} = -3{,}97$ kp/mm², $\sigma_{2(II)} = 3{,}18$ kp/mm². Ferner wird $\varepsilon_s = 0{,}00068$, $r_{a1} - r_{i2} = 0{,}020$ mm.

15 Drehsymmetrische Membranschalen

Eine häufig auftretende Gruppe der Flächentragwerke sind die *Schalen* (vgl. I.19.3). In dünnwandigen Schalen stellen sich bei vielen Belastungsarten vorwiegend Längskräfte (Membrankräfte) ein, die ohne Berücksichtigung der Verformung allein aus den Gleichgewichtsbedingungen berechnet werden können. Man spricht dann von *Membranschalen.* Für die technisch wichtigen drehsymmetrischen Membranschalen wird die Berechnung besonders einfach.

15.1 Geometrie

In Wandmitte liegt die *Schalenmittelfläche*; bei drehsymmetrischen Schalen ist sie eine *Drehfläche* (Abb. 15.1). Ebenen durch die Drehachse (*Axialebenen*) schneiden die Schalenmittelfläche in *Meridianen* und bilden mit einer festen Axialebene den Winkel φ. Ebenen senkrecht zur Drehachse (*Normalebenen*) schneiden die Schalenmittelfläche in den *Breitenkreisen* (der Radius r des Breitenkreises ist zugleich Abstand der

Wandmitte von der Drehachse). Der erste Hauptkrümmungsradius R_1 der Schalenmittelfläche ist der Krümmungsradius des Meridians; der zweite Hauptkrümmungsradius R_2 hat die Länge der Normalen der Schalenmittelfläche bis zur Drehachse. Bei der hier vorausgesetzten *Dünnwandigkeit* ist die *Wandstärke* t klein gegenüber R_1 und R_2. Als erste Koordinate dient der Winkel ϑ zwischen der Normalen und der Drehachse; Linienelement des Meridians ist $R_1\, d\vartheta$. Zweite Koordinate ist der Winkel φ; Linienelement des Breitenkreises ist $r d\varphi$. Koordinate längs der Drehachse sei x. Es gelten die geometrischen Beziehungen (Abb. 15.1 unten)

$$\sin\vartheta = \frac{r}{R_2} = \frac{1}{R_1}\frac{dx}{d\vartheta}, \quad \cos\vartheta = \frac{1}{R_1}\frac{dr}{d\vartheta}. \tag{15.1/1}$$

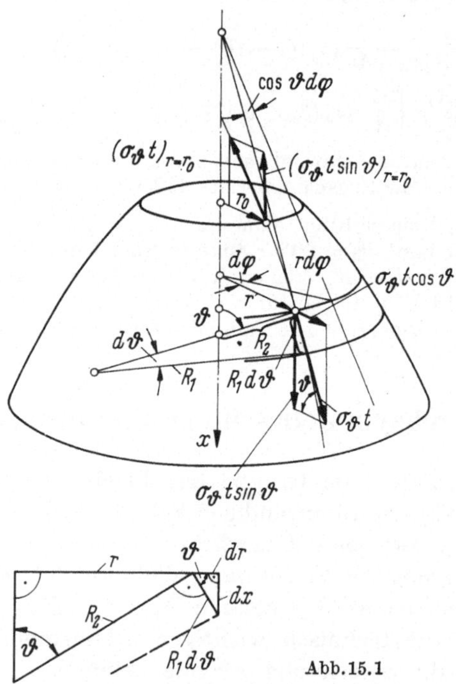

Abb. 15.1

Das normal zur Schalenmittelfläche herausgeschnittene, fast rechtkantförmige Volumelement (Schalenelement mit den Kantenlängen $R_1\, d\vartheta$, $r\, d\varphi$ und t dient zur Aufstellung der Gleichgewichtsbedingungen.

15.2 Gleichgewicht

Am Schalenelement greifen die Flächenkräfte p (senkrecht zur Schale nach außen gerichteter Druck), p_ϑ (Flächenkraft in Meridianrichtung) und p_φ (Flächenkraft in Breitenkreisrichtung) an, ferner die

Normalspannungen σ_ϑ (in Meridianrichtung) und σ_φ (in Breitenkreisrichtung), sowie die Schubspannung τ (an beiden Kanten in gleicher Größe, vgl. 3.4) an. In Abb. 15.2 und 15.3 sind die zugehörigen Kräfte eingetragen. An der oben liegenden Schnittfläche $trd\varphi$ greift die Kraft $\sigma_\vartheta trd\varphi$ an; an der unten liegenden Schnittfläche ist die Schnittkraft um $\frac{\partial(\sigma_\vartheta tr)}{\partial\vartheta}\,d\vartheta\,d\varphi$ größer, da sich die Spannung σ_ϑ, die Wandstärke t und der Radius r mit dem Winkel ϑ geändert haben. Die beiden Kräfte $\sigma_\vartheta trd\varphi$

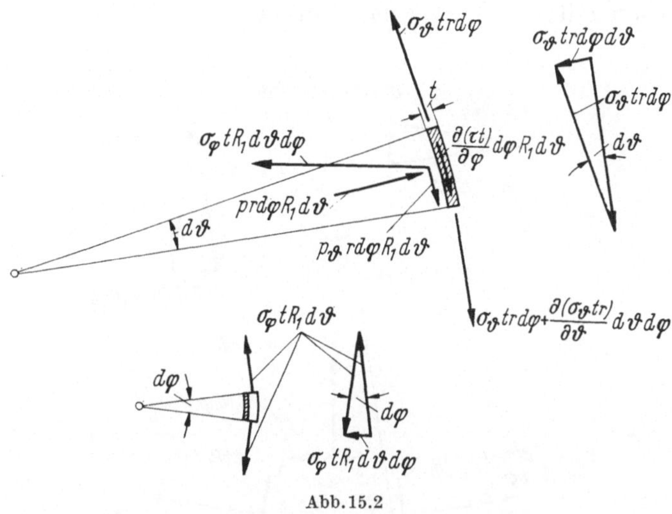

Abb. 15.2

bilden miteinander den Winkel $d\vartheta$, so daß ihre Resultierende senkrecht zur Schale nach innen weist und den Betrag $\sigma_\vartheta trd\varphi\,d\vartheta$ annimmt (vgl. das in Abb. 15.2 rechts oben eingezeichnete schmale Kräftedreieck). Die an beiden Seitenflächen wirkenden Kräfte $\sigma_\varphi tR_1\,d\vartheta$ liegen in der Normalebene und bilden miteinander den Winkel $d\varphi$, ebenso wie die zugehörigen Radien (da die Seitenflächen des Schalenelementes in Axialebenen liegen, stehen die an ihnen angreifenden Normalspannungen auf den Axialebenen und damit auf der Drehachse senkrecht); die Resultierende beider Kräfte schneidet daher die Drehachse senkrecht und hat den Betrag $\sigma_\varphi tR_1\,d\vartheta\,d\varphi$ (vgl. das zweite, in Abb. 15.2 unten eingezeichnete schmale Kräftedreieck). Die am Kräftegleichgewicht senkrecht zur Schale und in ϑ-Richtung beteiligten Kräfte lassen sich so in der Axialebene darstellen (Abb. 15.2), wobei noch die Flächenkräfte p und p_ϑ, die mit der Fläche $r\,d\varphi\,R_1\,d\vartheta$ zu multiplizieren sind, und der Schubkraftzuwachs $\frac{\partial(\tau t)}{\partial\varphi}\,d\varphi\,R_1\,d\vartheta$ zu berücksichtigen sind. Abb. 15.3 zeigt die Projektion des Schalenelementes auf die Tangentialebene. Die Seitenkanten liegen auf zwei Geraden, die sich in der Drehachse unter dem Winkel $\cos\vartheta\, d\varphi$ schneiden. Die von σ_φ herrührende Normalkraft hat an der linken Kante — ebenso wie die Schubkraft — einen Zuwachs $\frac{\partial(\sigma_\varphi t)}{\partial\varphi}\, d\varphi\, R_1\, d\vartheta$. An der unteren Kante hat die Schubkraft gegenüber dem Betrage $\tau t r d\varphi$ (obere Kante) den Zuwachs $\frac{\partial(\tau t r)}{\partial\vartheta}\, d\vartheta\, d\varphi$. Die an den Seitenflächen wirkenden Schubkräfte $\tau t R_1\, d\vartheta$ lassen sich zu einer Resultierenden (in φ-Richtung) zusammensetzen (vgl. Abb. 15.3 oben rechts). Außer der Flächenkraft p_ϑ tritt auch p_φ, multipliziert mit der Fläche $r\, d\varphi\, R_1\, d\vartheta$ auf.

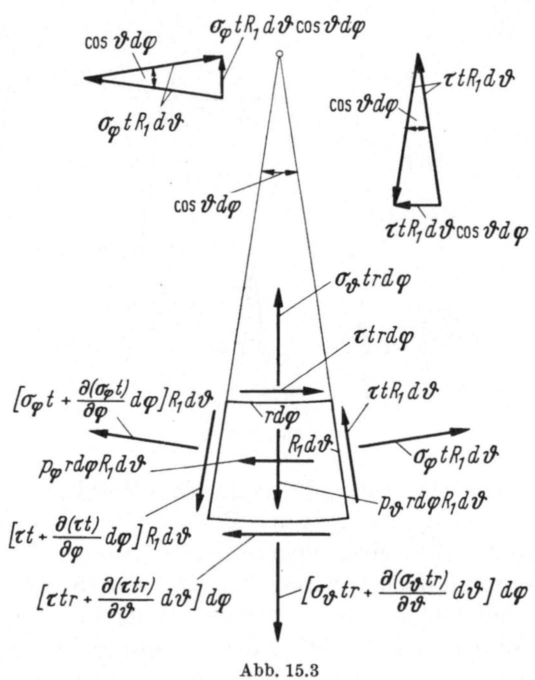

Abb. 15.3

Für das Gleichgewicht senkrecht zur Schale ergibt sich aus Abb. 15.2

$$\sigma_\vartheta t r d\varphi\, d\vartheta + \sigma_\varphi t R_1\, d\vartheta \sin\vartheta\, d\varphi - p r d\varphi\, R_1\, d\vartheta = 0. \qquad (15.2/1)$$

Für das Gleichgewicht in ϑ-Richtung gilt mit Bezug auf Abb. 15.3 oder 15.2:

$$\begin{aligned} &\frac{\partial(\sigma_\vartheta t r)}{\partial\vartheta}\, d\vartheta\, d\varphi + \frac{\partial(\tau t)}{\partial\varphi}\, d\varphi\, R_1\, d\vartheta - \\ &\qquad - \sigma_\varphi t R_1\, d\vartheta \cos\vartheta\, d\varphi + p_\vartheta r d\varphi\, R_1 d\vartheta = 0. \end{aligned} \qquad (15.2/2)$$

Schließlich folgt für das Gleichgewicht in φ-Richtung an Hand von Abb. 15.3:

$$\frac{\partial(\sigma_\varphi t)}{\partial\varphi} d\varphi\, R_1\, d\vartheta + \frac{\partial(\tau t r)}{\partial\vartheta} d\vartheta\, d\varphi + \tau t R_1\, d\vartheta \cos\vartheta\, d\varphi \\ + p_\varphi r d\varphi\, R_1 d\vartheta = 0. \tag{15.2/3}$$

Nach Division durch das Volumelement $trd\varphi\, R_1\, d\vartheta$ geht (15.2/1) mit Rücksicht auf (15.1/1) über in

$$\frac{\sigma_\vartheta}{R_1} + \frac{\sigma_\varphi}{R_2} = \frac{p}{t}. \tag{15.2/4}$$

Diese Beziehung geht bei schubweichen Membranen, z. B. bei Flüssigkeitshäuten (Seifenblasen) und bei Kapillaritätsproblemen mit $\sigma_\vartheta = \sigma_\varphi = \sigma$ als Oberflächenspannung in die spezielle Form

$$\sigma\left(\frac{1}{R_1} + \frac{1}{R_2}\right) = \frac{p}{t} \tag{15.2/5}$$

über. Die allgemein gültige Beziehung (15.2/4) eignet sich zur Auflösung nach σ_φ; es folgt

$$\sigma_\varphi = R_2(p/t - \sigma_\vartheta/R_1). \tag{15.2/6}$$

Durch Einsetzen in (15.2/2) und (15.2/3) läßt sich σ_φ elimieren und nach Division durch $d\vartheta\, d\varphi$ folgen

$$\frac{\partial(\sigma_\vartheta t r)}{\partial\vartheta} + \sigma_\vartheta t R_2 \cos\vartheta + \frac{\partial(\tau t)}{\partial\varphi} R_1 - p R_1 R_2 \cos\vartheta + p_\vartheta r R_1 = 0, \tag{15.2/7}$$

$$\frac{\partial(\tau t r)}{\partial\vartheta} - \frac{\partial(\sigma_\vartheta t)}{\partial\varphi} R_2 + \tau t R_1 \cos\vartheta + \frac{\partial p}{\partial\varphi} R_1 R_2 + p_\varphi r R_1 = 0, \tag{15.2/8}$$

oder mit Bezug auf (15.1/1)

$$\frac{\partial(\sigma_\vartheta t r \sin\vartheta)}{\partial\vartheta} + \frac{\partial(\tau t)}{\partial\varphi} R_1 \sin\vartheta = r\frac{dr}{d\vartheta}(p - p_\vartheta \tan\vartheta), \tag{15.2/9}$$

$$\frac{1}{r}\frac{\partial(\tau t r^2)}{\partial\vartheta} - \frac{\partial(\sigma_\vartheta t)}{\partial\varphi} R_2 = -r R_1\left(p_\varphi + \frac{1}{\sin\vartheta}\frac{\partial p}{\partial\varphi}\right). \tag{15.2/10}$$

Dies sind zwei gekoppelte lineare Differentialgleichungen erster Ordnung für die unbekannten Spannungen σ_ϑ und τ. Die Eindeutigkeit des Spannungszustandes verlangt, daß diese Größen und ebenso σ_φ t, p, p_ϑ, p_φ periodische Funktionen von φ sind und daher als Reihen von der Form $a_{0\lambda} + a_{1\lambda}\cos\varphi + b_{1\lambda}\sin\varphi + a_{2\lambda}\cos 2\varphi + b_{2\lambda}\sin 2\varphi + \cdots$ dargestellt werden können (der Index λ läuft entsprechend der Numerierung der erwähnten 6 Kraftgrößen von 1 bis 6). Die Herleitung der allgemeinen Lösung würde hier zu weit führen; es lassen sich aber zwei technisch wichtige Sonderfälle in übersichtlicher Form darstellen.

15.3 Drehsymmetrischer Spannungszustand

Im Falle des symmetrischen Spannungszustandes verschwinden die Differentialquotienten nach φ, sowie die Schubspannungen und die Flächenkraft p_φ, so daß (15.2/10) identisch erfüllt ist. Aus (15.2/9) folgt (r^* Integrationsvariable):

$$\sigma_\vartheta = \frac{1}{tr \sin\vartheta}\left[\int_{r^*=r_0}^{r} (p - p_\vartheta \tan\vartheta)\, r^*\, dr^* + \frac{N}{2\pi}\right]. \qquad (15.3/1)$$

Die auftretende Integrationskonstante wurde deshalb mit $N/(2\pi)$ bezeichnet, weil sie bis auf den Nenner 2π die am oberen Schalenrand ($r = r_0$) eingeleitete, auf der Drehachse nach oben wirkende resultierende Kraft N angibt (bei Auffassung der Drehschale als Stab ist N Normalkraft im Sinne von I.8.2). Formal würde sich als Integrationskonstante $(\sigma_\vartheta tr \sin\vartheta)_{r=r_0}$ ergeben; dieser Ausdruck stellt aber die auf die Bogeneinheit des oberen Schalenrandes bezogene, parallel zur Drehachse wirkende Schnittkraftkomponente dar, so daß bei Multiplikation mit 2π die Normalkraft N entsteht. Dieselbe Überlegung gilt für jeden beliebigen Normalschnitt als unteren Rand; die nach unten gerichtete Schnittkraft pro Bogeneinheit ist $\sigma_\vartheta\, tr \sin\vartheta$, während die an den einzelnen Schalenelementen angreifenden Flächenkräfte die nach oben gerichtete Kraft pro Bogeneinheit $(p \cos\vartheta - p_\vartheta \sin\vartheta)\, rR_1\, d\vartheta = (p - p_\vartheta \tan\vartheta)\, r\, dr$ bilden. Als Gleichgewichtsbedingung des von r_0 bis r reichenden Schalenringes ergibt sich so wieder (15.3/1).

Für $p = \text{const}$, $p_\vartheta = 0$ folgen

$$\begin{aligned} \sigma_\vartheta &= \frac{pR_2}{2t}\left(1 - \frac{r_0^2}{r^2}\right) + \frac{NR_2}{2\pi r^2 t}, \\ \sigma_\varphi &= \frac{pR_2}{2t}\left[2 - \frac{R_2}{R_1}\left(1 - \frac{r_0^2}{r^2}\right)\right] - \frac{NR_2^2}{2\pi r^2 t R_1}. \end{aligned} \qquad (15.3/2)$$

Für eine *eiförmig geschlossene Drehschale unter konstantem Innendruck* folgt (mit $r_0 = 0$, $N = 0$):

$$\sigma_\vartheta = \frac{pR_2}{2t}, \quad \sigma_\varphi = \frac{pR_2}{2t}\left(2 - \frac{R_2}{R_1}\right). \qquad (15.3/3)$$

Besondere technische Bedeutung haben die folgenden *Sonderfälle:*

Kugelschale unter konstantem Innendruck (mit $R_1 = R_2 = R$):

$$\sigma_\vartheta = \sigma_\varphi = \frac{pR}{2t}. \qquad (15.3/4)$$

Kreiszylindrischer Behälter unter konstantem Innendruck (mit $R_1 = \infty$, $R_2 = R$):

$$\sigma_\vartheta = \frac{pR}{2t}, \quad \sigma_\varphi = \frac{pR}{t}. \quad \textit{(Kesselformel)} \qquad (15.3/5)$$

Bei einem kreiszylindrischen Behälter mit halbkugelförmigem Boden springt daher die Spannung σ_φ beim Übergang vom kugelförmigen zum zylindrischen Teil auf den doppelten Betrag (vgl. Abb. 15.4). Diese Unstetigkeit des Spannungsverlaufs ist durch den Sprung des Krümmungsradius R_1 bedingt. Durch Wahl eines geeigneten Bodenprofils, das einen stetig bis ∞ wachsenden Radius R_1 aufweist, läßt sich diese Diskrepanz vermeiden; andernfalls wird eine genauere Scha-

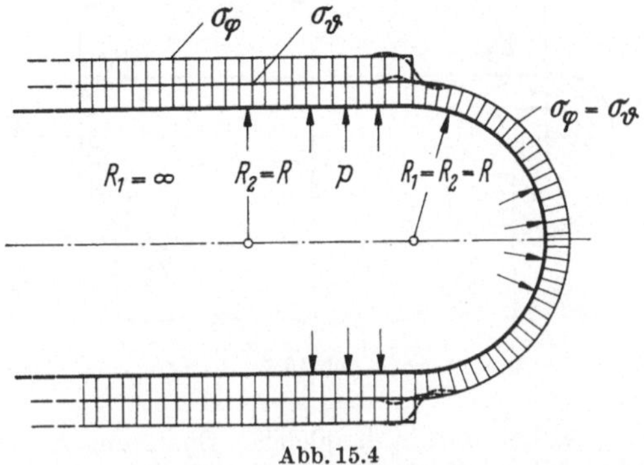

Abb. 15.4

lentheorie (mit Berücksichtigung der Biegesteifigkeit der Schalenwand) erforderlich. Die in Abb. 15.4 eingezeichneten gestrichelten Linien deuten den genaueren Spannungsverlauf an; in der näheren Umgebung der Krümmungsunstetigkeit treten Spannungsstörungen auf, die nach beiden Seiten wie eine gedämpfte Schwingung abklingen.

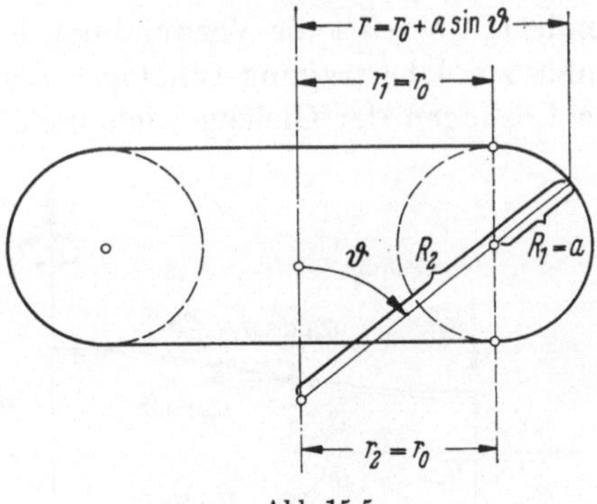

Abb. 15.5

Bei *Ringschalen* (*Torusschalen*) ist die Membrantheorie auch bei stetiger Krümmung nur bedingt anwendbar. Im Falle $p = \text{const}$, $p_\vartheta = 0$ muß z. B. der Radius r_1 des höchsten Punktes gleich dem Radius r_2 des tiefsten Punktes sein (Abb. 15.5). Als Gegenbeispiel zeigt Abb. 15.6 eine Ringschale mit $r_1 > r_2$; ein bei r_1 beginnender Schnitt geht durch das den Innendruck erzeugende Gas (gestrichelt eingezeichneter Schnitt) und endet bei r_2; man erkennt, daß für die resultierende Kraft $p\pi(r_1^2 - r_2^2)$ im Rahmen der Membrantheorie keine Gegenkraft möglich ist. Im Falle $r_1 = r_2$ kann mit $r_0 = r_1$ und $N = 0$ gerechnet werden; dann folgt aus (15.3/2)

$$\sigma_\vartheta = \frac{pR_2}{2t}\left(1 - \frac{r_0^2}{r^2}\right), \quad \sigma_\varphi = \frac{pR_2}{2t}\left[2 - \frac{R_2}{R_1}\left(1 - \frac{r_0^2}{r^2}\right)\right]. \qquad (15.3/6)$$

Für *Kreisprofil* (Abb. 15.5) gilt $r = r_0 + a \sin \vartheta$, $R_1 = a$, $R_2 = r/\sin \vartheta$ und

$$\sigma_\vartheta = \frac{pa(2r_0 + a \sin \vartheta)}{2t(r_0 + a \sin \vartheta)}, \quad \sigma_\varphi = \frac{pa}{2t}. \tag{15.3/7}$$

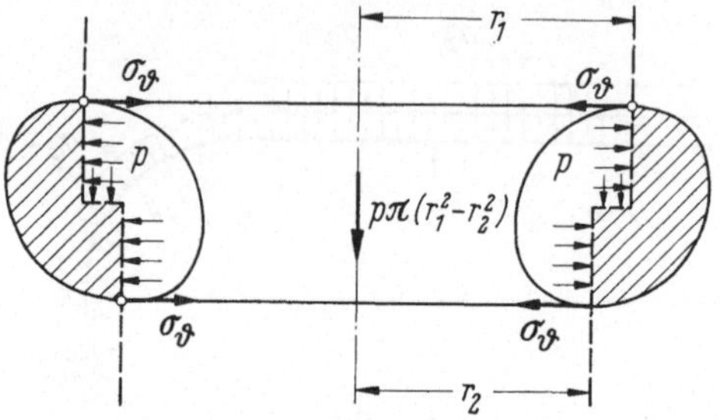

Abb. 15.6

An der Stelle $r = r_0$ wirken mithin die gleichen Spannungen wie in einem Kreiszylinder vom Radius a (eine Nachrechnung der Verformung zeigt allerdings, daß die Membrantheorie der Torusschale auch im Falle $r_1 = r_2$ ungenau ist, weil in der Umgebung der Stellen $r = r_0$ erhebliche Verbiegungen auftreten [15.1—15.2]).

15.4 Drehsymmetrische Membranschale als kraftübertragendes Bauglied

Ein zweiter Sonderfall betrifft die Verwendung der drehsymmetrischen Membranschale zur Übertragung beliebiger Kräftegruppen; dabei sollen nur jene Lösungen der Gleichgewichtsbedingungen berück-

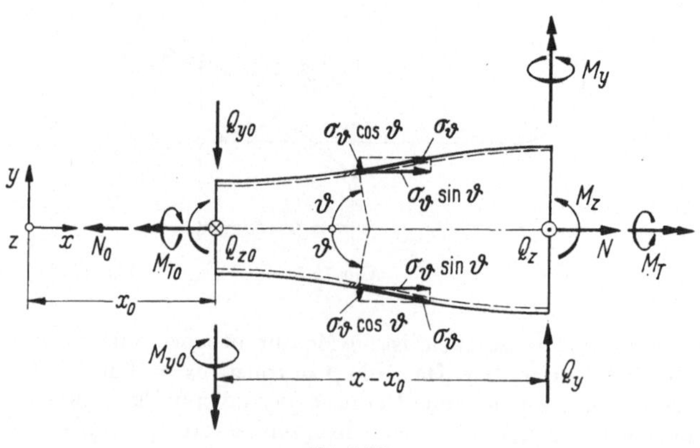

Abb. 15.7

sichtigt werden, die zur Übertragung der sechs Komponenten der Dyname (I. 12.1) eines beliebigen Kräftesystems von einem Normalschnitt (x_0) bis zu einem zweiten Normalschnitt (x) gerade ausreichen. Von Oberflächenbelastungen sei abgesehen, also $p = p_\vartheta = p_\varphi = 0$ gesetzt;

die Membranschale stellt dann ein *Rohr mit veränderlichem Durchmesser* dar, das an beiden Enden Kräfte und Momente aufnimmt, die miteinander eine Gleichgewichtsgruppe bilden (Abb. 15.7).

Zunächst seien die Beziehungen aufgestellt, die zwischen den im Normalschnitt angreifenden Spannungen und den Komponenten der Dyname bestehen (*Kraftflußbedingungen*). Die Bezeichnung *Normalschnitt* betrifft stets nur den Schnitt der betreffenden Normalebene mit der Schalenmittelfläche (Breitenkreis); die eigentliche Materialschnitt-

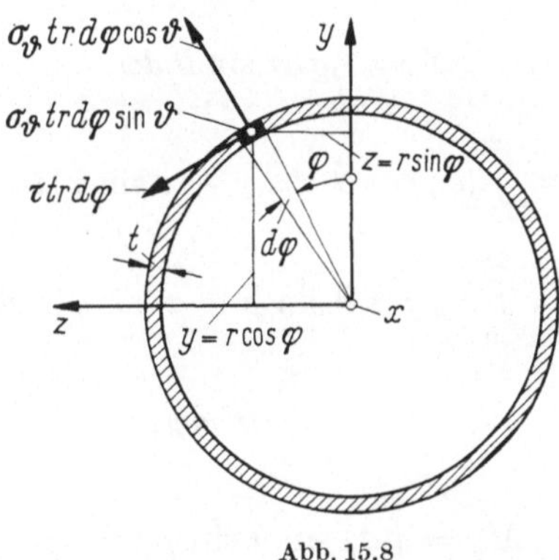

Abb. 15.8

fläche erstreckt sich beiderseits des Breitenkreises senkrecht zur Schalenmittelfläche, ist also keine Ebene, sondern Teil eines *Kreiskegels* (auch das Schalenelement wurde senkrecht zur Schalenmittelfläche herausgeschnitten). Im Normalschnitt an der Stelle x sei ein kartesisches Koordinatensystem mit $x_1 = 0$, $x_2 = y = r\cos\varphi$, $x_3 = z = r\sin\varphi$, allgemein mit x_k für $k = 1, 2, 3$ eingeführt. Mit Bezug auf I.8.2 ist F_1 mit der bereits in 12.1 eingeführten *Normalkraft* N und $M_1 = M_T$ mit dem *Torsionsmoment* identisch, während $F_2 = Q_y$, $F_3 = Q_z$ *Querkräfte* und $M_2 = M_y$, $M_3 = M_z$ *Biegemomente* sind. Die Richtungen der Schnittspannungen σ_ϑ (ϑ-Richtung) und τ (φ-Richtung) bilden mit den Richtungen der x_k die Richtungskosinus $c_{k\vartheta}$ und $c_{k\varphi}$ (vgl. Abb. 15.8, sowie nachstehende Tabelle).

k	x_k	F_k	M_k	$c_{k\vartheta}$	$c_{k\varphi}$
1	0	N	M_T	$\sin\vartheta$	0
2	$y = r\cos\varphi$	Q_y	M_y	$\cos\vartheta\cos\varphi$	$-\sin\varphi$
3	$z = r\sin\varphi$	Q_z	M_z	$\cos\vartheta\sin\varphi$	$\cos\varphi$

(15.4/1

Es gelten die allgemeinen Kraftflußbedingungen (vgl. I.4)

$$F_k = \int_{\varphi=0}^{2\pi} (\sigma_\vartheta c_{k\vartheta} + \tau c_{k\varphi})\, tr d\varphi ,$$

$$M_k = \int_{\varphi=0}^{2\pi} \varepsilon_{ksm} x_s (\sigma_\vartheta c_{m\vartheta} + \tau c_{m\varphi})\, tr d\varphi . \tag{15.4/2}$$

(Summation über s und m)

oder mit Bezug auf (15.4/1), bzw. Abb. 15.8

$$N = \int_{\varphi=0}^{2\pi} \sigma_\vartheta tr \sin\vartheta\, d\varphi ,$$

$$Q_y = \int_{\varphi=0}^{2\pi} (\sigma_\vartheta \cos\vartheta \cos\varphi - \tau \sin\varphi)\, tr d\varphi ,$$

$$Q_z = \int_{\varphi=0}^{2\pi} (\sigma_\vartheta \cos\vartheta \sin\varphi + \tau \cos\varphi)\, tr d\varphi ,$$

$$M_T = \int_{\varphi=0}^{2\pi} \tau t r^2\, d\varphi ,$$

$$M_y = \int_{\varphi=0}^{2\pi} \sigma_\vartheta \sin\vartheta \sin\varphi\, tr^2\, d\varphi ,$$

$$M_z = -\int_{\varphi=0}^{2\pi} \sigma_\vartheta \sin\vartheta \cos\varphi\, tr^2\, d\varphi . \tag{15.4/3}$$

Zur Gewährleistung der Eindeutigkeit sei folgender Ansatz gewählt (vgl. die Bemerkung am Schluß von 15.2; die auftretenden Koeffizienten sind Funktionen von r und ϑ):

$$\sigma_\vartheta t = a_{01} + a_{11}\cos\varphi + b_{11}\sin\varphi + a_{21}\cos 2\varphi + b_{21}\sin 2\varphi + \cdots ,$$

$$\tau t = a_{02} + a_{12}\cos\varphi + b_{12}\sin\varphi + a_{22}\cos 2\varphi + b_{22}\sin 2\varphi + \cdots . \tag{15.4/4}$$

Nach Einsetzen in (15.4/3) folgen

$$2\pi r a_{01}\sin\vartheta = N ,\quad \pi r (a_{11}\cos\vartheta - b_{12}) = Q_y ,$$

$$\pi r (b_{11}\cos\vartheta + a_{12}) = Q_z ,\quad \pi r^2 a_{11}\sin\vartheta = -M_z ,$$

$$\pi r^2 b_{11}\sin\vartheta = M_y ,\quad 2\pi r^2 a_{02} = M_T . \tag{15.4/5}$$

Mithin sind nur die ersten sechs Koeffizienten am Kraftfluß beteiligt; sie ergeben sich aus diesen sechs Gleichungen. Die übrigen Glieder der Reihen (15.4/4) beziehen sich offenbar auf Störungen der Spannungsverteilung auf die hier nicht eingegangen werden kann. Bei Beschränkung auf die ersten sechs Koeffizienten lassen sich die Spannungen folgendermaßen durch die Komponenten der Dyname darstellen:

$$\sigma_\vartheta = \frac{N}{2\pi r t \sin\vartheta} + \frac{M_y \sin\varphi - M_z \cos\varphi}{\pi r^2 t \sin\vartheta},$$

$$\tau = \frac{M_T}{2\pi r^2 t} - \frac{(M_y \cos\varphi + M_z \sin\varphi)\cot\vartheta}{\pi r^2 t} + \frac{Q_z \cos\varphi - Q_y \sin\varphi}{\pi r t},$$

$$\sigma_\varphi = -R_2\sigma_\vartheta/R_1 = -\sigma_\vartheta r/(R_1 \sin\vartheta). \tag{15.4/6}$$

Man überzeugt sich leicht, daß die Gleichgewichtsbedingungen (15.2/9) und (15.2/10) erfüllt sind; dabei sind die für die gesamte Schale geltenden Gleichgewichtsbedingungen

$$N = N_0,\ Q_y = Q_{y0},\ Q_z = Q_{z0},\ M_T = M_{T0},$$
$$M_y = M_{y0} + (x - x_0)\,Q_z,$$
$$M_z = M_{z0} - (x - x_0)\,Q_y, \tag{15.4/7}$$

bzw. nach Differentiation

$$Q_z = \frac{dM_y}{dx} = \frac{1}{R_1 \sin\vartheta}\frac{dM_y}{d\vartheta},\quad Q_y = -\frac{dM_z}{dx} = -\frac{1}{R_1 \sin\vartheta}\frac{dM_z}{d\vartheta} \tag{15.4/8}$$

zu beachten (vgl. I.9.2).

Gegenüber der Biege- und Torsionstheorie prismatischer Stäbe (vgl. 17 und 18) zeigen sich Unterschiede, die durch die Querschnittsänderung bedingt sind (bei σ_ϑ tritt im Nenner der Faktor $\sin\vartheta$ auf, die Schubspannung hängt auch von den Biegemomenten ab, in Umfangsrichtung wirkt die zweite Normalspannung σ_φ). Für $\vartheta = \pi/2$ (Übergang zum kreiszylindrischen Rohr) besteht Übereinstimmung.

Die gewonnene Lösung gilt um so genauer, je mehr die Verteilung der an den beiden Enden eingeleiteten Kräfte dem auf sechs Glieder reduzierten Ansatz (15.4/4) entspricht.

15.5 Beispiele

15.5.1 Halbkugelschale unter Eigengewicht. Eine auf ebener Unterlage verschieblich gelagerte Halbkugelschale mit konstanter Wandstärke (Abb. 15.9) steht unter Eigengewichtsbelastung. Am Volumelement wirkt die Schwerkraft $\gamma t r d\varphi\, R_1\, d\vartheta$ (spezifisches Gewicht γ). Die auf das Flächenelement bezogene Schwerkraft ist daher γt; die ersatzweise vorzunehmende Zerlegung in die normal zur Schale gerichtete Flächenkraft p und die tangential gerichtete Flächenkraft p_ϑ ergibt (Abb. 15.9 rechts)

$$p = -\gamma t \cos\vartheta,\quad p_\vartheta = \gamma t \sin\vartheta.$$

Für die Kugelschale gilt

$$R_1 = R_2 = R,\quad r = R\sin\vartheta,\quad dr = R\cos\vartheta\, d\vartheta.$$

Da der Spannungszustand symmetrisch ist, kann (15.3.1) angewandt werden (für die oben geschlossene Kugelschale ohne Einzellast gilt $r_0 = 0$, $N = 0$):

$$\sigma_\vartheta = -\frac{\gamma R}{\sin^2\vartheta}\int_{\vartheta^*=0}^{\vartheta} \sin\vartheta^*\, d\vartheta^* = -\frac{\gamma R}{\sin^2\vartheta}(1 - \cos\vartheta) = -\frac{\gamma R}{1 + \cos\vartheta}.$$

Aus (15.2/6) folgt
$$\sigma_\varphi = \gamma R\left(\frac{1}{1+\cos\vartheta} - \cos\vartheta\right).$$

Die Spannung σ_ϑ ist überall Druckspannung, während die Spannung σ_φ an einer bestimmten Stelle (ϑ_0) in Zug übergeht; es gilt $\cos^2\vartheta_0 + \cos\vartheta_0 = 1$ und mithin $\cos\vartheta_0 = (\sqrt{5}-1)/2 = 0{,}618$, d.h. $\vartheta_0 = 51°\,8'$. Nachstehende Tabelle enthält einzelne Spannungswerte; vgl. auch die in Abb. 15.9 eingetragenen Kurven.

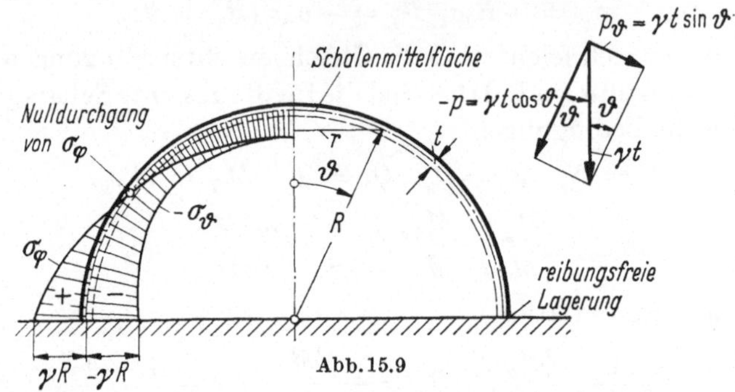

Abb. 15.9

ϑ	0°	30°	45°	51° 8′	60°	90°
$\sigma_\vartheta/(\gamma R)$	−0,5	−0,536	−0,586	−0,618	−0,667	−1,0
$\sigma_\varphi/(\gamma R)$	−0,5	−0,330	−0,121	0	0,167	1,0

15.5.2 Kegelschale unter Außendruck. Eine Kegelschale ist auf ebenem Boden verschieblich gelagert und wird durch äußeren Flüssigkeitsdruck beansprucht (Abb. 15.10, der Flüssigkeitsspiegel reicht bis zur Spitze der Kegelschale). Das Eigengewicht soll vernachlässigt werden. Es folgen (γ ist spezifisches Gewicht der Flüssigkeit):
$$p = -\gamma x = -\gamma r \tan\vartheta, \quad R_1 = \infty,$$
$$R_2 = r/\sin\vartheta, \quad \vartheta = \text{const}.$$

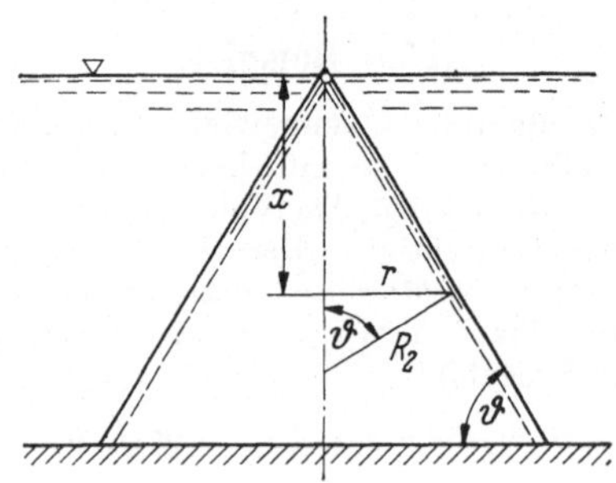

Abb. 15.10

Aus (15.3/1) ergibt sich
$$\sigma_\vartheta = -\frac{\gamma}{rt\cos\vartheta}\int_{r^*=0}^{r} r^{*2}\,dr^* = -\frac{\gamma r^2}{3t\cos\vartheta}$$
und aus (15.2/6) :
$$\sigma_\varphi = -\frac{\gamma r^2}{t\cos\vartheta} = 3\sigma_\vartheta.$$

16 Schub

Viele Bauelemente, insbesondere Schraub-, Niet-, Kleb- und Schweißverbindungen werden bei der Übertragung von Längskräften auf Schub beansprucht (diese technisch wichtige Problemgruppe wurde in zahlreichen Arbeiten behandelt; Beispiele in [16.1—6]).

16.1 Elastizitätsgesetz und Verzerrungsarbeit bei Schub

Für reine Schubbeanspruchung hat das lineare Elastizitätsgesetz die Form (G Schub- oder Gleitmodul)

$$\tau = G\gamma. \tag{16.1/1}$$

Für die Verzerrungsarbeit pro Volumeneinheit folgt aus (8.2/7)

$$W^{***} = \tau^2/(2G) = G\gamma^2/2. \tag{16.1/2}$$

16.2 Schraub- und Nietverbindungen

16.2.1 Bolzenschub- und Lochleibungsbeanspruchung. Mit Bezug auf Abb. 16.1 sei bei Schraub- und Nietverbindungen die im einzelnen Schraub- oder Nietbolzen übertragene Schubkraft mit B und der

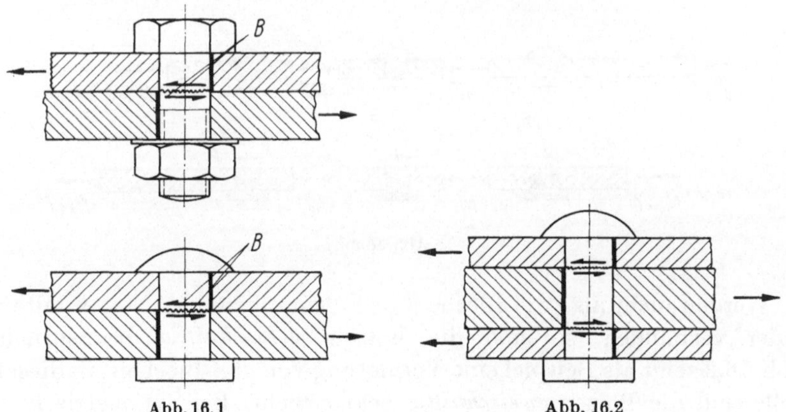

Abb. 16.1 Abb. 16.2

zugehörige Bolzenquerschnitt mit $A_b = \pi\, d^2/4$ bezeichnet (d ist Bolzendurchmesser). Für die *mittlere Schubspannung* des Bolzens gilt dann

$$\tau = B/A_b. \tag{16.2/1}$$

In der technischen Festigkeitslehre wird auf diesen Spannungswert Bezug genommen und beim *Spannungsnachweis*

$$\tau \leq \tau_{zul} \tag{16.2/2}$$

gefordert; hierbei ist τ_{zul} (die *zulässige Schubspannung*) ein durch Versuche und Erfahrung festgelegter Werkstoffkennwert. Beim *Tragfähigkeitsnachweis* gilt

$$B_{\mathrm{zul}} \leq A_b \tau_{\mathrm{zul}} \tag{16.2/3}$$

und bei der *Bemessung* oder *Dimensionierung*

$$A_b \geq B/\tau_{\mathrm{zul}}. \tag{16.2/4}$$

An den Berührungsflächen zwischen Bolzenschaft und Lochwandung treten *Lochleibungsspannungen* auf (Kontaktspannungen, vgl. 12.4.1). In Abb. 16.1, 16.2 und 16.3 sind schubbeanspruchte Schnittflächen durch Schlangenlinien und auf Lochleibung beanspruchte Kontaktflächen durch dicke Linien hervorgehoben. Mit d als Bolzendurchmesser und t als Dicke des dünneren Bleches gilt

$$\sigma_L = B/(td) \leq \sigma_{L\mathrm{zul}}. \tag{16.2/5}$$

Hierbei ist σ_L die Lochleibungsspannung und $\sigma_{L\mathrm{zul}}$ die *zulässige Lochleibungsspannung*.

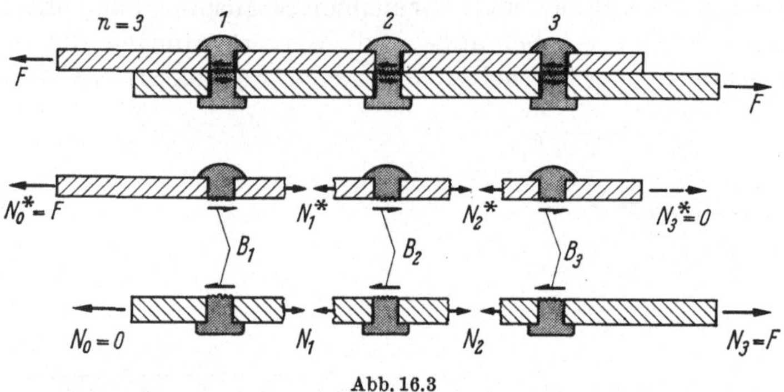

Abb. 16.3

Werden mehr als zwei Bleche durch Schrauben oder Nieten miteinander verbunden, so sind die Bolzen *mehrschnittig* beansprucht. Abb. 16.2 zeigt als Beispiel eine Vernietung von *drei* Blechen; in diesem Falle sind die Bolzen *zweischnittig* beansprucht. Bei Symmetrie kann eine solche Anordnung in derselben Weise behandelt werden wie die Verbindung zweier Bleche, wenn in der für zwei Bleche geltenden Theorie als Dicke des einen Bleches die Summe der Blechstärken der beiden äußeren Bleche eingesetzt wird.

16.2.2 Bolzenreihe bei Längsschub. Liegen mehrere Schraub- oder Nietbolzen in Schubrichtung hintereinander (Abb. 16.3), so wird das Spannungsproblem statisch unbestimmt. Die Bolzen seien von links nach rechts laufend mit $\beta = 1, 2, \ldots, n$ numeriert, hierbei ist n die Zahl der Bolzen. Die Zahl β dient zugleich zur Kennzeichnung der auftretenden Kräfte, und zwar sind B_β die Bolzenkräfte, N_β die Längskräfte im unteren Blech und N_β^* die Längskräfte im oberen Blech (die Längskräfte tragen die gleichen Nummern wie die jeweils links daneben befindlichen Bolzen). Die Längskräfte mit dem Index n beziehen sich auf die von rechts eingeleiteten äußeren Kräfte. Andererseits seien die Längskräfte am linken Ende der Verbindung, d.h. außerhalb der Bolzenreihe, durch den Index 0 gekennzeichnet (sie beziehen sich auf die von links angreifenden äußeren Kräfte, die mit den von rechts eingeleite-

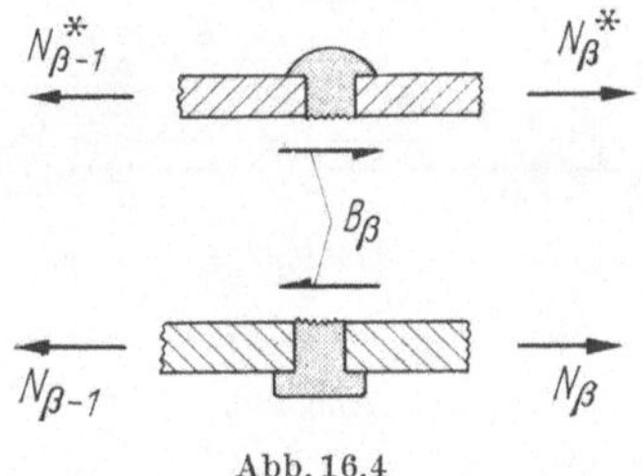

Abb. 16.4

ten äußeren Kräften eine Gleichgewichtsgruppe bilden). Abb. 16.3 veranschaulicht den Fall $n = 3$, d.h. eine Verbindung mit drei Bolzen. Aus den Gleichgewichtsbedingungen der durch Zerschneiden der Bolzen und der Bleche entstehenden Teile, sowie aus den Krafteinleitungsbedingungen folgen: $N_0 = 0$, $N_0^* = F$, $B_1 = N_1 - N_0 = N_0^* - N_1^*$, $B_2 = N_2 - N_1 = N_1^* - N_2^*$, $B_3 = N_3 - N_2 = N_2^* - N_3^*$, $N_3 = F$, $N_3^* = 0$. Die für den Aufbau der Gleichgewichtsbedingungen geltende Gesetzmäßigkeit ist hieraus leicht zu erkennen. Allgemein gilt (Abb. 16.4)

$$\begin{gathered} B_\beta = N_\beta - N_{\beta-1} = N_{\beta-1}^* - N_\beta^* \quad \text{für} \quad \beta = 1, 2, \ldots, n, \\ N_0 = 0,\ N_0^* = F,\ N_n = F,\ N_n^* = 0. \end{gathered} \tag{16.2/6}$$

Mithin stehen für n unbekannte Bolzenkräfte und $2(n-1)$ unbekannte Längskräfte $2n-1$ Gleichungen zur Verfügung, so daß eine $(n-1)$-fache statische Unbestimmtheit vorliegt.

Bei Elimination von B_β folgt $N_\beta + N_\beta^* = N_{\beta-1} + N_{\beta-1}^*$, d.h. diese Summe hat für jedes β denselben Wert, also auch für $\beta = 0$ und $\beta = n$, so daß

$$N_\beta + N_\beta^* = F \tag{16.2/7}$$

folgt (Gleichgewicht bei Schnitt durch beide Bleche).

Zur Aufstellung der erforderlichen $n - 1$ Kompatibilitätsbedingungen sei der zwischen den Bolzen β und $\beta + 1$ befindliche Bereich im verformten Zustand untersucht (Abb. 16.5). Die Schnittpunkte der strichpunktiert gezeichneten Bolzenmittellinien mit den Mittelflächen der Bleche seien mit *I*, *II*, *III*, *IV* bezeichnet. Die Bolzen erfahren eine von Biegung begleitete Schubverformung. Die Nachgiebigkeit der

Bleche gegenüber der Lochleibungsbeanspruchung zeigt sich in einer leichten Verwölbung der Bleche (in Abb. 16.4 ist diese Verformungsart aus Gründen der Übersichtlichkeit nicht eingezeichnet) und einer mehr oder weniger starken Aufweitung der Löcher, wodurch eine zusätzliche Schrägstellung der Bolzen bewirkt wird. Werden diese Effekte innerhalb der linearen Theorie zur Bolzenkraft proportional angenommen,

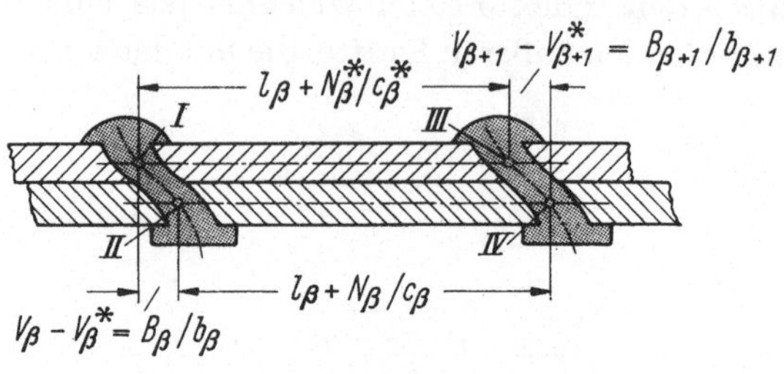

Abb. 16.5

so kann mit Einführung der Steifigkeitszahl b_β für Verformung von Bolzen *und* Lochwand die relative Verschiebung der Punkte *I* und *II* gleich B_β/b_β, der Punkte *III* und *IV* gleich $B_{\beta+1}/b_{\beta+1}$ gesetzt werden. Die zwischen den Bolzen befindlichen Blechabschnitte mit der ursprünglichen Länge l_β erfahren infolge der Zugkräfte N_β bzw. N_β^* bei linearer Verformung die Verlängerungen N_β/c_β bzw. N_β^*/c_β^*. Hierbei sind c_β und c_β^* Steifigkeitszahlen im Sinne von 12.3, d.h. es gilt

$$c_\beta = E_\beta A_\beta / l_\beta, \quad c_\beta^* = E_\beta^* A_\beta^* / l_\beta, \tag{16.2/8}$$

mit E_β bzw. E_β^* als Elastizitätsmoduln und A_β bzw. A_β^* als Blechquerschnitte. Die relative Verschiebung der Punkte *I* und *IV* kann sowohl auf dem Wege über *II*, als auch über *III* durch die angegebenen Formänderungsgrößen ausgedrückt werden. Die geometrisch zu fordernde Übereinstimmung der beiden Beträge führt auf die *Kompatibilitätsbedingung*

$$B_\beta/b_\beta + N_\beta/c_\beta = N_\beta^*/c_\beta^* + B_{\beta+1}/b_{\beta+1}. \tag{16.2/9}$$

Diese Bedingung gilt für $\beta = 1, 2, \ldots, n-1$, liefert also gerade die noch fehlenden $n-1$ Gleichungen. Mit $B_\beta = N_\beta - N_{\beta-1}$, $B_{\beta+1} = N_{\beta+1} - N_\beta$ [vgl. (16.2/6)] und $N_\beta^* = F - N_\beta$ [vgl. (16.2/7)] ergibt sich nachstehende *lineare Differenzengleichung zweiter Ordnung*:

$$\frac{1}{b_{\beta+1}} N_{\beta+1} - \left(\frac{1}{b_{\beta+1}} + \frac{1}{b_\beta} + \frac{1}{c_\beta} + \frac{1}{c_\beta^*}\right) N_\beta + \frac{1}{b_\beta} N_{\beta-1} = -\frac{1}{c_\beta^*} F. \tag{16.2/10}$$

Sind alle Bolzen gleichartig, ihre Abstände gleich groß und die Bleche von gleicher konstanter Dicke, so gilt $b_\beta = b$ und $c_\beta = c_\beta^* = c$.

Mit der Abkürzung $b/c = g$ geht dann (16.2/10) über in:

$$N_{\beta+1} - 2(1 + g)\,N_\beta + N_{\beta-1} = -gF. \qquad (16.2/11)$$

Diese $n - 1$ Gleichungen für die $n - 1$ Unbekannten N_β mit dem Anfangswert $N_0 = 0$ und dem Endwert $N_n = F$ lassen sich leicht lösen. Tabelle (16.2/12), S. 160 zeigt im oberen Teil die Ergebnisse für $n = 1$ bis 5. Die Tabelle enthält auch die Werte von B_β und N_β^*, die sich nach Ermittlung der N_β aus (16.2/6) und (16.2/7) ermitteln lassen.

Für große n lohnt sich die Bezugnahme auf die allgemeine Lösung der Differenzengleichung (16.2/11). Da es sich um eine lineare Differenzengleichung mit konstanten Koeffizienten handelt, kann die allgemeine Lösung — ähnlich wie bei linearen Differentialgleichungen mit konstanten Koeffizienten — durch Exponential-, Hyperbel- und trigonometrische Funktionen dargestellt werden. Im vorliegenden Falle sei folgender Ansatz gewählt:

$$N_\beta = C_1 \cosh(\beta q) + C_2 \sinh(\beta q) + C_3. \qquad (16.2/13)$$

Die Größen q und C_3 stellen Festwerte dar, die sich durch Anpassung des Ansatzes an die zu erfüllende Differenzengleichung ergeben, während die Konstanten C_1 und C_2 zur Erfüllung der Anfangs- bzw. Endbedingungen zur Verfügung stehen. Durch Einsetzen in (16.2/11) und mit Anwendung der Additionstheoreme

$$\sinh(\alpha + \gamma) = \sinh\alpha \cosh\gamma + \cosh\alpha \sinh\gamma,$$

$$\cosh(\alpha + \gamma) = \sinh\alpha \sinh\gamma + \cosh\alpha \cosh\gamma$$

folgt

$$2C_1 \cosh(\beta q)\,[\cosh q - 1 - g] + 2C_2 \sinh(\beta q)\,[\cosh q - 1 - g] - 2gC_3 = -gF. \qquad (16.2/14)$$

Damit dieser Ausdruck für jedes β (innerhalb des Definitionsbereiches) Null liefert, muß

$$\cosh q = 1 + g, \quad C_3 = F/2 \qquad (16.2/15)$$

gesetzt werden. Ferner folgt aus der Anfangsbedingung $N_0 = 0$:

$$C_1 = -F/2. \qquad (16.2/16)$$

Mit diesen Werten geht (16.2/13) über in

$$N_\beta = \frac{F}{2}\,[1 - \cosh(\beta q)] + C_2 \sinh(\beta q). \qquad (16.2/17)$$

Für die auf Längsschub beanspruchte Bolzenreihe (Abb. 16.3) gilt ferner die Endbedingung $N_n = F$. Damit ergibt sich

$$C_2 = \frac{F\,[1 + \cosh(nq)]}{2\sinh(nq)} = \frac{F}{2}\coth\left(\frac{nq}{2}\right). \qquad (16.2/18)$$

n	System	B_1/F	B_2/F	B_3/F	B_4/F	B_5/F	N_1/F	N_2/F	N_3/F	N_4/F	N_5/F	N_1^*/F	N_2^*/F	N_3^*/F	N_4^*/F	N_5^*/F
2		$\frac{1}{2}$	$\frac{1}{2}$				$\frac{1}{2}$	1				$\frac{1}{2}$	0			
3		$\frac{1+g}{3+2g}$	$\frac{1}{3+2g}$	$\frac{1+g}{3+2g}$			$\frac{1+g}{3+2g}$	$\frac{2+g}{3+2g}$	1			$\frac{2+g}{3+2g}$	$\frac{1+g}{3+2g}$	0		
4		$\frac{1+2g}{4+4g}$	$\frac{1}{4+4g}$	$\frac{1}{4+4g}$	$\frac{1+2g}{4+4g}$		$\frac{1+2g}{4+4g}$	$\frac{1}{2}$	$\frac{3+2g}{4+4g}$	1		$\frac{3+2g}{4+4g}$	$\frac{1}{2}$	$\frac{1+2g}{4+4g}$	0	
5		$\frac{1+4g+2g^2}{5+10g+4g^2}$	$\frac{1+g}{5+10g+4g^2}$	$\frac{1}{5+10g+4g^2}$	$\frac{1+g}{5+10g+4g^2}$	$\frac{1+4g+2g^2}{5+10g+4g^2}$	$\frac{1+4g+2g^2}{5+10g+4g^2}$	$\frac{2+5g+2g^2}{5+10g+4g^2}$	$\frac{3+5g+2g^2}{5+10g+4g^2}$	$\frac{4+6g+2g^2}{5+10g+4g^2}$	1	$\frac{4+6g+2g^2}{5+10g+4g^2}$	$\frac{3+5g+2g^2}{5+10g+4g^2}$	$\frac{2+5g+2g^2}{5+10g+4g^2}$	$\frac{1+4g+2g^2}{5+10g+4g^2}$	0
2		$\frac{g}{2+2g}$	$-\frac{g}{2+2g}$				$\frac{g}{2+2g}$	0				$\frac{2+g}{2+2g}$	1			
3		$\frac{g}{1+2g}$	0	$-\frac{g}{1+2g}$			$\frac{g}{1+2g}$	$\frac{g}{1+2g}$	0			$\frac{1+g}{1+2g}$	$\frac{1+g}{1+2g}$	1		
4		$\frac{3g+2g^2}{2+8g+4g^2}$	$\frac{g}{2+8g+4g^2}$	$-\frac{g}{2+8g+4g^2}$	$-\frac{3g+2g^2}{2+8g+4g^2}$		$\frac{3g+2g^2}{2+8g+4g^2}$	$\frac{4g+2g^2}{2+8g+4g^2}$	$\frac{3g+2g^2}{2+8g+4g^2}$	0		$\frac{2+5g+2g^2}{2+8g+4g^2}$	$\frac{2+4g+2g^2}{2+8g+4g^2}$	$\frac{2+5g+2g^2}{2+8g+4g^2}$	1	
5		$\frac{2g+2g^2}{1+6g+4g^2}$	$\frac{g}{1+6g+4g^2}$	0	$-\frac{g}{1+6g+4g^2}$	$-\frac{2g+2g^2}{1+6g+4g^2}$	$\frac{2g+2g^2}{1+6g+4g^2}$	$\frac{3g+2g^2}{1+6g+4g^2}$	$\frac{3g+2g^2}{1+6g+4g^2}$	$\frac{2g+2g^2}{1+6g+4g^2}$	0	$\frac{1+4g+2g^2}{1+6g+4g^2}$	$\frac{1+3g+2g^2}{1+6g+4g^2}$	$\frac{1+3g+2g^2}{1+6g+4g^2}$	$\frac{1+4g+2g^2}{1+6g+4g^2}$	1

(16.2/12)

Damit geht (16.2/17) bei weiterer Umformung in

$$N_\beta = \frac{F}{2\sinh(nq/2)}\left[\sinh\left(\frac{nq}{2}\right) + \sinh\left(\beta q - \frac{nq}{2}\right)\right] \qquad (16.2/19)$$

über. Für die Bolzenkraft folgt aus (16.2/6) nach Umformung

$$B_\beta = F\frac{\sinh(q/2)}{\sinh(nq/2)}\cosh\left(\beta q - \frac{nq}{2} - \frac{q}{2}\right). \qquad (16.2/20)$$

Schließlich errechnen sich die Längskräfte des oberen Bleches gemäß (16.2/7) zu $N_\beta^* = F - N_\beta$.

Die maximale Bolzenkraft tritt stets beim ersten und letzten Bolzen auf:

$$B_{\max} = B_1 = B_n = F\frac{\sinh(q/2)\cosh[(n-1)q/2]}{\sinh(nq/2)}. \qquad (16.2/21)$$

Bei starren Bolzen bzw. weichen Blechen (Grenzfall $g = \infty$ bzw. $q = \infty$) nehmen der erste und der letzte Bolzen je die Hälfte der Kraft F auf, während die übrigen Bolzen unbelastet bleiben. Bei weichen Bolzen bzw. starren Blechen (Grenzfall $g = 0$ bzw. $q = 0$) ergibt sich für alle Bolzen $B_\beta = F/n$, d.h. die Last verteilt sich zu gleichen Teilen auf alle Bolzen. Der wirklich eintretende Zustand liegt zwischen beiden Grenzfällen, so daß der erste und letzte Bolzen eine größere Kraft, die übrigen Bolzen kleinere Kräfte aufzunehmen haben als F/n. Da Ungenauigkeiten der Herstellung und der Montage sowie thermische Einflüsse zu unvermeidlichen Spannungsstörungen Veranlassung geben, die sich den theoretisch erfaßbaren Spannungen überlagern, rechnet man oft mit dem Mittelwert F/n als Näherung.

Sind die Bolzen verschieden, so folgt für den Grenzfall der starren Bleche ($c_\beta = \infty$, $c_\beta^* = \infty$) aus (16.2/9) mit V als konstanter Relativverschiebung:

$$B_{\beta+1}/b_{\beta+1} = B_\beta/b_\beta = V, \quad \text{d.h.} \quad B_\beta = Vb_\beta. \qquad (16.2/22)$$

Die Gesamtlast F ist gleich der Summe der Bolzenkräfte [Folgerung aus (16.2/6) oder Gleichgewicht an einem der beiden Bleche nach Zerschneiden aller Bolzen]:

$$F = \sum_{\beta=1}^{n} B_\beta = V\sum_{\beta=1}^{\beta} b_\beta. \qquad (16.2/23)$$

Mit Einführung der *mittleren Steifigkeit*

$$b = \frac{1}{n}\sum_{\beta=1}^{n} b_\beta \qquad (16.2/24)$$

ergibt sich

$$V = F/(nb) \qquad (16.2/25)$$

und

$$B_\beta = Fb_\beta/(nb). \qquad (16.2/26)$$

Das Produkt nb stellt hierbei die Summe aller Bolzensteifigkeiten dar.

16.2.3 Versteifungsblech. Wird durch eine Schraub- oder Nietbolzenreihe an einem kraftübertragenden Blech aus konstruktiven Gründen ein zweites Blech angeschlossen, so nimmt dieses infolge der aufgezwungenen Verzerrung in seinem mittleren Bereich an der Kraftübertragung teil, obwohl von außen her keine Kraft eingeleitet wird. Beziehen sich die Kräfte N_β auf dieses Versteifungsblech, so ändert sich die bisherige Überlegung nur hinsichtlich der Endbedingung, die nunmehr $N_n = 0$ heißt. Die Ergebnisse der rechnerischen Lösung der Differenzengleichung (16.2/11) mit $N_0 = N_n = 0$ sind im unteren Teil der Tabelle (16.2/12) ersichtlich.

Bei Anwendung der allgemeinen Lösung (16.2/17) folgen

$$C_2 = \frac{F}{2} \tanh(nq/2), \tag{16.2/27}$$

$$N_\beta = \frac{F}{2\cosh(nq/2)} \left[\cosh\left(\frac{nq}{2}\right) - \cosh\left(\beta q - \frac{nq}{2}\right)\right], \tag{16.2/28}$$

$$B_\beta = -F \frac{\sinh(q/2)}{\cosh(nq/2)} \sinh\left(\beta q - \frac{nq}{2} - \frac{q}{2}\right). \tag{16.2/29}$$

Für $q = \infty$ folgt wieder $B_1 = B_n = F/2$, $B_2 = \cdots = B_{n-1} = 0$. Für $q = 0$ ergibt sich jedoch $B_\beta = 0$.

16.2.4 Unsymmetrisch belastetes ebenes Schraub- oder Nietfeld. Soll ein ebenes Schraub- oder Nietfeld eine Kraft übertragen, deren Wirkungslinie eine beliebige Lage in der Feldebene einnimmt (Abb. 16.6),

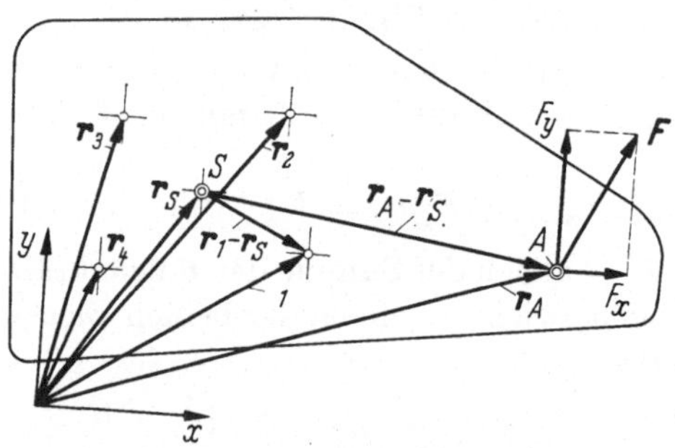

Abb. 16.6

so ergibt sich im Grenzfall der starren Bleche folgende Näherungslösung. Die miteinander verbundenen Bleche können relativ zueinander (wie starre Körper bei ebener Bewegung) nur eine Translation und eine Rotation in der Ebene ausführen. Als kinematischer und statischer Bezugspunkt wird zweckmäßig der Schwerpunkt S des Systems der mit den Steifigkeiten b_β belegten Bolzenmittelpunkte gewählt. Die Koordinaten x, y eines kartesischen Koordinatensystems x, y, z mögen in der Feldebene liegen, ebenso die Ortsvektoren $\boldsymbol{r}_\beta$ der Bolzenmittelpunkte und der Schwerpunktsvektor $\boldsymbol{r}_s$. Mit Bezug auf I.19.2 gilt dann

$$\sum_{\beta=1}^{n} b_\beta(\boldsymbol{r}_\beta - \boldsymbol{r}_s) = 0 \tag{16.2/30}$$

und mit Verwendung der mittleren Steifigkeit (16.2/24)

$$\boldsymbol{r}_s = \frac{1}{nb} \sum_{\beta=1}^{n} b_\beta \boldsymbol{r}_\beta. \tag{16.2/31}$$

Der Vektor der kleinen Relativverschiebung in S sei mit $\boldsymbol{V}_s$, der Vektor der kleinen Relativdrehung mit $\boldsymbol{\varphi} = \varphi \boldsymbol{e}_z$ bezeichnet. Mit Anwendung der in I.20.3 abgeleiteten Beziehungen für die Bewegung des starren Körpers gilt dann für den Vektor der Relativverschiebung an der Stelle des Bolzens mit der Nummer β

$$\boldsymbol{V}_\beta = \boldsymbol{V}_s + \varphi \boldsymbol{e}_z \times (\boldsymbol{r}_\beta - \boldsymbol{r}_s). \tag{16.2/32}$$

Wie beim Grenzfall $c_\beta = \infty$, $c_\beta^* = \infty$ in 16.2.2 wird der Vektor $\boldsymbol{B}_\beta$ der Bolzenkraft zum Vektor $\boldsymbol{V}_\beta$ der Relativverschiebung der Bleche proportional gesetzt (mit der Steifigkeitszahl b_β als Proportionalitätsfaktor):

$$\boldsymbol{B}_\beta = b_\beta \boldsymbol{V}_\beta = b_\beta [\boldsymbol{V}_s + \varphi \boldsymbol{e}_z \times (\boldsymbol{r}_\beta - \boldsymbol{r}_s)]. \tag{16.2/33}$$

Die Bolzenkräfte $\boldsymbol{B}_\beta$ haben zusammen mit dem äußeren Kraftvektor $\boldsymbol{F}$ die Bedingungen des Gleichgewichtes einer ebenen Kräftegruppe zu erfüllen (vgl. I.6.2):

$$\sum_{\beta=1}^{n} \boldsymbol{B}_\beta = -\boldsymbol{F}, \quad \sum_{\beta=1}^{n} [(\boldsymbol{r}_\beta - \boldsymbol{r}_s) \times \boldsymbol{B}_\beta] = -(\boldsymbol{r}_A - \boldsymbol{r}_s) \times \boldsymbol{F} = -\boldsymbol{M}_s. \tag{16.2/34}$$

Hierbei wurde der Schwerpunkt S als Momentenbezugspunkt verwendet und das Moment von $\boldsymbol{F}$ in bezug auf S mit $\boldsymbol{M}_s$, ferner der Ortsvektor des Angriffspunktes A der Kraft $\boldsymbol{F}$ mit $\boldsymbol{r}_A$ bezeichnet. Nach Einsetzen von (16.2/33) folgen

$$\boldsymbol{V}_s \sum_{\beta=1}^{n} b_\beta + \varphi \boldsymbol{e}_z \times \sum_{\beta=1}^{n} b_\beta (\boldsymbol{r}_\beta - \boldsymbol{r}_s) = -\boldsymbol{F} \tag{16.2/35}$$

und

$$\boldsymbol{V}_s \times \sum_{\beta=1}^{n} b_\beta (\boldsymbol{r}_\beta - \boldsymbol{r}_s) - \varphi \sum_{\beta=1}^{n} b_\beta (\boldsymbol{r}_\beta - \boldsymbol{r}_s) \times [\boldsymbol{e}_z \times (\boldsymbol{r}_\beta - \boldsymbol{r}_s)] = \boldsymbol{M}_s. \tag{16.2/36}$$

Das zweite Glied in (16.2/35) und das erste in (16.2/36) verschwinden wegen der Schwerpunktbedingung (16.2/30). Zur Ausrechnung des auf der linken Seite von (16.2/36) rechts stehenden Ausdruckes dienen die folgenden, aus I.3.3 hervorgehenden Rechenschritte:

$$\boldsymbol{e}_z \times (\boldsymbol{r}_\beta - \boldsymbol{r}_s) = \begin{vmatrix} \boldsymbol{e}_x & \boldsymbol{e}_y & \boldsymbol{e}_z \\ 0 & 0 & 1 \\ x_\beta - x_s & y_\beta - y_s & 0 \end{vmatrix}$$

$$= -\boldsymbol{e}_x(y_\beta - y_s) + \boldsymbol{e}_y(x_\beta - x_s),$$

$$b_\beta(\boldsymbol{r}_\beta - \boldsymbol{r}_s) \times [\boldsymbol{e}_z \times (\boldsymbol{r}_\beta - \boldsymbol{r}_s)] = \begin{vmatrix} \boldsymbol{e}_x & \boldsymbol{e}_y & \boldsymbol{e}_z \\ b_\beta(x_\beta - x_s) & b_\beta(y_\beta - y_s) & 0 \\ -(y_\beta - y_s) & (x_\beta - x_s) & 0 \end{vmatrix}$$

$$= \boldsymbol{e}_z b_\beta[(x_\beta - x_s)^2 + (y_\beta - y_s)^2] = \boldsymbol{e}_z b_\beta(\boldsymbol{r}_\beta - \boldsymbol{r}_s)^2.$$

Mit Verwendung der mittleren Steifigkeit (16.2/24) und der Hilfsgröße

$$\sum_{\beta=1}^{n} b_\beta(\boldsymbol{r}_\beta - \boldsymbol{r}_s)^2 = \theta, \tag{16.2/37}$$

sowie mit $\boldsymbol{M}_s = \boldsymbol{e}_s M_s$ folgen

$$\boldsymbol{V}_s = -\boldsymbol{F}/(nb), \; \varphi = -M_s/\theta. \tag{16.2/38}$$

Nach Einsetzen in (16.2/33) ergibt sich

$$\boldsymbol{B}_\beta = -\boldsymbol{F} b_\beta/(nb) - M_s b_\beta \boldsymbol{e}_z \times (\boldsymbol{r}_\beta - \boldsymbol{r}_s)/\theta. \tag{16.2/39}$$

Im *Sonderfall* $b_\beta = b$ gilt

$$\begin{aligned} \boldsymbol{r}_s &= \frac{1}{n} \sum_{\beta=1}^{n} \boldsymbol{r}_\beta, \; \theta = b\varrho^2 \text{ mit } \varrho^2 = \sum_{\beta=1}^{n} (\boldsymbol{r}_\beta - \boldsymbol{r}_s)^2, \\ \boldsymbol{B}_\beta &= -\boldsymbol{F}/n - M_s \boldsymbol{e}_z \times (\boldsymbol{r}_\beta - \boldsymbol{r}_s)/\varrho^2, \end{aligned} \tag{16.2/40}$$

oder in Komponenten

$$\begin{aligned} x_s &= \frac{1}{n} \sum_{\beta=1}^{n} x_\beta, \; y_s = \frac{1}{n} \sum_{\beta=1}^{n} y_\beta, \\ \varrho^2 &= \sum_{\beta=1}^{n} [(x_\beta - x_s)^2 + (y_\beta - y_s)^2], \\ B_{x\beta} &= -F_x/n + M_s(y_\beta - y_s)/\varrho^2, \\ B_{y\beta} &= -F_y/n - M_s(x_\beta - x_s)/\varrho^2, \\ M_s &= F_y(x_A - x_s) - F_x(y_A - y_s). \end{aligned} \tag{16.2/41}$$

16.3 Kontinuierliche Verbindungen

Aus fertigungstechnischen Gründen werden kontinuierliche Verbindungen, wie z. B. Kleb- und Schweißverbindungen, häufig bevorzugt. Nachstehend werden einige typische Spannungszustände behandelt.

16.3.1 Parallele Schweißnähte oder Klebschichten bei Längsschub. Zwei Bleche oder Flachstäbe, gekennzeichnet durch die Indizes 1 und 2, seien durch n parallele schmale Klebschichten oder Schweißnähte verbunden, die einander völlig gleichen (Abb. 16.7; Abb. 16.8 zeigt als Bei-

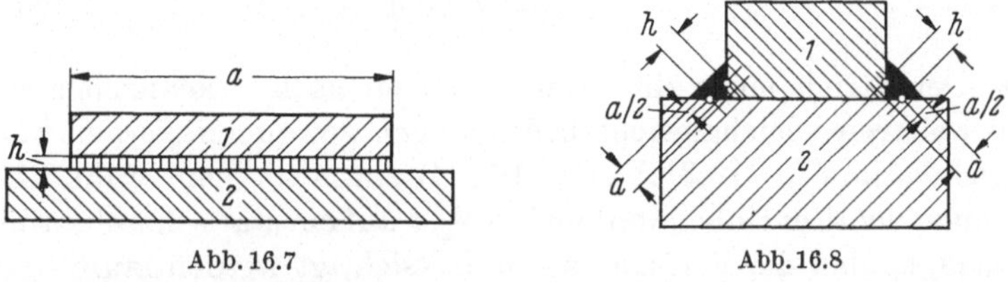

Abb. 16.7 Abb. 16.8

spiel den Querschnitt für $n = 2$). Die Höhe der Schweißnähte bzw. Dicke der Klebschichten, gemessen von der Mitte der einen Schweißkante zur Mitte der anderen, sei h. Die Breite der Klebschichten bzw. die kleinste Breite der Schweißnähte, sei a. Die in den Klebschichten bzw. Schweißnähten auftretende Schubspannung sei mit τ_s bezeichnet. Das Produkt

$$T = na\tau_s \tag{16.3/1}$$

heißt *Schubfluß*. Ein durch die ganze Verbindung gelegter Querschnitt macht die Längskräfte N_1 und N_2 zu äußeren Kräften, und es gilt die Gleichgewichtsbedingung (Abb. 16.9)

$$N_1 + N_2 - F = 0. \tag{16.3/2}$$

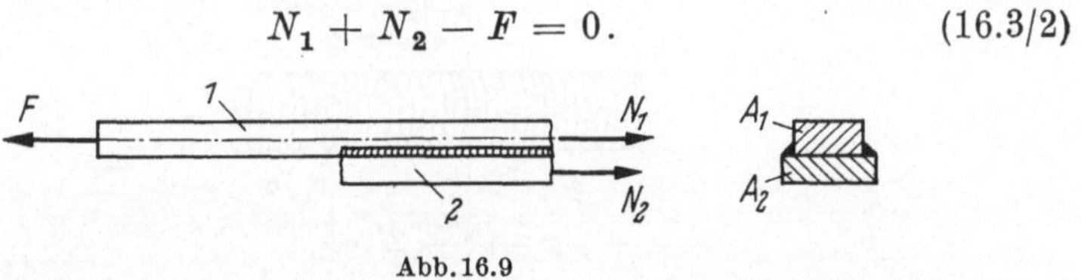

Abb. 16.9

In Längsrichtung sei die Koordinate x eingeführt. Wird aus dem zweiten Blech bzw. Stab ein Element von der Länge dx herausgeschnitten, so erscheint auch der Schubfluß T als äußere Kraft (Abb. 16.10).

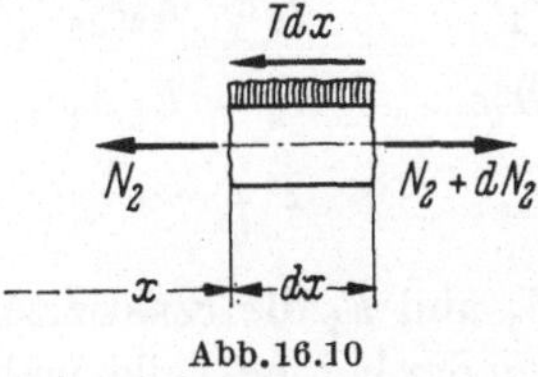

Abb. 16.10

Im Querschnitt an der Stelle x wirkt die Längskraft N_2, die ebenso wie N_1 und T als stetige und differenzierbare Funktion von x vorausgesetzt sei. Im Querschnitt an der Stelle $x + dx$ gilt mit Bezug auf I.9.2

für die Normalkraft $N_2(x + dx) = N_2 + dN_2$. Das Gleichgewicht verlangt

$$N_2 + dN_2 - N_2 - T\,dx = 0, \tag{16.3/3}$$

woraus

$$N_2' - T = 0 \tag{16.3/4}$$

folgt. Der Strich möge die Differentiation nach x kennzeichnen. Da keine weiteren Gleichgewichtsbedingungen gewonnen werden können, die nicht schon in (16.3/2) und (16.3/4) enthalten sind, führt die Bestimmung der drei Unbekannten N_1, N_2, t auf ein statisch unbestimmtes Problem, so daß die Verformung berücksichtigt werden muß.

Die Verschiebungen der einzelnen Punkte der beiden Teile seien mit V_1 und V_2, die Winkeländerung der Klebschichten bzw. Schweißnähte mit γ_s bezeichnet; auch diese Größen werden als stetige und differenzierbare Funktionen von x vorausgesetzt. Bei kleiner Verformung läßt sich aus Abb. 16.11 die Kompatibilitätsbedingung

$$V_2 - V_1 - \gamma_s h = 0 \tag{16.3/5}$$

ablesen. Mit Bezug auf 4.3 gilt für die Dehnungen

$$\varepsilon_1 = V_1', \; \varepsilon_2 = V_2'. \tag{16.3/6}$$

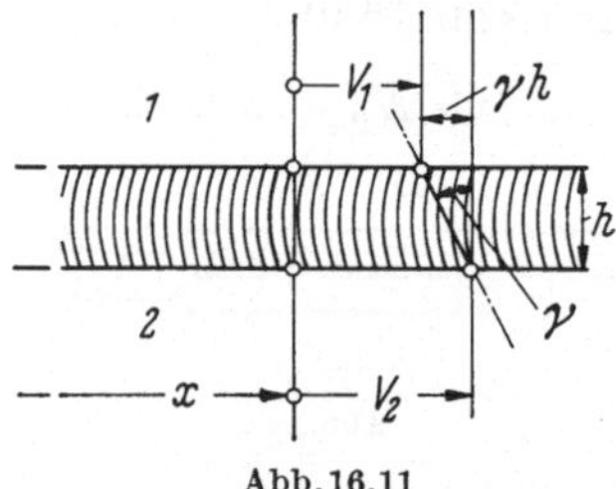

Abb. 16.11

Wird ferner die Gültigkeit des Hookeschen Gesetzes angenommen, so sind

$$\begin{aligned} \sigma_1 &= E_1\varepsilon_1 & \sigma_2 &= E_2\varepsilon_2, \\ N_1 &= E_1A_1\varepsilon_1, & N_2 &= E_2A_2\varepsilon_2, \\ \tau_s &= G_s\gamma_s, & T &= naG_s\gamma_s = na\tau_s \end{aligned} \tag{16.3/7}$$

zu setzen. Hierbei sind E_1 und E_2 die Elastizitätsmoduln, ferner A_1 und A_2 die Querschnittsflächen der beiden Teile, während G_s der Schubmodul der Klebschichten bzw. der Schweißnähte ist.

Aus (16.3/2) folgt mit (16.3/6) und (16.3/7)

$$E_1A_1V_1' + E_2A_2V_2' - F = 0. \tag{16.3/8}$$

Aus (16.3/4), (16.3/6) und (16.3/7) ergibt sich

$$(E_2A_2V_2')' - naG_s\gamma_s = 0. \tag{16.3/9}$$

Die Verschiebung V_1 kann mit Bezug auf (16.3/5) auf V_2 zurückgeführt werden:

$$V_1 = V_2 - \gamma_s h. \tag{16.3/10}$$

Hiermit folgt aus (16.3/8)

$$V_2' = \frac{E_1A_1(\gamma_s h)' + F}{E_1A_1 + E_2A_2} \tag{16.3/11}$$

und durch Einsetzen in (16.3/9)

$$\left[\frac{E_1A_1E_2A_2(\gamma_s h)' + E_2A_2F}{E_1A_1 + A_2E_2}\right]' - naG_s\gamma_s = 0. \tag{16.3/12}$$

Das Problem ist damit auf eine lineare Differentialgleichung zweiter Ordnung mit veränderlichen Koeffizienten zurückgeführt. Der weitere Lösungsweg wird für drei Beispiele beschrieben.

16.3.2 Schweiß- oder Klebverbindung gleicher Festigkeit. Wird gleiche Festigkeit, d.h. $\sigma_1 = \sigma_2 = \sigma =$ const und $\tau_s =$ const gefordert, so gilt auch $E_1 = E_2 = E =$ const und $G_s =$ const; mit den weiteren Voraussetzungen $a =$ const und $h =$ const folgt aus (16.3/1) $t =$ const, aus (16.3/7) $\gamma_s =$ const, und aus (16.3/12)

$$\left(\frac{A_2}{A_1 + A_2}\right)' = \frac{naG_s\gamma_s}{F} \tag{16.3/13}$$

mit dem Integral

$$\frac{A_2}{A_1 + A_2} = \frac{naG_s\gamma_s}{F}(x - x_0). \tag{16.3/14}$$

Hierbei ist x_0 Integrationskonstante. Aus (16.3/2) ergibt sich wegen $N_1 = \sigma A_1$, $N_2 = \sigma A_2$:

$$A_1 + A_2 = F/\sigma, \tag{16.3/15}$$

und mit (16.3/14) folgen

$$\begin{aligned} A_2 &= naG_s\gamma_s(x - x_0)/\sigma, \\ A_1 &= F/\sigma - naG_s\gamma_s(x - x_0)/\sigma. \end{aligned} \tag{16.3/16}$$

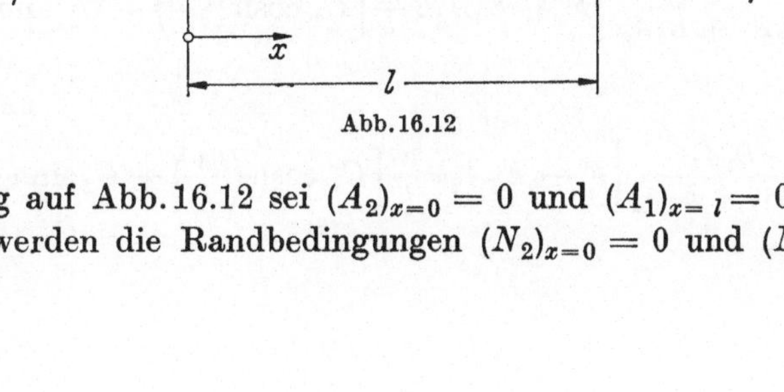

Abb. 16.12

Mit Bezug auf Abb. 16.12 sei $(A_2)_{x=0} = 0$ und $(A_1)_{x=l} = 0$ verlangt; dadurch werden die Randbedingungen $(N_2)_{x=0} = 0$ und $(N_1)_{x=} \; = 0$

des gezeichneten Belastungsfalles erfüllt. Aus (16.3/16) folgen hieraus

$$x_0 = 0,\; naG_s\gamma_s = T = F/l \tag{16.3/17}$$

und hiermit

$$\begin{gathered} A_1 = F(l-x)/(\sigma l),\; A_2 = Fx/(\sigma l), \\ \sigma = F/(A_1 + A_2),\; \tau_s = F/(nal). \end{gathered} \tag{16.3/18}$$

Normalspannung und Schubspannung sind daher in diesem Sonderfalle exakt gleich den Mittelwerten, die sich ergeben, wenn die äußere Kraft durch die für Zug bzw. Schub zur Verfügung stehenden Querschnitte dividiert wird. Die Gültigkeit des Ergebnisses verlangt aber eine lineare Querschnittsänderung der beiden Bleche bzw. Stäbe, die sich nur angenähert verwirklichen läßt (Abb. 16.12).

16.3.3 Schweiß- oder Klebverbindung zweier Bleche oder Stäbe mit konstantem Querschnitt. Für denselben Belastungsfall mit $A_1 = \text{const}$, $A_2 = \text{const}$, $E_1 = \text{const}$, $E_2 = \text{const}$, $G_s = \text{const}$, $a = \text{const}$ und $h = \text{const}$ geht (16.3/12) über in

$$\gamma_s'' - \frac{\mu^2}{l^2}\gamma_s = 0. \tag{16.3/19}$$

Hierbei wurde zur Abkürzung

$$\frac{\mu^2}{l^2} = \frac{naG_s(E_1A_1 + E_2A_2)}{hE_1A_1E_2A_2} \tag{16.3/20}$$

gesetzt. Die gewonnene Differentialgleichung hat konstante Koeffizienten und ist homogen. Die Lösung führt auf Exponentialfunktionen mit reellem Argument (wegen des auftretenden Minuszeichens) und wird zweckmäßig mit Hilfe von Hyperbelfunktionen dargestellt:

$$\gamma_s = C_1 \sinh(\mu x/l) + C_2 \cosh(\mu x/l). \tag{16.3/21}$$

Mit Bezug auf (16.3/5) wird

$$V_2 - V_1 = \gamma_s h = h[C_1 \sinh(\mu x/l) + C_2 \cosh(\mu x/l)]. \tag{16.3/22}$$

Nach Differentiation folgt wegen $V_2' = N_2/(E_2A_2)$ und $V_1' = N_1/(E_1A_1)$:

$$\frac{N_2}{E_2A_2} - \frac{N_1}{E_1A_1} = \frac{h\mu}{l}[C_1 \cosh(\mu x/l) + C_2 \sinh(\mu x/l)]. \tag{16.3/23}$$

Gemäß (16.3/2) gilt $N_1 = F - N_2$. Wird hiermit N_1 eliminiert, so ergibt sich

$$N_2 = \frac{E_2A_2}{E_1A_1 + E_2A_2}\left\{F + E_1A_1h\frac{\mu}{l}\left[C_1 \cosh\left(\frac{\mu x}{l}\right) + C_2 \sinh\left(\frac{\mu x}{l}\right)\right]\right\} \tag{16.3/24}$$

und

$$N_1 = \frac{E_1A_1}{E_1A_1 + E_2A_2}\left\{F - E_2A_2h\frac{\mu}{l}\left[C_1 \cosh\left(\frac{\mu x}{l}\right) + C_2 \sinh\left(\frac{\mu x}{l}\right)\right]\right\}. \tag{16.3/25}$$

Die Randbedingungen sind (vgl. Abb. 16.13): $(N_2)_{x=0} = 0$, $(N_1)_{x=l} = 0$. Hieraus folgen

$$C_1 = -\frac{Fl}{E_1 A_1 h \mu} \tag{16.3/26}$$

und

$$C_1 \cosh \mu + C_2 \sinh \mu = \frac{Fl}{E_2 A_2 h \mu}. \tag{16.3/27}$$

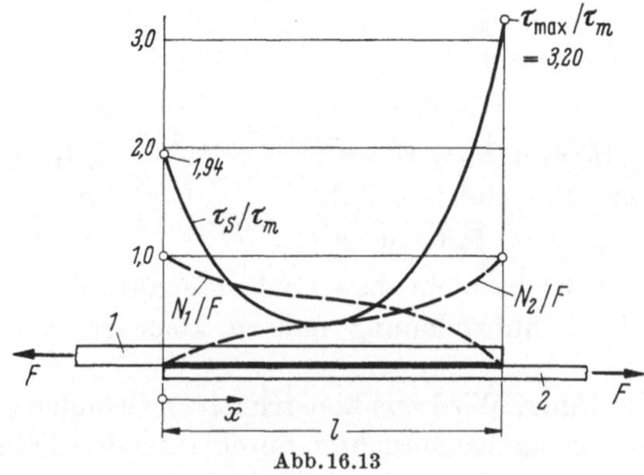

Abb. 16.13

Nach Einsetzen von C_1 ergibt sich

$$C_2 = \frac{Fl}{h\mu \sinh \mu}\left(\frac{\cosh \mu}{E_1 A_1} + \frac{1}{E_2 A_2}\right). \tag{16.3/28}$$

Die Schubspannung geht aus (16.3/21) durch Multiplikation mit G_s hervor. Nach Einsetzen der Konstanten folgt

$$\tau_s = \frac{G_s Fl}{h\mu \sinh \mu}\left[-\frac{\sinh \mu}{E_1 A_1} \sinh\left(\frac{\mu x}{l}\right) + \left(\frac{\cosh \mu}{E_1 A_1} + \frac{1}{E_2 A_2}\right) \cosh\left(\frac{\mu x}{l}\right)\right]. \tag{16.3/29}$$

Werden die beiden Konstanten in (16.3/24) und (16.3/25) eingesetzt, so lassen sich die Längskräfte folgendermaßen darstellen:

$$\begin{aligned} N_1 &= \frac{F}{E_1 A_1 + E_2 A_2} \\ &\quad \times \left[E_1 A_1 + E_2 A_2 \cosh\left(\frac{\mu x}{l}\right) - \frac{E_1 A_1 + E_2 A_2 \cosh \mu}{\sinh \mu} \sinh\left(\frac{\mu x}{l}\right)\right], \\ N_2 &= \frac{F}{E_1 A_1 + E_2 A_2} \\ &\quad \times \left[E_2 A_2 - E_2 A_2 \cosh\left(\frac{\mu x}{l}\right) + \frac{E_1 A_1 + E_2 A_2 \cosh \mu}{\sinh \mu} \sinh\left(\frac{\mu x}{l}\right)\right]. \end{aligned} \tag{16.3/30}$$

Die Schubspannung läßt sich mit Bezug auf (16.3/20) in folgender Form schreiben:

$$\tau_s = \frac{\mu \tau_m}{E_1 A_1 + E_2 A_2}\left[-E_2 A_2 \sinh\left(\frac{\mu x}{l}\right) + \frac{E_1 A_1 + E_2 A_2 \cosh \mu}{\sinh \mu} \cosh\left(\frac{\mu x}{l}\right)\right]. \tag{16.3/31}$$

Hierbei wurde die *mittlere Schubspannung*

$$\tau_m = F/(nal) \tag{16.3/32}$$

als Vergleichswert eingeführt.

In Abb. 16.13 ist der Verlauf der Längskräfte und der Schubspannung für ein Beispiel mit $E_2A_2 < E_1A_1$ dargestellt. Die Schubspannung erreicht an beiden Enden der Klebschicht bzw. Schweißnaht hohe Werte; *der Höchstwert liegt dort, wo das Blech bzw. der Stab mit der größeren Zugsteifigkeit endet.* Aus (16.3/31) folgt:

$$\begin{aligned}(\tau_s)_{x=0} &= \frac{\mu\tau_m(E_1A_1 + E_2A_2\cosh\mu)}{(E_1A_1 + E_2A_2)\sinh\mu} = \tau_{\max} \quad \text{für} \quad \frac{E_2A_2}{E_1A_1} > 1,\\ (\tau_s)_{x=l} &= \frac{\mu\tau_m(E_1A_1\cosh\mu + E_2A_2)}{(E_1A_1 + E_2A_2)\sinh\mu} = \tau_{\max} \quad \text{für} \quad \frac{E_1A_1}{E_2A_2} > 1.\end{aligned} \tag{16.3/33}$$

Bei sehr kurzer Klebschicht bzw. Schweißnaht, d.h. im Grenzfall $l \to 0$ bleibt die Schubspannung nahezu konstant und gleich dem Mittelwert τ_m.

16.3.4 Versteifung. Wird aus konstruktiven Gründen ein Blech oder Flachstab an einen zugbeanspruchten durchlaufenden Träger angeklebt oder angeschweißt, so entsteht der in Abb. 16.14 ersichtliche Belastungsfall. Alle Beziehungen bis einschließlich (16.3/25) bleiben bestehen. Wird die Stelle $x = 0$ in die Mitte gelegt, so gelten die Randbedingungen $(N_2)_{x=\pm l/2} = 0$. Aus (16.3/24) folgen

$$C_1 = -Fl\Big/\left(E_1A_1h\mu\cosh\frac{\mu}{2}\right), \qquad C_2 = 0. \tag{16.3/34}$$

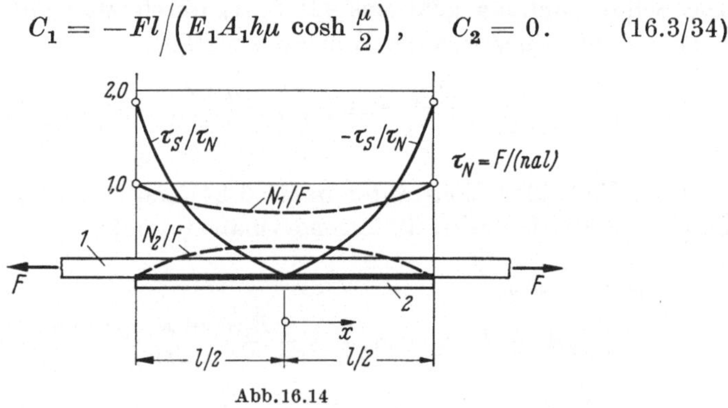

Abb. 16.14

Damit ergibt sich:

$$\begin{aligned}N_1 &= \frac{F}{E_1A_1 + E_2A_2}\left[E_1A_1 + \frac{E_2A_2}{\cosh(\mu/2)}\cosh\left(\frac{\mu x}{l}\right)\right],\\ N_2 &= \frac{F}{E_1A_1 + E_2A_2}\left[E_2A_2 - \frac{E_2A_2}{\cosh(\mu/2)}\cosh\left(\frac{\mu x}{l}\right)\right],\\ \tau_s &= -\frac{\mu F E_2A_2\sinh(\mu x/l)}{(E_1A_1 + E_2A_2)\,nal\cosh(\mu/2)}.\end{aligned} \tag{16.3/35}$$

Infolge der Schubsteifigkeit der Verbindung macht der zweite Stab die Deformation teilweise mit und übernimmt dadurch einen nach der Mitte zu wachsenden Anteil der äußeren Kraft.

16.3.5 Ebene Schweiß- oder Klebverbindung bei Belastung durch Kräfte in ihrer Ebene. Ein ebenes Blech oder eine Platte sei an einen beliebigen Träger mit ebener Anschlußfläche bzw. -kante angeklebt bzw. angeschweißt. Wird bei der Berechnung der Kräfteverteilung nur die Nachgiebigkeit des Verbindungsmittels berücksichtigt, so entsteht das zu 16.2.4 analoge Problem. Die Gesamtfläche der Verbindung sei A. An die Stelle der Bolzensteifigkeit tritt hier die auf das Flächenelement dA bezogene Steifigkeit G_s/h. An die Stelle der Summen treten Integrale. Mit Bezug auf Abb. 16.15 gilt für die Koordinaten des Schwerpunktes

$$x_s = \frac{1}{C} \int\limits_{(A)} G_s\, x\, dA/h, \quad y_s = \frac{1}{C} \int\limits_{(A)} G_s\, y\, dA/h \tag{16.3/36}$$

mit der Abkürzung

$$\int\limits_{(A)} G_s \frac{dA}{h} = C. \tag{16.3/37}$$

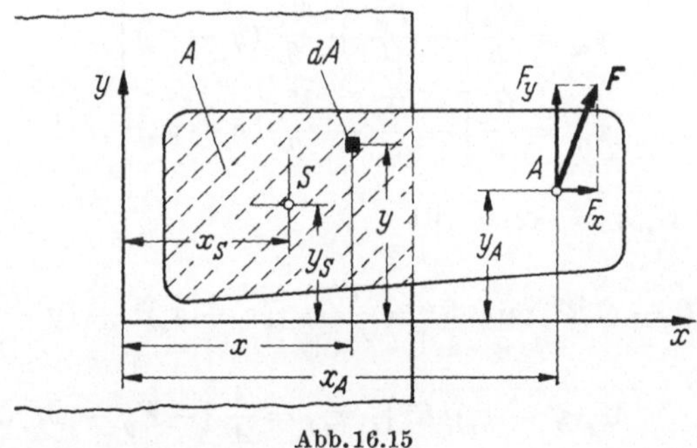

Abb. 16.15

Für den Vektor der Relativverschiebung folgt aus (16.2/32)

$$\boldsymbol{V} = \boldsymbol{V}_s + \varphi \boldsymbol{e}_z \times (\boldsymbol{r} - \boldsymbol{r}_s). \tag{16.3/38}$$

Aus dem Hookeschen Gesetz ergibt sich für den Vektor der im Verbindungsmittel wirkenden Schubspannung

$$\boldsymbol{\tau}_s = \frac{G_s}{h} \boldsymbol{V}. \tag{16.3/39}$$

Somit gilt für die x, y-Komponenten der Schubspannung

$$\tau_{sx} = \frac{G_s}{h} V_x = \frac{G_s}{h} [V_{sx} - \varphi (y - y_s)],$$

$$\tau_{sy} = \frac{G_s}{h} V_y = \frac{G_s}{h} [V_{sy} + \varphi (x - x_s)]. \tag{16.3/40}$$

Für die Berechnung der Komponenten V_{sx} und V_{sy} der Relativverschiebung im Schwerpunkt sowie der Drehung φ stehen die drei Gleichgewichtsbedingungen der ebenen Kräftegruppe zur Verfügung:

$$\int_{(A)} \tau_{sx}\, dA + F_x = 0, \quad \int_{(A)} \tau_{sy}\, dA + F_y = 0,$$

$$\int_{(A)} [\tau_{sy}(x - x_s) - \tau_{sx}(y - y_s)]\, dA + M_s = 0,$$

mit

$$M_s = F_y(x_A - x_s) - F_x(y_A - y_s). \qquad (16.3/41)$$

Nach Einsetzen der Schubspannungen aus (16.3/40) folgen bei Beachtung der Schwerpunktbedingungen (16.3/36):

$$V_{sx} = -F_x/C, \quad V_{sy} = -F_y/C, \quad \varphi = -M_s/\theta$$

mit

$$\int_{(A)} \frac{G_s}{h} [(x - x_s)^2 + (y - y_s)^2]\, dA = \theta. \qquad (16.3/42)$$

Hiermit ergibt sich:

$$\tau_{sx} = \frac{G_s}{h}\left[-\frac{F_x}{C} + \frac{M_s}{\theta}(y - y_s)\right], \qquad \tau_{sy} = \frac{G_s}{h}\left[-\frac{F_y}{C} - \frac{M_s}{\theta}(x - x_s)\right]. \qquad (16.3/43)$$

Im *Sonderfalle* $G_s/h = \text{const}$ gilt

$$C = \frac{G_s}{h} A, \quad \theta = CR^2 \text{ mit } R^2 = \frac{1}{A} \int_{(A)} [(x - x_s)^2 + (y - y_s)^2]\, dA,$$

$$\tau_{sx} = \frac{1}{A}[-F_x + M_s(y - y_s)/R^2], \quad \tau_{sy} = \frac{1}{A}[-F_y - M_s(x - x_s)/R^2]. \qquad (16.3/44)$$

Bei Schweißverbindungen ist das Linienelement ds der Schweißnahtmittellinie, d.h. der Verbindungslinie der Querschnittsschwerpunkte der Schweißnaht einzuführen, die voraussetzungsgemäß eine ebene Kurve ist; dann gilt $dA = a\, ds$. Bei n Schweißnähten, gekennzeichnet durch den Index $\beta = 1, 2, \ldots, n$, ergibt sich für den Flächeninhalt der Kraftübertragungsfläche

$$A = \sum_{\beta=1}^{n} \int_{s_\beta^*=0}^{L_\beta} a\, ds_\beta^*. \qquad (16.3/45)$$

Hierbei ist L_β die Länge der einzelnen Schweißnaht und s_β^* die zugehörige Integrationsvariable. Sind a, h und G_s konstant und für alle

Schweißnähte gleich, so gilt

$$A = aL,\quad x_s = \frac{1}{L}\sum_{\beta=1}^{n}\int_{s_\beta^*=0}^{L_\beta} x\,ds_\beta^*,\quad y_s = \frac{1}{L}\sum_{\beta=1}^{n}\int_{s_\beta^*=0}^{L_\beta} y\,ds_\beta^*,$$

$$R^2 = \frac{1}{L}\int_{s_\beta^*=0}^{L_\beta} [(x - x_s)^2 + (y - y_s)^2]\,ds_\beta^* \quad \text{mit } L = \sum_{\beta=1}^{n} L_\beta. \tag{16.3/46}$$

Auch bei Kleb- und Schweißverbindungen mit räumlich gekrümmten Kraftübertragungsflächen führt die Vernachlässigung der Deformationen der miteinander verbundenen Teile zu einer einfachen Näherungslösung. Die Relativbewegung der als starr aufzufassenden beiden Teile ist dann auf die drei Komponenten der Relativverschiebung eines Bezugspunktes und die drei Komponenten der Relativdrehung zurückzuführen (vgl. I.20.3). Zur Bestimmung dieser sechs Größen stehen die sechs Gleichgewichtsbedingungen des nach Lösen der Verbindung an jedem der beiden Teile angreifenden räumlichen Kräftesystems zur Verfügung (vgl. I.5.8.3). Die Durchrechnung würde hier zu weit führen.

Bei Kleb- und Schweißverbindungen an *dünnwandigen Trägern* darf die Deformation der miteinander verbundenen Teile nicht vernachlässigt werden. Die Lösung des jeweiligen Verbundproblems kann aber in manchen Fällen durch die Annahme vereinfacht werden, daß der aus der Theorie dünnwandiger Träger hervorgehende Schubfluß (vgl. 18 und 19) von der Kleb- bzw. Schweißverbindung unverändert aufgenommen wird.

Beim Spannungsnachweis darf nicht die volle Schweißnahtlänge eingesetzt werden, sondern es sind die am Anfang und Ende entstehenden Einbrandstellen (Anfangs- und Endkrater) in Abzug zu bringen. Ferner ist die Festigkeit des Schweißnahtwerkstoffes mit einem Verschwächungsbeiwert zu multiplizieren, der die Nahtform und die Güte der Schweißnaht berücksichtigt und durch die Normung festgelegt ist (im Stahlbau zwischen 0,65 und 0,80, bei Dauerwechselbeanspruchung niedriger).

16.4 Beispiele

16.4.1 Durch Bolzen befestigte Platte. Eine durch vier gleich große Bolzen befestigte Platte wird in ihrer Mittelebene durch die Kraft F belastet (Abb. 16.16).

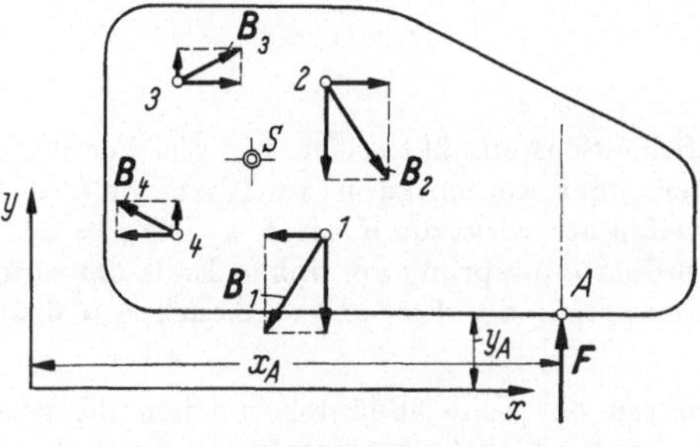

Abb. 16.16

Gegeben: $x_1 = 10$ cm, $y_1 = 5$ cm, $x_2 = 10$ cm, $y_2 = 10$ cm, $x_3 = 5$ cm, $y_3 = 10$ cm, $x_4 = 5$ cm, $y_4 = 5$ cm, $x_A = 18$ cm, $y_A = 2{,}5$ cm, $F_x = 0$, $F_y = 100$ kp.

Aus (16.2/41) folgen $x_s = 7{,}5$ cm, $y_s = 7{,}5$ cm; ferner mit diesen Werten $\varrho^2 = 50\ \text{cm}^2$, $M_s = 1050$ kpcm, $B_{x1} = -52{,}5$ kp, $B_{y1} = -77{,}5$ kp, $B_{x2} = 52{,}5$ kp, $B_{y2} = -77{,}5$ kp, $B_{x3} = 52{,}5$ kp, $B_{y3} = 27{,}5$ kp, $B_{x4} = -52{,}5$ kp, $B_{y4} = 27{,}5$ kp. Die beiden, der Wirkungslinie der äußeren Kraft zunächst liegenden Bolzen werden mithin am stärksten beansprucht.

16.4.2 Schweißverbindung zweier Stäbe durch zwei parallele Längsnähte. Die beiden Stäbe sind aus gleichem Material (Stahl mit $E_1 = E_2 = 2\,000\,000$ kp/cm²) und haben rechteckige Querschnittsflächen mit $A_1 = 5\ \text{cm}^2$, $A_2 = 3\ \text{cm}^2$. Für die Schweißnähte gilt (Abb. 16.8) $a = 0{,}3$ cm, $h = 0{,}3$ cm, $n = 2$, $l = 8$ cm und $G_s = 750\,000\ \text{kp/cm}^2$. Aus (16.3/20) folgt $(\mu/l)^2 = 0{,}4\ \text{cm}^{-2}$ und daraus $\mu = 5{,}06$. Der sich hiermit aus (16.3/29) und (16.3/30) ergebende Verlauf der Schubspannung und der beiden Längskräfte ist in Abb. 16.13 dargestellt.

16.4.3 Angeschweißte Versteifung. An einen Stahlstab mit Rechteckquerschnitt ist auf einer Länge von $l = 8$ cm ein kleinerer Stahlstab mit Rechteckquerschnitt angeschweißt. Mit den gleichen Daten wie im Beispiel 16.4.2 gilt wieder $\mu = 5{,}06$. Die aus (16.3/35) hervorgehende Verteilung der Schubspannung und der Längskräfte zeigt Abb. 16.14.

16.4.4 Durch zwei parallele Schweißnähte angeschweißte und in ihrer Mittelebene belastete Platte. Die Schweißverbindung in Abb. 16.17 hat die Abmessungen $l_1 = 10$ cm, $L_1 = L_2 = 12$ cm (hierbei sind die Einbrandstellen berücksichtigt), $a = 0{,}3$ cm. Beide Schweißnähte seien von gleicher Beschaffenheit, so daß mit $G_s/h = \text{const}$ gerechnet werden kann. Im Abstande $l_2 = 12{,}5$ cm vom rechten Ende der Schweißnähte wirkt die Kraft $F = -F_y = 360$ kp. Aus (16.3/46) folgen mit dem Koordinatenursprung am linken Ende der unteren Schweißnaht: $L = L_1 + L_2 = 24$ cm, $ds_\beta^* = dx$, $A = aL = 7{,}2\ \text{cm}^2$, $x_s = 6$ cm, $y_s = 5$ cm, $R^2 = 37\ \text{cm}^2$.

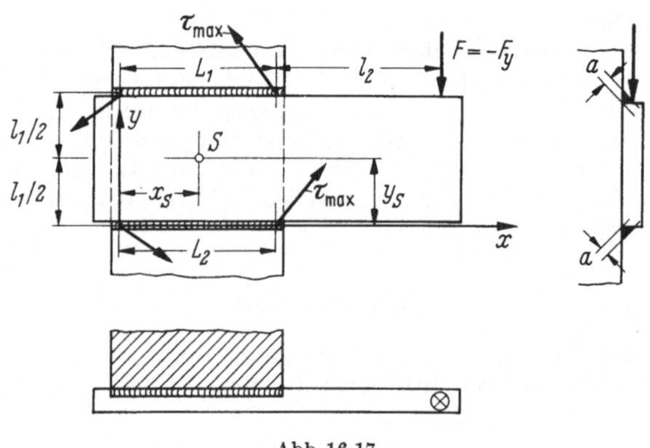

Abb. 16.17

In den Endpunkten der Schweißnähte erreichen die Spannungen Höchstwerte, die in nachstehender Tabelle zusammengestellt sind (Dimension kp/cm²).

x	y	τ_x	τ_y	$\tau_s = \sqrt{\tau_x^2 + \tau_y^2}$
L_1	l_1	-192	245	310
0	l_1	-192	-145	240
0	0	192	-145	240
L_2	0	192	245	310

Die Beanspruchung der Schweißung ist daher in der Nähe der Wirkungslinie der äußeren Kraft am größten.

17 Biegung

Wird im Querschnitt eines Stabes ein Moment übertragen, das um eine in der Querschnittsebene liegende Achse dreht, so wird der Stab auf Biegung beansprucht (vgl. I.8). Das Moment heißt Biegemoment. Bei statisch bestimmten Systemen können die Biegemomente — wie alle Schnittkraftgrößen — aus den Gleichgewichtsbedingungen des abgeschnittenen Stabteils ermittelt werden (vgl. I.9). Bei statisch unbestimmten Systemen muß die Formänderung berücksichtigt werden.

Bei *reiner Biegung* ist das Biegemoment konstant und wirkt in gleicher Größe als äußeres Moment an den Stabenden (Abb. 17.1). Dieser Sonderfall führt — wie anschließend gezeigt wird — bei prismatischen Stäben auf den einachsigen Spannungszustand.

17.1 Allgemeiner einachsiger Spannungszustand

Die z-Achse sei Achse eines prismatischen Stabes und damit — gemäß der in I.19.3 gegebenen Definition — Verbindungsgerade der Querschnittsschwerpunkte. Mit A als Querschnittsfläche und x, y als Querschnittskoordinaten gelten dann die Schwerpunktsbedingungen

$$\int_{(A)} x\,dA = 0, \quad \int_{(A)} y\,dA = 0. \tag{17.1/1}$$

Die Normalspannung σ_z sei die einzige von Null verschiedene Spannungskomponente. Die Gleichgewichtsbedingungen des abgeschnittenen Stabes, auch *Kraftflußbedingungen* genannt, sind (N_z Normalkraft, M_x Biegemoment um die x-Achse, M_y Biegemoment um die y-Achse, Abb. 17.1):

$$\int_{(A)} \sigma_z\,dA = N_z, \quad \int_{(A)} \sigma_z y\,dA = M_x, \quad \int_{(A)} \sigma_z x\,dA = -M_y. \tag{17.1/2}$$

Es sei vorausgesetzt, daß keine Massenkräfte wirken. Dann sind die erste und zweite der Gleichgewichtsbedingungen (3.16/3) erfüllt, während die dritte verlangt, daß σ_z von z unabhängig ist. Mithin sind auch die Schnittkraftgrößen N_z, M_x, M_y von z unabhängig, also Konstanten, und repräsentieren zugleich die an den Stabenden eingeleiteten äußeren Kraftgrößen.

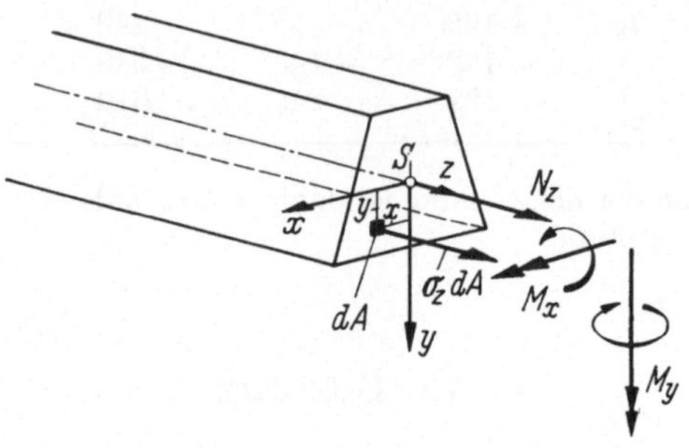

Abb.17.1

Die Verteilung der Spannung σ_z im Stabquerschnitt ist offensichtlich statisch unbestimmt. Es können zugleich Eigenspannungen $\overset{(e)}{\sigma}_z$ auftreten, die ebenfalls nur von x und y abhängen; sie erfüllen die homogenen Gleichgewichtsbedingungen (Kraftfluß Null):

$$\int_{(A)} \overset{(e)}{\sigma}_z \, dA = 0, \quad \int_{(A)} \overset{(e)}{\sigma}_z \, y \, dA = 0, \quad \int_{(A)} \overset{(e)}{\sigma}_z \, x \, dA = 0. \qquad (17.1/3)$$

Die Anwendung des Prinzips der virtuellen Arbeiten in der Form (5.4/4) ergibt (l Stablänge):

$$\int_{z=0}^{l} \int_{(A)} \overset{(e)}{\sigma}_z \, \varepsilon_z \, dA \, dz = 0. \qquad (17.1/4)$$

Von Temperaturwirkungen sei abgesehen. Die Dehnung ε_z kann dann nur eine vom Stoffgesetz (vgl. 7, 9 und 10) abhängende Funktion der Spannung σ_z sein und ist daher ebenfalls von z unabhängig. Das Volumintegral (17.1/4) kann mithin als Flächenintegral geschrieben werden:

$$\int_{(A)} \overset{(e)}{\sigma}_z \varepsilon_z \, dA = 0. \qquad (17.1/5)$$

Diese Arbeitsgleichung gewährleistet die Kompatibilität. Nur solche Dehnungsverteilungen sind kompatibel, die dieses Integral für alle im Sinne der Bedingungen (17.1/3) möglichen Eigenspannungsgruppen zu Null machen. Offenbar muß ε_z eine lineare Funktion von x und y sein, denn nur so ist (17.1/5) eine Linearkombination der Bedingungen (17.1/3) und damit für alle Eigenspannungsgruppen erfüllt (c_0, c_1, c_2 Konstanten)

$$\varepsilon_z = c_0 + c_1 x + c_2 y. \qquad (17.1/6)$$

Mithin bleibt die Querschnittsebene auch nach der Formänderung eine Ebene, und zwar unabhängig von der Art des Stoffgesetzes.

Bei *linearem Elastizitätsgesetz* ist σ_z zu ε_z proportional. Als Proportionalitätsfaktor tritt bei homgogen-isotropen Stoffen der Elastizitätsmodul E auf:

$$\sigma_z = E\varepsilon_z = E(c_0 + c_1 x + c_2 y). \tag{17.1/7}$$

Durch Einsetzen dieses Ausdruckes in die Kraftflußbedingungen (17.1/2) ergibt sich bei Beachtung von (17.1/1):

$$E c_0 A = N_z, \quad E(-c_1 J_{xy} + c_2 J_{xx}) = M_x, \quad E(c_1 J_{yy} - c_2 J_{xy}) = -M_y. \tag{17.1/8}$$

Hierbei wurden folgende Bezeichnungen eingeführt:

$$\int_{(A)} y^2\, dA = J_{xx}, \quad \int_{(A)} x^2\, dA = J_{yy}, \quad \int_{A} xy\, dA = -J_{xy} = -J_{yx}. \tag{17.1/9}$$

Diese Größen haben die Dimension cm^4 und heißen *Flächenmomente zweiten Grades* oder — in Anlehnung an den Sprachgebrauch der Kinetik — *Flächenträgheitsmomente.*

Die zweite Bezeichnungsart steht mit den Momenten in Zusammenhang, die bei rotierenden gleichmäßig mit Masse belegten Flächen (dünnen Platten) auftreten. Bei Rotation um die x-Achse wirken die Zentrifugalkräfte in y-Richtung, sind zu y proportional und erzeugen mit den Hebelarmen x ein Moment um die z-Achse, das zu J_{xy} proportional ist. Bei beschleunigter Rotation um die x-Achse wirken außerdem Trägheitskräfte parallel zur z-Achse, die zu y proportional sind und mit den Hebelarmen y ein Moment um die x-Achse erzeugen, das zu J_{xx} proportional ist. Bei Rotation um die y-Achse treten Momente auf, die zu J_{xy} und J_{yy} proportional sind.

Man nennt J_{xx} und J_{yy} auch *axiale Flächenträgheitsmomente*; ihre Summe

$$J_{xx} + J_{yy} = \int_{(A)} (x^2 + y^2)\, dA = \int_{(A)} r^2\, dA = J_p \tag{17.1/10}$$

heißt *polares Flächenträgheitsmoment,* die Größe J_{xy} *Zentrifugalmoment.*

Die Auflösung der Gleichungen (17.1/8) ergibt:

$$E c_0 = N_z / A,$$

$$E c_1 = (J_{xy} M_x - J_{xx} M_y)/(J_{xx} J_{yy} - J_{xy}^2),$$

$$E c_2 = (J_{yy} M_x - J_{xy} M_y)/(J_{xx} J_{yy} - J_{xy}^2). \tag{17.1/11}$$

Nach Einsetzen in (17.1/7) läßt sich die Spannung in folgender Form darstellen:

$$\sigma_z = \frac{N_z}{A} + \frac{1}{J_{xx} J_{yy} - J_{xy}^2} [(J_{xy} M_x - J_{xx} M_y)\, x + (J_{yy} M_x - J_{xy} M_y) y]. \tag{17.1/12}$$

Berechnungen zur Balkenbiegung führte bereits GALILEI[1] durch. Beim einseitig eingespannten Träger mit Rechteckquerschnitt verwendete er die untere Kante als Drehachse und rechnete mit konstant verteilten Spannungen. MARIOTTE[2] erkannte, daß sowohl Zug- als auch Druckspannungen auftreten. LEIBNIZ[3] verwendete wie GALILEI die untere Kante als Drehachse und rechnete mit von dort aus linear ansteigenden Spannungen. BERNOULLI[4] führte das Ebenbleiben der Querschnitte als Erfahrungstatsache ein [vgl. (17.1/6), sowie Abb. 17.1]. PARENT[5] setzte die Summe der Zugkräfte gleich der Summe der Druckkräfte und bestimmte so die richtige Spannungsverteilung. COULOMB formulierte (offenbar unabhängig von PARENT) die richtige Lösung des Problems.

17.2 Flächenträgheitsmomente bei Parallelverschiebung der Bezugsachsen

Für die praktische Berechnung von Flächenträgheitsmomenten, insbesondere bei unregelmäßigen Querschnittsformen, ist eine Zerlegung der Querschnittsfläche in einfache Teilflächen zweckmäßig, deren Eigenschwerpunkte und Eigenträgheitsmomente leicht bestimmt werden können. Ist $q = 1, 2, \ldots$ die Nummer der einzelnen Teilfläche, A_q ihr Flächeninhalt, S_q ihr Schwerpunkt, sind ferner x_q, y_q ihre von S_q ausgehenden Eigenkoordinaten, so gelten die Schwerpunktsbedingungen

$$\int_{(A_q)} x_q \, dA = 0, \quad \int_{(A_q)} y_q \, dA = 0. \tag{17.2/1}$$

Analog zu (17.1/9) sind die Eigenträgheitsmomente durch

$$\int_{(A_q)} y_q^2 \, dA = J_{xx,q}, \quad \int_{(A_q)} x_q^2 \, dA = J_{yy,q}, \quad \int_{(A_q)} x_q y_q \, dA = -J_{xy,q} \tag{17.2/2}$$

definiert. Die Koordinaten x_q, y_q seien gegenüber den vom Gesamtschwerpunkt S ausgehenden Koordinaten x, y um die Strecken f_q und g_q derart parallel verschoben, daß die Beziehungen

$$x = x_q + f_q, \quad y = y_q + g_q \tag{17.2/3}$$

bestehen (Abb. 17.2). Die Schwerpunktsbedingungen (17.1/1) führen durch Umschreiben der Flächenintegrale in Summen von Teilflächenintegralen auf

$$\int_{(A)} x \, dA = \sum_q \int_{(A_q)} (x_q + f_q) \, dA = 0, \quad \int_{(A)} y \, dA = \sum_q \int_{(A_q)} (y_q + g_q) \, dA = 0 \tag{17.2/4}$$

oder wegen (17.2/1) auf

$$\sum_q f_q A_q = 0, \quad \sum_q g_q A_q = 0. \tag{17.2/5}$$

---

[1] GALILEO GALILEI (geb. 1564 in Pisa, gest. 1642 in Arcetri).

[2] EDME MARIOTTE (geb. 1620 in Bourgogne, gest. 1684 in Paris).

[3] GOTTFRIED WILHELM LEIBNIZ (geb. 1646 in Leipzig, gest. 1716 in Hannover).

[4] JACOB BERNOULLI (geb. 1654 in Basel, gest. 1705 in Basel).

[5] ANTOINE PARENT (geb. 1666 in Paris, gest. 1716 in Paris).

Durch die Substitutionen (Identitäten)

$$f_q = f_r - (f_r - f_q), \quad g_q = g_r - (g_r - g_q), \tag{17.2/6}$$

wobei r wie q eine Teilflächennummer repräsentiert, folgen

$$f_r = \frac{1}{A} \sum_q (f_r - f_q) A_q, \quad g_r = \frac{1}{A} \sum_q (g_r - g_q) A_q. \tag{17.2/7}$$

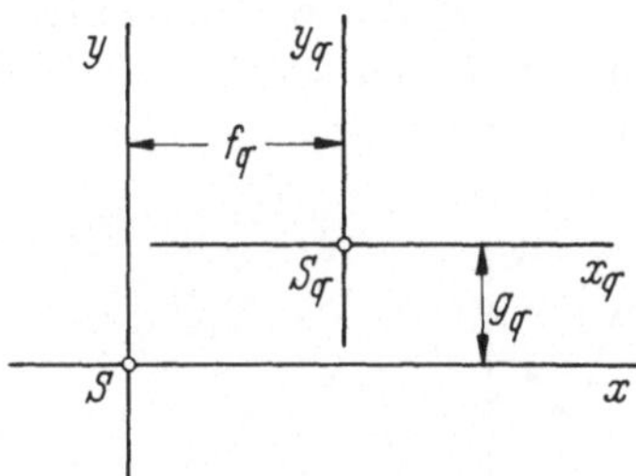

Abb. 17.2

Da die Koordinatendifferenzen der Schwerpunkte S_q bekannt sind, lassen sich aus vorstehenden Gleichungen f_r und g_r ermitteln. Wird diese Rechnung für eine r-Nummer durchgeführt, so sind wegen (17.2/6) alle übrigen f_q und g_q bekannt.

Werden auch die zur Berechnung der Trägheitsmomente dienenden Flächenintegrale (17.1/9) in Summen von Teilflächenintegralen umgeschrieben, so folgen

$$J_{xx} = \int_{(A)} y^2 \, dA = \sum_q \int_{(A_q)} y^2 \, dA = \sum_q \int_{(A_q)} (y_q^2 + 2g_q y_q + g_q^2) \, dA,$$

$$J_{yy} = \int_{(A)} x^2 \, dA = \sum_q \int_{(A_q)} (x_q^2 + 2f_q x_q + f_q^2) \, dA,$$

$$J_{xy} = -\int_{(A)} xy \, dA = \sum_q \int_{(A_q)} (-x_q y_q - f_q y_q - g_q x_q - f_q g_q) \, dA. \tag{17.2/8}$$

Mit Bezug auf (17.1/1) und (17.2/2) ergibt sich hieraus

$$\begin{aligned} J_{xx} &= \sum_q (J_{xx,q} + g_q^2 A_q), \quad J_{yy} = \sum_q (J_{yy,q} + f_q^2 A_q), \\ J_{xy} &= \sum_q (J_{xy,q} - f_q g_q A_q). \end{aligned} \tag{17.2/9}$$

Durch diese Beziehungen, die in ähnlicher Form bereits durch Huygens[1], später durch Steiner[2] aufgestellt wurden, läßt sich die Berechnung der Flächenträgheitsmomente in vielen Fällen wesentlich abkürzen.

[1] Christian Huygens (geb. 1629 in Haag, gest. 1695 in Haag).

[2] Jacob Steiner (geb. 1796 in Utzendorf/Solothurn, gest. 1863 in Bern).

17.3 Flächenträgheitsmomente bei Drehung der Bezugsachsen

Mit Verwendung der allgemeineren Indizes k, m an Stelle von x, y lassen sich die Flächenträgheitsmomente (17.1/9) in der Form

$$J_{km} = \int_{(A)} (r^2\,\delta_{km} - r_k r_m)\,dA = J_{mk} \qquad (17.3/1)$$

darstellen. Hierbei ist $\delta_{km} = 1$ für $k = m$ bzw. 0 für $k \neq m$ (Kroneckersymbol), r_k bzw. r_m sind die Komponenten des Ortsvektors und damit die Koordinaten x, y, ferner ist $r^2 = x^2 + y^2 = r_k r_k$ das Quadrat des Abstandes von der z-Achse.

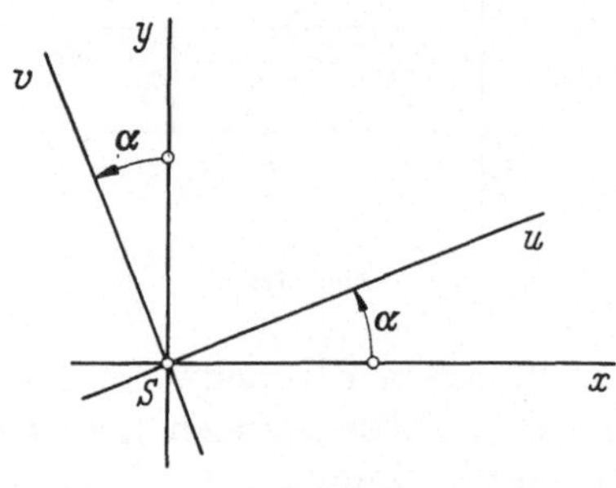

Abb. 17.3

Ein zweites kartesisches Koordinatensystem u, v, dessen Ursprung ebenfalls im Querschnittsschwerpunkt liegt, sei gegenüber dem x, y-System um den Winkel α gedreht (Abb. 17.3). Die Richtungskosinus sind

$$\begin{aligned} c_{xu} &= \cos\alpha, & c_{yu} &= \sin\alpha, \\ c_{xv} &= -\sin\alpha, & c_{yv} &= \cos\alpha. \end{aligned} \qquad (17.3/2)$$

Mit den allgemeineren Indizes β, γ statt u, v folgen für die Komponenten des Ortsvektors in den beiden Systemen

$$r_\beta = c_{k\beta} r_k \text{ (Summation } k\text{)}, \quad r_k = c_{k\beta} r_\beta \text{ (Summation } \beta\text{)}. \qquad (17.3/3)$$

Für das Kroneckersymbol gilt (vgl. I.4)

$$\delta_{\beta\gamma} = c_{k\beta} c_{k\gamma} \text{ (Summation } k\text{)} = \delta_{km} c_{k\beta} c_{m\gamma} \text{ (Summation } k, m\text{)}. \qquad (17.3/4)$$

Im u, v-System haben die Flächenträgheitsmomente [analog zu (17.3/1)] die Form

$$J_{\beta\gamma} = \int_{(A)} (r^2\,\delta_{\beta\gamma} - r_\beta r_\gamma)\,dA = J_{\gamma\beta}. \qquad (17.3/5)$$

Somit gilt

$$J_{\beta\gamma} = J_{km} c_{k\beta} c_{m\gamma} \text{ (Summation } k, m\text{)}, \quad J_{km} = J_{\beta\gamma} c_{k\beta} c_{m\gamma} \text{ (Summation } \beta, \gamma\text{)}. \qquad (17.3/6)$$

Die Flächenträgheitsmomente bilden die Komponenten eines ebenen symmetrischen Tensors zweiter Stufe (vgl. I.4). Zu den Komponenten des gleichfalls symmetrischen ebenen Spannungstensors (vgl. 3.13) besteht hinsichtlich der projektiven Eigenschaften völlige Analogie; dabei entsprechen die Flächenträgheitsmomente J_{xx} und J_{yy} den Normalspannungen $\tau_{xx} = \sigma_x$ und $\tau_{yy} = \sigma_y$, während das Zentrifugalmoment J_{xy} die Rolle der Schubspannung τ_{xy} übernimmt. Allerdings können J_{xx} und J_{yy} — wie aus (17.1/9) hervorgeht — im Gegensatz zu den Normalspannungen nicht negativ werden. Bezüglich der weiteren Folgerungen kann auf Abschnitt 3.13 Bezug genommen werden. Den Spannungshauptachsen, definiert durch $\tau_{uv} = 0$, entsprechen die *Biegungshauptachsen*, definiert durch $J_{uv} = 0$, den Hauptspannungen σ_I, σ_{II} die *Hauptträgheitsmomente* J_I und J_{II}. Aus (17.3/6) gehen mit Bezug auf (17.3/2) folgende zu (3.13/2) bis (3.13/9) analoge Beziehungen hervor (der Winkel α ist nunmehr als Winkel zwischen Biegungshauptachse I und x-Achse bzw. Biegungshauptachse II und y-Achse zu verstehen):

$$\begin{aligned} J_{xx} &= J_I \cos^2\alpha + J_{II} \sin^2\alpha, \quad J_{yy} = J_I \sin^2\alpha + J_{II} \cos^2\alpha, \\ J_{xy} &= (J_I - J_{II}) \sin\alpha \cos\alpha, \\ J_{xx} + J_{yy} &= J_I + J_{II}, \quad J_{xx} - J_{yy} = (J_I - J_{II}) \cos(2\alpha), \\ J_{xy} &= \frac{1}{2}(J_I - J_{II}) \sin(2\alpha), \end{aligned} \tag{17.3/7}$$

$$\tan(2\alpha) = 2J_{xy}/(J_{xx} - J_{yy}), \tag{17.3/8}$$

$$J_{I,II} = \frac{1}{2}\left[J_{xx} + J_{yy} \pm \sqrt{(J_{xx} - J_{yy})^2 + 4J_{xy}^2}\right], \tag{17.3/9}$$

$$\begin{aligned} \tan\alpha &= (J_I - J_{xx})/J_{xy} = (J_{yy} - J_{II})/J_{xy} \\ &= J_{xy}/(J_I - J_{yy}) = J_{xy}/(J_{xx} - J_{II}). \end{aligned} \tag{17.3/10}$$

Die Hauptträgheitsmomente repräsentieren mithin die beiden extremalen Werte, die das axiale Flächenträgheitsmoment bei Drehung der Bezugsachse annimmt. Zur Ermittlung der Biegungshauptachsen und der Hauptträgheitsmomente stehen daher dieselben Verfahren zur Verfügung wie zur Ermittlung der Hauptspannungsrichtungen und der Hauptspannungen beim ebenen Spannungszustand. Dies gilt auch für die zeichnerische Methode, die analog zu den Abb. 3.17 bis 3.21, d.h. mit Hilfe des Mohrschen Kreises durchgeführt werden kann (Beispiele zeigen Abb. 17.16 und 17.21).

Bei symmetrischen Querschnittsformen ist die Symmetrieachse Schwerlinie und zugleich Biegungshauptachse (in bezug auf eine Symmetrieachse verschwindet das Zentrifugalmoment).

Bei manchen Untersuchungen ist es zweckmäßig, sog. *Trägheitsradien* einzuführen, die in folgender Weise definiert sind:

$$i_x = \sqrt{J_{xx}/A}, \quad i_y = \sqrt{J_{yy}/A}, \quad i_I = \sqrt{J_I/A}, \; i_{II} = \sqrt{J_{II}/A}. \qquad (17.3/11)$$

Die Trägheitsradien lassen sich als Koordinaten $x = \pm i_I$, $y = \pm i_{II}$ von vier symmetrisch zu den Bezugsachsen liegenden Punkten deuten. Denkt man sich in jedem dieser Punkte die Fläche $A/4$ konzentriert, so ergeben sich für diese Flächenverteilung dieselben axialen Flächenträgheitsmomente wie für die wirkliche Querschnittsfläche (Abb. 17.4).

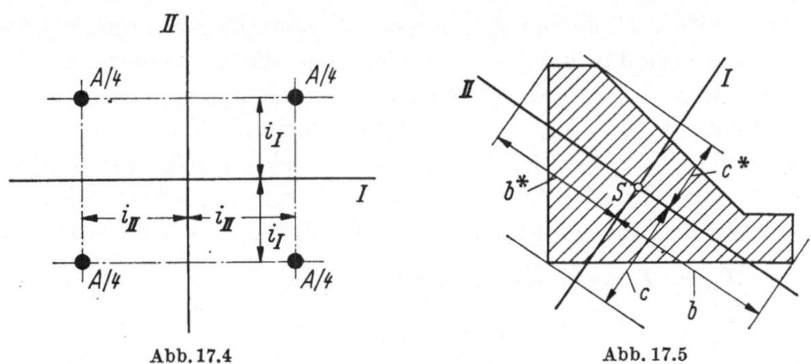

Abb. 17.4 Abb. 17.5

Werden zu den Biegungshauptachsen Parallelen gezogen, die den äußeren Rand der Querschnittsfläche berühren, und sind b, b^*, c, c^* die Absolutbeträge der zugehörigen Abstände von den Biegungshauptachsen ($b^* < b$, $c^* < c$, Abb. 17.5), so heißen die Größen

$$W_I = J_I/b, \; W_I^* = J_I/b^*, \; W_{II} = J_{II}/c, \; W_{II}^* = J_{II}/c^* \qquad (17.3/12)$$

Widerstandsmomente.

Formeln für die Biegespannung sind in 17.5.1, 17.5.2 und 17.5.3 zusammengestellt (bei reiner Biegung ist $N = 0$ zu setzen).

17.4 Beispiele

17.4.1 Kreis. Bei der Kreisfläche ist der Mittelpunkt zugleich Schwerpunkt und jede durch den Schwerpunkt gehende Achse zugleich Symmetrieachse und Biegungshauptachse, so daß

$$J_I = J_{II} = J_{xx} = J_{yy} = J_p/2$$

gilt. Bei Berechnung von J_p gemäß (17.1/10) kann der schmale Kreisring mit dem Radius r und der Breite dr als Flächenelement dA dienen (Abb. 17.6), denn der Integrand hängt nur von r ab. Mit b als Radius des Randkreises folgt $dA = 2\pi r dr$ und

$$J_p = \int_{(A)} r^2 \, dA = 2\pi \int_{r=0}^{b} r^3 \, dr = \frac{\pi}{2} b^4$$

und hiermit

$$J_I = J_{II} = J_{xx} = J_{yy} = \frac{\pi}{4} b^4.$$

Mit der Querschnittsfläche $A = \pi b^2$ ergibt sich der Trägheitsradius

$$i_I = i_{II} = i_x = i_y = b/2.$$

Das Widerstandsmoment wird ($b = b^* = c = c^* = b$)

$$W_I = W_{II} = \frac{\pi}{4} b^3.$$

Bei Einführung des Durchmessers $d = 2b$ folgen

$$J_p = \frac{\pi}{32} d^4 \approx d^4/10, \quad J_I = \frac{\pi}{64} d^4 \approx d^4/20, \quad W_I = \frac{\pi}{32} d^3 \approx d^3/10.$$

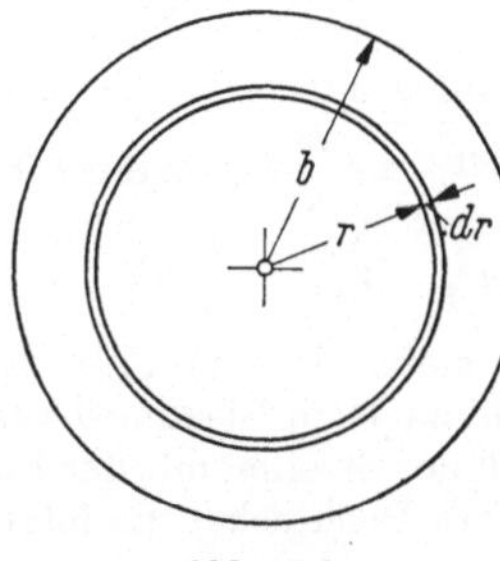

Abb. 17.6

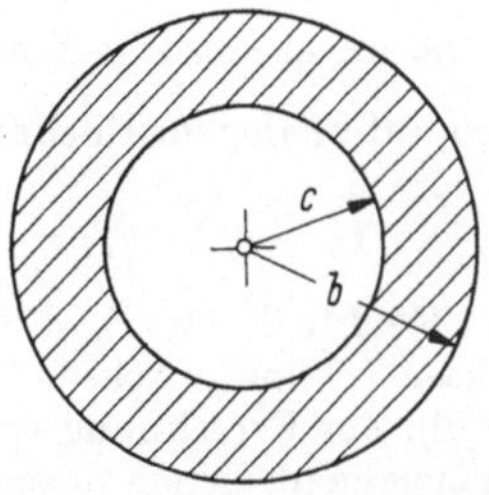

Abb. 17.7

17.4.2 Kreisring. Beim zentrischen Kreisring (Rohrquerschnitt, Radien b und c, Abb. 17.7) ist die Fläche gleich der Differenz der zu den Radien b und c gehörenden Kreisflächen: $A = \pi(b^2 - c^2)$; dasselbe gilt für die Flächenträgheitsmomente: $J_p = \frac{\pi}{2}(b^4 - c^4)$, $J_I = J_{II} = \frac{\pi}{4}(b^4 - c^4)$. Für den Trägheitsradius folgt $i_I = i_{II} = \frac{1}{2}\sqrt{b^2 + c^2}$. Das Widerstandsmoment wird $W_I = W_{II} = J_I/b$.

Für den *schmalen* Kreisring (Querschnitt eines *dünnwandigen Rohres*) mit dem mittleren Radius R und der konstanten Dicke t (Abb. 17.8) gilt $b = R + t/2$, $c = R - t/2$, $A = 2\pi R t$, $J_p = 2\pi R^3 t[1 + t^2/(4R^2)] \approx 2\pi R^3 t$, $J_I = J_{II} = J_p/2 \approx \pi R^3 t$, $i_I = i_{II} \approx R\sqrt{2}$, $W_I = W_{II} \approx \pi R^2 t$.

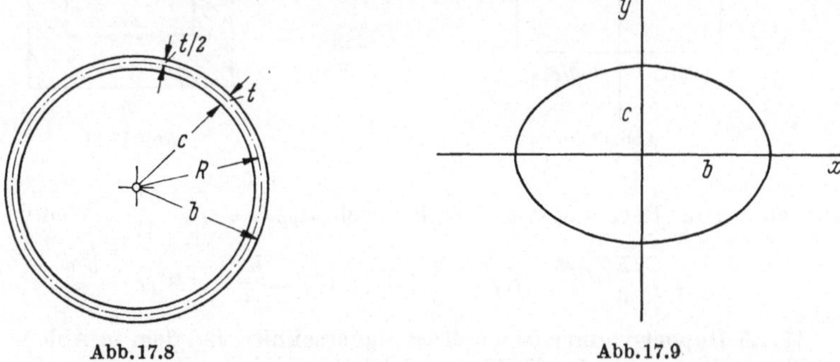

Abb. 17.8

Abb. 17.9

17.4.3 Ellipse. Für die Ellipse mit den Halbachsen b und c (Abb. 17.9) gilt

$$\frac{x^2}{b^2} + \frac{y^2}{c^2} = 1 \quad \text{und mithin} \quad x = b\sqrt{1 - \frac{y^2}{c^2}}.$$

Die x- und y-Achse sind Symmetrieachsen und damit Biegungshauptachsen. Wird ein zur x-Achse paralleler Streifen mit der Breite dy und der Länge $2x$ als Flächenelement dA verwendet, so folgt

$$A = 2\int_{y=-c}^{c} x\,dy = 2b\int_{-c}^{c} \sqrt{1 - y^2/c^2}\,dy.$$

Mit $y = c\sin\gamma$ wird $dy = c\cos\gamma\,d\gamma$ und $A = 2bc\int_{\gamma=-\pi/2}^{\pi/2} \cos^2\gamma\,d\gamma = \pi bc$. Weiter folgt

$$J_I = J_{xx} = 2\int_{y=-c}^{c} y^2 x\,dy = 2bc^3\int_{-\pi/2}^{\pi/2} \sin^2\gamma\cos^2\gamma\,d\gamma = \frac{\pi}{4}\,bc^3.$$

Bei Verwendung eines zur y-Achse parallelen Streifens mit der Fläche $dA = 2y\,dx$ ergibt sich auf analogem Rechnungswege $J_{II} = J_{yy} = \frac{\pi}{4}\,b^3c$. Weiter folgen

$$i_I = c/2, \quad i_{II} = b/2, \quad W_I = \frac{\pi}{4}\,bc^2, \quad W_{II} = \frac{\pi}{4}\,b^2c.$$

17.4.4 Rechteck. Das Rechteck ist doppelsymmetrisch, besitzt also zwei Symmetrieachsen (x- und y-Achsen in Abb. 17.10), die zugleich Biegungshauptachsen sind ($\alpha = 0$). Zur Berechnung von $J_{xx} = J_I$ kann der Streifen mit der Fläche $b\,dy$ als Flächenelement dienen (b sei Breite, h Höhe des Rechtecks). Es folgt

$$A = bh, \quad J_{xx} = J_I = \int_{(A)} y^2\,dA = b\int_{y=-h/2}^{h/2} y^2\,dy = \frac{1}{3}by^3\Big|_{-h/2}^{h/2} = \frac{bh^3}{12}.$$

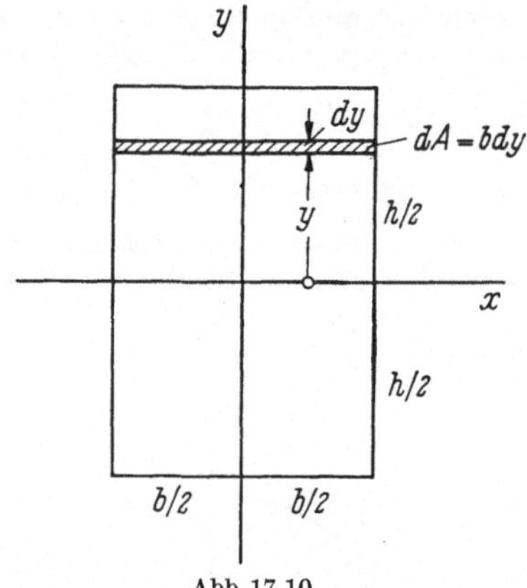

Abb. 17.10

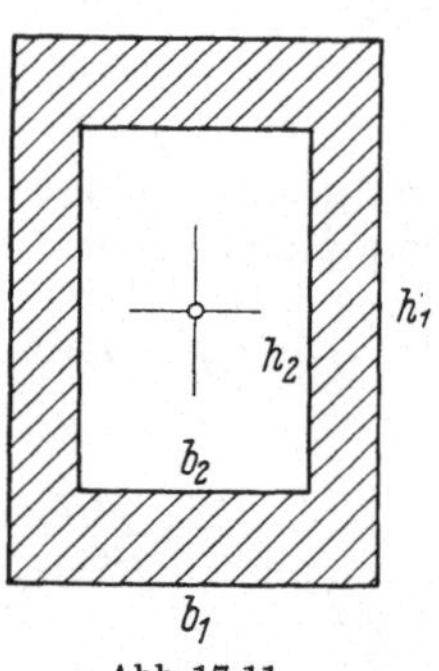

Abb. 17.11

Auf analogem Rechnungswege ergibt sich $J_{yy} = J_{II} = \frac{b^3h}{12}$. Weiter folgen

$$i_I = \frac{h}{6}\sqrt{3}, \quad i_{II} = \frac{b}{6}\sqrt{3}, \quad W_I = \frac{bh^2}{6}, \quad W_{II} = \frac{b^2h}{6}.$$

17.4.5 Doppelsymmetrischer Kastenquerschnitt. Bei dem in Abb. 17.11 ersichtlichen Querschnitt ist die Fläche gleich der Differenz der äußeren Rechteckfläche (Seiten b_1, h_1) und der inneren Rechteckfläche (Seiten b_2, h_2), also $A = b_1h_1 - b_2h_2$. Ebenso ergeben sich die Flächenträgheitsmomente:

$$J_{xx} = J_I = \frac{1}{12}\,(b_1h_1^3 - b_2h_2^3), \quad J_{yy} = J_{II} = \frac{1}{12}\,(b_1^3h_1 - b_2^3h_2).$$

17.4.6 I-Querschnitt. Der in Abb. 17.12 ersichtliche I-Querschnitt ist doppelsymmetrisch und besteht aus drei Rechtecken.

Erstes Rechteck (Untergurt): $A_1 = t_1 b,\ J_{xx,1} = \frac{1}{12} t_1^3 b,\quad J_{yy,1} = \frac{1}{12} t_1 b^3,$
$J_{xy,1} = 0,\quad f_1 = 0,\quad g_1 = -(h - t_1)/2.$

Zweites Rechteck (Steg): $A_2 = t_2(h - 2t_1),\ J_{xx,2} = \frac{1}{12} t_2 (h - 2t_1)^3,$

$$J_{yy,2} = \frac{1}{12} t_2^3 (h - 2t_1),\quad J_{xy,2} = 0,\quad f_2 = 0,\quad g_2 = 0.$$

Drittes Rechteck (Obergurt) wie Untergurt, jedoch $g_3 = (h - t_1)/2$. Mit Anwendung der Beziehungen (17.2/9) ergibt sich mit

$$A = 2A_1 + A_2 = 2t_1 b + t_2(h - 2t_1):$$

$$J_{xx} = J_I = \frac{1}{6} t_1^3 b + \frac{1}{2} t_1 b (h - t_1)^2 + \frac{1}{12} t_2 (h - 2t_1)^3,$$

$$J_{yy} = J_{II} = \frac{1}{6} t_1 b^3 + \frac{1}{12} t_2^3 (h - 2t_1),\quad J_{xy} = 0.$$

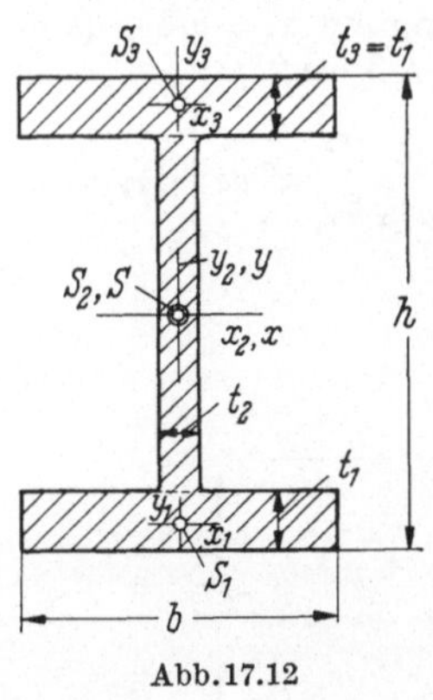

Abb. 17.12

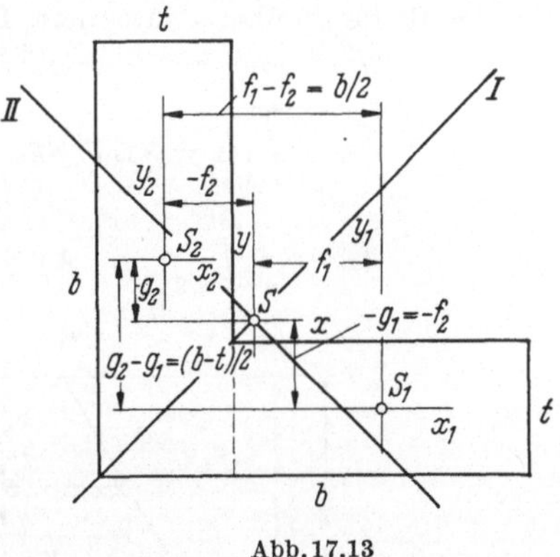

Abb. 17.13

Ist die Stegdicke t_2 klein gegenüber t_1 und t_1 klein gegenüber b und h, so kann mit den Näherungsformeln

$$A \approx 2t_1 b,\quad J_I \approx \frac{1}{2} t_1 b h^2,\quad J_{II} \approx \frac{1}{6} t_1 b^3,\quad i_I \approx h/2,\quad i_{II} \approx b\sqrt{3}/6,$$

$$W_I \approx t_1 b h,\quad W_{II} \approx \frac{1}{3} t_1 b^2$$

gerechnet werden.

Bezüglich der genormten I-Stähle (Walzprofile) siehe Anhang.

17.4.7 Symmetrischer Winkel. Ein symmetrisches Winkelprofil besteht aus zwei Rechtecken (Abb. 17.13).

Erstes Rechteck: $A_1 = t(b - t),\quad J_{xx,1} = \frac{1}{12} t^3 (b - t),$

$$J_{yy,1} = \frac{1}{12} t (b - t)^3,\quad J_{xy,1} = 0.$$

Zweites Rechteck: $A_2 = tb,\ J_{xx,2} = \frac{1}{12} tb^3,$

$$J_{yy,2} = \frac{1}{12} t^3 b,\ J_{xy,2} = 0.$$

Ferner wird $A = A_1 + A_2 = t(2b - t)$; $f_1 - f_2 = b/2$; $g_2 - g_1 = (b - t)/2$. Aus (17.2/7) folgen $f_1 = \frac{b^2}{2(2b - t)}$; $f_2 = g_1 = -\frac{b(b - t)}{2(2b - t)}$; $g_2 = \frac{(b - t)^2}{2(2b - t)}$.

Aus (17.2/9) ergibt sich:

$$J_{xx} = J_{yy} = \frac{t}{12}\left[b^3 + bt^2 - t^3 + \frac{3b(b - t)^3}{2b - t}\right], \quad J_{xy} = \frac{tb^2(b - t)^2}{4(2b - t)}.$$

Die Hauptträgheitsmomente errechnen sich aus (17.3/9) zu

$$J_I = \frac{t}{12}[4b^3 + 4bt^2 - t^3 - 6b^2 t],$$

$$J_{II} = \frac{t}{12}\left[4b^3 + 4bt^2 - t^3 - \frac{6b^4}{2b - t}\right].$$

Die Biegungshauptachsen sind unter 45° gegen die x, y-Achsen geneigt.

17.4.8 Dreieck. Beim Dreieck sei die x-Achse parallel zu einer Dreiecksseite gelegt. Mit den Bezeichnungen der Abb. 17.14 wird zunächst längs der Streifen von der Breite dy über x integriert, Integrationsgrenzen $x_2 = b/3 - (b - c)\, y/h$ und $x_1 = -b/3 + cy/h$, anschließend über y von $-h/3$ bis $2h/3$:

$$J_{xx} = \int_{y=-h/3}^{2h/3} (x_2 - x_1)\, y^2\, dy, \qquad J_{yy} = \int_{y=-h/3}^{2h/3} \left[\int_{x=x_1}^{x_2} x^2\, dx\right] dy,$$

$$J_{xy} = -\int_{y=-h/3}^{2h/3} \left[\int_{x=x_1}^{x_2} x\, dx\right] y\, dy.$$

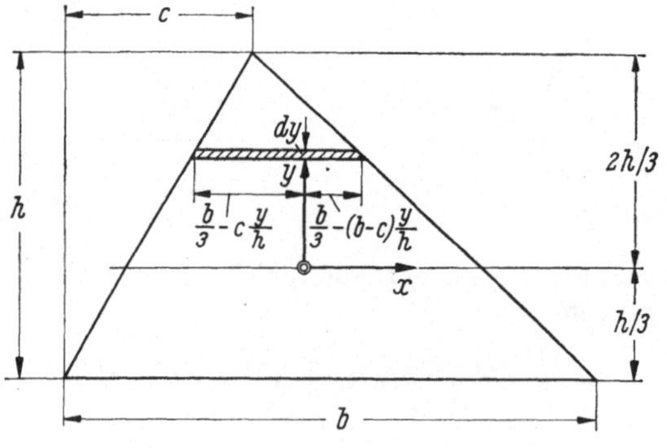

Abb. 17.14

Es folgen:

$$J_{xx} = \frac{h^3 b}{36}, \quad J_{yy} = \frac{hb}{36}(b^2 - bc + c^2), \quad J_{xy} = \frac{h^2 b}{72}(b - 2c).$$

17.4.9 Unregelmäßige Querschnittsform. Die in Abb. 17.15 ersichtliche unregelmäßige Querschnittsfläche sei in der gezeichneten Weise in zwei Rechtecke und ein Dreieck aufgeteilt. Mit den angegebenen Bezeichnungen und Abmessungen führt die Anwendung der Rechenregeln (17.2/7) und (17.2/9) auf die in der nebenstehenden Tabelle zusammengestellten Rechenschritte. Die Werte $f_1 - f_q$

Dim.	cm²	cm		cm³		cm		cm⁴					
q	A_q	f_1-f_q	g_1-g_q	$(f_1-f_q)A_q$	$(g_1-g_q)A_q$	f_q	g_q	$J_{xx,q}$	$g_q^2A_q$	$J_{yy,q}$	$f_q^2A_q$	$J_{xy,q}$	$-f_qg_qA_q$
1	16	0	0	0	0	−2,68	0,96	$\frac{1}{12}8^3\cdot 2 = 85{,}33$	$0{,}96^2\cdot 16 = 14{,}75$	$\frac{1}{12}2^3\cdot 8 = 5{,}33$	$2{,}68^2\cdot 16 = 114{,}92$	0	$2{,}68\cdot 0{,}96\cdot 16 = 41{,}16$
2	18	−3	0	−54	0	0,32	0,96	$\frac{1}{36}6^4 = 36{,}00$	$0{,}96^2\cdot 18 = 16{,}59$	$\frac{1}{36}6^4 = 36{,}00$	$0{,}32^2\cdot 18 = 1{,}84$	$\frac{1}{72}6^4 = 18{,}00$	$-0{,}32\cdot 0{,}96\cdot 18 = -5{,}53$
3	16	−5	3	−80	48	2,32	−2,04	$\frac{1}{12}2^3\cdot 8 = 5{,}33$	$2{,}04^2\cdot 16 = 66{,}59$	$\frac{1}{12}8^3\cdot 2 = 85{,}33$	$2{,}32^2\cdot 16 = 86{,}12$	0	$2{,}32\cdot 2{,}04\cdot 16 = 75{,}72$
Σ	$A=50$			−134	48			$J_{xx} = 224{,}59$		$J_{yy} = 329{,}54$		$J_{xy} = 129{,}35$	

und $g_1 - g_q$ (Koordinatendifferenzen der Eigenschwerpunkte) sind aus der Zeichnung zu entnehmen. Aus (17.2/7) folgen mit $r = 1$:

$$f_1 = -134/50 \text{ cm} = -2{,}68 \text{ cm}; \quad g_1 = 48/50 \text{ cm} = 0{,}96 \text{ cm}.$$

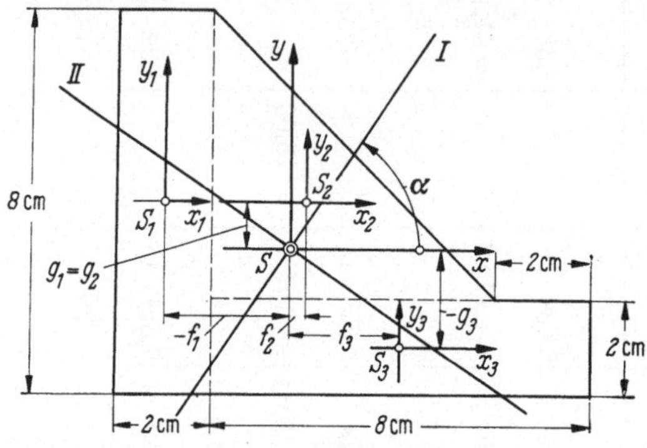

Abb. 17.15

Hiermit ergibt sich $f_2 = f_1 - (f_1 - f_2) = -2{,}68 \text{ cm} + 3 \text{ cm} = 0{,}32 \text{ cm}$ usw. Die weiteren Spalten betreffen die Ausrechnung der anteilmäßigen Trägheitsmomente für die durch den Gesamtschwerpunkt gelegten Bezugsachsen gemäß (17.2/9). Für die Eigenträgheitsmomente sind dabei die Formeln aus 17.4.4 (Rechteck) und 17.4.8 (Dreieck) anzuwenden. Das hier auftretende Dreieck ist gleichschenklig und rechtwinklig, so daß $h = b$ und $c = 0$ zu setzen ist, d. h. es wird

$$J_{xx,2} = J_{yy,2} = b^4/36, \quad J_{xy,2} = b^4/72.$$

Aus den errechneten Werten der Trägheitsmomente J_{xx}, J_{yy}, J_{xy} ergeben sich gemäß (17.3/9) die Hauptträgheitsmomente und gemäß (17.3/10) die Richtungen der Biegungshauptachsen. Es folgen

$$J_I = 416{,}6 \text{ cm}^4, \quad J_{II} = 137{,}5 \text{ cm}^4, \quad \tan \alpha = 1{,}485.$$

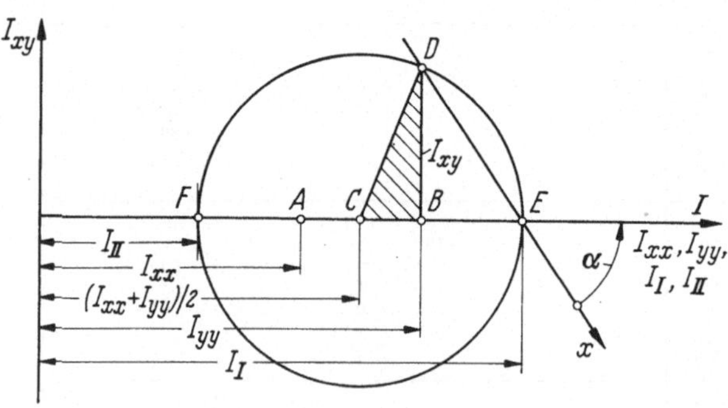

Abb. 17.16

Abb. 17.16 zeigt die Ermittlung der Hauptträgheitsmomente und der Biegungshauptachsen mit Hilfe des Mohrschen Kreises (Analogie zu Abb. 3.18).

17.4.10 Dünnwandige Querschnitte. Dünnwandige Querschnittsformen lassen sich durch Gleiten einer kleinen Kreisfläche mit stetig veränderlichem Durchmesser auf einer Ebene erzeugen (Abb. 17.17). Der Durchmesser der Kreisfläche sei als *Wandstärke* t und die vom Kreismittelpunkt beschriebene ebene Kurve als *Wandungsmittellinie* bezeichnet. Die Abwicklungslänge der Wandungsmittellinie, gemessen von einem frei wählbaren Anfangspunkt B aus, sei als *Koordinate* s eingeführt. Die Wandstärke t kann eine Funktion von s sein, bleibe aber klein gegenüber den sonstigen Abmessungen des Querschnittes, wie z. B. gegenüber b und h in den Abb. 17.18 bis 17.21. In guter Näherung kann

$$dA = t\,ds$$

gesetzt werden. Alle, in 17.1 bis 17.3 auftretenden Flächenintegrale werden eindimensional, und die Wandstärke tritt im Integranden in der ersten Potenz auf. Die Koordinaten x, y beziehen sich auf die Punkte der Wandungsmittellinie und sind Funktionen von s, entsprechend der Parameterdarstellung dieser Kurve.

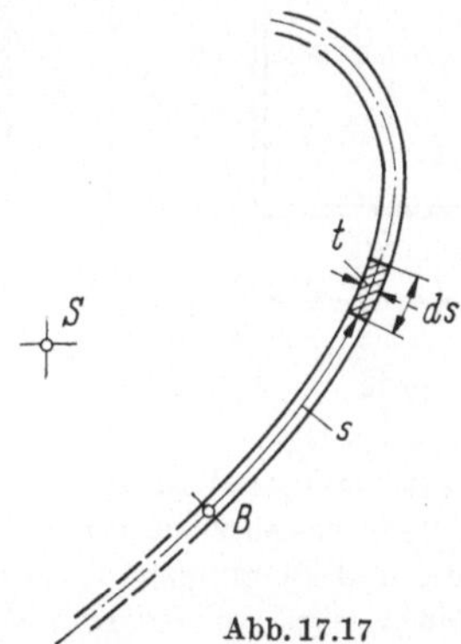

Abb. 17.17

In manchen Fällen ist die Einführung eines geeigneten Parameters u an Stelle der Abwicklungslänge s zweckmäßig. Dann sind t, x, y gegebene Funktionen von u, und es gilt (vgl. I.19.3):

$$ds = \sqrt{\left(\frac{dx}{du}\right)^2 + \left(\frac{dy}{du}\right)^2}\,du\,.$$

Meist führt die Anwendung der Regeln des Abschnittes 17.2 zu Vereinfachungen.

Durch diese Rechnungsart lassen sich z. B. die in 17.4.6 für den I-Querschnitt angegebenen Näherungsformeln leicht bestätigen.

Für den *dünnwandigen Kastenquerschnitt* (konstante Wandstärke t, Seitenlängen b und h, Abb. 17.18) ist die Aufteilung in vier schmale Rechtecke zweckmäßig. Der Rechnungsgang geht aus nachstehender Tabelle hervor:

q	A_q	f_q	g_q	$J_{xx,q}$	$g_q^2 A_q$	$J_{yy,q}$	$f_q^2 A_q$	$J_{xy,q}$	$-f_q g_q A_q$
1	th	$-b/2$	0	$th^3/12$	0	~ 0	$thb^2/4$	0	0
2	tb	0	$h/2$	~ 0	$tbh^2/4$	$tb^3/12$	0	0	0
3	th	$b/2$	0	$th^3/12$	0	~ 0	$thb^2/4$	0	0
4	tb	0	$-h/2$	~ 0	$tbh^2/4$	$tb^3/12$	0	0	0
Σ	$A = 2t(b+h)$			$J_I = th^2(h+3b)/6$		$J_{II} = tb^2(b+3h)/6$		0	

Die x, y-Achsen sind Symmetrieachsen und damit Schwerlinien und Biegungshauptachsen. Die Widerstandsmomente sind

$$W_I = tbh[1 + h/(3b)], \quad W_{II} = tbh[1 + b/(3h)].$$

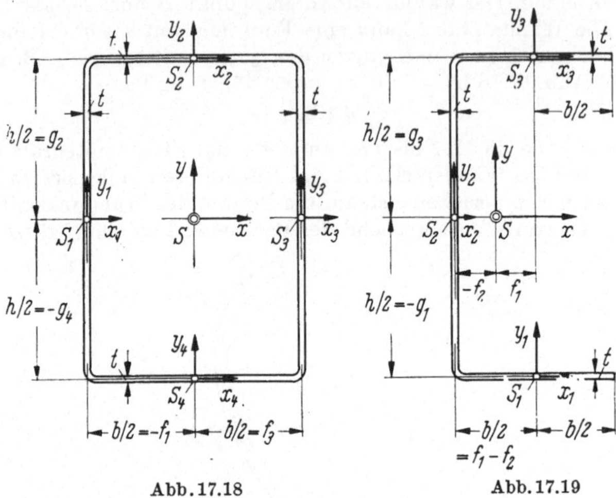

Abb. 17.18 Abb. 17.19

Das *dünnwandige* **U**-*Profil* (konstante Wandstärke t, Seiten b und h, Abb. 17.19) setzt sich aus drei schmalen Rechtecken zusammen. Die x-Achse ist Symmetrieachse, mithin auch Schwerlinie und Biegungshauptachse, so daß in nebenstehender Tabelle auf die Spalten mit $g_1 - g_q$, $(g_1 - g_q)A_q$, $J_{xy,q}$ und $-f_q g_q A_q$ verzichtet werden kann:

Die Widerstandsmomente sind

$$W_I = thb[1 + h/(6b)], \quad W_{II} = \frac{tb^2(b + 2b)}{3(b + h)}, \quad W_{II}^* = \frac{tb(b + 2h)}{3}.$$

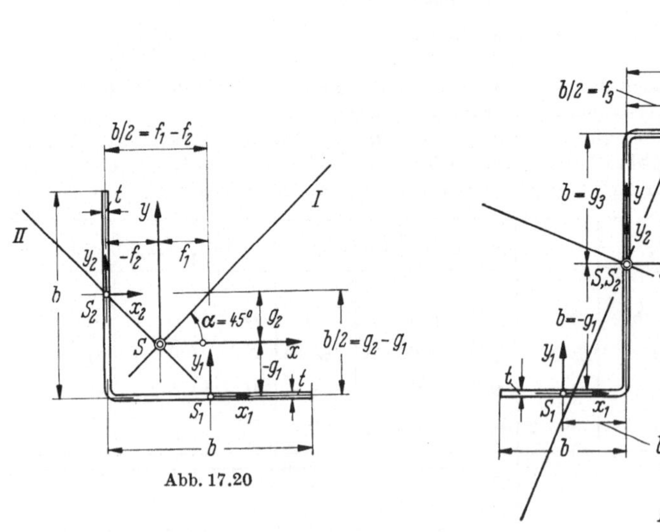

Abb. 17.20 Abb. 17.21 a

Dünnwandiges **U**-Profil

q	A_q	$f_1 - f_q$	$(f_1-f_q)A_q$	f_q	g_q	$J_{xx,q}$	$g_q^2 A_q$	$J_{yy,q}$	$f_q^2 A_q$
1	tb	0	0	$\frac{hb}{2(2b+h)}$	$-h/2$	0	$tbh^2/4$	$tb^3/12$	$\frac{th^2b^3}{4(2b+h)^2}$
2	th	$b/2$	$thb/2$	$-\frac{b^2}{2b+h}$	0	$th^3/12$	0	0	$\frac{thb^4}{(2b+h)^2}$
3	tb	0	0	$\frac{hb}{2(2b+h)}$	$h/2$	0	$tbh^2/4$	$tb^3/12$	$\frac{th^2b^3}{4(2b+h)^2}$
Σ	$A = t(2b+h)$		$tbh/2$			$J_I = th^2(h+6b)/12$		$J_{II} = \frac{tb^3(b+2h)}{3(2b+h)}$	

Dünnwandiges symmetrisches Winkelprofil

q	A_q	f_1-f_q	g_1-g_q	$(f_1-f_q)A_q$	$(g_1-g_q)A_q$	f_q	g_q	$J_{xx,q}$	$g_q^2 A_q$	$J_{yy,q}$	$f_q^2 A_q$	$J_{xy,q}$	$-f_q g_q A_q$
1	bt	0	0	0	0	$\frac{b}{4}$	$-\frac{b}{4}$	0	$\frac{tb^3}{16}$	$\frac{tb^3}{12}$	$\frac{tb^3}{16}$	0	$\frac{tb^3}{16}$
2	bt	$\frac{b}{2}$	$-\frac{b}{2}$	$\frac{tb^2}{2}$	$-\frac{tb^2}{2}$	$-\frac{b}{4}$	$\frac{b}{4}$	$\frac{tb^3}{12}$	$\frac{tb^3}{16}$	0	$\frac{tb^3}{16}$	0	$\frac{tb^3}{16}$
Σ	$A = 2bt$			$\frac{tb^2}{2}$	$-\frac{tb^2}{2}$			$J_{xx} = \frac{5tb^3}{24}$		$J_{yy} = \frac{5tb^3}{24}$		$J_{xy} = \frac{tb^3}{8}$	

Das *dünnwandige symmetrische Winkelprofil* (konstante Wandstärke t, Seite b, Abb. 17.20) setzt sich aus zwei schmalen Rechtecken zusammen. Der Rechnungsgang geht aus der oberen Tabelle hervor
Weiter ergibt sich:

$$J_I = tb^3/3, \quad J_{II} = tb^3/12, \quad \tan\alpha = 1,$$

$$W_I = tb^2\sqrt{2}/3, \quad W_{II} = W_{II}^* = tb^2\sqrt{2}/6, \quad i_I = b\sqrt{6}/6, \quad i_{II} = b\sqrt{6}/12.$$

Das *dünnwandige* **Z**-*Profil* (konstante Wandstärke t, Seiten b, $2b$ und b, Abb. 17.21 a) setzt sich aus drei schmalen Rechtecken zusammen und führt auf folgenden Rechnungsgang (der Schwerpunkt liegt auf Stegmitte):

q	A_q	f_q	g_q	$J_{xx,q}$	$g_q^2 A_q$	$J_{yy,q}$	$f_q^2 A_q$	$J_{xy,q}$	$-f_q g_q A_q$
1	tb	$-\frac{b}{2}$	$-b$	0	tb^3	$\frac{tb^3}{12}$	$\frac{tb^3}{4}$	0	$-\frac{tb^3}{2}$
2	$2tb$	0	0	$\frac{2tb^3}{3}$	0	0	0	0	0
3	tb	$\frac{b}{2}$	b	0	tb^3	$\frac{tb^3}{12}$	$\frac{tb^3}{4}$	0	$-\frac{tb^3}{2}$
Σ	$A = 4tb$			$J_{xx} = \frac{8tb^3}{3}$		$J_{yy} = \frac{2tb^3}{3}$		$J_{xy} = -tb^3$	

Weiter folgen:

$$J_I = \left(\frac{5}{3} + \sqrt{2}\right) tb^3 = 3{,}081\, tb^3, \quad J_{II} = \left(\frac{5}{3} - \sqrt{2}\right) tb^3 = 0{,}253\, tb^3,$$

$$\tan\alpha = 1 - \sqrt{2} = -0{,}414, \quad \cos\alpha = 0{,}924, \quad \sin\alpha = -0{,}383.$$

$$W_I = J_I/(b\cos\alpha - b\sin\alpha) = 2{,}360\, tb^2,$$

$$W_{II} = J_{II}/(b\sin\alpha + b\cos\alpha) = 0{,}468\, tb^2,$$

$$W_{II}^* = J_{II}/|b\sin\alpha| = 0{,}660\, tb^2.$$

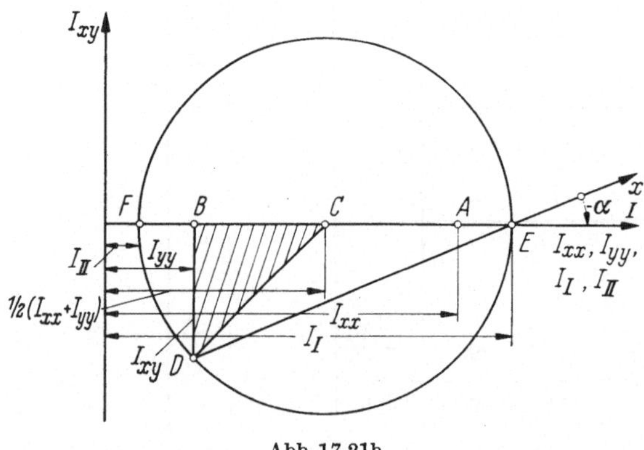

Abb. 17.21b

Abb. 17.21b zeigt die Anwendung des Mohrschen Kreises.

17.5 Biegung mit Normalkraft

17.5.1 Spannung bei zweiachsiger Biegung mit Normalkraft. Die Spannungsverteilung für zweiachsige Biegung mit Normalkraft wird durch (17.1/12) wiedergegeben. Für das auf die Biegungshauptachsen bezogene Koordinatensystem u, v verschwindet J_{uv}, während $J_{uu} = J_I$ und $J_{vv} = J_{II}$ Hauptträgheitsmomente sind; (17.1/12) geht über in (Vertauschung x gegen u, y gegen v):

$$\sigma_z = \frac{N_z}{A} + \frac{M_u}{J_I} v - \frac{M_v}{J_{II}} u. \tag{17.5/1}$$

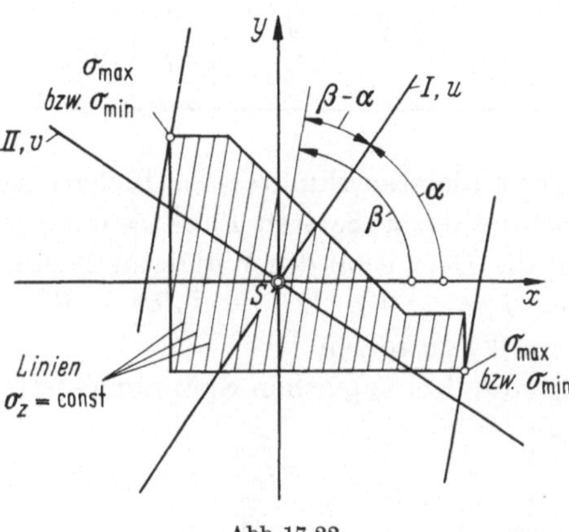

Abb. 17.22

Die Linien $\sigma_z = \text{const}$ sind parallele Geraden (Abb. 17.22); ihr Neigungswinkel β gegen die x-Achse erfüllt die Bedingung

$$\tan\beta = \frac{dy}{dx} = \frac{M_y J_{xx} - M_x J_{xy}}{M_x J_{yy} - M_y J_{xy}} \quad \text{[folgt aus (17.1/12)]},$$

bzw.

$$\tan(\beta - \alpha) = \frac{dv}{du} = \frac{M_v J_I}{M_u J_{II}} \quad \text{[folgt aus (17.5/1)]}. \tag{17.5/2}$$

Die Berührpunkte der beiden äußersten Geraden $\sigma_z = \text{const}$ sind die Orte der extremalen Beanspruchungen.

17.5.2 Spannung bei einachsiger Biegung mit Normalkraft. Bei einachsiger Biegung dreht der Vektor des Biegemomentes um eine Biegungshauptachse. Für Biegung um Hauptachse I errechnet sich die Spannung aus (17.5/1) mit $M_u = M_I$, $M_v = 0$ und y statt v:

$$\sigma_z = \frac{N_z}{A} + \frac{M_I}{J_I} y. \tag{17.5/3}$$

Die Extremalwerte sind, wenn nunmehr σ statt σ_z, N statt N_z, M statt M_I geschrieben und das Widerstandsmoment auf der Zugseite der Biegespannung mit $W_{(z)}$, auf der Druckseite mit $W_{(d)}$ bezeichnet wird:

	$M > 0$	$M < 0$
$\sigma_{\max}$	$\frac{N}{A} + \frac{M}{W_{(z)}}$	$\frac{N}{A} - \frac{M}{W_{(z)}}$
$\sigma_{\min}$	$\frac{N}{A} - \frac{M}{W_{(d)}}$	$\frac{N}{A} + \frac{M}{W_{(d)}}$

(17.5/4)

Ist der Abstand des äußersten Punktes der Biegezugseite von Achse I größer als der Abstand des äußersten Punktes der Biegedruckseite, so gilt mit Bezug auf die Definition des Widerstandsmomentes (s. Schluß von 17.3): $W_{(z)} = J_I/b = W_I$, $W_{(d)} = J_I/b^* = W_I^*$. Andernfalls ist $W_{(z)} = W_I^*$, $W_{(d)} = W_I$ zu setzen.

Abb. 17.23 zeigt die drei typischen Spannungsverteilungen.

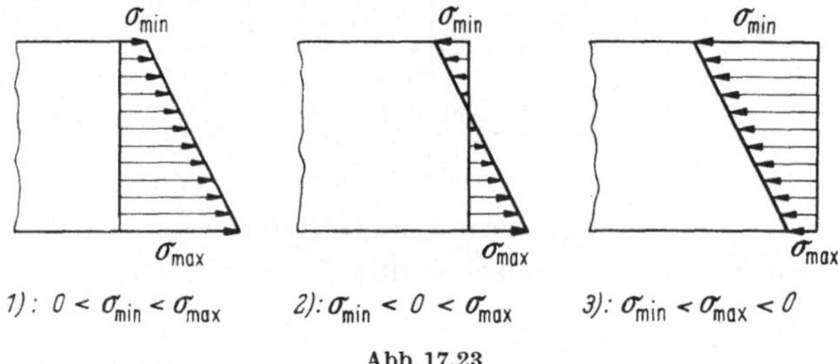

Abb. 17.23

17.5.3 Zulässige Beanspruchung, Tragfähigkeit und Dimensionierung. Die Zugspannung darf den vorgeschriebenen Grenzwert σ_{zul} nicht überschreiten; andererseits darf der Absolutbetrag der Druckspannung den Grenzwert $\sigma_{D,\text{zul}}$ nicht überschreiten. Für die drei Möglichkeiten, die nach Abb. 17.23 zu unterscheiden sind, gilt:

$$\begin{aligned} &\textit{1. Fall:} \quad 0 < \sigma_{\min} < \sigma_{\max} \le \sigma_{\text{zul}}. \\ &\textit{2. Fall:} \quad -|\sigma_{D,\text{zul}}| \le \sigma_{\min} < 0 < \sigma_{\max} \le \sigma_{\text{zul}}. \\ &\textit{3. Fall:} \quad -|\sigma_{D,\text{zul}}| \le \sigma_{\min} < \sigma_{\max} < 0. \end{aligned} \tag{17.5/5}$$

Diese Bedingungen sind für den *Spannungsnachweis*, den *Tragfähigkeitsnachweis* und die *Dimensionierung* maßgebend.

Bei einachsiger Biegung ohne Normalkraft mit zur Biegeachse symmetrischem Querschnitt ($W_I = W_I^* = W$) gilt die einfache Regel:

$$\frac{|M|}{W} \le \sigma_{\text{zul}} \quad \text{(Spannungsnachweis)},$$

bzw.

$$|M| \leq W\sigma_{\mathrm{zul}} \quad \text{(Tragfähigkeitsnachweis)},$$

bzw.

$$W \geq \frac{|M|}{\sigma_{\mathrm{zul}}} \quad \text{(Dimensionierung)}. \qquad (17.5/6)$$

17.5.4 Nullinie und Kern. Die Gruppe der Kraftgrößen N_z, M_x, M_y ist offenbar statisch äquivalent mit einer parallel verschobenen Normalkraft von der Größe N_z, deren Wirkungslinie durch den Punkt B mit den Koordinaten

$$x_k = -M_y/N_z, \quad y_k = M_x/N_z \qquad (17.5/7)$$

geht. Wie aus Abb. 17.24 hervorgeht, erzeugt diese Kraft in bezug auf den Querschnittsschwerpunkt S Momente, die mit den Biegemomenten

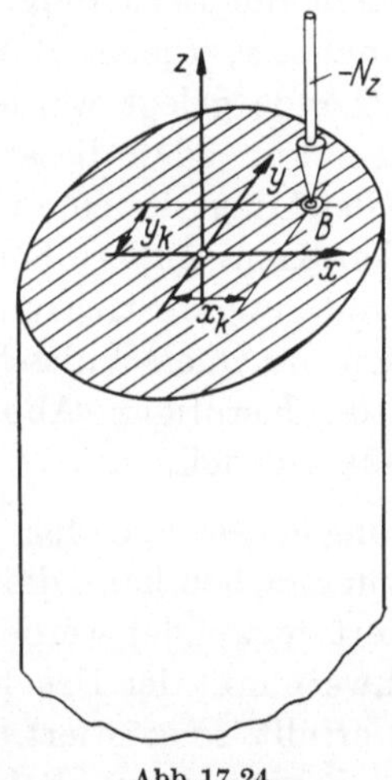

Abb. 17.24

identisch sind. Wird von dieser Überlegung Gebrauch gemacht, so kann (17.1/12) in der Form

$$\sigma_z = \frac{N_z}{A}\left\{1 + \frac{A}{J_{xx}J_{yy} - J_{xy}^2}\left[(J_{xx}x + J_{xy}y)\,x_k + (J_{xy}x + J_{yy}y)\,y_k\right]\right\}, \qquad (17.5/8)$$

bzw. für $J_{xy} = 0$

$$\sigma_z = \frac{N_z}{A}\left\{1 + \frac{x}{i_y^2}x_k + \frac{y}{i_x^2}y_k\right\} \qquad (17.5/9)$$

geschrieben werden.

Die Gerade $\sigma_z = 0$ *(zugleich Gerade* $\varepsilon_z = 0$*) heißt Nullinie*; sie ist durch

$$J_{xx}xx_k + J_{yy}yy_k + J_{xy}(xy_k + yx_k) = -\frac{1}{A}(J_{xx}J_{yy} - J_{xy}^2), \qquad (17.5/10)$$

bzw. für $J_{xy} = 0$

$$\frac{x x_k}{i_y^2} + \frac{y y_k}{i_x^2} = -1 \qquad (17.5/11)$$

festgelegt.

Tangiert die Nullinie den äußeren Rand der Querschnittsfigur, so kann die Spannung innerhalb der Querschnittsfläche das Vorzeichen nicht wechseln. Dieser Sonderfall spielt bei Stoffen eine besondere Rolle, die zwar ausreichende Druckfestigkeit, aber nur verhältnismäßig geringe Zugfestigkeit haben, wie z.B. Beton. Sollen bei Druckbelastung ($N_z < 0$) Zugspannungen vermieden werden, so muß der Angriffspunkt B der (negativen) Normalkraft innerhalb eines bestimmten Gebietes der Querschnittsfläche liegen, das als *Kern* bezeichnet wird. Zur Ermittlung des Kernes dient die Beziehung (17.5/10) bzw. (17.5/11), und zwar mit den Koordinaten x, y jener Randpunkte, durch die eine die Nullinie vertretende Gerade gelegt werden kann, ohne die Querschnittsfläche zu schneiden. Für jeden dieser Randpunkte ergibt sich eine in x_k und y_k lineare Gleichung, die eine Gerade repräsentiert. Alle diese Geraden umhüllen den Kern. Äußere Ecken der Querschnittsfigur erzeugen auf dem Kernrand gerade Strecken (Abb. 17.27 und 17.30). Einspringende Randpartien der Querschnittsfigur haben dagegen keinen direkten Einfluß auf die Kernfigur (Abb. 17.30). Die Berechnung des Kernes geht auf BRESSE[1] zurück.

17.5.5 Druck mit Biegung bei versagendem Zuggebiet. Bei der Kraftübertragung in ebenen Druckflächen kann die mittlere Druckspannung nur dann als Näherungswert verwendet werden, wenn die resultierende Druckkraft durch den Schwerpunkt der Druckfläche geht (vgl. 12.4.1). Ist diese Bedingung nicht erfüllt, so existiert in bezug auf den Schwerpunkt der Druckfläche ein Biegemoment. Bei Berechnung der statisch äquivalenten Spannungsverteilung muß beachtet werden, daß keine Zugspannungen auftreten können. Wird eine *lineare Spannungsverteilung* angenommen, so sind die Ergebnisse von 17.5.4 anwendbar. Die Nullinie teilt die Druckfläche in eine *aktive Druckfläche* und eine spannungsfreie Restfläche. Werden für die aktive Druckfläche bei angenommener Lage der Nullinie der Flächeninhalt A, der Ort des Schwerpunktes und die Flächenträgheitsmomente J_{xx}, J_{yy} und J_{xy} ermittelt, so ergeben sich aus (17.5/10) bzw. im Falle $J_{xy} = 0$ aus (17.5/11) durch Einsetzen der Koordinaten x, y des Anfangs- und Endpunktes der Nullinie (B und C in Abb. 17.25, a) die Punkte x_k, y_k der beiden zugehörigen Geraden der Kernfigur. Ihr Schnittpunkt D^* repräsentiert den der

---

[1] JACQUES ANTOINE CHARLES BRESSE (geb. 1822 in Vienne/Jsère, gest. 1883 in Paris).

gewählten Nullinie zugeordneten Angriffspunkt der resultierenden Druckkraft (zugleich den am weitesten von der Nullinie entfernten Eckpunkt des Kernes). Das Verfahren ist mit einer abgeänderten Lage der Nullinie zu wiederholen, bis der Punkt D^* genügend genau mit dem vorgegebenem Angriffspunkt D der resultierenden Druckkraft zusammenfällt. Bei geometrisch einfachen Flächen wird der analytische Zusammenhang zwischen den Koordinatendifferenzen der Punkte B, C und D leicht erkennbar.

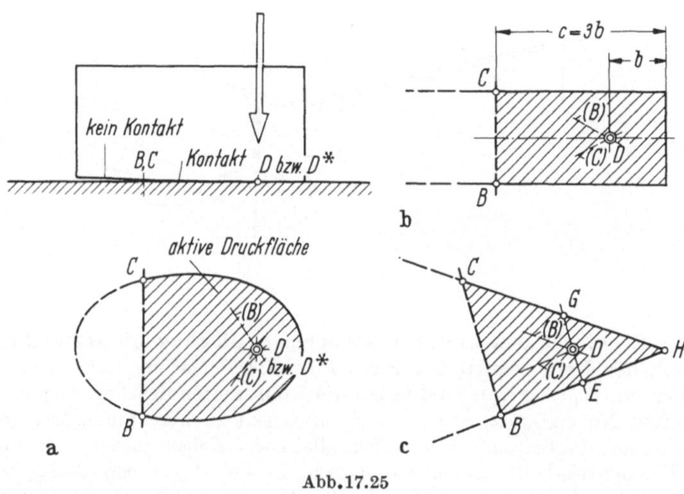

Abb. 17.25

Wird die aktive Druckfläche z.B. durch zwei parallele Geraden und eine dritte Gerade begrenzt, die zu diesen senkrecht steht, und liegt der Angriffspunkt der resultierenden Druckkraft auf der Symmetrieachse dieses Flächenstreifens (Abb. 17.25, b), so läuft die Nullinie parallel zur dritten Geraden im Abstande $c = 3b$ von dieser; hierbei ist b der Abstand des Punktes D von der dritten Geraden. Der Beweis ergibt sich unmittelbar aus den Beziehungen, die bei Berechnung der Kernfigur eines Rechteckes auftreten (vgl. 17.6.2).

Wird die aktive Druckfläche durch zwei sich schneidende Geraden begrenzt (Schnittpunkt H, Abb. 17.25, c), so ist durch den vorgegebenen Angriffspunkt D der Druckkraft eine Gerade zu legen und soweit zu drehen, bis ihre beiden zu den festen Geraden reichenden Abschnitte DE und DG gleich lang werden. Für die Lage der Endpunkte B und C der Nullinie gelten dann die Bedingungen $\overline{BE} = \overline{EH}$ und $\overline{CG} = \overline{GH}$. Der Beweis geht aus den Beziehungen für die Kernfigur eines Dreiecks hervor (vgl. 17.6.5).

17.6 Beispiele

17.6.1 Dimensionierung eines Biegeträgers. Bei Einhaltung der zulässigen Spannung $\sigma_{zul} = 1400\ \text{kp/mm}^2$ soll ein I-Stahlträger das Biegemoment $M = 15$ Mpm aufnehmen (Abb. 17.26). Welches Profil ist zu wählen?

Für einachsige Biegung ohne Normalkraft mit zur Biegeachse symmetrischem Querschnitt gilt (17.5/6). Das erforderliche Widerstandsmoment ist

$$W \geq M/\sigma_{zul} = 15 \cdot 10^5/1400\ \text{cm}^3 = 1071\ \text{cm}^3.$$

Mit Bezug auf die im Anhang beigefügten Tabellen kann entweder I 36 mit $W_x = 1090\ \text{cm}^3$ oder IP 26 mit $W_x = 1160\ \text{cm}^3$ gewählt werden.

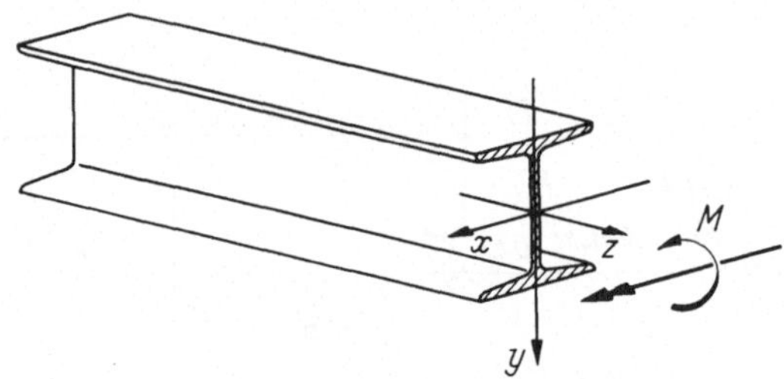

Abb. 17.26

17.6.2 Rechteckquerschnitt bei zweiachsiger Biegung mit Normalkraft. Zunächst soll der Kern ermittelt werden. Für eine Belastung mit $N_z = -3$ Mp, $M_x = 30$ kpm, $M_y = 9$ kpm sind ferner die Koordinaten des Angriffspunktes der äquivalenten Normalkraft, sowie die Spannungen zu berechnen. Der gegebene Querschnitt hat die Seiten $b = 6$ cm (parallel zur x-Achse) und $c = 10$ cm.

Die Flächenträgheitsmomente sind (vgl. 17.4.4) $J_{xx} = bc^3/12$, $J_{yy} = cb^3/12$. Weiter wird $A = bc$, $i_x^2 = c^2/12$, $i_y^2 = b^2/12$. Werden in (17.5/11) die Koordinaten x, y der vier Eckpunkte eingesetzt, so ergeben sich die Gleichungen

$$\pm 6x_k/b \pm 6y_k/c = -1.$$

Sie entsprechen vier Geraden, die den Kern umschließen. Der Kern hat mithin die Form eines Rhombus (Abb. 17.27). Der Angriffspunkt der äquivalenten Normalkraft hat nach (17.5/7) die Koordinaten $x_k = -M_y/N_z = 0{,}3$ cm, $y_k = M_x/N_z = -1$ cm, liegt daher im Kern, so daß die Spannung keinen Vorzeichenwechsel hat. Aus (17.5/9) folgt für die Spannungsverteilung

$$\sigma_z = -50(1 + 0{,}6\,x/b - 1{,}2\,y/c)\ \text{kp/cm}^2.$$

In den vier Ecken des Rechtecks treten folgende Spannungswerte auf (in kp/cm²):

B	C	D	E
−35	−5	−65	−95

Mithin herrscht die größte Druckspannung im Punkt E.

17.6.3 Kern des elliptischen Querschnittes. Mit Bezug auf 17.4.3 gilt für eine Ellipse mit den Halbachsen b (parallel zur x-Achse) und c:

$$A = \pi bc, \quad i_x = c/2, \quad i_y = b/2.$$

Aus (17.5/11) folgt für die den Kern umhüllende Geradenschar

$$4xx_k/b^2 + 4yy_k/c^2 = -1. \tag{a}$$

Hierbei sind die Koordinaten x, y der Randpunkte an die Ellipsengleichung

$$x^2/b^2 + y^2/c^2 = 1 \tag{b}$$

gebunden. Andererseits gilt für die Tangentenschar der Randellipse, wenn die Koordinaten der einzelnen Tangentenpunkte durch x_t, y_t gekennzeichnet werden:

$$x x_t/b^2 + y y_t/c^2 = 1. \tag{c}$$

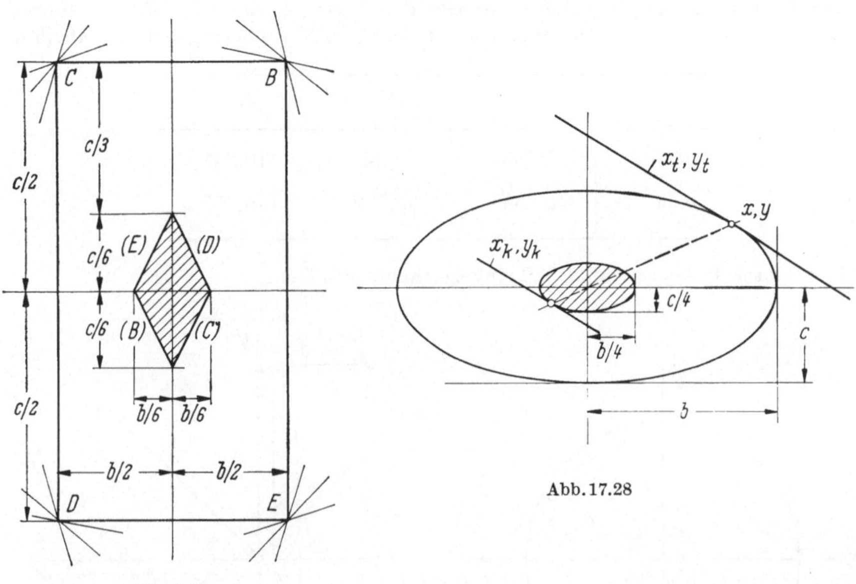

Abb.17.28

Abb.17.27

Mithin läuft zu jeder den Kern berührenden Geraden vom Typ (a) eine zum gleichen Randpunkte x, y gehörende Randtangente vom Typ (c) parallel, derart daß sich die Achsabschnitte wie $-1:4$ verhalten. Folglich ist der Kern identisch mit der im Verhältnis 1:4 verkleinerten Randellipse (Abb.17.28).

Bei einer analytischen Beweisführung wären für den Kern als Hüllkurve der Geradenschar (a) die Differentialquotienten der Nullform von (a) mit der ebenfalls in Nullform geschriebenen und mit einem Faktor λ versehenen Nebenbedingung (b) nach den Parametern x und y gleich Null zu setzen:

$$\Phi = 4x x_k/b^2 + 4y y_k/c^2 + 1 + \lambda(x^2/b^2 + y^2/c^2 - 1),$$

$$\frac{\partial \Phi}{\partial x} = 4x_k/b^2 + 2\lambda x/b^2 = 0, \quad \frac{\partial \Phi}{\partial y} = 4y_k/c^2 + 2\lambda y/c^2 = 0.$$

Es folgen $x = -2x_k/\lambda$, $y = -2y_k/\lambda$ und nach Einsetzen in (a) und (b)

$$8x_k^2/b^2 + 8y_k^2/c^2 = \lambda \quad \text{und} \quad 4x_k^2/b^2 + 4y_k^2/c^2 = \lambda^2.$$

Hieraus ergibt sich $\lambda = 1/2$ und

$$\frac{x_k^2}{(b/4)^2} + \frac{y_k^2}{(c/4)^2} = 1,$$

d.h. der Kern ist eine Ellipse mit den Halbachsen $b/4$ und $c/4$.

Für einen *kreisförmigen* Querschnitt (Radius b) ergibt sich als Kern ein Kreis mit dem Radius $b/4$ (Abb.17.29).

17.6.4 Kern des symmetrischen Winkels. Ein symmetrischer Winkel (Abb. 17.13) hat die Abmessungen $b = 16$ cm und $t = 5$ cm. Nach den in 17.4.7 abgeleiteten Formeln errechnen sich folgende Werte:

$$A = 135\ \text{cm}^2,\ J_{xx} = J_{yy} = 2807\ \text{cm}^4,\ J_{xy} = 1434\ \text{cm}^4,$$

$$J_I = 4241\ \text{cm}^4,\ \ J_{II} = 1373\ \text{cm}^4,\ \ i_I^2 = 31{,}4\ \text{cm}^2,\ i_{II}^2 = 10{,}3\ \text{cm}^2.$$

Der Kern wird hier durch die fünf Geraden begrenzt, die aus (17.5/10) durch Einsetzen der Koordinaten der Eckpunkte B, C, D, E, F hervorgehen (s. Tabelle).

	B	C	D
x cm	−5,759	10,241	10,241
y cm	−5,759	−5,759	−0,759

Es ergibt sich das in Abb. 17.30 eingezeichnete Fünfeck.

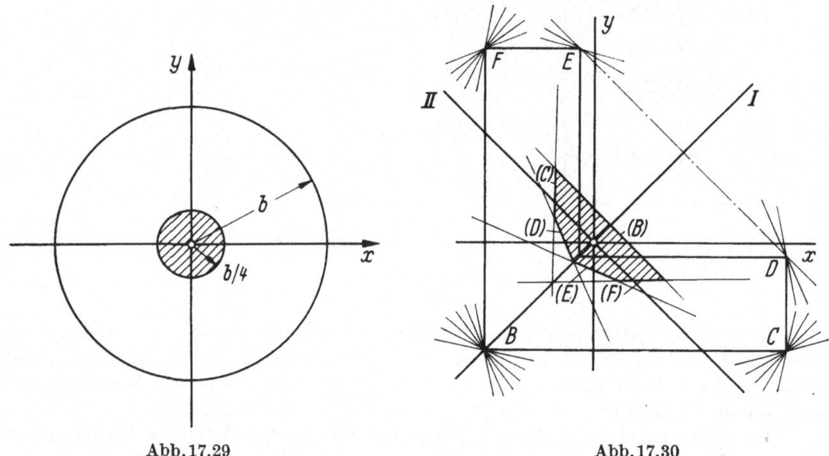

Abb. 17.29

Abb. 17.30

17.6.5 Kern des Dreiecks. Mit den Bezeichnungen von Abb. 17.14 gilt bei Anwendung der Ergebnisse von 17.4.8

$$J_{xx} = h^3 b/36, \quad J_{yy} = hb(b^2 - bc + c^2)/36, \quad J_{xy} = h^2 b(b - 2c)/72,$$

$$J_{xx} J_{yy} - J_{xy} = h^4 b^4/1728.$$

Nach Einsetzen in (17.5/10) folgt

$$2xx_k h^2 + 2yy_k(b^2 - bc + c^2) + (xy_k + yx_k)\, h(b - 2c) = -h^2 b^2/12.$$

Durch Einsetzen der Koordinaten der Spitze des Dreiecks $x = (-b + 2c)/3$, $y = 2h/3$ ergibt sich die zur Grundlinie parallele Gerade $y_k = -h/12$. Durch Einsetzen der Koordinaten $x = -(b + c)/3$, $y = -h/3$ des linken Eckpunktes ergibt sich die Gleichung der zur rechten Seite parallelen Geraden $x_k + (b - c)\, y_k/h = b/12$. Schließlich folgt durch Einsetzen der Koordinaten des rechten Eckpunktes die Gleichung der zur linken Seite parallelen Geraden. Mithin ergibt sich als Kern das in Abb. 17.31 eingezeichnete Dreieck.

17.6.6 Einseitig eingespannter Träger. Ein vertikal eingespannter, im oberen Teil gekrümmter Träger nimmt die Last $F = 1$ Mp auf (Abb. 17.32). Im Einspannquerschnitt werden die Normalkraft $N = -F = -1$ Mp und das Biegemoment $M = Fl = 1$ Mp · 75 cm = 75000 cmkp übertragen. Der Träger ist als Stahlrohr ausgebildet. Für den Außendurchmesser ist $d = 10$ cm, für die Wandstärke $t = 1$ cm gegeben. Mit Anwendung der Ergebnisse von 17.4.2 ist zu setzen: $b = d/2 = 5$ cm, $c = d/2 - t = 4$ cm, $A = \pi(b^2 - c^2) = 28{,}3$ cm², $J = \pi(b^4 - c^4)/4 = 290$ cm⁴, $W = W^* = J/b = 58$ cm³. Nach (17.5/4) folgt mit $W_{(z)} = W_{(d)} = W$:

$$\sigma = \frac{N}{A} \pm \frac{M}{W} = (-35 \pm 1293)\ \text{kp/cm}^2.$$

Es ergibt sich $\sigma_{\max} = 1258$ kp/cm², $\sigma_{\min} = -1328$ kp/cm².

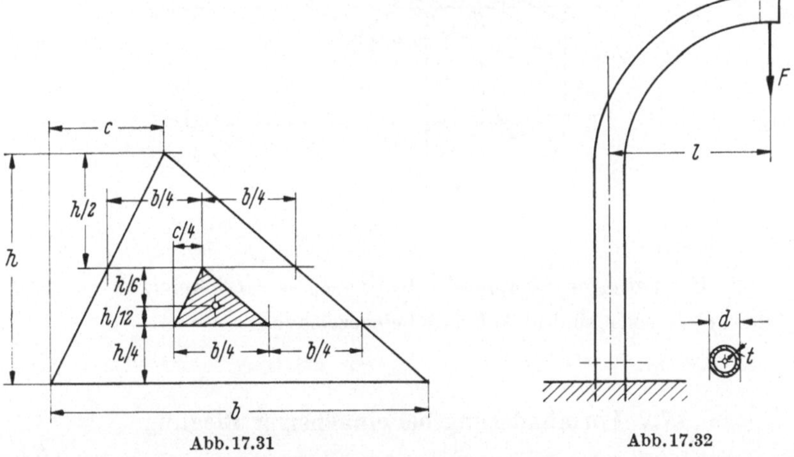

Abb. 17.31 Abb. 17.32

17.6.7 Unsymmetrischer Querschnitt bei exzentrischer Druckbelastung. Der in Abb. 17.15 gezeichnete Querschnitt einer Betonsäule nimmt die Normalkraft $N_z = -3$ Mp und die Momente $M_x = -27$ mkp, $M_y = -24$ mkp auf. Um beurteilen zu können, ob Zugspannungen auftreten, sei zunächst der Kern ermittelt. Mit den Ergebnissen von 17.4.9 ist $A = 50$ cm², $J_{xx} = 224{,}6$ cm⁴, $J_{yy} = 329{,}5$ cm⁴, $J_{xy} = 129{,}4$ cm⁴, $J_I = 416{,}6$ cm⁴, $J_{II} = 137{,}5$ cm⁴, $i_I^2 = 8{,}33$ cm², $i_{II}^2 = 2{,}75$ cm², $(J_{xx}J_{yy} - J_{xy}^2)/A = 1204$ cm² zu setzen. Damit nimmt (17.5/10) die Form

$$(0{,}187x + 0{,}1075y)\, x_k + (0{,}1075x + 0{,}274y)\, y_k = -1$$

an. Der Kern wird durch fünf Geraden begrenzt, die hieraus durch Einsetzen der Koordinaten der Eckpunkte B, C, D, E, F ermittelt werden können.

	B	C	D	E	F
x cm	−3,68	6,32	6,32	−1,68	−3,68
y cm	−3,04	−3,04	−1,04	4,96	4,96

Es ergibt sich das in Abb. 17.33 eingezeichnete Fünfeck. Der Angriffspunkt der äquivalenten Normalkraft hat die Koordinaten $x_k = -M_y/N_z = -0{,}8$ cm, $y_k = M_x/N_z = 0{,}9$ cm und liegt innerhalb des Kerns, so daß keine Zugspannungen auftreten können. Die Spannung errechnet sich aus (17.5/8):

$$\sigma_z = (-60 + 4{,}18x - 9{,}66y)\ \text{kp/cm}^2 \text{ mit } x \text{ und } y \text{ in cm}.$$

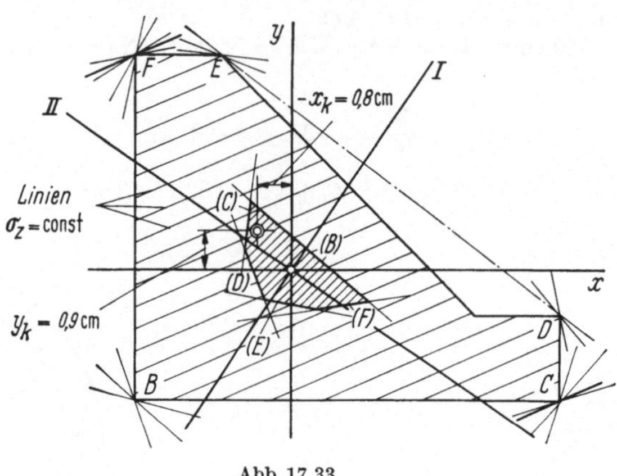

Abb. 17.33

Die Extremwerte sind:

In C: $\sigma_{\max} = -5\ \text{kp/cm}^2$. In F: $\sigma_{\min} = -123\ \text{kp/cm}^2$.

Die Linien σ_z = const sind in Abb. 17.33 eingezeichnet.

17.7 Formänderung bei einachsiger Biegung

17.7.1 Verzerrungen und Verschiebungen bei reiner Biegung. Bei einachsiger Biegung mit der x-Achse als Biegungshauptachse und Drehachse des Biegemomentes gilt gemäß (17.5/3) mit $u = x$, $v = y$, $N_z = N$, $M_x = M$, $J_{xx} = J$:

$$\sigma_x = \sigma_y = 0, \quad \sigma_z = \frac{N}{A} + \frac{M}{J} y, \quad \tau_{xy} = \tau_{yz} = \tau_{zx} = 0. \tag{17.7/1}$$

Für Hookesches Gesetz bei Isotropie gilt gemäß (6.2/13)

$$\begin{aligned} \varepsilon_x &= \varepsilon_y = -\frac{\nu}{E}\sigma_z, \quad \varepsilon_z = \frac{N}{EA} + \frac{M}{EJ} y, \\ \gamma_{xy} &= \gamma_{yz} = \gamma_{zx} = 0. \end{aligned} \tag{17.7/2}$$

Für die lineare Theorie folgt aus (4.3/1) und (4.3/4)

$$\begin{aligned} \varepsilon_x &= \frac{\partial V_x}{\partial x}, \quad \varepsilon_y = \frac{\partial V_y}{\partial y}, \quad \varepsilon_z = \frac{\partial V_z}{\partial z}, \\ \gamma_{xy} &= \frac{\partial V_x}{\partial y} + \frac{\partial V_y}{\partial x}, \quad \gamma_{yz} = \frac{\partial V_y}{\partial z} + \frac{\partial V_z}{\partial y}, \quad \gamma_{zx} = \frac{\partial V_z}{\partial x} + \frac{\partial V_x}{\partial z} \end{aligned} \tag{17.7/3}$$

und nach Einsetzen von (17.7/1)

$$\begin{gathered}\frac{\partial V_x}{\partial x}+\frac{\partial V_y}{\partial y}=-\nu\frac{N}{EA}-\nu\frac{M}{EJ}y,\quad \frac{\partial V_z}{\partial z}=\frac{N}{EA}+\frac{M}{EJ}y,\\ \frac{\partial V_x}{\partial y}+\frac{\partial V_y}{\partial x}=0,\quad \frac{\partial V_y}{\partial z}+\frac{\partial V_z}{\partial y}=0,\quad \frac{\partial V_z}{\partial x}+\frac{\partial V_x}{\partial z}=0.\end{gathered}\tag{17.7/4}$$

Diese Gleichungen führen auf die Verschiebungen

$$\begin{aligned}V_x&=-\frac{\nu N}{EA}x-\frac{\nu M}{EJ}xy,\\ V_y&=-\frac{\nu N}{EA}y+\frac{M}{2EJ}[\nu x^2-\nu y^2-z^2]+c_1+c_2z,\\ V_z&=\frac{N}{EA}z+\frac{M}{EJ}yz-c_2y+c_3.\end{aligned}\tag{17.7/5}$$

Von den sechs Lösungen der homogenen Gleichungen (17.7/4), die auf die Translationen und Drehungen des starren Körpers führen, wurden hier nur Verschiebungen parallel zur y, z-Ebene berücksichtigt (Glieder mit den Konstanten c_1, c_2, c_3), denn diese Ebene ist zugleich Schmiegungsebene der Stabmittellinie.

Einer Biegungshauptachse kommt mithin, außer den in 17.3 interpretierten Eigenschaften, noch folgende weitere Eigenschaft zu:

Ein Biegemoment um eine Biegungshauptachse bewirkt bei Isotropie eine Krümmung der Stabmittellinie in einer zu dieser Achse senkrechten Ebene.

Die Verschiebung der Stabmittellinie senkrecht zu ihrer Ausgangslage, *Durchbiegung* genannt, sei mit η bezeichnet; sie ist offenbar für die Biegedeformation charakteristisch. Aus (17.7/5) folgt:

$$(V_y)_{x=y=0}=\eta=-\frac{M}{2EJ}z^2+c_1+c_2z.\tag{17.7/6}$$

Zur geometrisch-anschaulichen Deutung diene der in Abb. 17.34 dargestellte einseitig eingespannte Balken bei Beanspruchung durch ein um die x-Achse als Biegungshauptachse drehendes Moment. Nach 17.1 bleiben die Querschnitte eben und — wegen des Verschwindens der Winkeländerungen γ_{yz} und γ_{zx} — zur Stabmittellinie senkrecht. Die Stabmittellinie verbiegt sich dehnungslos zu einem Kreis, dessen Radius mit ϱ bezeichnet sei. Die Spuren der Querschnittsebenen in der y, z-Ebene schneiden sich im Mittelpunkt dieses Kreises. Die Koordinaten der Punkte der Stabmittellinie seien mit Bezug auf 4.1 nach der Verformung mit y, z, vor der Verformung mit y^*, z^* bezeichnet. Ein Element der Stabmittellinie von der Länge dz^* behält bei der Deformation seine Länge. Ein zweites Längenelement, das von denselben Querschnittsebenen begrenzt wird wie dz^* und sich nach der Deformation im Abstand $\varrho + y$ vom Kreismittelpunkt befindet, hat nach der

Deformation die Länge $dz^* + \varepsilon_z\, dz^*$. Die Längenelemente dz^* und $dz^* + \varepsilon_z\, dz^*$ sind dann Bogenelemente schmaler Kreissektoren mit den Radien ϱ und $\varrho + y$, aber dem gleichen Zentriwinkel $d\varphi$. Der Winkel, den die Tangente an die Stabmittellinie nach der Deformation mit der z-Achse bildet, ist dabei mit φ bezeichnet; er heißt auch *Biegewinkel*. Es gilt

$$dz^* = \varrho\, d\varphi\,, \quad dz^* + \varepsilon_z\, dz^* = (\varrho + y)\, d\varphi\,.$$

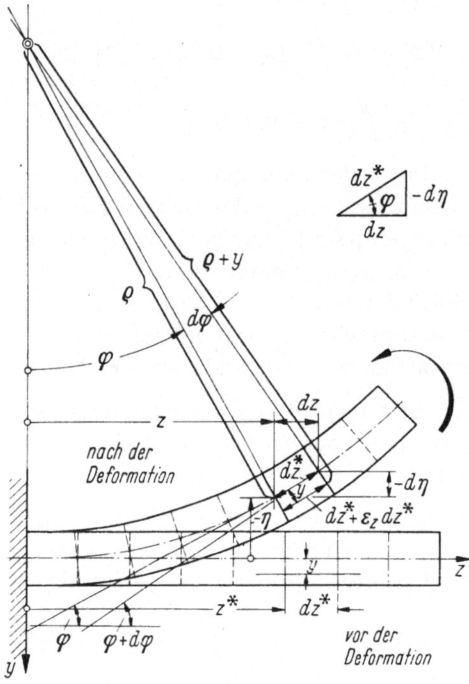

Abb. 17.34

Hieraus folgen

$$\frac{1}{\varrho} = \frac{d\varphi}{dz^*} \tag{17.7/7}$$

und

$$\varepsilon_z = \frac{y}{\varrho}\,. \tag{17.7/8}$$

Diese Beziehung folgt aus dem Ebenbleiben der Stabquerschnitte und gilt daher für beliebiges Stoffgesetz (auch für plastische Verformung). Andererseits ergibt sich aus (17.7/2) mit $N = 0$

$$\varepsilon_z = \frac{M}{EJ}\, y\,. \tag{17.7/9}$$

Die Größe EJ heißt *Biegesteifigkeit*.

Für die *Krümmung* des Stabes infolge der Biegung ergibt sich

$$\frac{1}{\varrho} = \frac{M}{EJ}. \tag{17.7/10}$$

An Hand des kleinen rechtwinkligen Dreiecks mit der Hypotenuse dz^* und den Katheten dz und $-d\eta$ folgen ferner, wenn zur Abkürzung $d/dz = (\ )'$ geschrieben wird:

$$\tan\varphi = -\frac{d\eta}{dz} = -\eta', \quad \cos\varphi = \frac{dz}{dz^*} = \frac{dz}{\sqrt{(dz)^2 + (d\eta)^2}} = \frac{1}{\sqrt{1+\eta'^2}}.$$

Durch Differentiation ergibt sich aus der ersten dieser Gleichungen

$$\frac{\varphi'}{\cos^2\varphi} = -\eta''.$$

Andererseits folgt aus (17.7/7) die Beziehung $\frac{1}{\varrho} = \varphi' \cos\varphi$. Mithin ergibt sich für die Krümmung die aus der Theorie der ebenen Kurven bekannte Formel

$$\frac{1}{\varrho} = -\frac{\eta''}{[1+\eta'^2]^{3/2}}. \tag{17.7/11}$$

Nach Einsetzen in (17.7/9) folgt für die Durchbiegung die nichtlineare Differentialgleichung zweiter Ordnung

$$\frac{\eta''}{[1+\eta'^2]^{2/3}} = -\frac{M}{EJ}. \tag{17.7/12}$$

Innerhalb der linearen Theorie ist η'^2 klein gegenüber 1 und daher $\cos\varphi \approx 1$, $\tan\varphi \approx \varphi$ zu setzen, und es folgen

$$\eta' = -\varphi, \quad \varphi' = \frac{1}{\varrho} = -\eta''. \tag{17.7/13}$$

An die Stelle von (17.7/12) tritt die *lineare* Differentialgleichung

$$\eta'' = -\frac{M}{EJ}. \tag{17.7/14}$$

Bei Integration ergibt sich Übereinstimmung mit (17.7/6). Der Kreis wird also in der linearen Theorie durch eine Parabel approximiert.

17.7.2 Differentialgleichungen der einachsigen Biegung mit Querkraft. Ist das um die Biegungshauptsache (hier x-Achse) drehende Moment eine Funktion der Stabkoordinate z, so tritt eine Querkraft $Q_y = Q$ auf (vgl. I.9.2). Bei Berücksichtigung einer Streckenlast q gelten die Gleichgewichtsbedingungen

$$M' = Q, \quad Q' = -q. \tag{17.7/15}$$

Die Querkraft wird durch Schubspannungen erzeugt, die aber gegenüber den Biegespannungen meist verhältnismäßig klein bleiben. Der Einfluß der bei Isotropie durch die Schubspannungen hervorgerufenen

Winkeländerungen auf die eigentliche Biegeverformung kann deshalb in erster Näherung vernachlässigt werden. Daraus folgt, daß sich die Stabelemente in ähnlicher Weise verbiegen, wie es in 17.7.1 für den Fall $M = \text{const}$ interpretiert ist. Ihre Querschnitte bleiben nahezu eben, so daß sie nach der Verformung fast lückenlos aneinander passen, auch wenn die Biegemomente und damit die Krümmungen benachbarter Elemente verschieden sind. Die Stabmittellinie setzt sich nach der Verformung aus unendlich vielen infinitesimalen Kreisbogenabschnitten zusammen, und ϱ bezeichnet jetzt den *örtlichen Krümmungsradius*. Die Gleichungen (17.7/7) bis (17.7/14) bleiben bestehen, jedoch ist das Biegemoment nunmehr eine Funktion von z. Da M nur in der Kombination M/EJ auftritt, kann im Rahmen dieser Näherung auch die Biegesteifigkeit eine Funktion von z sein. *Es lassen sich also auch Änderungen der Biegesteifigkeit berücksichtigen*, und das technisch wichtige Problem der Biegung von Stäben mit veränderlichem Querschnitt kann rechnerisch behandelt werden.

Das Problem der einachsigen Biegung mit Querkraft wird demnach innerhalb der linearen Theorie durch vier lineare Differentialgleichungen erster Ordnung beherrscht, und zwar durch (17.7/15) und durch die beiden aus (17.7/13) und (17.7/14) hervorgehenden Gleichungen

$$\eta' = -\varphi, \quad \varphi' = \frac{M}{EJ}. \tag{17.7/16}$$

Beide Gleichungspaare lassen sich zu zwei linearen Differentialgleichungen zweiter Ordnung

$$M'' = -q, \quad \eta'' = -\frac{M}{EJ}, \tag{17.7/17}$$

oder zu einer Differentialgleichung vierter Ordnung

$$(EJ\eta'')'' = q \tag{17.7/18}$$

kombinieren.

Um die erforderliche Differenzierbarkeit von η, φ, M, Q zu gewährleisten, muß verlangt werden, daß innerhalb des jeweiligen Definitionsbereiches dieses Differentialgleichungssystems keine Unstetigkeitsstellen auftreten. Die Streckenlast q und die Biegesteifigkeit EJ, bzw. die zur Darstellung dieser Größen bei der rechnerischen Lösung verwendeten Funktionen dürfen sich nicht unstetig verhalten. Innerhalb des jeweiligen Definitionsbereiches dürfen keine Einzellasten, Einzelmomente, Auflagerkräfte, Auflagermomente oder Stabgelenke vorhanden sein. Daraus ergibt sich die Notwendigkeit, den Stab an allen derartigen Unstetigkeitsstellen aufzuteilen. Die so entstehenden n Teilstäbe seien mit den Nummern $1, 2, \ldots, n$, allgemein mit der Nummer h gekennzeichnet, die linken Stabenden durch den Zusatzindex L, die rechte Stabenden durch den Zusatzindex R. Für den Übergang von einem

Teilstab zum benachbarten gelten *Übergangsbedingungen*, die sich nach gedanklichem Herauslösen des an der Übergangsstelle befindlichen Stabelementes leicht formulieren lassen. Tabelle (17.7/19) enthält diese Bedingungen für die sechs Fälle, die in Abb. 17.35 dargestellt sind. Die

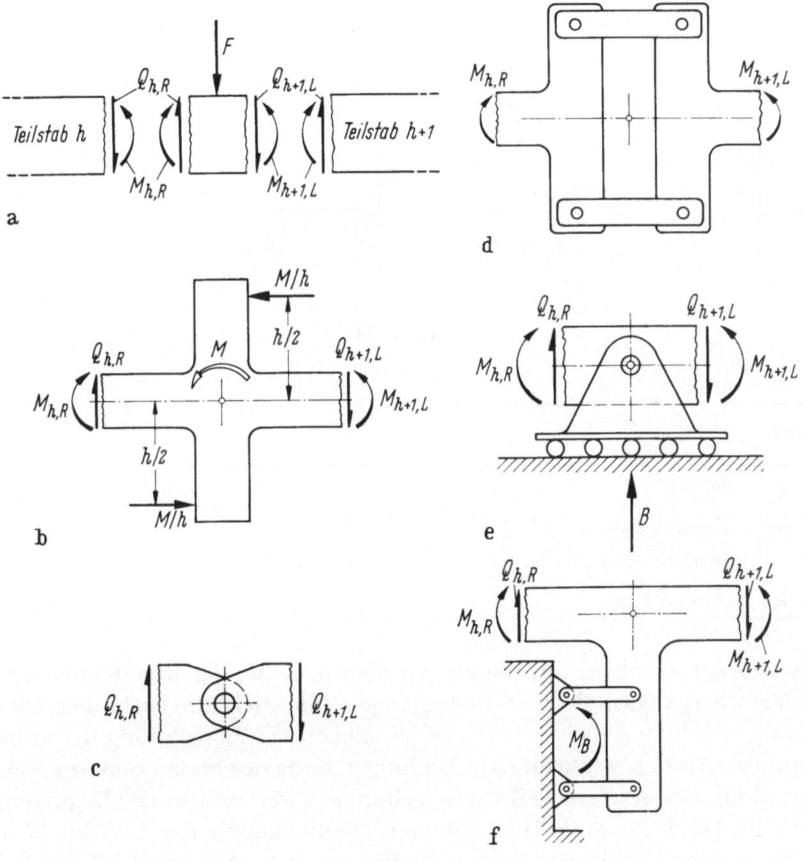

Abb. 17.35

Fall	Art der Übergangsstelle	$\eta_{h+1,L}$	$\eta_{h,R}$	$\varphi_{h+1,L}$	$\varphi_{h,R}$	$M_{h+1,L}$	$M_{h,R}$	$Q_{h+1,L}$	$Q_{h,R}$
a	*Einzellast*	"	= "	"	= "	"	= "	"	= " $-F$
b	*Einzelmoment*	"	= "	"	= "	"	= " $-M$	"	= "
c	*Inneres Gelenk*	"	= "	Sprung		0	0	"	= "
d	*Innere Verschieblichkeit*	Sprung		"	= "	"	= "	0	0
e	*Drehbares Auflager*	0	0	"	= "	"	= "	$B =$ " $-$ "	
f	*Verschiebliches Lager*	"	= "	0	0	$M_B = -$" + "		"	= "

(17.7/19)

z-Koordinate kann für jeden Teilstab gesondert festgelegt werden. Bei den angegebenen Übergangsbedingungen wurde vorausgesetzt, daß die z-Koordinate von links nach rechts zunimmt. Im umgekehrten Falle kehren sich die Richtungen von φ und Q um, und die Indizes L und R

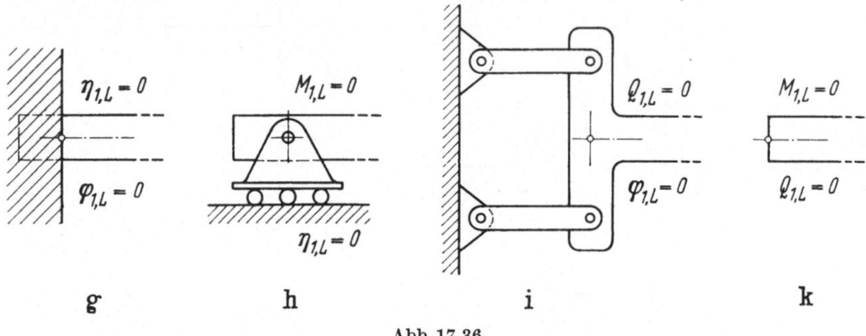

Abb. 17.36

Fall	Art der Stützung des Stabendes	η	φ	M	Q
g	*Einspannung*	0	0	–	–
h	*Drehbares Lager*	0	–	0	–
i	*Verschiebliches Lager*	–	0	–	0
k	*Freies Stabende*	–	–	0	0

(17.7/20)

sind zu vertauschen. Für die vier Größen η, φ, M, Q gelten demnach an jeder Übergangsstelle vier Bedingungen (die dick eingerahmten Gleichungen zählen dabei nicht, denn sie dienen zur Berechnung der unbekannten Auflagerreaktionen). Am linken Ende des ersten und am rechten Ende des letzten Teilstabes gelten je zwei weitere Bedingungen. Tabelle (17.7/20) gibt über die vier Möglichkeiten der in Abb. 17.36 dargestellten *nicht-arbeitenden* Auflagerungen Aufschluß (bezüglich dieses Begriffes vgl. 17.7.3, 5.3 und 5.4). Insgesamt stehen an den $n - 1$ Übergangsstellen je vier und an den beiden Stabenden je zwei, also $4n$ Bedingungen zur Verfügung. Andererseits fallen bei den vier Integrationsschritten des Differentialgleichungssystems für jeden Teil-Stab vier Integrationskonstanten an, d.h. zusammen $4n$ freie Konstanten, so daß die Aufgabe stets lösbar ist, unabhängig davon, ob das System statisch bestimmt oder statisch unbestimmt ist.

Der Sonderfall der statischen Bestimmtheit ist dadurch gekennzeichnet, daß sich M und Q bereits nach Integration der Gleichgewichtsbedingungen (17.7/15) bzw. der linken Gleichung (17.7/17) mit Berücksichtigung der Übergangs- und Endbedingungen ermitteln lassen (vgl. I.9). Bei statischer Unbestimmtheit enthalten die auf diesem Wege gewonnenen Ausdrücke für M und Q noch unbekannte Auflagerkräfte oder -momente, die erst nach Durchführung der vollständigen Integration berechnet werden können.

Nach der Verformung geht die Stabmittellinie in eine durch die Funktion $\eta(z)$ repräsentierte ebene Kurve über, die *Biegelinie* heißt.

17.7.3 Arbeitsgleichung. Bei einachsiger Biegung erfüllen innerhalb der linearen Theorie [vgl. (17.7/15) und (17.7/13)] die *statischen Größen* M, Q, q die Gleichgewichtsbedingungen

$$Q - M' = 0, \quad Q' + q = 0, \qquad (17.7/21)$$

während die *kinematischen Größen* η, φ, ϱ bei Vernachlässigung der Querkraftschubdeformationen (d.h. der Winkeländerungen, die bei Isotropie durch die mit der Querkraft in Zusammenhang stehenden Schubspannungen hervorgerufen werden) an die Kompatibilitätsbedingungen

$$\varphi = -\eta', \quad \frac{1}{\varrho} = \varphi' = -\eta'' \qquad (17.7/22)$$

gebunden sind. Durch Multiplikation der ersten der Gleichungen (17.7/21) mit η' und der zweiten mit η folgt nach Addition

$$(Q - M')\,\eta' + (Q' + q)\,\eta = 0.$$

Durch Umformung sowie Integration über einen zwischen $z = z_L$ und $z = z_R$ liegenden Stababschnitt ergibt sich

$$\int\limits_{z=z_L}^{z_R} [q\eta + (Q\eta - M\eta')' + M\eta'']\,dz = 0.$$

Mit Bezug auf (17.7/22) geht dieser Ausdruck in die Arbeitsgleichung

$$\int\limits_{z=z_L}^{z_R} q\eta\,dz + (Q\eta + M\varphi)\big|_{z=z_L}^{z_R} = \int\limits_{z=z_L}^{z_R} M\,\frac{1}{\varrho}\,dz$$

über. Bei den Ausgangsgleichungen konnten Einzelkräfte und -momente wegen der Stetigkeits- und Differenzierbarkeitsforderungen nicht berücksichtigt werden. Bei der nunmehr vorliegenden Integraldarstellung bereitet der Übergang zur Kraft- und Momentsingularität keine Schwierigkeiten. Hierzu sei der Ort der Singularität mit $z_1, z_2, \ldots$, allgemein z_p gekennzeichnet. Die Streckenlast q sei in einen verhältnismäßig schwach veränderlichen Anteil $\bar{q}$ und eine Summe von stark veränderlichen Streckenlasten $q_{F,p}$ und $q_{M,p}$ zerlegt, die jeweils in den kleinen Bereichen zwischen $z = z_p - c_p$ und $z = z_p + c_p$ wirksam sind:

$$q = \bar{q} + \sum_p (q_{F,p} + q_{M,p}).$$

Dabei sei $q_{F,p}$ symmetrisch zur Stelle $z = z_p$ verteilt, $q_{M,p}$ antimetrisch (Abb. 17.37).

Zur Streckenlast $q_{F,p}$ ist die Kraft F_p, die in z_p angreift, statisch äquivalent, zur Streckenlast $q_{M,p}$ das Moment M_p:

$$\int_{z=z_L}^{z_R} q_{F,p}\,dz = F_p, \quad \int_{z=z_L}^{z_R} q_{F,p}(z - z_p)\,dz = 0, \quad \int_{z=z_L}^{z_R} q_{M,p}\,dz = 0,$$

$$\int_{z=z_L}^{z_R} q_{M,p}(z - z_p)\,dz = M_p.$$

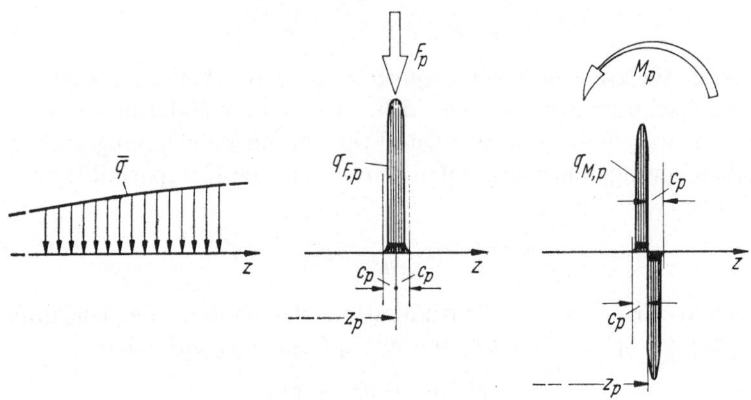

Abb. 17.37

Die Durchbiegung sei in der näheren Umgebung der Stelle z_p durch die beiden ersten Glieder einer Potenzreihe approximiert:

$$\eta = (\eta)_{z=z_p} + (\eta')_{z=z_p}(z - z_p) + \cdots = \eta_p - \varphi_p(z - z_p) + \cdots.$$

Damit ergibt sich

$$\int_{z=z_L}^{z_R} q\eta\,dz = \int_{z=z_L}^{z_R} \bar{q}\eta\,dz + \sum_p (F_p\eta_p + M_p\varphi_p).$$

Durch den Grenzübergang $c_p \to 0$ werden die Kräfte F_p zu Einzellasten und die Momente M_p zu Einzelmomenten. Zugleich wird so das Abbrechen der Potenzreihe für η beim zweiten Glied gerechtfertigt. Die Arbeitsgleichung geht über in

Statische Gruppe

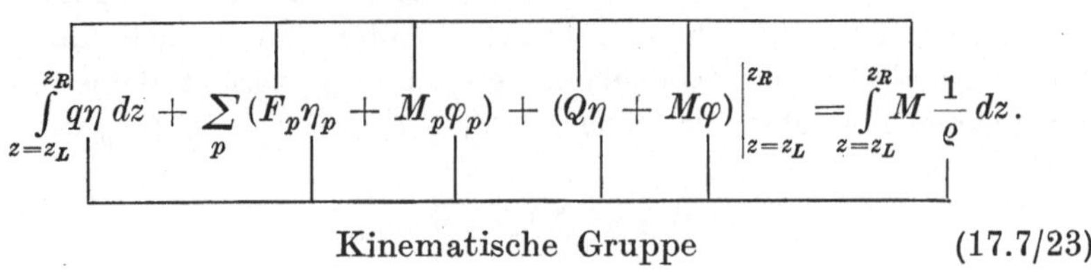

$$\int_{z=z_L}^{z_R} q\eta\,dz + \sum_p (F_p\eta_p + M_p\varphi_p) + (Q\eta + M\varphi)\Big|_{z=z_L}^{z_R} = \int_{z=z_L}^{z_R} M\,\frac{1}{\varrho}\,dz.$$

Kinematische Gruppe (17.7/23)

Die linke Seite repräsentiert die Arbeiten der äußeren Belastung, bestehend aus den Einzellasten F_p, den Einzelmomenten M_p und der Streckenlast q (der Querstrich kann wieder weggelassen werden), sowie den Kräftegruppen, die an den beiden Endquerschnitten des von z_L bis z_R reichenden Stabes wirken, jeweils bestehend aus Querkraft und Biegemoment (Abb. 17.38). Da keine Kausalität zwischen der statischen und der kinematischen Gruppe vorausgesetzt wurde, sind alle Arbeiten im Sinne von 5.1 *virtuell*; die rechte Gleichungsseite stellt die virtuelle Verzerrungsarbeit dar.

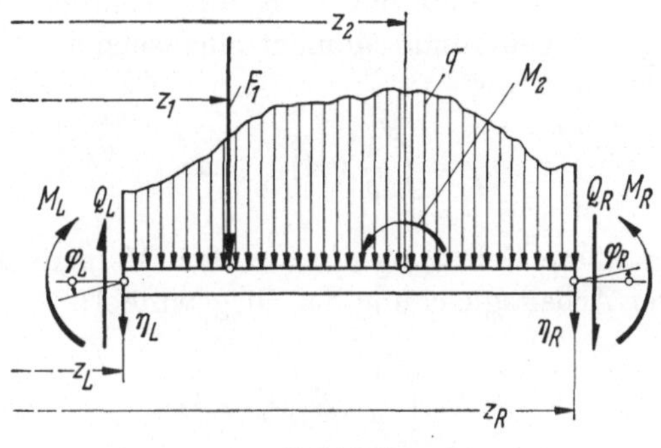

Abb. 17.38

Das Ergebnis kann natürlich auch durch entsprechende Spezialisierung der allgemeinen Arbeitsgleichung (5.1/12) gewonnen werden, indem der Oberflächenkraftvektor **s** auf die statischen Größen der einachsigen Biegung zurückgeführt und der Massenkraftvektor Null gesetzt wird [vgl. hierzu auch (5.2/7)]. Ferner ist die als Volumintegral $\int\limits_{(\mathcal{V})} \tau_{km} e_{km}\, d\mathcal{V}$ auftretende virtuelle Verzerrungsarbeit bei einachsiger Biegung wegen $d\mathcal{V} = dA\, dz$ in der Form $\int\limits_{z=z_L}^{z_R} \left[\int\limits_{(A)} \sigma_z \varepsilon_z dA \right] dz$ zu schreiben, die mit $\sigma_z = \frac{M}{J} y$ und $\varepsilon_z = \frac{y}{\varrho}$ in die rechte Seite von (17.7/23) übergeht.

17.7.4 Integraldarstellungen der Durchbiegung und des Biegewinkels, sowie Kompatibilitätsbedingungen. Für die Anwendung der Arbeitsgleichung sei wieder vorausgesetzt, daß ausschließlich *nicht-arbeitende* Auflager vorhanden sind (Abb. 17.35 und 17.36). Die jeweiligen Auflagerbedingungen lassen sich in *kinematische* (mit Bezug auf η und φ) und *statische* Bedingungen (mit Bezug auf die Auflagerreaktionen, bzw. an den Stabenden auf M und Q) aufteilen. Im Sinne des Prinzips der virtuellen statischen Gruppen (vgl. 5.4) sei die Arbeitsgleichung auf die wirkliche kinematische Gruppe und virtuelle statische Gruppen angewandt. Die kinematische Gruppe erfüllt dann als wirkliche Gruppe stets die kinematischen Auflagerbedingungen. Werden zunächst nur solche statischen Gruppen verwendet, die die statischen Auflagerbedingungen erfüllen, so verschwindet an beiden Stabenden der Ausdruck $Q\eta + M\varphi$, denn in jedem der beiden Produkte ist gemäß Tabelle (17.7/20) stets ein Faktor Null (Abb. 17.36). An den sonstigen Auflagern (Abb. 17.35) leisten die jeweiligen Auflagerreaktionen als Zwangskräfte bzw. -momente keine Arbeit, denn entweder tritt eine Auflagerkraft auf, aber keine Durchbiegung, oder ein Auflagermoment, aber kein Biegewinkel.

Besteht die äußere Belastung allein aus der Kraft $F_p = 1$, so tritt auf der linken Gleichungsseite nur $1 \cdot \eta_p$ auf, während auf der rechten Seite das zu $F_p = 1$ gehörende Moment einzusetzen ist. Mithin ergibt sich die Durchbiegung aus

$$\eta_p = \int_{z=z_L}^{z_R} \frac{1}{\varrho} (M)_{F_p=1}\, dz. \tag{17.7/24}$$

Besteht die äußere Belastung nur aus dem Moment $M_p = 1$, so ergibt sich aus der Arbeitsgleichung der Biegewinkel:

$$\varphi_p = \int_{z=z_L}^{z_R} \frac{1}{\varrho} (M)_{M_p=1}\, dz. \tag{17.7/25}$$

Bei statisch unbestimmter Lagerung des Stabes sind Eigenspannungszustände möglich, die mit der Nummer $e = 1, 2, \ldots$ gekennzeichnet seien. Ist $\overset{(e)}{M}$ das zum Eigenzustand mit der Nummer e gehörende Biegemoment, so folgt wegen des Fehlens äußerer Kräfte

$$\int_{z=z_L}^{z_R} \frac{1}{\varrho} \overset{(e)}{M}\, dz = 0. \tag{17.7/26}$$

Diese Gleichung kann als *Kompatibilitätsbedingung im allgemeineren Sinne* bezeichnet werden (vgl. Schluß von 5.4).

Bei Hookeschem Gesetz gilt $1/\varrho = M/(EJ)$, und es folgen

$$\eta_p = \int_{z=z_L}^{z_R} \frac{M}{EJ} (M)_{F_p=1}\, dz, \quad \varphi_p = \int_{z=z_L}^{z_R} \frac{M}{EJ} (M)_{M_p=1}\, dz, \quad \int_{z=z_L}^{z_R} \frac{M\overset{(e)}{M}}{EJ}\, dz = 0. \tag{17.7/27}$$

Hierbei ist M das wirkliche Biegemoment.

Die Ausrechnung der Integrale für Durchbiegung und Biegewinkel muß für die beiden Bereiche $z < z_p$ und $z > z_p$ separat durchgeführt werden. Dieser Rechenaufwand läßt sich reduzieren, wenn den statischen Gruppen nicht die wirklichen statischen Auflagerbedingungen zugeordnet werden, sondern solche, die zur Vereinfachung der Rechnung geeignet sind. Wird der Stab z. B. für die statische Gruppe am linken Ende eingespannt und bleibt er auf seiner ganzen Länge ohne ein weiteres Auflager, so verschwindet das virtuelle Biegemoment für $z > z_p$, und die Integration entfällt für diesen Bereich. Für $z < z_p$ folgen

$$(M)_{F_p=1} = z - z_p, \quad (Q)_{F_p=1} = 1, \quad \text{bzw.} \quad (M)_{M_p=1} = 1, \quad (Q)_{M_p=1} = 0.$$

Der Ausdruck $Q\eta + M\varphi$ verschwindet jetzt am linken Stabende nicht mehr, denn das virtuelle Einspannmoment $z_L - z_p$ bzw. 1 arbeitet am wirklichen Biegewinkel $(\varphi)_{z=z_L} = \varphi_L$ und die virtuelle Auflagerkraft (Querkraft) 1 bzw. 0 an der wirklichen Durchbiegung $(\eta)_{z=z_L} = \eta_L$. Aus (17.7/23) folgen, wenn nunmehr der Index p weggelassen und die Integrationsvariable mit z^* statt z bezeichnet wird:

$$\begin{aligned} \eta &= \int_{z^*=z_L}^{z} \frac{1}{\varrho}(z^* - z)\,dz^* + \eta_L + \varphi_L(z_L - z), \\ \varphi &= \int_{z^*=z_L}^{z} \frac{1}{\varrho}\,dz^* + \varphi_L. \end{aligned} \tag{17.7/28}$$

Hier ist $1/\varrho$ als Funktion von z^* einzusetzen. Bei Differentiation der ersten Gleichung nach z (die Differentiation des Integrals nach der oberen Grenze liefert Null) und Vergleich mit der zweiten Gleichung folgt wieder $\eta' = -\varphi$, bei Differentiation der zweiten Gleichung ergibt sich $\varphi' = \dfrac{1}{\varrho}$. Die vorstehenden Integraldarstellungen hätten also auch direkt aus den Kompatibilitätbedingungen (17.7/20) abgeleitet werden können.

Bei Hookeschem Gesetz folgen mit $1/\varrho = M/(EJ)$ als Funktion von z^*:

$$\begin{aligned} \eta &= \int_{z^*=z_L}^{z} \frac{M}{EJ}(z^* - z)\,dz^* + \eta_L + \varphi_L(z_L - z), \\ \varphi &= \int_{z^*=z_L}^{z} \frac{M}{EJ}\,dz^* + \varphi_L. \end{aligned} \tag{17.7/29}$$

Bei sehr vielen Unterteilungen wächst der zur Bestimmung der η_L und φ_L erforderliche Rechenaufwand, und es wird besser nach (17.7/27) gerechnet.

17.7.5 Verfahren von Mohr. Die Gleichgewichtsbedingungen $M' = Q$ und $Q' = -q$ gehen in die Kompatibilitätsbedingungen $\eta' = -\varphi$ und $\varphi' = M/(EJ)$ über, wenn das Biegemoment M durch die Durchbiegung η, die Querkraft Q durch den negativen Biegewinkel $-\varphi$ und die Streckenlast q durch die Krümmung $1/\varrho = M/(EJ)$ ersetzt wird. Durchbiegung und Biegewinkel können daher als Biegemoment $\tilde{M}$ und Querkraft $\tilde{Q}$ eines ideellen Stabes aufgefaßt und nach den in I.9 beschriebenen Verfahren ermittelt werden; der ideelle Stab ist dabei mit der Streckenlast $\tilde{q} = M/(EJ)$ zu belasten. Das so entstehende Verfahren geht auf O. MOHR zurück. Er setzt allerdings die Berücksichtigung der für den ideellen Stab geltenden Auflager- und Endbedingungen voraus, die sich folgerichtig aus der Analogie ergeben und nicht mit den entsprechenden Bedingungen des wirklichen Stabes identisch zu sein brauchen. Aus nachstehender Tabelle geht die Zuordnung der Auflager- und Endbedingungen unter Bezugnahme auf Abb. 17.35 und 17.36, bzw. Tabelle (17.7/19) und (17.7/20) hervor. Die Fälle a und b (Einzellast und -moment) führen beim ideellen Stab zu keiner Unstetigkeit von Durchbiegung und Biegewinkel und konnten deshalb weggelassen werden.

	Wirkl. kin. Größe bzw. id. stat. Gr.			Art des Überganges	Art des Stabendes	
Wirklicher Stab	η	$-\varphi$	$\frac{1}{\varrho} = \frac{M}{EJ}$	$c \quad d \quad e \quad f$	$g \quad h \quad i \quad k$	(17.7/30)
Ideeller Stab	$\tilde{M}$	$\tilde{Q}$	$\tilde{q}$	$e \quad f \quad c \quad d$	$k \quad h \quad i \quad g$	

Zum rechts eingespannten und sonst freien Stab gehört z. B. ein links eingespannter, sonst freier ideeller Stab; zu einem Gerberträger mit drei Auflagern und einem Gelenk gehört als ideeller Stab ein ähnlicher Gerberträger, jedoch ist der Ort des Gelenkes mit dem Ort des mittleren Auflagers vertauscht (Abb. 17.39).

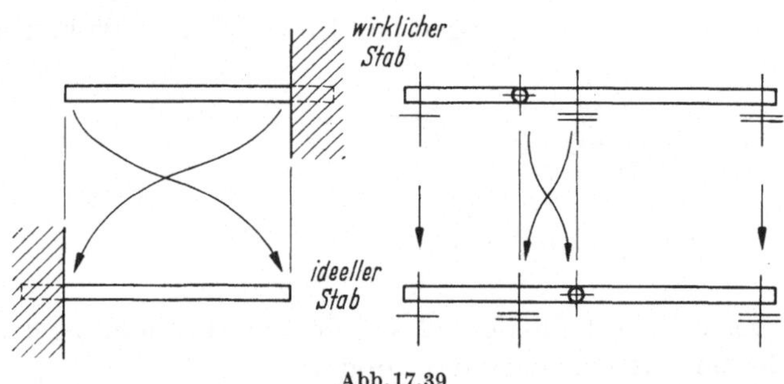

Abb. 17.39

Abb. 17.40 zeigt das Kräftespiel an einem von $z^* = z_L$ bis $z^* = z$ reichenden Stück des ideellen Stabes. Aus dem Momentengleichgewicht in bezug auf die Stelle z, sowie aus dem Gleichgewicht senkrecht zur Stabachse folgen (mit $\tilde{q}$ als Funktion von z^*, vgl. I.9):

$$\tilde{M} = \tilde{M}_L + \tilde{Q}_L(z - z_L) - \int\limits_{z^*=z_L}^{z} \tilde{q}(z - z^*)\, dz^*, \quad \tilde{Q} = \tilde{Q}_L - \int\limits_{z^*=z_L}^{z} \tilde{q}\, dz^*. \tag{17.7/31}$$

Werden die statischen Größen des ideellen Stabes durch die zugeordneten kinematischen Größen des wirklichen Stabes ersetzt, so ergibt sich Übereinstimmung mit (17.7/28), d.h. das Verfahren führt wieder auf den bereits diskutierten mathematischen Sachverhalt zurück. Dennoch bedeutet die Einführung des ideellen Stabes als Gedankenmodell und die damit verbundene Möglichkeit, Durchbiegung und Biegewinkel des wirklichen Stabes aus einfachen Gleichgewichtsbedin-

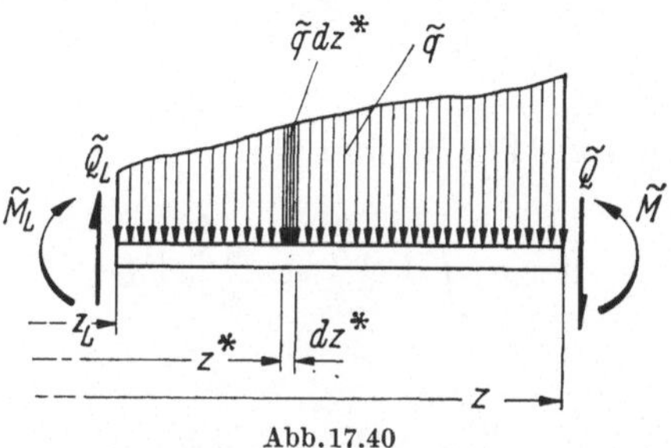

Abb. 17.40

gungen zu berechnen, zweifellos eine Vereinfachung. Insbesondere lassen sich die einfachen Regeln von I.9.1.1 für den Ersatz von Streckenlasten durch Einzellasten vorteilhaft auf den ideellen Stab anwenden. An den Unterteilungsstellen der Streckenlast $\tilde{q}$ lassen sich Biegemoment und Querkraft des ideellen und damit Durchbiegung und Biegewinkel des wirklichen Stabes genau berechnen, wenn Lage und Größe der Resultierenden der Streckenbelastung beiderseits der Unterteilungsstelle genau bestimmt sind. Zugleich ergibt sich für das in I.9.3 erörterte Seileckverfahren zur Bestimmung von Momentenflächen eine neue Anwendungsmöglichkeit: *Beim ideellen Stab liefert es dessen Momentenfläche und damit die Biegelinie des wirklichen Stabes.* Hinsichtlich der Dimensionen der beim ideellen Stab auftretenden statischen Größen ist zu beachten, daß die Kraftdimension fehlt (Momente haben die Dimension cm, Kräfte die Dimension 1, Streckenlasten die Dimension cm^{-1}).

17.7.6 Virtuelle und wirkliche Verzerrungsarbeit. Nach (5.1/7) ist die virtuelle Verzerrungsarbeit pro Volumeinheit bei einachsigem Spannungszustand mit der virtuellen Spannung $\overset{(v)}{\sigma}_z = \overset{(v)}{\sigma}$ und der wirklichen Dehnung $\varepsilon_z = \varepsilon = \sigma/E$ gleich

$$\overset{(v)}{W}{}^{***} = \overset{(v)}{\sigma}\varepsilon = \overset{(v)}{\sigma}\sigma/E. \qquad (17.7/32)$$

Gemäß (17.7/1) gilt für die wirkliche und damit auch für die virtuelle Spannung bei einachsiger Biegung mit Längskraft

$$\sigma = \frac{N}{A} + \frac{M}{J}y, \quad \overset{(v)}{\sigma} = \frac{\overset{(v)}{N}}{A} + \frac{\overset{(v)}{M}}{J}y. \qquad (17.7/33)$$

Für die Dehnung gilt mithin

$$\varepsilon = \frac{N}{EA} + \frac{M}{EJ} y . \tag{17.7/34}$$

Nach Einsetzen dieser Ausdrücke in (17.7/32) und Volumintegration mit $d\mathcal{V} = dz\, dA$ folgt

$$\overset{(v)}{W} = \int\limits_{z=z_L}^{z_R} dz \int\limits_{(A)} \overset{(v)}{W^{***}}\, dA = \int\limits_{z=z_L}^{z_R} dz \int\limits_{(A)} \left[\frac{N\overset{(v)}{N}}{EA^2} + \frac{N\overset{(v)}{M} + M\overset{(v)}{N}}{EAJ} y + \frac{M\overset{(v)}{M}}{EJ^2} y^2 \right] dA \tag{17.7/35}$$

und bei Beachtung von (17.1/1) und (17.1/9)

$$\overset{(v)}{W} = \int\limits_{z=z_L}^{z_R} \left(\frac{N\overset{(v)}{N}}{EA} + \frac{M\overset{(v)}{M}}{EJ} \right) dz . \tag{17.7/36}$$

Der Integrand

$$\overset{(v)}{W^*} = \frac{N\overset{(v)}{N}}{EA} + \frac{M\overset{(v)}{M}}{EJ} \tag{17.7/37}$$

repräsentiert die *virtuelle Verzerrungsarbeit pro Längeneinheit*. Das erste Glied der rechten Seite stellt den reinen Längskraftanteil, das zweite den reinen Biegungsanteil dar. Bei einachsiger Biegung ohne Normalkraft besteht wegen $M/(EJ) = 1/\varrho$ Übereinstimmung mit der rechten Seite von (17.7/23).

Ist die virtuelle statische Gruppe mit der wirklichen statischen Gruppe identisch, so geht $\overset{(v)}{W}$ in $2W$ über (vgl. 5.1 und 8.1), und es folgt

$$W = \int\limits_{z=z_L}^{z_R} \left(\frac{N^2}{2EA} + \frac{M^2}{2EJ} \right) dz . \tag{17.7/38}$$

Bei Anwendung des zweiten Satzes von CASTIGLIANO [vgl. (9.1/5)] können Durchbiegung und Biegewinkel aus

$$\begin{aligned} \eta_p = V_p = \frac{\partial W}{\partial F_p} &= \int\limits_{z=z_L}^{z_R} \left(\frac{N}{EA} \frac{\partial N}{\partial F_p} + \frac{M}{EJ} \frac{\partial M}{\partial F_p} \right) dz , \\ \varphi_p = \frac{\partial W}{\partial M_p} &= \int\limits_{z=z_L}^{z_R} \left(\frac{N}{EA} \frac{\partial N}{\partial M_p} + \frac{M}{EJ} \frac{\partial M}{\partial M_p} \right) dz \end{aligned} \tag{17.7/39}$$

ermittelt werden. Die Kräfte F_p sind senkrecht zur Stabachse gerichtet, so daß $\partial N/\partial F_p = 0$ ist; ferner ist beim geraden Stab auch $\partial N/\partial M_p = 0$. Das Biegemoment M hängt von F_p und M_p linear ab, so daß $\partial M/\partial F_p = (M)_{F_p=1}$ und $\partial M/\partial M_p = (M)_{M_p=1}$ gilt. Gemäß den Definitionen von 5.4 bedeutet dabei $(M)_{F_p=1}$ bzw. $(M)_{M_p=1}$ das durch die

Kraft $F_p = 1$ bzw. das Moment $M_p = 1$ erzeugte Biegemoment. Mithin ist diese Rechnungsart mit (17.7/27) identisch.

Greift nur eine Einzelkraft F an, so stellt die Durchbiegung η_F im Kraftangriffspunkt zugleich den Weg des Kraftangriffspunktes in Richtung der Kraft F dar und kann aus der Energiebilanz, d.h. durch Gleichsetzen der äußeren Arbeit $\frac{1}{2} F \eta_F$ und der Verzerrungsarbeit $\int\limits_{z=z_L}^{z_R} \frac{M^2}{2EJ}\, dz$ berechnet werden (Längskräfte treten nicht auf). Es folgt

$$\eta_F = \frac{1}{F} \int\limits_{z=z_L}^{z_R} \frac{M^2}{EJ}\, dz. \tag{17.7/40}$$

17.8 Beispiele

17.8.1 Einseitig eingespannter Stab mit Einzellast. Für den links eingespannten Stab mit Einzellast (Abb. 17.41, Einspannung bei $z = 0$) folgt aus den Gleichgewichtsbedingungen (Schnitt an der Stelle z)

$$M = F(z - l), \quad Q = F.$$

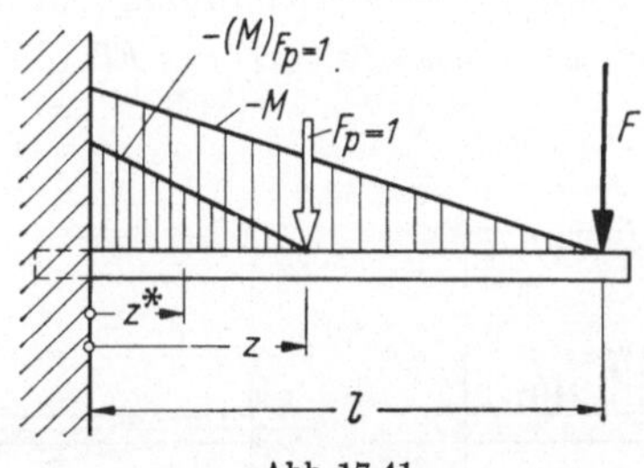

Abb. 17.41

Die Durchbiegung sei zunächst durch Integration der Differentialgleichung $\eta'' = -M/(EJ)$ ermittelt. Nach Einsetzen von M folgt

$$\eta'' = \frac{F}{EJ}(l - z),$$

und nach Integration für $EJ = \text{const}$ mit der Integrationskonstante C_1

$$\eta' = \frac{F}{EJ}\left(lz - \frac{1}{2} z^2\right) + C_1 = -\varphi_1.$$

An der Einspannstelle verschwindet der Biegewinkel und damit auch η', so daß $C_1 = 0$ wird. Die nochmalige Integration ergibt

$$\eta = \frac{F}{EJ}\left(\frac{l}{2} z^2 - \frac{1}{6} z^3\right) + C_2.$$

An der Einspannstelle verschwindet auch η, so daß $C_2 = 0$ zu setzen ist.

Wird die Durchbiegung nach (17.7/27) berechnet, so ist $z_L = 0$, $z_R = l$ und $(M)_{F_p=1} = z^* - z$; dabei ist z^* Integrationsvariable und M als Funktion von z^*

einzusetzen. Es folgt (der Index p kann weggelassen werden):

$$\eta = \int_{z^*=0}^{z} \frac{F}{EJ} (z^* - l)(z^* - z)\, dz^*.$$

Da $(M)_{F_p=1}$ für $z^* > z$ gleich Null ist, entfällt die Integration im Bereich $z^* > z$. Die Ausrechnung liefert

$$\eta = \frac{F}{EJ}\left(\frac{l}{2} z^2 - \frac{1}{6} z^3\right),$$

in Übereinstimmung mit dem ersten Ergebnis.

Bei Anwendung von (17.7/29) mit $z_L = 0$, $\eta_L = 0$, $\varphi_L = 0$ ergibt sich derselbe Rechnungsgang.

Das Mohrsche Verfahren sei hier ebenfalls zur Berechnung der Durchbiegung herangezogen. Wie aus Tabelle (17.7/30) und Abb. 17.39 hervorgeht, liegt die Einspannung beim ideellen Stab am anderen Ende, so daß sich der in Abb. 17.42 ersichtliche Belastungsfall ergibt. Die formale Berechnung der Durchbiegung ist mit der Ermittlung des Biegemomentes am ideellen Stab identisch, wobei — ebenso wie zuvor — von $z^* = 0$ bis $z^* = z$ zu integrieren ist. Das Gedankenmodell des ideellen Stabes ermöglicht hier ohne Integration die Berechnung der am freien Stabende, d.h. im Kraftangriffspunkt $z = l$ auftretenden maximalen Durchbiegung. Die im Abstand $2l/3$ von rechts wirkende resultierende Kraft $\frac{1}{2} Fl^2$ (Inhalt der dreieckigen Belastungsfläche des ideelen Stabes) hat in bezug auf das rechte Stabende das Moment $\tilde{M}_{\max} = \eta_{\max} = (\eta)_{z=l} = Fl^3/(3EJ)$.

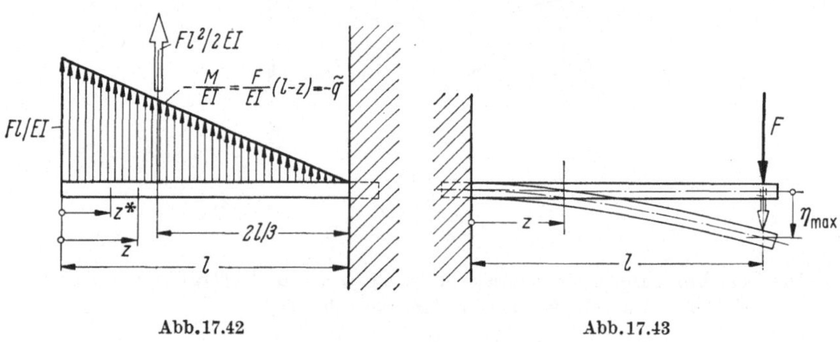

Abb. 17.42 Abb. 17.43

Schließlich steht auch (17.7/40) zur Berechnung von $\eta_{\max}$, das hier mit η_F identisch ist, zur Verfügung.

Den Verlauf der Biegelinie zeigt Abb. 17.43.

17.8.2 Einseitig eingespannter Stab mit konstanter Streckenlast. Für den in Abb. 17.44 ersichtlichen Belastungsfall ergibt sich aus den Gleichgewichtsbedingungen (Schnitt an der Stelle z)

$$M = -\frac{q}{2}(l - z)^2, \quad Q = q(l - z).$$

Wie bei der vorigen Aufgabe ergibt sich weiter

$$\eta'' = \frac{q}{2EJ}(l^2 - 2lz + z^2),$$

und für $EJ = \text{const}$

$$\eta' = \frac{q}{2EJ}\left(l^2 z - l z^2 + \frac{1}{3} z^3\right) + C_1,$$

$$\eta = \frac{q}{2EJ}\left(\frac{1}{2} l^2 z^2 - \frac{1}{3} l z^3 + \frac{1}{12} z^4\right) + C_1 z + C_2.$$

Wegen der Einspannung sind beide Integrationskonstanten Null. Die maximale Durchbiegung tritt am freien Stabende auf und wird

$$\eta_{\max} = q l^4/(8EJ).$$

Nach (17.7/29) wäre mit $z_L = \eta_L = \varphi_L = 0$ und M als Funktion von z^*

$$\eta = \frac{q}{2} \int\limits_{z^*=0}^{z} \frac{1}{EJ} (l - z^*)^2 (z - z^*) \, dz^*$$

zu setzen.

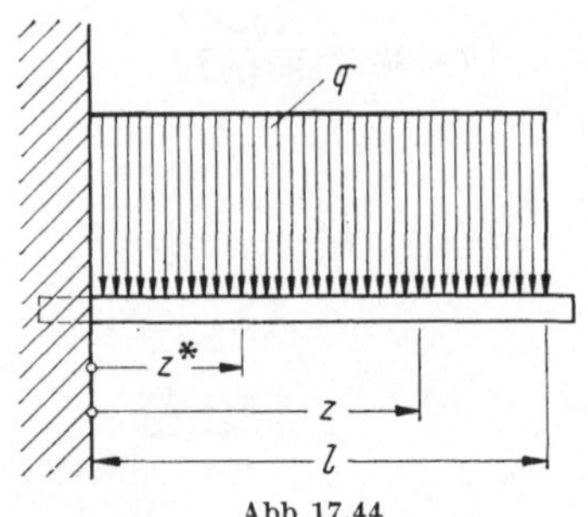

Abb. 17.44

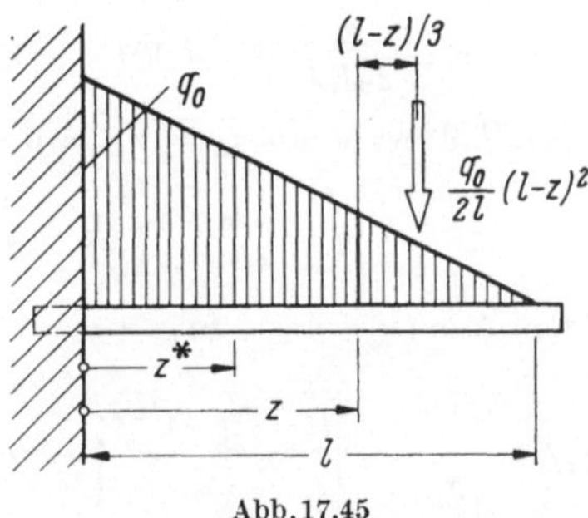

Abb. 17.45

17.8.3 Einseitig eingespannter Stab mit linear anwachsender Streckenlast.

Für den in Abb. 17.45 dargestellten Belastungsfall ist die Streckenlast eine lineare Funktion von z:

$$q = q_0 (l - z)/l.$$

Für das Biegemoment folgt aus der Schnittbetrachtung

$$M = -\frac{1}{6l} q_0 (l - z)^3.$$

Damit ergibt sich

$$\eta'' = \frac{q_0}{6EJl} (l^3 - 3l^2 z + 3l z^2 - z^3).$$

Für $EJ = \text{const}$ folgt

$$\eta' = \frac{q_0}{6EJl}\left(l^3 z - \frac{3}{2} l^2 z^2 + l z^3 - \frac{1}{4} z^4\right) + C_1,$$

$$\eta = \frac{q_0}{6EJl}\left(\frac{1}{2} l^3 z^2 - \frac{1}{2} l^2 z^3 + \frac{1}{4} l z^4 - \frac{1}{20} z^5\right) + C_1 z + C_2.$$

Wegen der Einspannung sind beide Integrationskonstanten Null. Die maximale Durchbiegung wird

$$\eta_{\max} = (\eta)_{z=l} = \frac{q_0 l^4}{30EJ}.$$

Der Rechnungsweg nach (17.7/29) führt mit $z_L = \eta_L = \varphi_L = 0$ auf das Integral

$$\eta = \frac{q_0}{6l} \int_{z^*=0}^{z} \frac{1}{EJ} (l - z^*)^3 (z - z^*)\, dz^* .$$

17.8.4 Beiderseits frei aufliegender Stab mit konstanter Streckenlast. Für den in Abb. 17.46 dargestellten Stab folgen mit $EJ = \text{const}$

$$\eta'' = -\frac{M}{EJ} = \frac{q_0}{2EJ} (-lz + z^2),$$

$$\eta' = \frac{q_0}{2EJ} \left(-\frac{l}{2} z^2 + \frac{1}{3} z^3\right) + C_1,$$

$$\eta = \frac{q_0}{2EJ} \left(-\frac{l}{6} z^3 + \frac{1}{12} z^4\right) + C_1 z + C_2 .$$

Die Durchbiegung ist an beiden Stabenden Null, so daß $C_2 = 0$ und $C_1 = \frac{q_0 l^3}{24EJ}$ zu setzen ist. Damit ergibt sich

$$\eta = \frac{q_0}{24EJ} (l^3 z - 2lz^3 + z^4), \quad \eta_{\max} = (\eta)_{z=l/2} = \frac{5q_0 l^4}{384EJ} .$$

Nach (17.7/29) wäre mit $z_L = \eta_L = 0$

$$\eta = \frac{q_0}{2EJ} \int_{z^*=0}^{z} (lz - z^{*2}) (z^* - z)\, dz^* - \varphi_L z$$

zu setzen. Aus $(\eta)_{z=l} = 0$ folgt $\varphi_L = -C_1$.

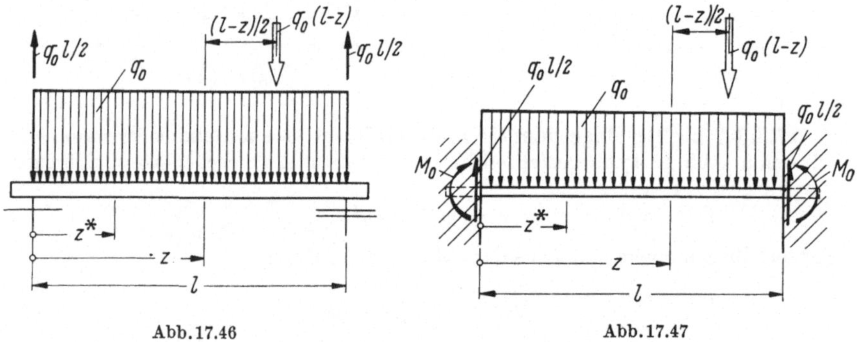

Abb. 17.46 Abb. 17.47

17.8.5 Beiderseits eingespannter Stab mit konstanter Streckenlast. Der in Abb. 17.47 ersichtliche Stab ist beiderseits eingespannt und mithin dreifach statisch unbestimmt. Da nur Vertikalkräfte auftreten, kommt die Behinderung der Horizontalverschiebung für das Biegeproblem nicht zur Auswirkung. Für $EJ = \text{const}$ ist die Anordnung außerdem symmetrisch. Für das Biegeproblem gilt deshalb einfache statische Unbestimmtheit. Für das Biegemoment folgt aus der Momentengleichung für den an der Stelle z abgeschnittenen rechten Stabteil

$$M = M_0 + \frac{1}{2} q_0 (lz - z^2) .$$

Als statisch unbestimmte Größe tritt das Einspannmoment M_0 auf. Zur Bestimmung von M_0 steht die dritte Gleichung (17.7/27) zur Verfügung. Der

Eigenspannungszustand wird hier durch das Einspannmoment erzeugt (Abb. 17.47); dabei gilt $\overset{(e)}{M} = M_0 = \text{const}$.

Es folgt

$$\int_{z=z_L}^{z_R} \frac{M}{EJ} \overset{(e)}{M}\, dz = 0,$$

bzw. wegen $M_0 = \text{const}$ und $EJ = \text{const}$, sowie $z_L = 0$, $z_R = l$:

$$\int_{z=0}^{l} M\, dz = 0.$$

Nach Einsetzen von M ergibt sich

$$M_0 = -q_0 l^2/12.$$

Weiter folgt

$$\eta'' = \frac{q_0}{12EJ}(l^2 - 6lz + 6z^2),$$

$$\eta' = \frac{q_0}{12EJ}(l^2 z - 3lz^2 + 2z^3) + C_1,$$

$$\eta = \frac{q_0}{12EJ}\left(\frac{1}{2} l^2 z^2 - lz^3 + \frac{1}{2} z^4\right) + C_1 z + C_2.$$

Die Einspannung des linken Stabendes verlangt $C_1 = C_2 = 0$. Damit wird zugleich die Einspannbedingung am rechten Stabende erfüllt (Bestätigung für die richtige Berechnung von M_0). Die maximale Durchbiegung ist

$$\eta_{\max} = (\eta)_{z=l/2} = \frac{q_0 l^4}{384EJ}.$$

Durch die beiderseitige Einspannung verringert sich die maximale Durchbiegung im Vergleich zur vorigen Aufgabe auf ein Fünftel.

Bei Anwendung von (17.7/29) ist zu setzen

$$\eta = \frac{q_0}{12EJ} \int_{z^*=0}^{z} (-l^2 + 6lz^* - 6z^{*2})(z^* - z)\, dz^*.$$

17.8.6 Beiderseits frei aufliegender Stab mit einer linear ansteigenden und einer konstanten Streckenlast. Bei diesem Belastungsfall (Abb. 17.48) ist in der Mitte eine Unterteilung vorzunehmen. Nach Ermittlung der Auflagerkräfte folgt mit $EJ = \text{const}$ *für den linken Teilstab* (die zugehörige Koordinate z_1 geht vom linken Auflager nach rechts):

$$M_{(1)} = \frac{q_0}{24}(7lz_1 - 8z_1^3/l), \quad Q_{(1)} = \frac{q_0}{24}(7l - 24z_1^2/l),$$

$$\eta''_{(1)} = \frac{q_0}{24EJ}(-7lz_1 + 8z_1^3/l),$$

$$\eta'_{(1)} = \frac{q_0}{24EJ}\left(-\frac{7}{2} lz_1^2 + 2z_1^4/l\right) + C_1 = -\varphi_{(1)},$$

$$\eta_{(1)} = \frac{q_0}{24EJ}\left(-\frac{7}{6} lz_1^3 + \frac{2}{5} z_1^5/l\right) + C_1 z_1 + C_2.$$

Für den rechten Teilstab sei die zugehörige Koordinate z_2 vom rechten Auflager nach links laufend festgelegt. Es folgen

$$M_{(2)} = \frac{q_0}{24}(11lz_2 - 12z_2^2), \quad Q_{(2)} = \frac{q_0}{24}(11l - 24z_2),$$

$$\eta''_{(2)} = \frac{q_0}{24EJ}(-11lz_2 + 12z_2^2),$$

$$\eta'_{(2)} = \frac{q_0}{24EJ}\left(-\frac{11}{2}lz_2^2 + 4z_2^3\right) + C_3 = -\varphi_{(2)},$$

$$\eta_{(2)} = \frac{q_0}{24EJ}\left(-\frac{11}{6}z_2^3 + z_2^4\right) + C_3z_2 + C_4.$$

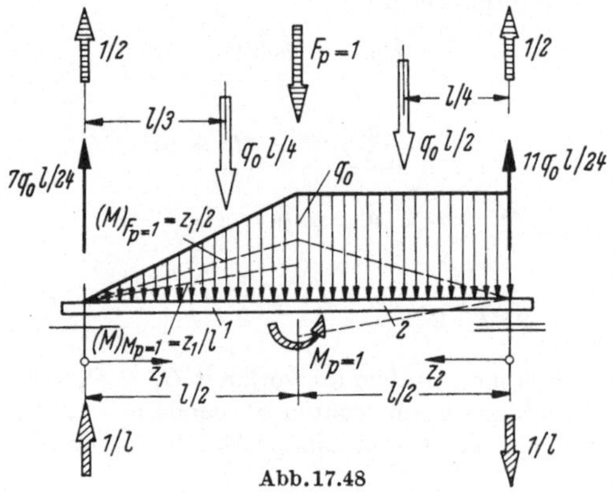

Abb. 17.48

Da z_2 von rechts nach links läuft, haben Querkraft und Biegewinkel des rechten Teilstabes gegenüber dem linken Teilstab entgegengesetzte Richtung bzw. Drehrichtung. Da die Durchbiegung an beiden Auflagern Null ist, ist $C_2 = C_4 = 0$ zu setzen. Die Übereinstimmung der Durchbiegung und der Tangentenrichtung an der Übergangsstelle führt zu den Bedingungen

$$\eta_{(1)_{z_1=l/2}} = \eta_{(2)_{z_2=l/2}}: -\frac{q_0l^4}{180EJ} + \frac{C_1l}{2} = -\frac{q_0l^4}{144EJ} + \frac{C_3l}{2},$$

$$\varphi_{(1)_{z_1=l/2}} = -\varphi_{(2)_{z_2=l/2}}: \frac{q_0l^3}{32EJ} - C_1 = -\frac{7q_0l^3}{192EJ} + C_3.$$

Die Auflösung liefert

$$C_1 = \frac{187q_0l^3}{5760EJ}, \quad C_3 = \frac{203q_0l^3}{5760EJ},$$

$$(\eta)_{z_1=z_2=l/2} = \frac{41q_0l^4}{3840EJ}, \quad (\varphi)_{z_1=l/2} = -\frac{7q_0l^3}{5760EJ}.$$

Die Werte von Durchbiegung und Biegewinkel in Stabmitte lassen sich auch verhältnismäßig schnell aus (17.7/27) gewinnen, wenn in Stabmitte eine virtuelle Einzelkraft $F_p = 1$ und ein virtuelles Einzelmoment $M_p = 1$ angebracht werden. Die zugehörigen virtuellen Biegemomente sind z_1 und z_2, bzw. z_1/l und $-z_2/l$ (in

Abb. 17.48 skizziert). Es folgen

$$(\eta)_{z_1=l/2} = \frac{1}{EJ}\left[\int\limits_{z_1=0}^{l/2} Mz_1\,dz_1 + \int\limits_{z_2=0}^{l/2} Mz_2\,dz_2\right],$$

$$(\varphi)_{z_1=l/2} = \frac{1}{EJl}\left[\int\limits_{z_1=0}^{l/2} Mz_1\,dz_1 - \int\limits_{z_2=0}^{l/2} Mz_2\,dz_2\right].$$

17.8.7 Beiderseits frei aufliegender Stab mit Einzellast. Der in Abb. 17.49 ersichtliche Stab ist am Kraftangriffspunkt zu unterteilen. Mit $l_1 + l_2 = l$ gilt für den *linken Teilstab*

$$M_{(1)} = Fl_2z_1/l,\quad Q_{(1)} = Fl_2/l,\quad \eta''_{(1)} = -\frac{Fl_2}{EJl}z_1,$$

$$-\varphi_{(1)} = \eta'_{(1)} = -\frac{Fl_2}{2EJl}z_1^2 + C_1,\quad \eta_{(1)} = -\frac{Fl_2}{6EJl}z_1^3 + C_1z_1 + C_2,$$

und für den *rechten Teilstab*

$$M_{(2)} = Fl_1z_2/l,\quad Q_{(2)} = -Fl_1/l,\quad \eta''_{(2)} = -\frac{Fl_1}{EJl}z_2,$$

$$-\varphi_{(2)} = \eta'_{(2)} = -\frac{Fl_1}{2EJl}z_2^2 + C_3,\quad \eta_{(2)} = -\frac{Fl_1}{6EJl}z_2^3 + C_3z_2 + C_4.$$

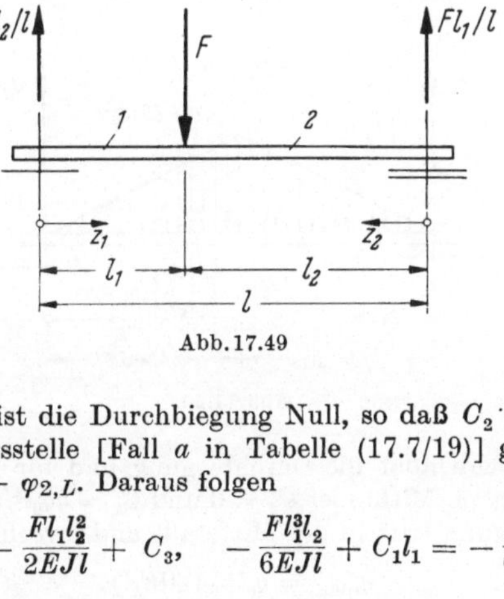

Abb. 17.49

An beiden Auflagern ist die Durchbiegung Null, so daß $C_2 = C_4 = 0$ zu setzen ist. An der Übergangsstelle [Fall *a* in Tabelle (17.7/19)] gilt $z_1 = l_1$, $z_2 = l_2$, $\eta_{1,R} = \eta_{2,L}$, $\varphi_{1,R} = -\varphi_{2,L}$. Daraus folgen

$$\frac{Fl_1^2l_2}{2EJl} - C_1 = -\frac{Fl_1l_2^2}{2EJl} + C_3,\quad -\frac{Fl_1^3l_2}{6EJl} + C_1l_1 = -\frac{Fl_1l_2^3}{6EJl} + C_3l_2.$$

Die Auflösung ergibt

$$C_1 = Fl_1l_2(l_1 + 2l_2)/(6EJl),\quad C_2 = Fl_1l_2(2l_1 + l_2)/(6EJl),$$

$$\eta_{1,R} = \eta_{2,L} = Fl_1^2l_2^2/(3EJl),\quad \varphi_{1,R} = -\varphi_{2,L} = Fl_1l_2(l_1 - l_2)/(3EJl).$$

Wie im Beispiel 17.8.6 können Durchbiegung und Biegewinkel an der Übergangsstelle auch leicht nach (17.7/27) berechnet werden. Die virtuelle Kraft erzeugt hier die Momente l_2z_1/l und l_1z_2/l, das virtuelle Einzelmoment die Momente z_1/l und $-z_2/l$. Damit folgen

$$\eta_{1,R} = \frac{F}{EJ}\left[\frac{l_2^2}{l^2}\int\limits_{z_1=0}^{l_1} z_1^2\,dz_1 + \frac{l_1^2}{l^2}\int\limits_{z_2=0}^{l_2} z_2^2\,dz_2\right],$$

$$\varphi_{1,R} = \frac{F}{EJ}\left[\frac{l_2}{l^2}\int\limits_{z_1=0}^{l_1} z_1^2\,dz_1 - \frac{l_1}{l^2}\int\limits_{z_2=0}^{l_2} z_2^2\,dz_2\right].$$

Zur Berechnung der Durchbiegung im Kraftangriffspunkt steht hier auch (17.7/40) zur Verfügung.

Der Ort der maximalen Durchbiegung errechnet sich durch Nullsetzen des Biegewinkels. Für $l_1 > l_2$ tritt die maximale Durchbiegung an der Stelle $z_1 = \sqrt{l_1(l_1 + 2l_2)/3}$ auf und wird

$$\eta_{\max} = \frac{Fl_2[l_1(l_1 + 2l_2)]^{3/2}}{9\sqrt{3}\, EJl}.$$

Für $l_1 < l_2$ ist l_1 mit l_2 zu vertauschen.

17.8.8 Beiderseits frei aufliegender Stab mit von den Auflagern zur Mitte linear ansteigender Streckenlast. Der in Abb. 17.50 dargestellte Stab ist in der Mitte zu unterteilen. Für den *linken Teilstab* gilt

$$M_{(1)} = \frac{q_0}{12}(3lz_1 - 4z_1^3/l), \quad \eta''_{(1)} = \frac{q_0}{12EJl}(-3l^2z_1 + 4z_1^3),$$

$$-\varphi_{(1)} = \eta'_{(1)} = \frac{q_0}{12EJl}\left(-\frac{3}{2}l^2z_1^2 + z_1^4\right) + C_1,$$

$$\eta_{(1)} = \frac{q_0}{12EJl}\left(-\frac{l^2}{2}z_1^3 + \frac{1}{5}z_1^5\right) + C_1z_1 + C_2,$$

und für den *rechten Teilstab* der analoge Ausdruck.

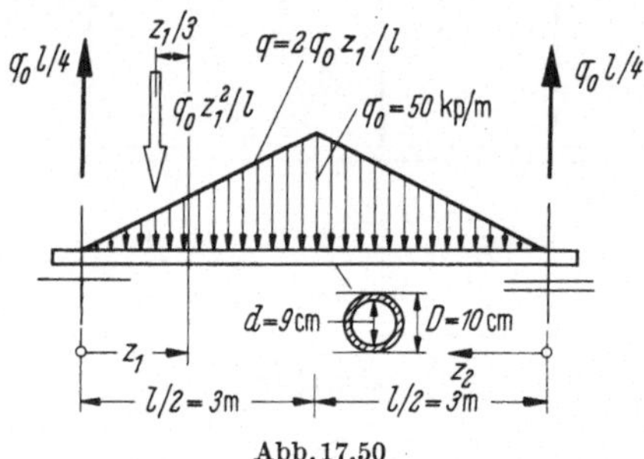

Abb. 17.50

Für $z_1 = 0$ verschwindet die Durchbiegung und für $z_1 = l/2$ (infolge Symmetrie) der Biegewinkel. Mithin ist $C_2 = 0$ und $C_1 = 5q_0l^3/(192EJ)$ zu setzen. Die maximale Durchbiegung tritt in der Mitte auf und errechnet sich aus

$$\eta_{\max} = q_0l^4/(120EJ).$$

Dieses Ergebnis läßt sich nach (17.7/27) mit Hilfe einer in Stabmitte angreifenden virtuellen Kraft, die das Moment $z_1/2$ bzw. $z_2/2$ erzeugt, leicht bestätigen. Infolge der Symmetrie kann auf die Integration über den rechten Teilstab verzichtet werden, wenn mit zwei multipliziert wird. Es folgt

$$\eta_{\max} = \frac{q_0}{12EJl}\int_{z_1=0}^{l/2}(3l^2z_1 - 4z_1^3)\, z_1\, dz_1.$$

Mit $q_0 = 50$ kp/m, $l = 6$ m wird das maximale Biegemoment (in Stabmitte) $M_{\max} = q_0l^2/12 = 150$ kpm. Ist der Stab ein Stahlrohr mit dem Außendurchmesser $D = 2b = 10$ cm und dem Innendurchmesser $d = 2c = 9$ cm, so ergibt sich das Flächenträgheitsmoment $J = \frac{\pi}{4}(b^4 - c^4) = \frac{\pi}{64}(D^4 - d^4) = 169$ cm^4 und das Widerstandsmoment $W = J/b = 33{,}8$ cm^3. Die maximale Biegespannung wird hiermit $\sigma = M/W = 444\ \text{kp/cm}^2$. Die maximale Durchbiegung errechnet sich mit $E = 2 \cdot 10^6\ \text{kp/cm}^2$ zu $\eta_{\max} = 1{,}6$ cm.

17.8.9 Statisch bestimmt gestützter Träger mit Kragarm, belastet durch zwei Einzelkräfte. Aus den Gleichgewichtsbedingungen des in Abb. 17.51 gezeichneten Trägers ergeben sich die angegebenen Auflagerkräfte. Bei Anwendung des Mohrschen Verfahrens entspricht das linke Auflager (Fall e) nach Tabelle (17.7/30) beim ideellen Stab dem Fall c, d. h. es ist ein Gelenk anzubringen; das linke Träger-

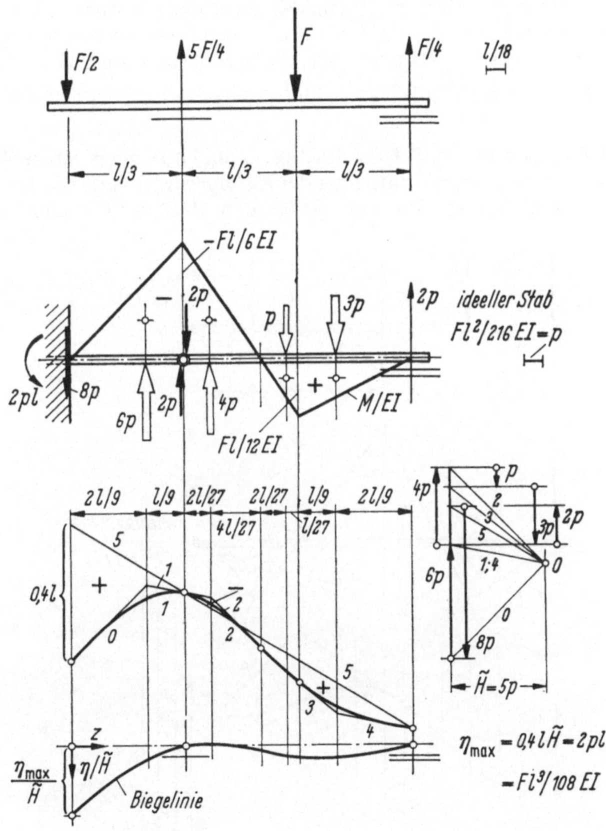

Abb. 17.51

ende ist frei (Fall *k*) und ist beim ideellen Stab einzuspannen (Fall g), das rechte Trägerende (Fall h) bleibt beim ideellen Stab in gleicher Weise gestützt. Die Belastung $M/(EJ)$ des ideellen Stabes besteht aus vier dreieckigen Belastungsflächen, die zweckmäßig durch Resultierende zu ersetzen sind. Mit der Einheitslast $p = Fl^2/(216EJ)$ haben diese Resultierenden die Werte $6p$ und $4p$ (nach oben wirkend), sowie p und $3p$ (nach unten wirkend). Aus den Gleichgewichtsbedingungen des rechten Trägerteiles folgt für die rechte Auflagerkraft und für die Gelenkkraft $2p$ (in der eingezeichneten Weise wirkend). Für den linken Trägerteil ergibt sich für die Auflagerkraft $8p$ und für das Einspannmoment $2pl$. Für die zugehörigen Biegemomente und Querkräfte des ideellen Stabes (und damit für die Durchbiegungen und Biegewinkel des wirklichen Stabes) lassen sich an den Unterteilungsstellen der Belastungsfläche aus den Gleichgewichtsbedingungen exakte Werte errechnen. Dabei zeigt sich, daß die maximale Durchbiegung am linken Trägerende auftritt und mithin gleich dem Einspannmoment des ideellen Stabes ist: $\eta_{\max} = 2pl$.

Für eine übersichtliche Darstellung ist das zeichnerische Verfahren vorteilhaft, das im unteren Teil von Abb. 17.51 durchgeführt ist. Die wirkliche Biegelinie berührt das Seilpolygon an den Unterteilungsstellen der Belastungsfläche (vgl. I.9.1.3) und läßt sich verhältnismäßig genau einzeichnen. Die Schlußlinie 5 stellt die Bezugsgerade dar, von der aus die Ordinaten zu messen sind. Werden diese durch die Trägerlänge l ausgedrückt (Berücksichtigung des Lageplanmaßstabes) und mit dem Horizontalzug $\tilde{H}$ multipliziert, so ergeben sich die Durchbiegungen.

17.8.10 Gerberträger mit Einzellasten. Abb. 17.52 zeigt einen Gerberträger mit zwei Einzellasten. Nach Ermittlung der Auflagerkräfte und der Biegemomente aus den Gleichgewichtsbedingungen ist für den ideellen Stab gemäß Abb. 17.39

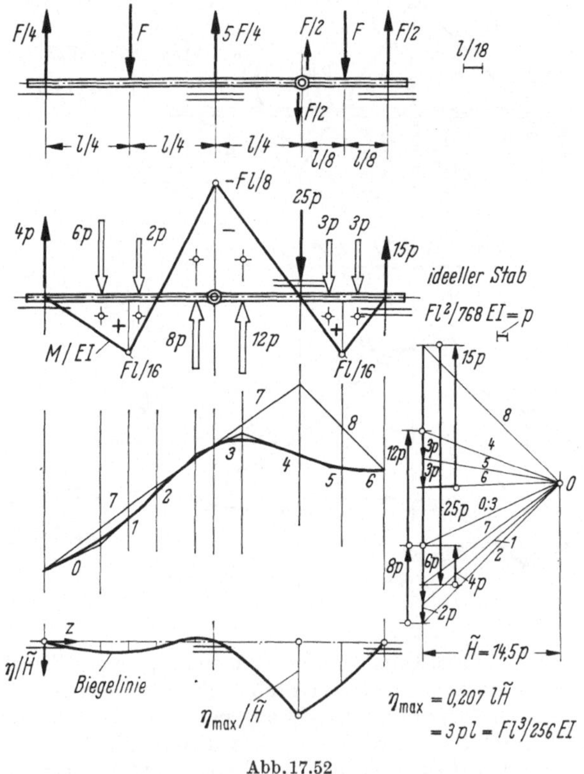

Abb. 17.52

das mittlere Auflager mit dem Gelenk zu vertauschen. Die aus Dreiecken bestehende Belastungsfläche wird durch Einzelkräfte ersetzt. Auflagerkräfte und Momentenverlauf des ideellen Stabes können wie bei der vorigen Aufgabe entweder rechnerisch aus den Gleichgewichtsbedingungen oder zeichnerisch mit Hilfe des Seileckverfahrens ermittelt werden. Die Ergebnisse sind in der Abbildung eingetragen. Die maximale Durchbiegung tritt am Gelenk auf.

17.8.11 Beiderseits frei aufliegender Träger mit veränderlichem Querschnitt unter zwei Einzellasten. Der in Abb. 17.53 dargestellte Träger nimmt an den Stellen $z = l/3$ und $z = 2l/3$ zwei gleich große Einzelkräfte auf. Der Träger hat I-Querschnitt mit konstanter Breite b und konstanter Gurtdicke t_1. Die Trägerhöhe h sei jedoch in den Bereichen $l/6 \leq z \leq l/3$ und $2l/3 \leq z \leq 5l/6$ zwecks Gewichts-

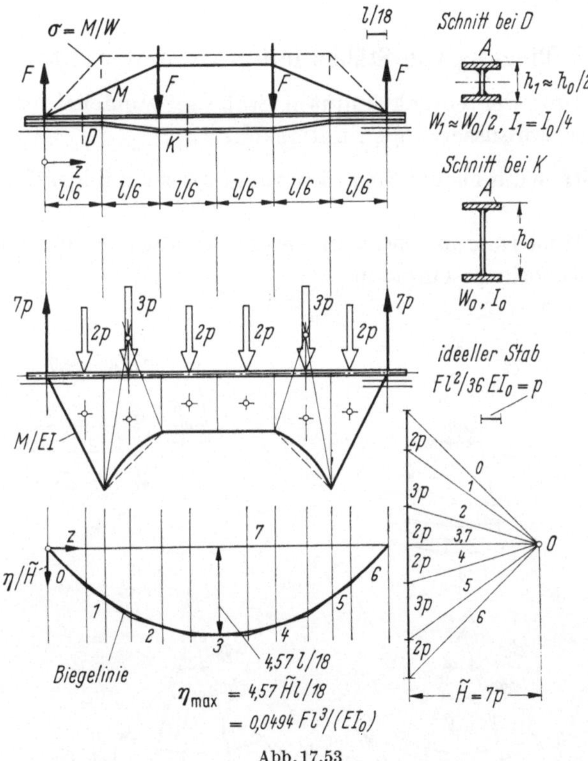

Abb. 17.53

einsparung verringert, derart daß die Biegespannung $\sigma = M/W$ in diesen Bereichen bei Anwendung der Näherungsformeln $J = h^2bt_1/2$ und $W = hbt_1$ (vgl. 17.4.5) konstant bleibt. Das Biegemoment ist in beiden Bereichen zum Abstand vom Auflager proportional. Damit die Spannung konstant bleibt, muß die Trägerhöhe ebenfalls zum Abstand vom Auflager proportional sein, also von h_0 (im Einzelkraftangriffspunkt) auf den Wert $h_1 = h_0/2$ (bei $z = l/6$ bzw. $5l/6$) linear abnehmen, d. h. das Widerstandsmoment nimmt von W_0 auf $W_1 = W_0/2$ und das Flächenträgheitsmoment von J_0 auf $J_1 = J_0/4$ ab. Weiter zu den Auflagern hin sei die Trägerhöhe konstant, so daß dort für das Trägheitsmoment der konstante Wert J_1 gilt. Die für den ideellen Stab zu verwendende Streckenlast $M/(EJ)$ ist in den Bereichen der veränderlichen Trägerhöhe zum Auflagerabstand umgekehrt proportional. Werden die zugehörigen Hyperbelstücke durch Geraden ersetzt, so ergibt sich die in Abb. 17.53 eingezeichnete Belastungsfläche, bestehend aus zwei

Dreiecken, zwei Trapezen und zwei Rechtecken. Mit dem Einheitswert $Fl^2/(36EJ) = p$ folgen die eingetragenen Werte der ideellen Ersatzkräfte, deren Wirkungslinien Schwerlinien der einzelnen Flächen sind (bez. der Trapeze, vgl. I.19.4). Die Auflagerung des ideellen Stabes ist hier dieselbe wie in Wirklichkeit [Fall *h*, Tabelle (17.7/30)]. Der weitere Lösungsgang entspricht den beiden vorausgehenden Aufgaben, die Ergebnisse sind aus der Abbildung ersichtlich. Die maximale Durchbiegung tritt in der Mitte auf und erreicht den Wert $4Fl^3/(81EJ)$; bei exakter Berücksichtigung der Hyperbelbogen ergibt sich $31Fl^3/(648EJ)$, d.h. ein um etwa 3% kleinerer Wert.

17.9 Biegung von Stäben mit gekrümmter Mittellinie

Die Biegung der vorgekrümmten Stäbe sei zunächst an Hand vereinfachender Voraussetzungen untersucht.

17.9.1 Stäbe mit ebener Vorkrümmung. Es seien folgende Annahmen eingeführt:

Der Stoff ist isotrop, und sein Verhalten läßt sich durch die lineare Elastizitätstheorie beschreiben.

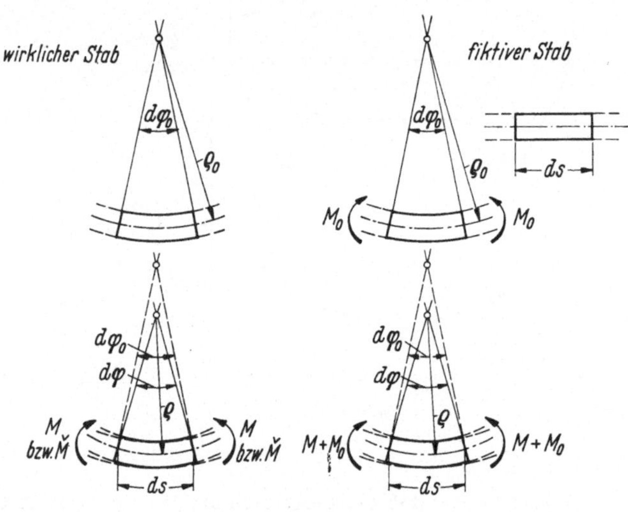

Abb. 17.54

Die Mittellinie des vorgekrümmten Stabes sei eine ebene Kurve (ihr Krümmungsradius sei ϱ_0).

Eine Biegungshauptachse des Querschnittes steht zur Ebene der Mittellinie senkrecht (hier die x-Achse).

Die Vorkrümmung $1/\varrho_0$ sei klein genug, um sie im Rahmen der linearen Elastizitätstheorie als elastische Krümmung eines aus dem gleichen Stoff bestehenden, ursprünglich geraden Stabes mit der gleichen Querschnittsverteilung auffassen zu können, der gemäß Abschn. 17.7

durch (fiktive) Momente $M_{x0} = M_0$ einachsig auf Biegung beansprucht wird.

Die (wirklichen) Biegemomente drehen in der Ebene der Mittellinie (hier um die x-Achse).

Unter diesen Annahmen gilt

$$\frac{1}{\varrho_0} = \frac{M_0}{EJ}. \tag{17.9/1}$$

Ferner kann die Krümmung $1/\varrho$, die sich beim wirklichen Stab unter Einwirkung des Biegemomentes M einstellt, mit der Krümmung des fiktiven Stabes unter Einwirkung des Biegemomentes $M_0 + M$ identifiziert werden (Abb. 17.54), d.h. es gilt

$$\frac{1}{\varrho} = \frac{M_0 + M}{EJ}. \tag{17.9/2}$$

Wird (17.9/1) subtrahiert und die elastische *Krümmungsänderung* $1/\varrho - 1/\varrho_0$ mit k bezeichnet, so folgt

$$k = \frac{1}{\varrho} - \frac{1}{\varrho_0} = \frac{M}{EJ}. \tag{17.9/3}$$

17.9.2 Verzerrungsarbeit. Die Endquerschnitte des Stabelementes mit der Länge ds in Abb. 17.54 bilden vor der Verformung den Winkel $d\varphi_0 = ds/\varrho_0$, nach der Verformung den Winkel $d\varphi = ds/\varrho$ miteinander. Durch die Formänderung entsteht mithin eine relative Drehung der beiden Querschnitte gegeneinander vom Betrage $(d\varphi - d\varphi_0) = (1/\varrho - 1/\varrho_0)\, ds = k\, ds$. Bei dieser Relativdrehung leistet das an beiden Querschnitten als Gleichgewichtsgruppe angreifende virtuelle Biegemoment $\overset{(v)}{M}$ die virtuelle Arbeit $\overset{(v)}{M}(d\varphi - d\varphi_0) = \overset{(v)}{M} k\, ds$. Mit $k = M/(EJ)$ entsteht daher beim biegebeanspruchten vorgekrümmten Stab von der Länge l die virtuelle Verzerrungsarbeit

$$\int\limits_{(l)} \frac{M\overset{(v)}{M}}{EJ}\, ds.$$

Mit $\varrho_0 = \infty$ wird $k = 1/\varrho$, und $ds = dz$, so daß der Ausdruck in die virtuelle Verzerrungsarbeit des ursprünglich geraden Stabes übergeht [vgl. die rechte Seite von (17.7/23)].

Bei der Beanspruchung vorgekrümmter Stäbe durch äußere Kräfte, die in der Ebene ihrer Mittellinie wirken, treten außer den Biegemomenten im allgemeinen auch Längs- und Querkräfte auf.

Im Rahmen der in 17.9.1 eingeführten Annahmen lassen sich alle weiteren Beziehungen wie beim geraden Stab formulieren; die Beziehungen (17.7/32) bis (17.7/38) bleiben daher erhalten, nur ist das Längenelement dz durch das Bogenelement ds der gekrümmten Stabmittellinie zu ersetzen. Mithin folgen

$$\overset{(v)}{W} = \int_{(l)} \left(\frac{N\overset{(v)}{N}}{EA} + \frac{M\overset{(v)}{M}}{EJ} \right) ds, \tag{17.9/4}$$

$$W = \int_{(l)} \left(\frac{N^2}{2EA} + \frac{M^2}{2EJ} \right) ds. \tag{17.9/5}$$

Die Vernachlässigung der Querkraftschubdeformation, die das Nullsetzen der Arbeit der Querkräfte zur Folge hat, ist im Rahmen der Annahmen auch für den vorgekrümmten Stab gültig. In der Regel kann auch der Arbeitsanteil der Längskräfte vernachlässigt, d.h. mit

$$\overset{(v)}{W} = \int_{(l)} \frac{M\overset{(v)}{M}}{EJ} ds, \quad W = \int_{(l)} \frac{M^2}{2EJ} ds \tag{17.9/6}$$

gerechnet werden. Eine Ausnahme tritt ein, wenn die Biegemomente nicht unmittelbar an der Kraftübertragung teilnehmen, sondern erst durch Behinderung der Verformung entstehen (vgl. das in 17.10.9 behandelte Schwungrad, in dessen Kranz infolge der Fliehkraftbeanspruchung erhebliche Längskräfte auftreten; durch die Speichen wird eine teilweise Behinderung der Radialverschiebung und erst dadurch eine Verbiegung des Kranzes hervorgerufen).

Die hier aufgestellten Ausdrücke für die Verzerrungsarbeit haben insofern besondere Bedeutung, als die Anwendung der Arbeitsgleichung bzw. des zweiten Satzes von Castigliano bei Stäben mit beliebiger Vorkrümmung praktisch als einziger Lösungsweg in Betracht kommt, und zwar sowohl für die Berechnung der Verschiebungen oder Drehungen an beliebigen Stellen des Bauteils, wie auch zur Ermittlung statisch unbestimmter Größen (die beim geraden Balken noch zur Verfügung stehende Integration der Differentialgleichung der Biegelinie würde bei Stäben mit beliebiger Vorkrümmung zu erheblichen mathematischen Schwierigkeiten führen).

Die Verschiebung bzw. Drehung errechnet sich aus (vgl. 5.4)

$$V_p = \overset{(v)}{W} \text{ für } \overset{(v)}{N} = (N)_{F_p=1} \quad \text{und} \quad \overset{(v)}{M} = (M)_{F_p=1}, \tag{17.9/7}$$

$$\varphi_p = \overset{(v)}{W} \text{ für } \overset{(v)}{N} = (N)_{M_p=1} \quad \text{und} \quad \overset{(v)}{M} = (M)_{M_p=1}. \tag{17.9/8}$$

Für statisch unbestimmte Systeme gelten die allgemeinen Kompatibilitätsbedingungen

$$\overset{(v)}{W} = 0 \text{ für } \overset{(v)}{N} = \overset{(e)}{N}, \ \overset{(v)}{M} = \overset{(e)}{M}, \ \text{mit } e = 1, 2, \ldots, g, \tag{17.9/9}$$

wobei g der Grad der statischen Unbestimmtheit ist und $\overset{(e)}{N}$, $\overset{(e)}{M}$ zur Eigengruppe mit der Nummer e gehören. Dieselben Ergebnisse liefert der zweite Satz von CASTIGLIANO (Beweis wie in 17.7.6).

Diese Beziehungen führen auf verhältnismäßig einfache Berechnungsverfahren, deren Genauigkeit für Krümmungsradien ϱ_0 gewährleistet ist, die wesentlich größer sind als die Querschnittshöhe. Aber auch bei Stäben mit stark gekrümmter oder geknickter Mittellinie wendet man diese Verfahren an, weil genauere Methoden auf einen unvergleichlich höheren mathematisch-numerischen Aufwand führen.

Die Werte der maximalen Beanspruchung lassen sich in Einzelfällen mit Hilfe von Faktoren der Spannungskonzentration korrigieren, die auf Grund der nachstehend beschriebenen Näherungstheorie ermittelt werden können.

17.9.3 Verfahren für stark gekrümmte Stäbe. Bei stark gekrümmten Stäben gibt es zwei Verzerrungsarten, die das Verschwinden der Querschubverzerrung und der Querdehnung, sowie damit auch das Ebenbleiben der Querschnitte gewährleisten. Bei Bezugnahme auf diese Verzerrungsarten entsteht unter Beibehaltung des einachsigen Spannungszustandes eine zweite Näherungstheorie, die sich gegenüber der ersten in 17.9.1 und 17.9.2 entwickelten und auf die Grundgleichungen des geraden Stabes zurückführenden Näherung durch größere mathematische Konsequenz und damit höhere Genauigkeit auszeichnet.

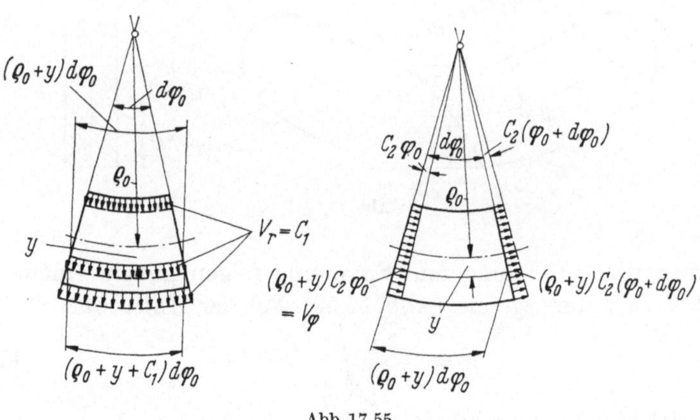

Abb. 17.55

Wie in Abb. 17.54 wird auch in Abb. 17.55 ein Stabelement von der Länge $ds = \varrho_0\,d\varphi_0$ betrachtet. Bei der ersten Verzerrungsart handelt es sich um eine konstante Radialverschiebung $V_r = C_1$. Das im Abstand y von der Stabmittellinie befindliche Längenelement hat vor der Verformung die Länge $(\varrho_0 + y)\,d\varphi_0$, nach der Verformung $(\varrho_0 + y + C_1)\,d\varphi_0$. Das Verhältnis der eingetretenen Verlängerung $C_1\,d\varphi_0$ zur ursprünglichen Länge ergibt die Dehnung

$$\varepsilon = \frac{C_1}{\varrho_0 + y}.$$

Bei der zweiten Verzerrungsart erfahren die Querschnittsebenen eine zum Zentriwinkel φ_0 proportionale Drehung $C_2\,\varphi_0$ um die durch das Krümmungszentrum gehende und zur Ebene der Stabmittellinie senkrechte Achse. Dabei entstehen im Abstand y von der Stabmittellinie die Längsverschiebungen $V_\varphi = (\varrho_0 + y)\,C_2\varphi_0$. Das dort befindliche Längenelement $(\varrho_0 + y)\,d\varphi_0$ verlängert sich um $(\varrho_0 + y)\,C_2\,d\varphi_0$, so daß die Dehnung

$$\varepsilon = C_2$$

auftritt. Bei Berücksichtigung beider Verzerrungsarten kann daher

$$\varepsilon = \frac{C_1}{\varrho_0 + y} + C_2$$

und

$$\sigma = E\varepsilon = \frac{C_1 E}{\varrho_0 + y} + C_2 E \qquad (17.9/10)$$

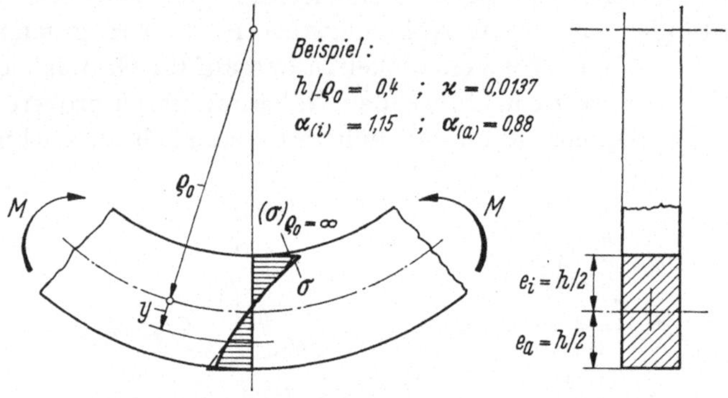

Abb. 17.56

gesetzt werden. Dehnung und Spannung folgen mithin einem *hyperbolischen* Verteilungsgesetz (Abb. 17.56). Mit der Hilfsgröße

$$\varkappa = -\frac{1}{A}\int_{(A)} \frac{y}{\varrho_0 + y}\,dA \qquad (17.9/11)$$

ergibt sich für die *Normalkraft*

$$N = \int_{(A)} \sigma\,dA = (1 + \varkappa)\,C_1 EA/\varrho_0 + C_2 EA$$

und — bei Berücksichtigung der Schwerpunktbedingung (17.1/1) — für das *Biegemoment* um die x-Achse (wie in 17.9.1 und 17.9.2 steht diese Achse auf der Ebene der Mittellinie senkrecht und ist Biegungshauptachse)

$$M = \int_{(A)} \sigma\,y\,dA = -\varkappa C_1 EA.$$

Hieraus folgen

$$C_1 = -M/(\varkappa EA),\; C_2 = N/(EA) + (1 + \varkappa)\, M/(\varkappa EA\varrho_0),$$

$$\sigma = \frac{N}{A} + \frac{M}{A\varrho_0}\left[1 + \frac{y}{\varkappa(\varrho_0 + y)}\right]. \qquad (17.9/12)$$

Für die extremalen Spannungswerte folgen mit $y_{\min} = e_i$, $y_{\max} = e_a$:

$$\sigma_i = (\sigma)_{y=-e_i} = \frac{N}{A} + \frac{M}{A\varrho_0}\left[1 - \frac{e_i}{\varkappa(\varrho_0 - e_i)}\right],$$

$$\sigma_a = (\sigma)_{y=e_a} = \frac{N}{A} + \frac{M}{A\varrho_0}\left[1 + \frac{e_a}{\varkappa(\varrho_0 + e_a)}\right].$$

Für den geraden Stab würde sich

$$\sigma_i = \frac{N}{A} - \frac{M}{J} e_i, \quad \sigma_a = \frac{N}{A} + \frac{M}{J} e_a$$

ergeben. Während der Zuganteil übereinstimmt, liegt der jeweilige Absolutbetrag des Biegungsanteils beim vorgekrümmten Stab innen höher und außen niedriger als beim geraden Stab. Wird mit Einführung der Faktoren der Spannungskonzentration α_i und α_a

$$\sigma_i = \frac{N}{A} - \alpha_i \frac{M}{J} e_i, \quad \sigma_a = \frac{N}{A} + \alpha_a \frac{M}{J} e_a \qquad (17.9/13)$$

gesetzt, so folgen

$$\alpha_i = \frac{J}{A\varrho_0}\left[\frac{1}{\varkappa(\varrho_0 - e_i)} - \frac{1}{e_i}\right], \quad \alpha_a = \frac{J}{A\varrho_0}\left[\frac{1}{\varkappa(\varrho_0 + e_a)} + \frac{1}{e_a}\right]. \qquad (17.9/14)$$

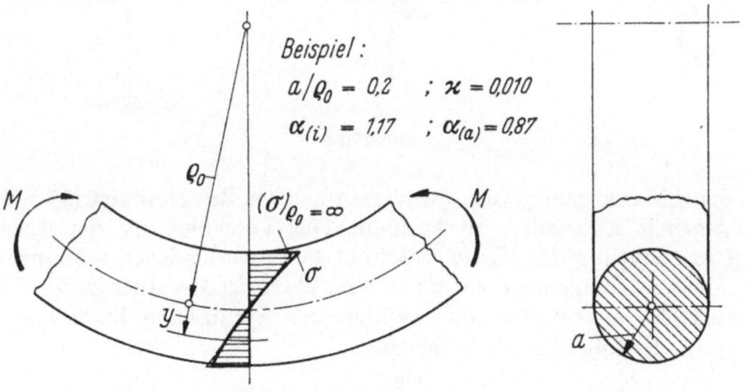

Beispiel:
$a/\varrho_0 = 0{,}2$; $\varkappa = 0{,}010$
$\alpha_{(i)} = 1{,}17$; $\alpha_{(a)} = 0{,}87$

Abb. 17.57

Für den *Rechteckquerschnitt* (Höhe h, Beispiel in Abb. 17.56) ergibt sich

$$\varkappa = \frac{\varrho_0}{h} \ln\left(\frac{2\varrho_0 + h}{2\varrho_0 - h}\right) - 1 = \frac{h^2}{12\varrho_0^2} + \frac{h^4}{80\varrho_0^4} + \cdots,$$

$$\alpha_i = \frac{h}{6\varrho_0}\left[\frac{h}{\varkappa(2\varrho_0 - h)} - 1\right] = 1 + \frac{h}{3\varrho_0} + \frac{h^2}{10\varrho_0^2} + \cdots, \qquad (17.9/15)$$

$$\alpha_a = \frac{h}{6\varrho_0}\left[\frac{h}{\varkappa(2\varrho_0 + h)} + 1\right] = 1 - \frac{h}{3\varrho_0} + \frac{h^2}{10\varrho_0^2} \mp \cdots.$$

Für den *Kreisquerschnitt* (Radius a, Beispiel in Abb. 17.57) ergibt sich

$$\varkappa = 2\left(\frac{\varrho_0}{a}\right)^2 - 2\left(\frac{\varrho_0}{a}\right)\sqrt{\left(\frac{\varrho_0}{a}\right)^2 - 1} - 1 = \frac{a^2}{4\varrho_0^2} + \frac{a^4}{8\varrho_0^4} + \cdots,$$

$$\alpha_i = \frac{a}{4\varrho_0}\left[\frac{a}{\varkappa(\varrho_0 - a)} - 1\right] = 1 + \frac{3a}{4\varrho_0} + \frac{a^2}{2\varrho_0^2} + \cdots, \qquad (17.9/16)$$

$$\alpha_a = \frac{a}{4\varrho_0}\left[\frac{a}{\varkappa(\varrho_0 + a)} + 1\right] = 1 - \frac{3a}{4\varrho_0} + \frac{a^2}{2\varrho_0^2} \mp \cdots.$$

17.10 Beispiele

17.10.1 Halbkreisbogen bei statisch bestimmter Lagerung mit symmetrisch angreifender Einzellast. Ein Halbkreisbogen (Abb. 17.58) ist durch ein Auflagergelenk und ein Rollenlager abgestützt. Die symmetrisch wirkende Last F erzeugt die Auflagerdrücke $F/2$. Der Radius der Mittellinie sei a. Aus der Momentengleichung für den Stababschnitt mit dem Zentriwinkel α in bezug auf die Schnittstelle I folgt das Biegemoment

$$M = Fa(1 - \cos\alpha)/2.$$

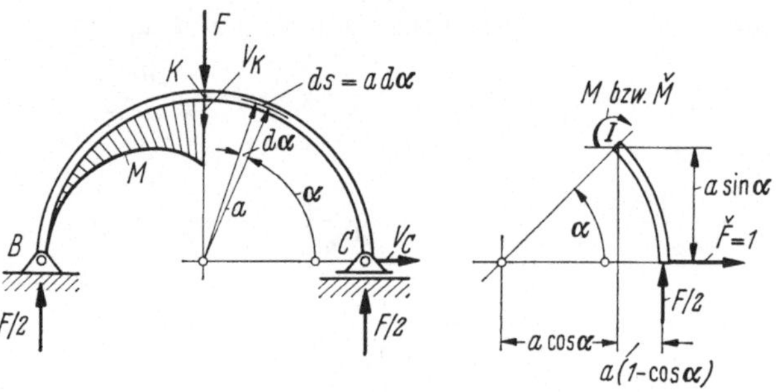

Abb. 17.58

Der Stab sei schlank genug, um die vereinfachten Beziehungen (17.9/6) für die Verzerrungsarbeit anwenden zu können. Die Verschiebung des Lastangriffspunktes K in Richtung der Kraft errechnet sich aus der Energiebilanz, bzw. aus (17.7/40) mit dem Längenelement $ds = a\,d\alpha$ statt dz. Der Integrationsweg ist in zwei Viertelkreise aufzuteilen, die zufolge der Symmetrie beide den gleichen Beitrag liefern. Es folgt für $EJ = \text{const}$

$$V_K = \frac{2}{F}\int_{\alpha=0}^{\pi/2} \frac{M^2}{EJ}\,a\,d\alpha = \frac{Fa^3}{2EJ}\int_{\alpha=0}^{\pi/2}(1 - \cos\alpha)^2\,d\alpha = \left(\frac{3\pi}{8} - 1\right)Fa^3/(EJ)$$

$$= 0{,}178 Fa^3/(EJ).$$

Zur Berechnung der Verschiebung des Rollenlagers dient die virtuelle Kraft $\overset{(v)}{F} = 1$, die das virtuelle Biegemoment $\overset{(v)}{M} = a\sin\alpha$ erzeugt (Ermittlung wie M). Aus (17.9/6) und (17.9/7) folgt

$$V_C = 2\int_{\alpha=0}^{\pi/2} \frac{M}{EJ}\,a\sin\alpha\,a\,d\alpha = \frac{Fa^3}{2EJ}.$$

17.10.2 Halbkreisbogen bei statisch unbestimmter Lagerung. Ist der Halbkreisbogen beiderseits gelenkig, aber unverschieblich gelagert, so liegt eine (äußerlich) einfach statisch unbestimmte Aufgabe vor (Abb. 17.59). In den Auflagern treten zusätzlich Horizontalkräfte H_D auf, die eine Gleichgewichtsgruppe bilden. Wird der Halbkreisbogen durch eine symmetrisch wirkende Last F beansprucht, so folgt aus der Momentengleichung für den Stababschnitt mit dem Zentriwinkel α in bezug auf die Schnittstelle I das Biegemoment

$$M = Fa(1 - \cos\alpha)/2 - H_D\, a \sin\alpha\,.$$

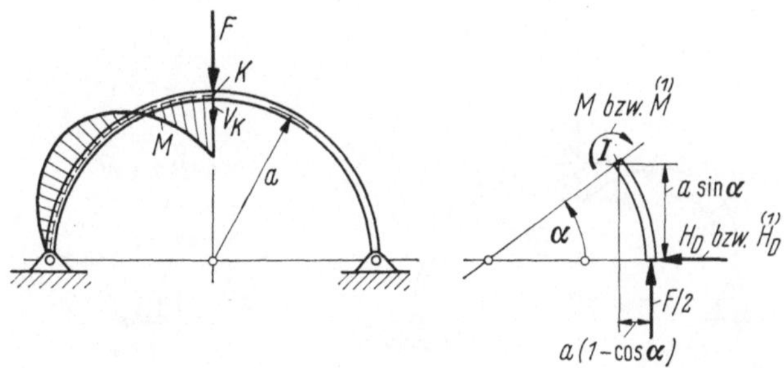

Abb. 17.59

Für das zur statisch unbestimmten Größe H_D gehörende Eigenmoment $(\overset{(1)}{M})$ ist $H_D = 1$ (Normierung) und $F = 0$ zu setzen, so daß $\overset{(1)}{M} = -a \sin\alpha$ gilt. Die Kompatibilitätsbedingung (17.9/9) ist hier in der Form

$$2\int\limits_{\alpha=0}^{\pi/2} \frac{M}{EJ} \overset{(1)}{M} a\, d\alpha = 0$$

zu schreiben. Für $EJ = \text{const}$ folgt

$$\int\limits_{\alpha=0}^{\pi/2} \left[\frac{F}{2} a(1 - \cos\alpha) - H_D\, a \sin\alpha\right] \sin\alpha\, d\alpha = 0\,.$$

Nach dem zweiten Satz von CASTIGLIANO wäre

$$\frac{\partial W}{\partial H_D} = 2\frac{\partial}{\partial H_D}\int\limits_{\alpha=0}^{\pi/2} \frac{M^2}{2EJ} a\, d\alpha = 2\int\limits_{\alpha=0}^{\pi/2} \frac{M}{EJ}\frac{\partial M}{\partial H_D} a\, d\alpha = 0 \quad \text{mit} \quad \frac{\partial M}{\partial H_D} = -a \sin\alpha$$

zu setzen. Die Ausrechnung liefert $H_D = F/\pi$. Damit wird

$$M = \frac{F}{2} a\left[1 - \cos\alpha - \frac{2}{\pi}\sin\alpha\right].$$

Der Momentenverlauf ist in Abb. 17.59 eingetragen. Das höchste Biegemoment tritt bei K auf: $M_{\max} = (1/2 - 1/\pi)\, Fa = 0{,}182 Fa$.

Die Verschiebung des Kraftangriffspunktes kann aus der Energiebilanz (17.7/40), d.h. hier aus

$$v_K = \frac{2}{F}\int\limits_{\alpha=0}^{\pi/2} \frac{M^2}{EJ} a\, d\alpha$$

ermittelt werden. Der Rechnungsgang wird kürzer, wenn nach (17.9/7) mit Verwendung einer geeigneten statischen Gruppe gerechnet wird. Wird das Biegemoment aus 17.10.1 mit $\overset{(v)}{F} = 1$ als virtuelles Moment $\overset{(v)}{M} = a(1 - \cos\alpha)/2$ übernommen (die zugehörige statische Gruppe leistet in den Auflagern keine Arbeit), so folgt

$$V_K = 2\int\limits_{\alpha=0}^{\pi/2} \frac{M}{EJ}\,\frac{a}{2}\,(1 - \cos\alpha)\,a\,d\alpha = \left(\frac{3\pi}{8} - 1 - \frac{1}{2\pi}\right)\frac{Fa^3}{EJ} = 0{,}0189\,\frac{Fa^3}{EJ}\,.$$

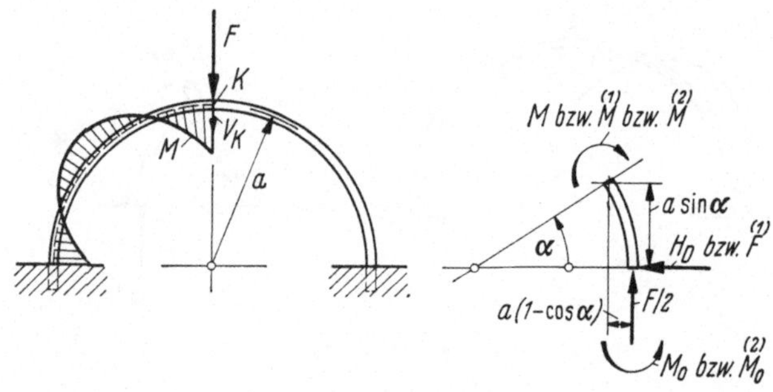

Abb. 17.60

Sind beide Stabenden eingespannt (Abb. 17.60), so treten auch Einspannmomente auf, und die Aufgabe wird bei beliebiger Belastung dreifach, bei symmetrischer Belastung zweifach statisch unbestimmt. Bei einer symmetrisch angreifenden Einzellast F folgt

$$M = \frac{F}{2}\,a(1 - \cos\alpha) - H_D\,a\sin\alpha + M_0\,.$$

Infolge der zweifachen statischen Unbestimmtheit treten zwei Eigengruppen auf, die mit den beiden statisch unbestimmten Größen H_D und M_0 in Zusammenhang stehen. Die zugehörigen Eigenmomente gehen aus der Gleichung für M durch Nullsetzen der äußeren Belastung hervor. Für das erste Eigenmoment $(\overset{(1)}{M})$ ist $H_D = 1$ (Normierung), $M_0 = 0$, $F = 0$, für das zweite Eigenmoment $(\overset{(2)}{M})$ ist $M_0 = 1$ (Normierung), $H_D = 0$, $F = 0$ zu setzen. Mithin gilt

$$\overset{(1)}{M} = -a\sin\alpha, \quad \overset{(2)}{M} = 1\,.$$

Die Kompatibilitätsbedingung (17.9/9) ist hier in der Form

$$2\int\limits_{\alpha=0}^{\pi/2} \frac{M}{EJ}\,\overset{(e)}{M}a\,d\alpha = 0 \quad \text{mit} \quad e = 1 \quad \text{bzw.} \quad 2$$

zu schreiben. Für $EJ = \text{const}$ folgen

$$\int\limits_{\alpha=0}^{\pi/2} M\sin\alpha\,d\alpha = 0 \quad \text{und} \quad \int\limits_{\alpha=0}^{\pi/2} M\,d\alpha = 0\,.$$

Die Ausrechnung führt auf die in H_D und M_0 linearen Gleichungen

$$\frac{F}{4}a - \frac{\pi}{4}H_D a + M_0 = 0, \quad \frac{F}{2}a\left(\frac{\pi}{2} - 1\right) - H_D a + \frac{\pi}{2}M_0 = 0$$

mit der Lösung

$$H_D = \frac{4-\pi}{\pi^2 - 8}F, \quad M_0 = \frac{4 + 2\pi - \pi^2}{2(\pi^2 - 8)}Fa.$$

Damit ergibt sich

$$M = Fa\left[\frac{1}{4} - \frac{1}{2}\cos\alpha + \frac{4-\pi}{\pi^2-8}\left(\frac{\pi}{4} - \sin\alpha\right)\right].$$

Der Momentenverlauf ist in Abb. 17.60 eingezeichnet. Das höchste Biegemoment tritt wieder im Kraftangriffspunkt auf und wird

$$M_{\max} = \frac{2\pi - 6}{\pi^2 - 8}Fa = 0{,}151 Fa.$$

Die Verschiebung des Kraftangriffspunktes ergibt sich auf demselben Wege wie zuvor:

$$V_K = 2\int\limits_{\alpha=0}^{\pi/2} \frac{M}{EJ}\,\frac{a}{2}(1 - \cos\alpha)\,a\,d\alpha = \frac{(\pi^3 - 20\pi + 32)\,Fa^3}{8(\pi^2 - 8)\,EJ} = 0{,}0117\,\frac{Fa^3}{EJ}.$$

17.10.3 Parabelbogen bei statisch bestimmter Lagerung. Ein Parabelbogen (Abb. 17.61) ist links durch ein Gelenk (B), rechts durch ein Rollenlager (C), also statisch bestimmt, gelagert. Mit der Verbindungsgeraden BC als z-Achse (Nullpunkt bei B), der dazu senkrechten y-Achse und der Bogenhöhe h gilt für die Punkte der Stabmittellinie

$$y = 4hz(l - z)/l^2.$$

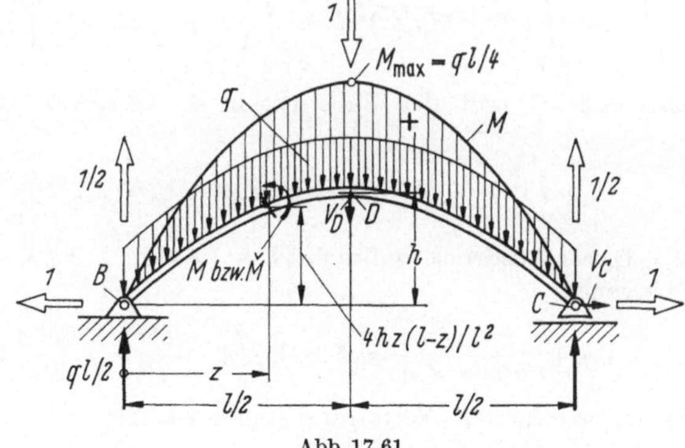

Abb. 17.61

Der Parabelbogen sei durch eine auf die Horizontalprojektion bezogene Streckenlast q belastet, d.h. das Lastelement sei durch $q\,dz$ repräsentiert. Als Beispiel sei der Sonderfall $q = \text{const}$ untersucht. Dann sind die Auflagerkräfte gleich $ql/2$, und aus der Schnittbetrachtung folgt das Biegemoment

$$M = qlz/2 - qz^2/2 = ql^2y/(8h),$$

wie beim geraden Träger. Für das maximale Biegemoment (in Stabmitte) folgt

$$M_{\max} = (M)_{z=l/2} = ql^2/8.$$

Zur Berechnung der Verschiebung V_C des Rollenlagers dient eine dort in Richtung der Verschiebung angreifende virtuelle Kraft 1, die das virtuelle Biegemoment $\overset{(v)}{M} = y$ erzeugt. Mit L als Abwicklungslänge der Stabmittellinie und $ds = \sqrt{1 + (dy/dz)^2}\,dz$ als Linienelement [vgl. I (17.3/8)] folgt

$$V_C = \int_{(L)} \frac{M}{EJ}\, y\, ds = \frac{ql^2}{8h} \int_{(L)} \frac{y^2}{EJ}\, ds.$$

Für flache Parabelbögen wird $h \ll l$, und in erster Näherung kann $ds \approx dz$, $L \approx l$ gesetzt werden. Dann folgt mit $EJ = \text{const}$

$$V_C = \frac{2qh}{l^2EJ} \int_{z=0}^{l} (l^2z^2 - 2lz^3 + z^4)\, dz = \frac{qhl^3}{15EJ}.$$

Die Durchsenkung der Bogenmitte (D) ergibt sich durch Einführung einer entsprechenden, vertikal nach unten gerichteten virtuellen Kraft 1, die zu den virtuellen Auflagerkräften 1/2 und zum Moment $z/2$ führt. Es folgt für $h \ll l$ und $EJ = \text{const}$

$$V_D = 2\int_{z=0}^{l/2} \frac{M}{EJ} \frac{z}{2}\, dz = \frac{q}{2EJ} \int_{z=0}^{l/2} (lz^2 - z^3)\, dz = \frac{5ql^4}{384EJ},$$

wie beim geraden Träger.

Zur Überprüfung der Ergebnisse sei angenommen, daß sich der Parabelbogen bei der hier gewählten Belastung wieder zu einem Parabelbogen verformt (mit der Spannweite $l + V_C$ statt vorher l und der Bogenhöhe $h - V_D$ statt vorher h). Da ausschließlich die Biegearbeit berücksichtigt wurde, bleibt die Abwicklungslänge L unverändert. Diese errechnet sich vor der Deformation zu

$$L = \int_{(L)} ds = \int_{z=0}^{l} \sqrt{1 + (dy/dz)^2}\, dz \approx \int_{z=0}^{l} \left[1 + \frac{1}{2}(dy/dz)^2\right] dz.$$

Mit $dy/dz = 4h(l - 2z)/l^2$ und der Substitution $1 - 2z/l = v$, $dz = -l\,dv/2$ folgt

$$L = l \int_{v=0}^{1} [1 + 8h^2v^2/l^2]\, dv = l + 8h^2/(3l),$$

[vgl. I (17.3/12)]. Dieser Ausdruck müßte mit $l + V_C$ statt l und $h - V_D$ statt h in sich selbst übergehen:

$$l + 8h^2/(3l) \approx l + V_C + \frac{8(h - V_D)^2}{3(l + V_C)} \approx l + V_C\left(1 - \frac{8h^2}{3l^2}\right) + \frac{8h^2}{3l}\left(1 - 2\frac{V_D}{h}\right).$$

Nach Einsetzen der errechneten Werte für V_C und V_D folgt

$$\frac{ql^3h}{EJ}\left(\frac{1}{15} - \frac{5}{72} - \frac{8h^2}{45l^2}\right) \approx 0.$$

Innerhalb der gewählten Näherung ist die dritte Potenz von h zu streichen. Für die Koeffizienten der Glieder mit der ersten Potenz von h zeigt sich ein Fehler von 4%, der darauf hinweist, daß der Parabelbogen durch die gewählte Belastung eine Form annimmt, die nur noch angenähert als Parabel angesehen werden kann.

17.10.4 Parabelbogen bei statisch unbestimmter Lagerung. Der Parabelbogen sei in derselben Weise belastet wie im Beispiel 17.10.3. Unter den verschiedenen Möglichkeiten der statisch unbestimmten Auflagerung seien jene beiden Fälle ausgewählt, die zu einer symmetrischen Verteilung der Schnittreaktionen führen, und zwar die beiderseits gelenkige Lagerung und die beiderseitige Einspannung (Abb. 17.62 und 17.63). Im ersten Fall tritt ein statisch unbestimmter Horizontaldruck H_D, im zweiten Fall zusätzlich ein Einspannmoment M_0 auf. Im ersten Fall folgt für das Biegemoment (mit denselben Bezeichnungen wie in 17.10.3)

$$M = \left(\frac{ql^2}{8h} - H_D\right) y .$$

Das zum statisch unbestimmten Horizontaldruck gehörende Eigenmoment ergibt sich hieraus mit $q = 0$ und $H_D = 1$:

$$\overset{(1)}{M} = -y.$$

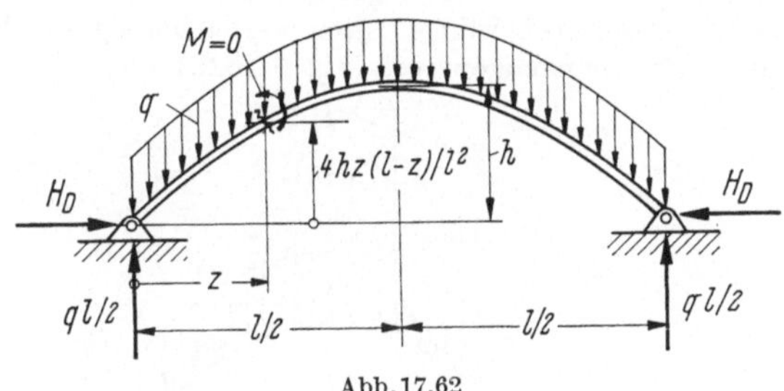

Abb. 17.62

Im zweiten Fall gilt für das Biegemoment

$$M = \left(\frac{ql^2}{8h} - H_D\right) y + M_0$$

und für die zu den beiden statisch unbestimmten Größen H_D und M_0 gehörenden Eigenmomente (mit $q = 0$, $H_D = 1$, $M_0 = 0$ bzw. $q = 0$, $H_D = 0$, $M_0 = 1$)

$$\overset{(1)}{M} = -y, \quad \overset{(2)}{M} = 1 .$$

Die Kompatibilitätsbedingung

$$\int_{(L)} \frac{M}{EJ} \overset{(e)}{M} \, ds = 0$$

liefert im ersten Fall die Gleichung

$$\left(\frac{ql^2}{8h} - H_D\right) \int_{(L)} \frac{y^2}{EJ} \, ds = 0 .$$

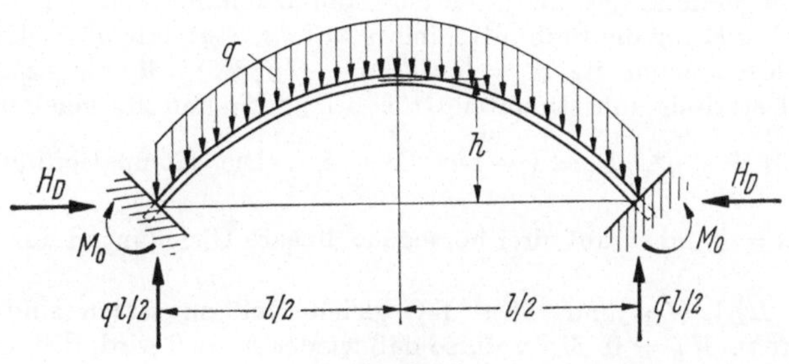

Abb. 17.63

Im zweiten Fall folgen die beiden in $\left(\frac{ql^2}{8h} - H_D\right)$ und M_0 homogenen linearen Gleichungen

$$\left(\frac{ql^2}{8h} - H_D\right) \int\limits_{(L)} \frac{y^2}{EJ}\, ds + M_0 \int\limits_{(L)} \frac{y}{EJ}\, ds = 0,$$

$$\left(\frac{ql^2}{8h} - H_D\right) \int\limits_{(L)} \frac{y}{EJ}\, ds + M_0 \int\limits_{(L)} \frac{ds}{EJ} = 0.$$

Mithin ergibt sich für *beide* Arten der Auflagerung die gemeinsame Lösung

$$H_D = ql^2/(8h), \quad M_0 = 0, \quad M = 0,$$

d. h. es treten keine Biegemomenete auf, und der Parabelbogen ist auch vom Standpunkt der Biegetheorie aus (allerdings unter Vernachlässigung der Arbeit der Normalkräfte) als *Stützlinie* nachgewiesen (vgl. I.18.2.1).

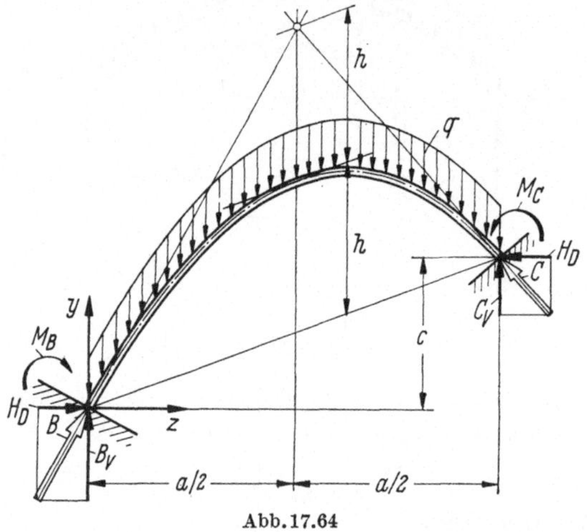

Abb. 17.64

Es läßt sich leicht zeigen, daß diese Folgerung auch bei nicht-symmetrischen Anordnungen gilt. Wie aus Abb. 17.64 hervorgeht, sind dann die vertikalen Komponenten der beiden Auflagerkräfte verschieden groß. Liegt das linke Auflager (B) wieder im Koordinatenursprung und hat das rechte Auflager (C) die Koordinaten $z = a$, $y = c$, so folgt aus der Momentengleichung mit C als Bezugspunkt für die vertikale Komponente der linken Auflagerkaft $qa/2 + (M_C - M_B + H_D c)/a$. Mit h als Bogenhöhe (größte Höhe der Stabmittellinie über der Verbindungsgeraden BC) gilt für die Stabmittellinie $y = cz/a + y^*$ mit $y^* = 4hz(a - z)/a^2$, und das Biegemoment ist $M = [qa^2/(8h) - H_D]\, y^* + M_B(1 - z/a) + M_C z/a$. Zu den drei statisch unbestimmten Größen H_D, M_B und M_C gehören die Eigenmomente $\overset{(1)}{M} = -y^*$, $\overset{(2)}{M} = 1 - z/a$, $\overset{(3)}{M} = z/a$. Die Kompatibilitätsbedingung $\int\limits_{(L)} \frac{M\overset{(e)}{M}}{EJ}\, ds = 0$ führt auf drei homogene lineare Gleichungen für die Größen $[qa^2/(8h) - H_D]$, M_B und M_C, die gleich Null zu setzen sind; es folgen $H_D = qa^2/(8h)$, $M_B = 0$, $M_C = 0$, so daß wieder $M = 0$ wird, d. h. der Parabelbogen ist auch hier Stützlinie.

17.10.5 Rahmen bei statisch bestimmter Auflagerung. Der in Abb. 17.65 ersichtliche Rahmen ist bei B durch ein Gelenk, bei C durch ein Rollenlager abgestützt und wird bei der biegungssteifen Ecke C durch die Kraft F belastet. Infolge der Symmetrie sind beide Auflagerkräfte gleich $F/2$. Das Biegemoment ist $M = \frac{F\sqrt{2}}{4} z$. Die Verschiebung des Kraftangriffspunktes in Richtung der Kraft folgt aus der Energiebilanz (17.7/40); mit $EJ = \text{const}$ ergibt sich

$$V_K = \frac{2}{F}\int\limits_{z=0}^{l} \frac{M^2}{EJ}\,dz = \frac{F}{4EJ}\int\limits_{z=0}^{l} z^2\,dz = \frac{Fl^3}{12EJ}\,.$$

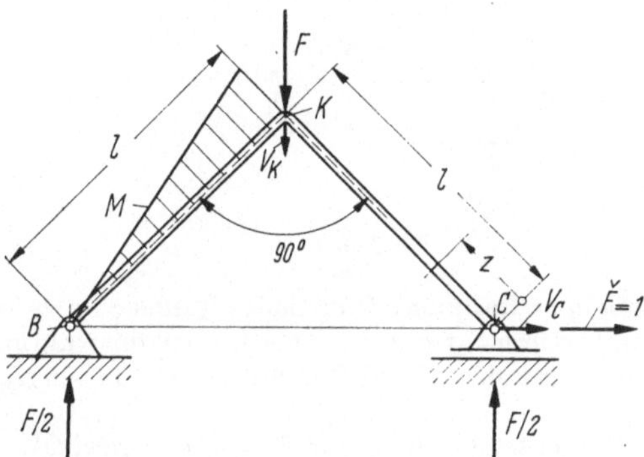

Abb. 17.65

Die Verschiebung des Rollenlagers errechnet sich mit Hilfe einer dort angreifenden virtuellen Kraft $\overset{(v)}{F} = 1$, die das virtuelle Biegemoment $\overset{(v)}{M} = z/\sqrt{2}$ erzeugt:

$$V_C = 2\int\limits_{z=0}^{l} \frac{M}{EJ}\overset{(v)}{M}\,dz = \frac{F}{2EJ}\int\limits_{z=0}^{l} z^2\,dz = \frac{Fl^3}{6EJ}\,.$$

Mit $F = 1500$ kp, $l = 2$ m, $E = 2\,000\,000$ kp/cm², $J = 1000$ cm⁴ folgen $V_K =$ 0,5 cm und $V_C = 1$ cm.

17.10.6 Rahmen bei statisch unbestimmter Auflagerung. Der Rahmen ist bei B und C durch ein Gelenk abgestützt (Abb. 17.66). Als äußere Belastung wirkt von K bis C die konstante Streckenlast q. Aus der Momentengleichung mit C als Bezugspunkt ergibt sich $B_H b - B_V b + qb^2/2 = 0$ bzw. $B_V = B_H + qb/2$. Die Biegemomente in den beiden Rahmenteilen sind $M_{(1)} = -B_H z_1$, $M_{(2)} = -B_H b + B_V z_2 - qz_2^2/2 = qz_2(b - z_2)/2 + B_H(z_2 - b)$. Die Aufgabe ist einfach statisch unbestimmt. Der statisch unbestimmten Größe B_H entspricht (mit $B_H = 1$, $q = 0$) das Eigenmoment $\overset{(1)}{M}_{(1)} = -z_1$, $\overset{(1)}{M}_{(2)} = z_2 - b$. Die Kompatibilitätsbedingung

$$\int\limits_{z_1=0}^{b} \frac{M_{(1)}\overset{(1)}{M}_{(1)}}{EJ}\,dz_1 + \int\limits_{z_2=0}^{b} \frac{M_{(2)}\overset{(1)}{M}_{(2)}}{EJ}\,dz_2 = 0$$

liefert für $EJ = \text{const}$ $B_H b^3\left(\frac{1}{3} + \frac{1}{3}\right) + qb^4\left(\frac{1}{3} - \frac{1}{4} - \frac{1}{8}\right) = 0$ und damit

$B_H = qb/16$, $B_V = 9qb/16$, $M_{(1)} = -qbz_1/16$, $M_{(2)} = q(-b^2 + 9bz_2 - 8z_2^2)/16$. Das maximale Biegemoment tritt an der Stelle $z_2 = 9b/16$ auf und errechnet sich zu $49qb^2/512$.

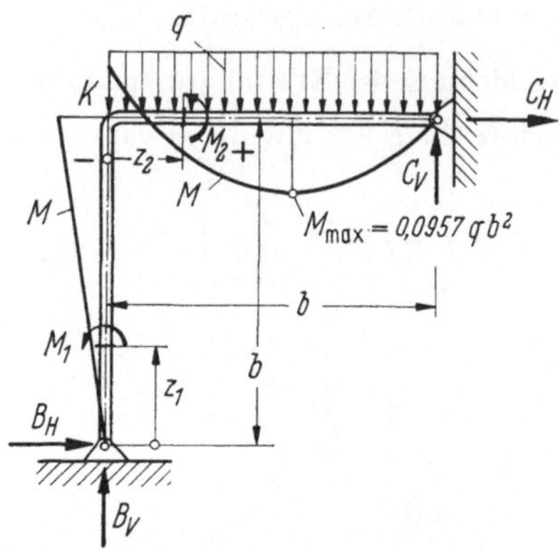

Abb. 17.66

17.10.7 Zweistieliger Rahmen. Zweistielige Rahmen nach Art von Abb. 17.67 (einfach statisch unbestimmt) treten u. a. bei Hallenkonstruktionen auf. Die eingetragene Streckenlast bezieht sich auf Winddruck. Der Lösungsgang ist analog zu 17.10.6:

$$\text{Momentengleichung für } B\text{: } C_V = -qh^2/(2b).$$

$$\text{Biegemomente: } M_{(1)} = C_H z_1 - qz_1^2/2, \quad M_{(2)} = C_H h - qh^2(1 + z_2/b)/2,$$

$$M_{(3)} = (C_H - qh)(h - z_3). \quad \text{Statisch Unbestimmte ist } C_H.$$

$$\text{Eigenmomente: } \overset{(1)}{M}_{(1)} = z_1, \quad \overset{(1)}{M}_{(2)} = h, \quad \overset{(1)}{M}_{(3)} = h - z_3.$$

$$\text{Kompatibilität: } \int\limits_{z_1=0}^{h} \frac{M_{(1)}}{EJ_1} \overset{(1)}{M}_{(1)}\, dz_1 + \int\limits_{z_2=0}^{b} \frac{M_{(2)}}{EJ_2} \overset{(1)}{M}_{(2)}\, dz_2 + \int\limits_{z_3=0}^{h} \frac{M_{(3)}}{EJ_3} \overset{(1)}{M}_{(3)}\, dz_3 = 0.$$

Für $J_2 = 2J_1$ und $J_3 = J_1$ folgt

$$C_H = \frac{qh(11h + 9b)}{4(4h + 3b)}.$$

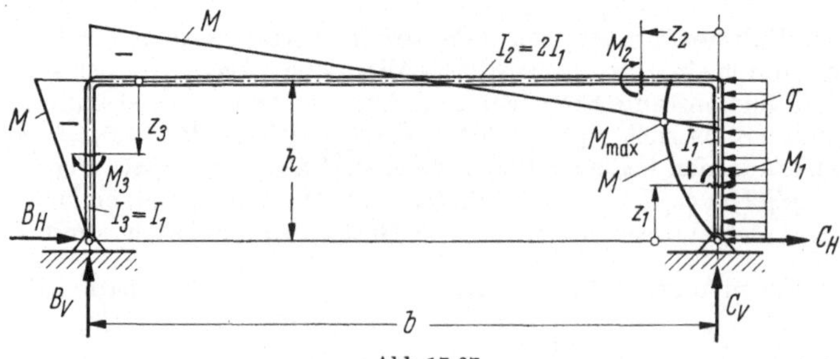

Abb. 17.67

Im ersten Rahmenteil erreicht das Biegemoment bei $z_1 = C_H/q$ das relative Maximum $C_H^2/(2q)$. Für $b \geq 3{,}31h$ (Abb. 17.67 zeigt den Fall $b = 4h$) repräsentiert dieser Wert das höchste Biegemoment des Rahmens für Winddruck; es folgt $M_{\max} = 0{,}270qh^2$.

17.10.8 Geschlossener Ring. Gelten für einen geschlossenen (d.h. „zweifach zusammenhängenden") Ring die in 17.9.1 eingeführten Voraussetzungen, liegen die Wirkungslinien aller angreifenden Kräfte in der Ebene der Mittellinie und drehen alle auftretenden Momente um Achsen, die zu dieser Ebene senkrecht stehen, so liegt ein dreifach statisch unbestimmtes ebenes Elastizitätsproblem vor. Zum Beweis sei der Ring durch eine zur Ebene der Mittellinie senkrechte Ebene zerschnitten, so daß zwei („einfach zusammenhängende") Teile entstehen (Abb. 17.68). Nach Festlegung der Bezugspunkte B im einen und C im anderen

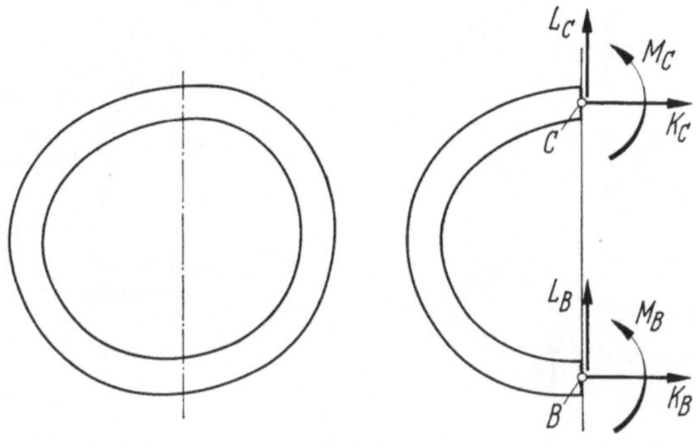

Abb. 17.68

Schnitt lassen sich die auftretenden Schnittspannungen durch die statisch äquivalenten Kräfte K_B bzw. K_C (normal zur Schnittebene), L_B bzw. L_C (tangential zur Schnittebene), sowie Momente M_B bzw. M_C ersetzen. Diesen sechs unbekannten Kraftgrößen stehen die drei Gleichgewichtsbedingungen des abgeschnittenen Ringteiles gegenüber, so daß eine dreifache statische Unbestimmtheit vorliegt (die Gleichgewichtsbedingungen des anderen Ringteiles sind nach Anbringung der Reaktionskraftgrößen identisch erfüllt, da sich der gesamte Ring im Gleichgewichtszustand befindet).

Hat der Ring eine Symmetrieebene und ist die äußere Belastung, sowie die Auflagerung zu dieser Ebene symmetrisch, so reduziert sich der Grad der statischen Unbestimmtheit auf zwei. Wird nämlich die Schnittebene in die Symmetrieebene gelegt, so werden die Tangentialkräfte L_B und L_C Null, denn sie müßten zufolge der Symmetrie auf beiden Schnittufern die gleiche Richtung, wegen des Reaktionsgesetzes aber entgegengesetzte Richtung haben. Sind sowohl hinsichtlich der Form des Ringes, als auch seiner Belastung und Auflagerung zwei Symmetrieebenen vorhanden, so reduziert sich der Grad der statischen Unbestimmtheit auf Eins.

Als Beispiel für das doppelsymmetrische Ringproblem sei der längs eines Durchmessers durch zwei Einzelkräfte F belastete Kreisring untersucht (Abb. 17.69). Der senkrecht zur Wirkungslinie der beiden Kräfte verlaufende Symmetrieschnitt teilt den Ring in zwei Halbkreisbögen, die an beiden Schnittflächen infolge der Symmetrie die gleiche Normalkraft $F/2$ und das gleiche Moment M_0, jedoch keine Querkraft aufnehmen. Das Moment M_0 repräsentiert hier die einzige statisch unbestimmte Größe. Aus der Gleichgewichtsbetrachtung des herausgeschnittenen Stabteiles (Abb. 17.69, rechts) folgt für das Biegemoment

$$M = \frac{F}{2} R(1 - \cos\alpha) + M_0 .$$

Für das zum statisch unbestimmten Moment M_0 gehörende Eigenmoment $(\overset{(1)}{M})$ ist $M_0 = 1$, $F = 0$ zu setzen; es gilt $\overset{(1)}{M} = 1$. Die Kompatibilitätsbedingung (17.9/9) hat hier die Form $4\int\limits_{\alpha=0}^{\pi/2} \frac{M}{EJ} \overset{(1)}{M} R\,d\alpha = 0$. Mit $EJ = \text{const}$ folgt $\int\limits_{\alpha=0}^{\pi/2} M\,d\alpha = 0$.

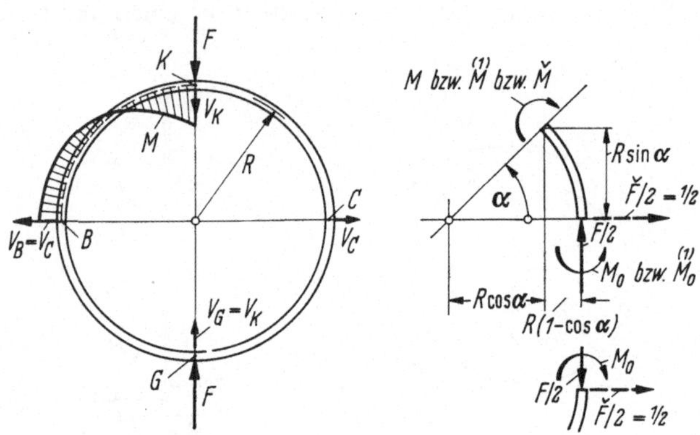

Abb. 17.69

Die Ausrechnung liefert $M_0 = -(1/2 - 1/\pi)\,FR = -0{,}182FR$. Damit ergibt sich

$$M = \frac{F}{2} R \left(\frac{2}{\pi} - \cos\alpha\right).$$

Abb. 17.69 zeigt den Momentenverlauf. Das maximale Biegemoment tritt im Kraftangriffspunkt K auf und hat den Betrag $M_{\max} = Fa/\pi$.

Die Verschiebung des Kraftangriffspunktes relativ zum Mittelpunkt ergibt sich aus der Energiebilanz (17.7/40):

$$V_K = \frac{2}{F} \int\limits_{\alpha=0}^{\pi/2} \frac{M^2}{EJ} R\,d\alpha = \left(\frac{\pi}{8} - \frac{1}{\pi}\right) \frac{FR^3}{EJ} = 0{,}0744 \frac{FR^3}{EJ}.$$

Die Verschiebung bei B und C relativ zum Mittelpunkt errechnet sich aus (17.9/7) mit Hilfe einer virtuellen Kraft $\overset{(v)}{F} = 1$, die das virtuelle Biegemoment $\overset{(v)}{M} = \frac{R}{2} \sin\alpha$ erzeugt (für die virtuelle statische Gruppe darf bei B und C ein Gelenk angenommen werden, denn die virtuelle Arbeit ist wegen des Verschwindens der wirklichen Drehung an diesen Stellen ohnehin Null). Es folgt

$$V_B = V_C = 2 \int\limits_{\alpha=0}^{\pi/2} \frac{M}{EJ} \overset{(v)}{M} R\,d\alpha = \left(\frac{1}{\pi} - \frac{1}{4}\right) \frac{FR^3}{EJ} = 0{,}0683 \frac{FR^3}{EJ}.$$

17.10.9 Schwungrad. Ein geschlossener Ring läßt sich durch Stege erheblich versteifen, wobei der Grad der statischen Unbestimmtheit entsprechend wächst. Ein Beispiel ist das Schwungrad (Abb. 17.70). Sein Kranz bildet einen geschlossenen Ring, der durch die Speichen als Stege mit der Nabe verbunden ist. Der Winkel zwischen benachbarten Speichen ist gleich groß; er sei mit 2β bezeichnet.

Bei n Speichen gilt $\beta = \pi/n$. Der Radius der Kranzmittellinie sei R. Rotiert das Schwungrad mit der Winkelgeschwindigkeit ω (die Geschwindigkeit der Kranzmittellinie, d.h. der Schwerpunkte der Kranzquerschnitte ist dann $\omega R = v$), so wirken an den einzelnen Massenelementen in radialer Richtung Fliehkräfte.

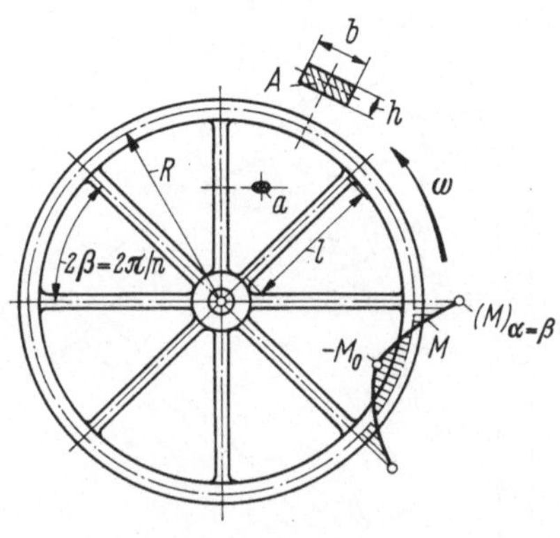

Abb. 17.70

Mit $\varrho = \gamma/g$ als spezifischer Masse (Dichte), $g = 981$ cm/s² als Erdbeschleunigung und $d\mathcal{V}$ als Volumelement gilt für die Massenelemente $dm = \varrho\, d\mathcal{V}$, und für die zugehörigen Fliehkräfte $\omega^2 R dm$. Dieser Belastungsfall sei hier näher untersucht; er genügt offenbar denselben Symmetriebedingungen, die für die geometrische Form des Schwungrades gelten. Daraus folgt, daß in den $2n$ Sektoren mit dem Zentriwinkel β, die einerseits von den Mittellinien der Speichen, andererseits von den Winkelhalbierenden zwischen zwei Speichen begrenzt werden, jeweils der gleiche Spannungszustand entsteht. Es sei ein Kranzsektor mit dem Zentriwinkel α herausgeschnitten ($\alpha \leq \beta$), dessen rechte Begrenzungsebene durch den zwischen zwei benachbarten Speichen liegenden Symmetrieschnitt ($\alpha = 0$) gebildet wird (Abb. 17.71). Ferner sei der Hilfswinkel α^* eingeführt, der Werte zwischen 0 und α annimmt. Mit A als Querschnittsfläche des Kranzes und $ds = R\, d\alpha^*$ als Linienelement der Kranzmittellinie gilt für das Volumelement $d\mathcal{V} = A\, ds = AR\, d\alpha^*$ und für das zugehörige Fliehkraftelement $\omega^2 R\, dm = K\, d\alpha^*$ mit $K = \varrho A v^2$ als *Fliehkraft pro Bogeneinheit*. Für die am Kranzsektor mit dem Zentriwinkel α angreifende Fliehkraftresultierende, deren Wirkungslinie infolge der Symmetrie mit der Winkelhalbierenden $\alpha^* = \alpha/2$ zusammenfällt, folgt

$$K \int_{\alpha^*=0}^{\alpha} \cos\left(\frac{\alpha}{2} - \alpha^*\right) d\alpha^* = 2K \sin\left(\frac{\alpha}{2}\right).$$

Im Symmetrieschnitt $\alpha^* = 0$ verschwindet die Querkraft. Für Biegemoment, Normal- und Querkraft folgen aus dem Gleichgewicht des Kranzsektors (mit $2 \sin\frac{\alpha}{2} \cos\frac{\alpha}{2} = \sin\alpha$ und $2 \sin^2\frac{\alpha}{2} = 1 - \cos\alpha$):

$$M = M_0 + (K - N_0)\, R(1 - \cos\alpha), \quad N = K - (K - N_0) \cos\alpha,$$

$$Q = (K - N_0) \sin\alpha .$$

Mit r^* als Radius und a als Speichenquerschnitt ist $a\, dr^*$ das Volumelement der Speiche und $Kar^*\, dr^*/(AR^2)$ das zugehörige Fliehkraftelement. Aus dem Gleichgewicht der an der Stelle $r^* = r$ abgeschnittenen Speiche ergibt sich für die Speichenkraft

$$S = 2(Q)_{\alpha=\beta} + \frac{Ka}{AR^2} \int_{r^*=r}^{R} r^*\,dr^* = 2(K - N_0)\sin\beta + \frac{Ka(R^2 - r^2)}{2AR^2}.$$

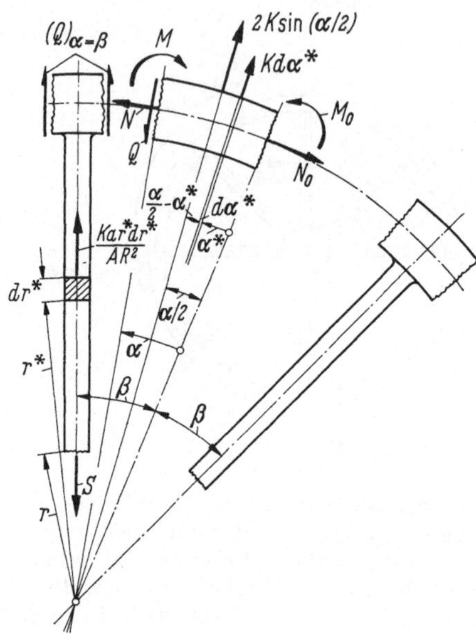

Abb.17.71

Das Auftreten der statisch Unbestimmten N_0 und M_0 zeigt, daß die Aufgabe zweifach statisch unbestimmt ist. Mithin treten zwei Eigengruppen auf. Die zugehörigen Kraftgrößen sind (mit Index 1 für $N_0 = 1$, $M_0 = 0$ bzw. mit Index 2 für $M_0 = 1$, $N_0 = 0$):

$$\overset{(1)}{M} = -R(1 - \cos\alpha), \quad \overset{(1)}{N} = \cos\alpha, \quad \overset{(1)}{S} = -2\sin\beta,$$

$$\overset{(2)}{M} = 1, \quad \overset{(2)}{N} = 0, \quad \overset{(2)}{S} = 0.$$

Bei der allgemeinen Kompatibilitätsbedingung ist die Arbeit der Normalkräfte zu berücksichtigen, und zwar nicht nur in den Speichen, sondern auch im Kranz, denn die Fliehkräfte des Kranzes werden primär durch die Normalkräfte (Ringkräfte, vgl. 14.4) im Gleichgewicht gehalten. Die Verbiegung des Kranzes entsteht erst infolge der teilweisen Behinderung der Radialverschiebung durch die Speichen und ist daher hier ein sekundärer Effekt. Mit a als Speichenquerschnitt folgt aus (17.9/4) und (17.9/9):

$$2n \int_{\alpha=0}^{\beta} \left[\frac{M}{EJ}\overset{(e)}{M} + \frac{N}{EA}\overset{(e)}{N}\right] R\,d\alpha + n \int_{r^*=0}^{R} \frac{S}{Ea}\overset{(e)}{S}\,dr = 0.$$

Für $e = 1$ ergibt sich (E = const):

$$\frac{R^2}{J}\left[-2M_0(\beta - \sin\beta) + (K - N_0)R\left(-3\beta + 4\sin\beta - \frac{1}{2}\sin(2\beta)\right)\right]$$
$$+ \frac{R}{A}\left[\frac{4}{3}K\sin\beta - (K - N_0)\left(\beta + \frac{1}{2}\sin(2\beta)\right)\right] - \frac{4R}{a}(K - N_0)\sin^2\beta = 0.$$

Für $e = 2$ ergibt sich:

$$M_0\,\beta + (K - N_0)\,R(\beta - \sin\beta) = 0$$

und hieraus

$$M_0 = -\,(K - N_0)\,R\left(1 - \frac{\sin\beta}{\beta}\right).$$

Durch Einsetzen in die für $e = 1$ gewonnene Gleichung läßt sich der noch unbekannte Faktor $(K - N_0)$ aus K berechnen:

$$K - N_0 = \frac{\frac{4}{3}K}{\frac{\beta}{\sin\beta} + \cos\beta + \frac{4A}{a}\sin\beta + \frac{AR^2}{J}\left(\frac{\beta}{\sin\beta} + \cos\beta - \frac{2\sin\beta}{\beta}\right)}.$$

Das maximale Biegemoment tritt an der Stelle $\alpha = \beta$ auf und hat den Betrag

$$M_{\max} = (M)_{\alpha=\beta} = (K - N_0)\,R\left(\frac{\sin\beta}{\beta} - \cos\beta\right).$$

An derselben Stelle wirkt die Normalkraft

$$(N)_{\alpha=\beta} = K - (K - N_0)\cos\beta.$$

Die maximale Speichenkraft ist

$$S_{\max} = (S)_{r\approx 0} = 2\,(K - N_0)\sin\beta + Ka/(2A).$$

Durch Entwicklung der trigonometrischen Funktionen in Potenzreihen lassen sich Näherungsformeln ableiten, deren Genauigkeit für $n \geq 6$ ausreicht:

$$K - N_0 = \frac{2K}{\left(1 + \frac{2A}{a}\beta\right)\left(3 - \frac{\beta^2}{2}\right) + \frac{AR^2}{15J}\beta^4},\quad M_0 = -\,(K - N_0)\,R\beta^2/6,$$

$$M_{\max} = -\,2M_0,\quad (N)_{\alpha=\beta} = K - (K - N_0)\,(1 - \beta^2/2),$$

$$S_{\max} = (K - N_0)\,\beta\,(2 - \beta^2/3) + Ka/(2A).$$

Als Berechnungsbeispiel diene ein eisernes Schwungrad mit rechteckigem Kranzquerschnitt (Seiten b und h, Abb. 17.70) und folgenden Daten: $R = 50$ cm, $b = 16$ cm, $h = 6$ cm, $a = 20\ \mathrm{cm}^2$, $n = 8$, $v = 50$ m/s, $\gamma = 0{,}00785\ \mathrm{kpcm}^{-3}$.

Hiermit ergibt sich: $A = bh = 96\ \mathrm{cm}^2$, $J = bh^3/12 = 288\ \mathrm{cm}^4$, $W = 96\ \mathrm{cm}^3$, $2A/a = 9{,}60$, $AR^2/(15J) = 55{,}56$, $\beta = \pi/n = 0{,}3927$, $\beta^2 = 0{,}1542$, $\beta^4 = 0{,}02378$, $K - N_0 = 0{,}131K$, hieraus $N_0 = 0{,}869K$. Mit $v = 50$ m/s macht das Schwungrad $v/(2\pi R) = 15{,}9$ Umläufe in der Sekunde bzw. 954 Uml./min. Mit $\varrho = \gamma/g = 8{,}00 \cdot 10^{-6}\ \mathrm{kpcm}^{-4}\mathrm{s}^2$ ergibt sich $K = \varrho A v^2 = 19200$ kp, $K - N_0 = 2515$ kp, $N_0 = 16685$ kp, $M_0 = -3232$ kpcm, $(N)_{\alpha=\beta} = 16880$ kp, $M_{\max} = 6464$ kpcm, $S_{\max} = 3925$ kp. Zur genaueren Berechnung der Biegespannungen am Innen- bzw. Außenrand des Kranzes stehen die für gekrümmte Stäbe mit Rechteckquerschnitt in (17.9/16) angegebenen Faktoren der Spannungskonzentration zur Verfügung. Hier kann mit Rücksicht auf den niedrigen Wert $h/\varrho_0 = h/R = 0{,}12$ die Reihenentwicklung auf zwei Glieder beschränkt bleiben, also mit

$$\alpha_i \approx 1 + h/(3R) = 1{,}04,\quad \alpha_a \approx 1 - h/(3R) = 0{,}96$$

gerechnet werden. Die extremalen Spannungswerte sind dann

$$\text{für } \alpha = \beta \text{ (innen)}: \sigma = (N)_{\alpha=\beta}/A + \alpha_i M_{\max}/W = 247 \text{ kp/cm}^2,$$

$$\text{für } \alpha = 0 \text{ (außen)}: \sigma = N_0/A + \alpha_a |M_0|/W = 206 \text{ kp/cm}^2.$$

Die maximale Speichenbeanspruchung ist $\sigma = S_{\max}/a = 196$ kp/cm². Der Verlauf des Biegemomentes im Kranz ist in Abb. 17.70 eingetragen. Der Innenrand des Kranzes wird in der näheren Umgebung der Stelle $\alpha = \beta$ durch die Einleitung der Speichenkraft und die dadurch hervorgerufene Spannungskonzentration zusätzlich beansprucht, ein Effekt, der über die Möglichkeiten der elementaren Theorie hinausgeht.

18 Torsion

Wird im Querschnitt eines prismatischen Stabes ein um die Stabachse drehendes Moment übertragen, so wird der Stab auf *Torsion* (*Verdrehung* oder auch *Drillung*) beansprucht. Dabei werden die Stabquerschnitte gegeneinander verdreht. Das Moment wird durch *Schubspannungen*, die an der Querschnittsfläche angreifen, erzeugt und heißt *Torsionsmoment* (M_T).

18.1 Kreiszylindrische Stäbe

Bei der Torsion eines kreiszylindrischen Stabes verdrehen sich nach Coulomb die Stabquerschnitte wie starre Scheiben gegeneinander. Eine Verschiebung senkrecht zur Querschnittsebene, *Verwölbung* genannt, tritt daher bei kreiszylindrischen Stäben nicht auf. Für ein kartesisches Koordinatensystem mit der x- und y-Achse in der Querschnittsebene und der z-Achse als Stabachse (Abb. 18.1) ist die z-Komponente der Verschiebung zugleich die Verwölbung, und es gilt

$$V_z = 0. \qquad (18.1/1)$$

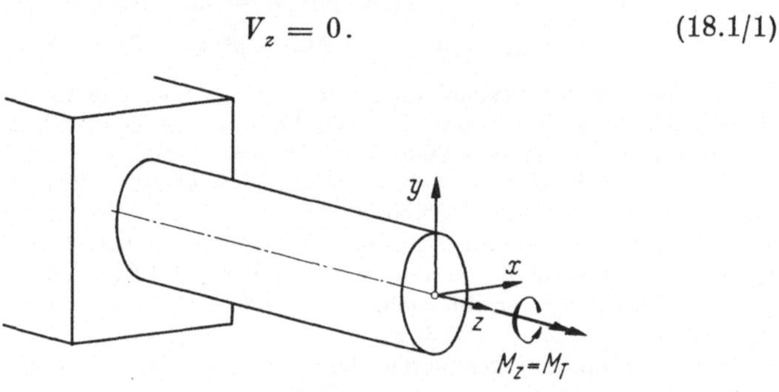

Abb. 18.1

Ein Stabquerschnitt an der Stelle z erfährt gegenüber einem an der Stelle z_0 befindlichen Bezugsquerschnitt eine Verdrehung, die durch den Winkel β gekennzeichnet sei (Abb. 18.2 zeigt einen herausgeschnittenen koaxialen Kreiszylinder vom Radius r). Die Verschiebungen V liegen ausschließlich in der Querschnittsebene und sind Sehnen kleiner Kreisbögen vom Radius r mit β als Zentriwinkel. Bei Voraussetzung kleiner Verformungen (geometrische Linearität) sind die Unterschiede der Sehnen gegenüber den zugehörigen Kreisbögen zu vernachlässigen, und es gilt

$$V = r\beta. \tag{18.1/2}$$

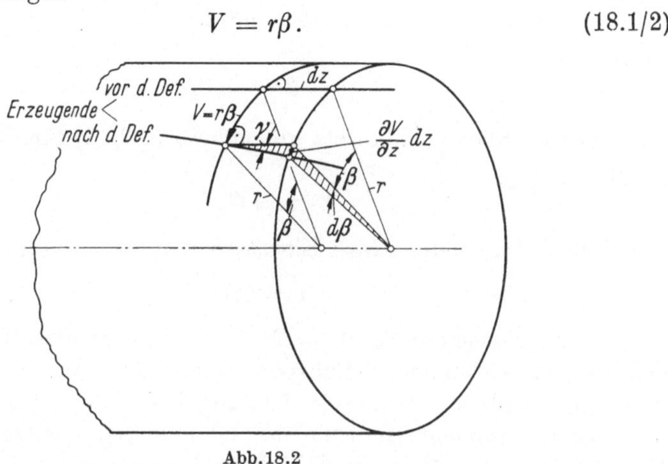

Abb. 18.2

Abb. 18.2 veranschaulicht ferner, wie sich die im Abstande dz befindliche Nachbarebene bei der Torsionsdeformation um den Winkel $\beta + d\beta$ dreht. Der dabei auftretende Verschiebungszuwachs $(\partial V/\partial z)\, dz$ erscheint als kleine Seite zweier sehr schmaler sektorartiger Dreiecke.

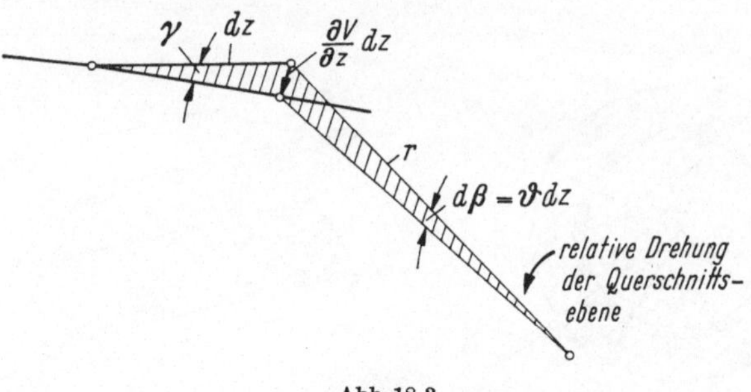

Abb. 18.3

Das eine liegt in der Querschnittsebene, hat die Seite r und den kleinen Zentriwinkel $d\beta$, das andere liegt auf dem Mantel des Kreiszylinders vom Radius r, hat die Seite dz und den kleinen Zentriwinkel γ (Abb. 18.3). Die Bezeichnung γ entspricht der in 4.3 gegebenen Definition der Winkeländerung als zweifache Verzerrungskomponente (im Rahmen der hier vorausgesetzten geometrischen Linearität), denn es handelt sich um die Änderung eines ursprünglich rechten Winkels (vgl. in Abb. 18.2 die Lage der Erzeugenden des Kreiszylinders vom Radius r *vor* und *nach* der Deformation). Infolge der Kleinheit der beiden Zentriwinkel gelten die Beziehungen $(\partial V/\partial z)\,dz = r\,d\beta = \gamma\,dz$. Mit Einführung des *spezifischen Verdrehwinkels* (man beachte, daß β von z abhängt)

$$\vartheta = d\beta/dz \tag{18.1/3}$$

folgt

$$\gamma = \vartheta r = \partial V/\partial z. \tag{18.1/4}$$

Für lineares Elastizitätsgesetz gilt gemäß (6.2/13) für die Schubspannung

$$\tau = G\gamma \tag{18.1/5}$$

mit G als Schubmodul. Nach Einsetzen von (18.1/4) ergibt sich

$$\tau = G\vartheta r. \tag{18.1/6}$$

Das Torsionsmoment $M_z = M_T$ ist resultierendes Moment der im Querschnitt wirkenden Schubspannungen. Das auf einem schmalen Kreisring (Radius r, Breite dr, Umfang $2\pi r$, Fläche $2\pi r\,dr$, Abb. 18.4) übertragene Moment ist $\tau\,2\pi r^2\,dr$ oder wegen (18.1/6) $2\pi G\,\vartheta r^3\,dr$. Durch Integration über alle Kreisringe ergibt sich

$$M_T = 2\pi \int_{r=0}^{a} \tau r^2\,dr, \tag{18.1/7}$$

bzw. mit (18.1/6)

$$M_T = 2\pi G\vartheta \int_{r=0}^{a} r^3\,dr = \frac{\pi}{2} G\vartheta a^4. \tag{18.1/8}$$

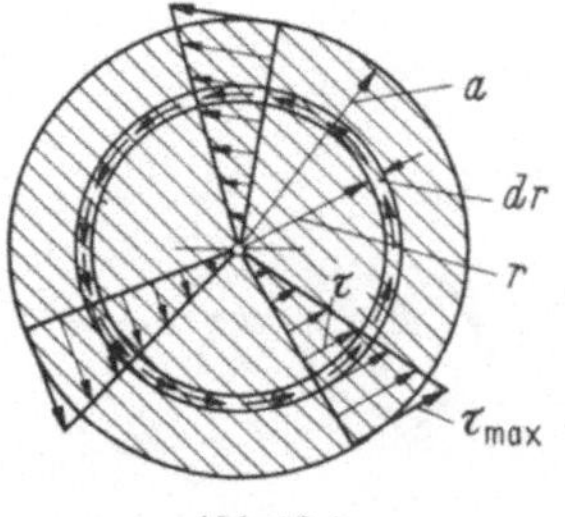

Abb. 18.4

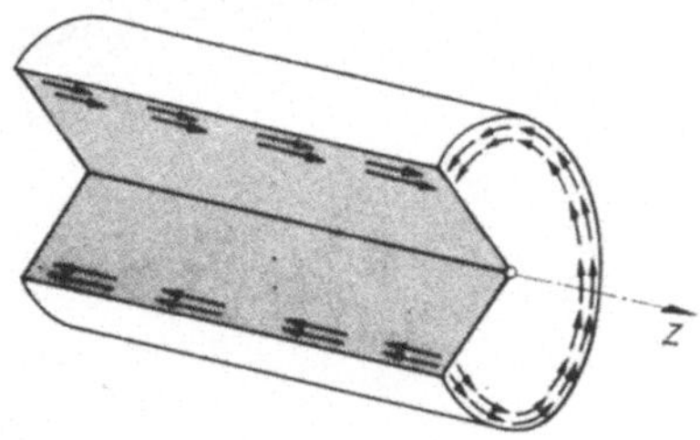

Abb. 18.5

Man definiert für beliebige Querschnittsformen die Größe

$$M_T/(G\vartheta) = J_T \tag{18.1/9}$$

als *Torsionsträgheitsmoment* (Dimension cm⁴), ferner das Produkt

$$GJ_T = M_T/\vartheta \tag{18.1/10}$$

als *Torsionssteifigkeit* (Dimension kpcm²). Für den *Kreisquerschnitt* folgt durch Vergleich mit (18.1/8)

$$J_T = \frac{\pi}{2} a^4 = J_p, \tag{18.1/11}$$

d.h. das Torsionsträgheitsmoment wird im Falle des Kreisquerschnittes gleich dem polaren Flächenträgheitsmoment (vgl. 17.4.1).

Mit Hilfe von (18.1/10) und (18.1/11) kann (18.1/6) in der Form

$$\tau = \frac{M_T}{J_p} r \tag{18.1/12}$$

geschrieben werden. Damit sind die Schubspannungen in Abhängigkeit vom Torsionsmoment bekannt. Sie nehmen proportional zu r von innen nach außen zu und wirken wegen der Symmetrie des Spannungstensors (vgl. 3.4) nicht nur in den Querschnittsebenen, sondern auch in den Axialschnitten (vgl. Abb. 18.4 und 18.5). Die maximale Schubspannung ergibt sich für $r = a$; man setzt

$$\tau_{\max} = M_T / W_T \tag{18.1/13}$$

und nennt W_T das *Torsionswiderstandsmoment*. Für den kreiszylindrischen Stab folgt

$$W_T = J_p/a = \pi a^3/2, \quad \tau_{\max} = \frac{2M_T}{\pi a^3}. \tag{18.1/14}$$

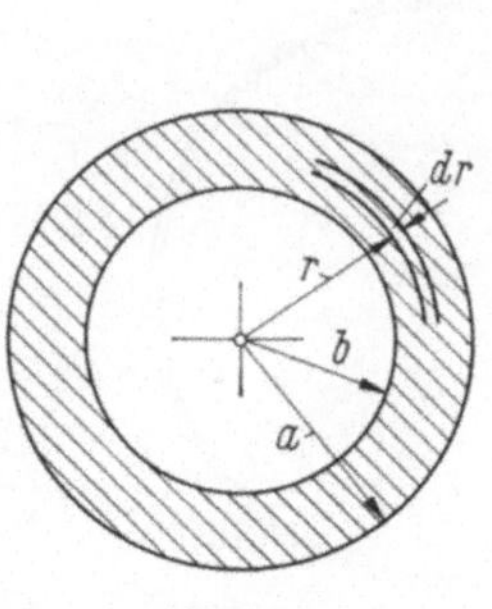

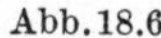
Abb. 18.6

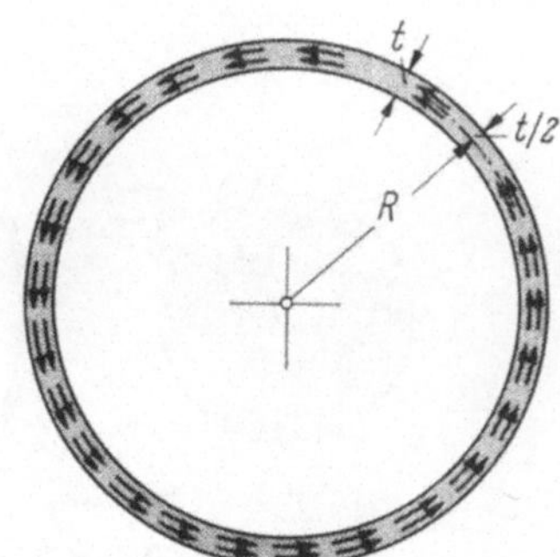

Abb. 18.7

Aus den gewonnenen Beziehungen geht hervor, daß die nähere Umgebung der Stabachse nur in geringem Maße an der Kraftübertragung teilnimmt. Zur besseren Werkstoffausnützung und Gewichtsersparnis sind deshalb *Hohlwellen* vorteilhaft (Beispiel: Schiffsantriebe). Wird der Innenradius einer Hohlwelle mit b, der Außenradius mit a bezeichnet (Abb. 18.6), so ist $r = b$ (statt $r = 0$) untere Grenze des in (18.1/8) auftretenden Integrals. An die Stelle von (18.1/11) und (18.1/14) treten die Beziehungen

$$J_T = J_p = \frac{\pi}{2}(a^4 - b^4), \quad W_T = J_p/a, \tag{18.1/15}$$

während alle übrigen Gleichungen erhalten bleiben.

Ideales Kraftübertragungsglied im Sinne der Torsionsfestigkeit und -steifigkeit ist das *dünnwandige Rohr* (Abb. 18.7). Mit R als mittlerem Radius und t als Wandstärke wird $a = R + t/2$ und $b = R - t/2$. Es folgen

$$J_T = J_p = 2\pi R^3 t\left[1 + \left(\frac{t}{2R}\right)^2\right], \quad W_T = \frac{J_p}{R + t/2}, \tag{18.1/16}$$

bzw. für $t \ll R$ in guter Näherung

$$J_T = J_p = 2\pi R^3 t, \quad W_T = 2\pi R^2 t. \tag{18.1/17}$$

Die Torsionsschubspannung im dünnwandigen Rohr ist statisch bestimmt und damit vom Stoffverhalten unabhängig, denn aus dem Kraftflußintegral (18.1/7) kann mit R statt r und t statt $\int\limits_{r=b}^{a} dr$ die Formel

$$\tau = M_T/(2\pi R^2 t) \tag{18.1/18}$$

direkt abgelesen werden; sie gilt also auch bei nichtlinearelastischer oder plastischer Verformung (natürlich darf die Wandstärke nicht beliebig klein gewählt werden, da sonst die durch andere Ursachen bedingte Verformungsgefahr wächst).

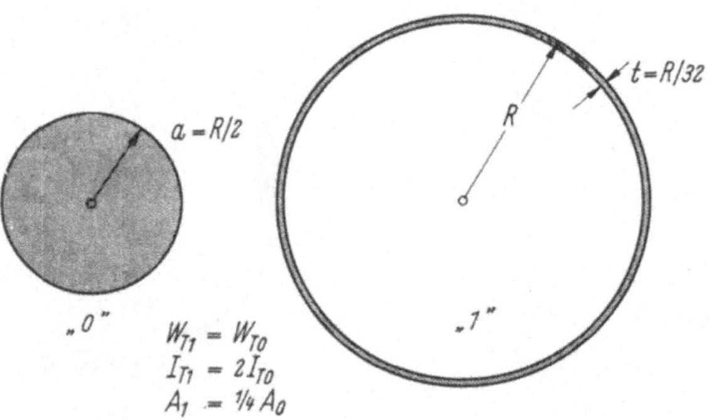

Abb. 18.8

Um die Überlegenheit des dünnwandigen Rohres zu demonstrieren sei für gleichen Werkstoff, gleiches Torsionsmoment und gleiche maximale Schubspannung, also auch gleiches Torsionswiderstandsmoment W_T ein Vergleich des dünnwandigen Rohres (Index 1) mit der Vollwelle (Index 0) durchgeführt. Aus $W_{T1} = W_{T0}$ folgt $2\pi R^2 t = \pi a^3/2$ und hieraus $t/R = a^3/(4R^3)$ bzw. $R/a = \sqrt[3]{R/(4t)}$. Damit wird das Steifigkeitsverhältnis $J_{T1}/J_{T0} = RW_{T1}/(aW_{T0}) = R/a$ und das Verhältnis der Querschnittsflächen $A_1/A_0 = 2\pi Rt/(\pi a^2) = a/(2R)$. *Mit $R/t = 32$ ist z.B. ein dünnwandiges Rohr doppelt so torsionssteif und zugleich viermal so leicht wie die Vollwelle gleicher Beanspruchung* (Abb. 18.8).

18.2 Dünnwandige Stäbe mit zweifach zusammenhängendem Querschnitt

Die Forderung nach Gewichtsersparnis (im Leichtbau, im Verkehrsmaschinenbau, im Luft- und Raumfahrzeugbau usw.) führt zur bevorzugten Verwendung dünnwandiger Bauteile.

18.2.1 Gleichgewicht. Bei Querschnittsformen mit geringer Wandstärke t ändert sich die Torsionsschubspannung in Richtung senkrecht zur Wand nur unwesentlich. Durch ihre Integration über die Wandstärke entsteht die resultierende Schubkraft pro Längeneinheit, *Schubfluß* genannt; diese Größe sei mit T bezeichnet. Mit Einführung des auf die Wandstärke bezogenen Schubspannungsmittelwertes τ gilt dann

$$T = \tau t. \tag{18.2/1}$$

Der Schubfluß bildet auf der Wandmittellinie eine Belegung von Linienkräften, die — bei positivem Schubfluß — in Richtung der *Wandkoordinate s* wirken mögen [es sei vereinbart, daß die Wandkoordinate s der

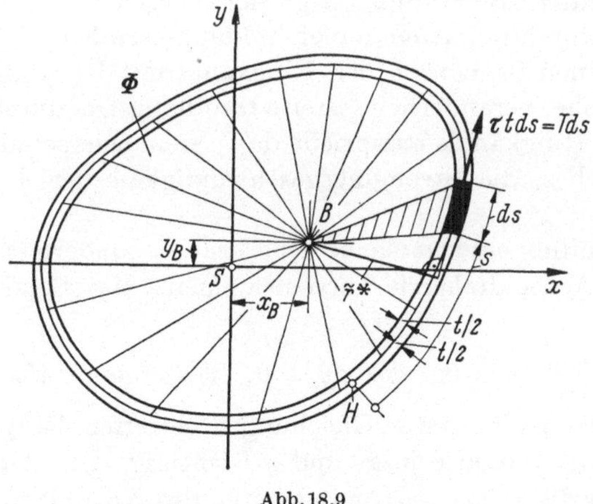

Abb. 18.9

Wandmittellinie folgt (beliebiger Anfangspunkt H) und die von ihr eingeschlossene Fläche Φ im positiven Sinne umläuft (Abb. 18.9)]. Der Gruppe dieser Linienkräfte ist offensichtlich ein verhältnismäßig hohes Torsionsmoment statisch äquivalent, so daß sich eine gute Stoffausnutzung ergibt. *Dünnwandige Stäbe mit zweifach zusammenhängendem*

Querschnitt (d.h. geschlossene prismatische Schalen) sind deshalb die geeigneten Bauelemente zur Übertragung von Torsionsmomenten (ideale Torsionsröhre ist der dünnwandige Kreiszylinder, vgl. 18.1).

Abb. 18.10 zeigt das Kräftespiel an einem kleinen, aus der Wand herausgeschnittenen Rechtkant mit den Kanten dz, ds und t. Die Änderungen von T in z- und s-Richtung können durch Einführung der partiellen Ableitungen berücksichtigt werden (vgl. 3.16). Da für die Kraftüberschüsse $\frac{\partial T}{\partial s}\,ds\,dz$ in z-Richtung und $\frac{\partial T}{\partial z}\,dz\,ds$ in s-Richtung keine Gegenkräfte vorhanden sind, folgen $\frac{\partial T}{\partial s} = 0$ und $\frac{\partial T}{\partial z} = 0$. Mithin ist der Schubfluß konstant:

$$T = \text{const}. \tag{18.2/2}$$

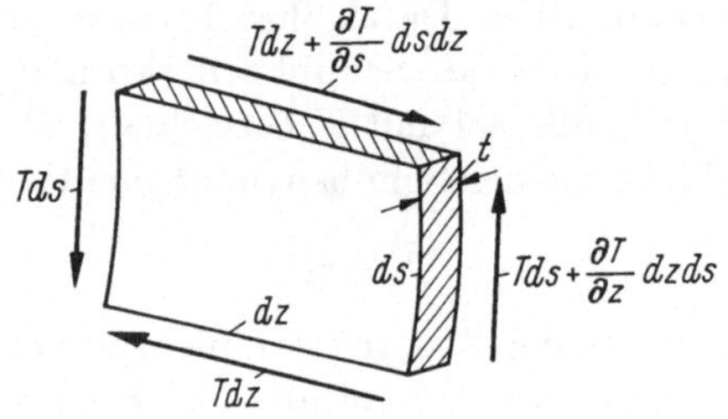

Abb. 18.10

Der Bezeichnung „Schubfluß" liegt der Vergleich mit der ebenfalls konstanten Durchflußmenge einer inkompressiblen Flüssigkeit zugrunde, die einen flachen ebenen Ringkanal mit Rechteckquerschnitt (konstante Höhe, veränderliche Breite t) reibungsfrei durchströmt. Der Grundriß des Ringkanals entspricht dabei dem Querschnitt des dünnwandigen Stabes, die Strömungsgeschwindigkeit der Torsionsschubspannung.

Der Schubfluß erzeugt keine Querkräfte, sondern ausschließlich das um die z-Achse drehende Torsionsmoment M_T. Somit müssen die Bedingungen

$$\oint T\,dx = 0, \quad \oint T\,dy = 0, \quad \oint T\tilde{r}^*\,ds = M_T \tag{18.2/3}$$

erfüllt sein. Die beiden ersten Gleichungen betreffen das Verschwinden der resultierenden Kräfte in x- und y-Richtung, d.h. der Querkräfte. Dabei ist über die x- bzw. y-Komponenten des Kraftelementes $T\,ds$ zu integrieren, d.h. über $T\,dx$ bzw. $T\,dy$. Der Integrationsweg folgt der Wandmittellinie, Anfang und Ende im frei wählbaren Punkte H. Die Eindeutigkeit der Koordinaten x und y verlangt das Verschwinden der Umlaufintegrale $\oint dx$ und $\oint dy$. *Das Verschwinden der Querkräfte ist allein durch die Gleichgewichtsforderung* $T = \text{const}$ *gewährleistet.* Das Moment des Kraftelementes $T\,ds$ für einen frei wählbaren Bezugspunkt B ist $T\tilde{r}^*\,ds$, wenn mit $\tilde{r}^*$ der senkrechte Abstand der *Wandtangente* (Abkürzung für Wandmittellinientangente) von B bezeichnet wird. Das Produkt $\tilde{r}^*\,ds$ repräsentiert das Produkt aus Grundlinie und Höhe des in Abb. 18.9 schraffierten Dreiecks (Spitze in B) und damit seinen doppelten Flächeninhalt. Die von der Wandmittellinie umschlossene Fläche Φ besteht aus unendlich vielen derartigen Dreiecken mit gemeinsamer Spitze in B, so daß, unabhängig von der Lage des Punktes B, stets

$$\oint \tilde{r}^*\,ds = 2\Phi \tag{18.2/4}$$

gilt. Mit $T = \text{const}$ folgt aus der dritten Gleichung (18.2/3)

$$M_T = 2\Phi T\,, \tag{18.2/5}$$

bzw.

$$T = M_T/(2\Phi)\,, \tag{18.2/6}$$

und für die Torsionsschubspannung

$$\tau = \frac{M_T}{2\Phi t}\,. \tag{18.2/7}$$

Die maximale Schubbeanspruchung tritt an der Stelle der kleinsten Wandstärke auf:

$$\tau_{\max} = M_T/W_T, \quad W_T = 2\Phi t_{\min}. \tag{18.2/8}$$

Diese Beziehungen haben sich allein aus Gleichgewichtsbetrachtungen ergeben. Der tordierte dünnwandige Stab mit zweifach zusammenhängendem Querschnitt stellt daher ein *statisch bestimmtes System* dar, so daß die errechnete Spannungsverteilung auch bei Abweichungen vom Hookeschen Gesetz, sowie bei Plastizierung gilt.

18.2.2 Formänderung. Wie Saint Venant erkannte, drehen sich die Querschnitte beliebiger prismatischer Stäbe bei reiner Torsion zwar quasi-starr in ihren Ebenen um kleine Winkel (hier mit β bezeichnet), erfahren dabei jedoch zugleich kleine Verschiebungen parallel zur Stabachse (*Verwölbungen*, hier V_z). Durch die quasi-starre Drehung entsteht gemäß (4.4/6) oder (I. 20.2/2) in der Querschnittsebene ein Verschiebungsvektor $\beta \boldsymbol{e}_z \times (\boldsymbol{r} - \boldsymbol{r}_D)$. Dabei ist $\beta \boldsymbol{e}_z$ der kleine Drehvektor, $\boldsymbol{r}$ der vom Querschnittsschwerpunkt ausgehende Ortsvektor des jeweiligen Punktes und $\boldsymbol{r}_D$ der Ortsvektor des mit D bezeichneten Drehpoles (Abb. 18.11), so daß $\boldsymbol{r} - \boldsymbol{r}_D$ den vom Drehpol ausgehenden Ortsvektor repräsentiert. Die Verschiebungskomponente V_s in Richtung der Wandtangente ergibt sich durch skalare Multiplikation mit dem Einheitsvektor $\boldsymbol{e}_s$; für diesen gilt

$$\boldsymbol{e}_s = \boldsymbol{e}_x \frac{dx}{ds} + \boldsymbol{e}_y \frac{dy}{ds}\,, \tag{18.2/9}$$

wie aus der Projektion des Linienelementes ds auf die x- und y-Richtung hervorgeht. Mithin ist V_s gleich dem aus $\beta \boldsymbol{e}_z$, $(\boldsymbol{r} - \boldsymbol{r}_D)$ und $\boldsymbol{e}_s$ gebildeten

Spatprodukt zu setzen (vgl. I.3.4):

$$V_s = [\beta \boldsymbol{e}_z, (\boldsymbol{r} - \boldsymbol{r}_D), \boldsymbol{e}_s], \tag{18.2/10}$$

oder als Determinante

$$V_s = \beta \begin{vmatrix} 0 & 0 & 1 \\ x - x_D & y - y_D & 0 \\ \dfrac{dx}{ds} & \dfrac{dy}{ds} & 0 \end{vmatrix}.$$

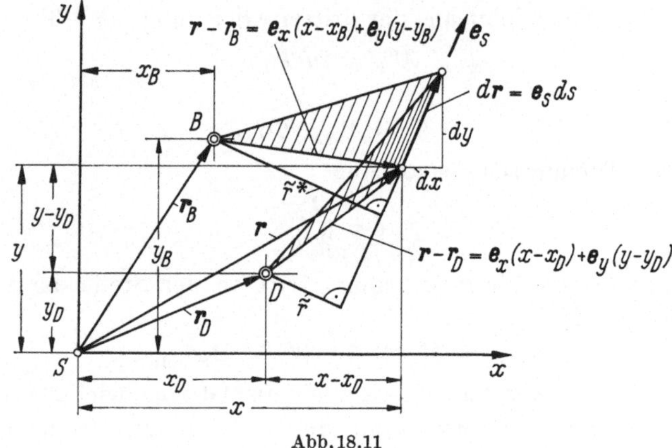

Abb. 18.11

Die Ausrechnung ergibt

$$V_s = \beta \tilde{r} \tag{18.2/11}$$

mit

$$\tilde{r} = [\boldsymbol{e}_z, (\boldsymbol{r} - \boldsymbol{r}_D), \boldsymbol{e}_s] = (x - x_D)\frac{dy}{ds} - (y - y_D)\frac{dx}{ds}. \tag{18.2/12}$$

Diese Größe stellt gemäß der Definition des Spatproduktes die zu $\boldsymbol{e}_z$ und $\boldsymbol{e}_s$ senkrechte Komponente von $(\boldsymbol{r} - \boldsymbol{r}_D)$ dar, d.h. den *senkrechten Abstand des Schubspannungsvektors vom Drehpol.*

Mit Bezug auf die allgemeinen Beziehungen (4.3/1) für die linearen Verzerrungskomponenten gilt die Winkeländerung für den im Einheitsvektor $\boldsymbol{e}_s$ enthaltenden Axialschnitt

$$\gamma_{sz} = \gamma = \frac{\partial V_z}{\partial s} + \frac{\partial V_s}{\partial z}. \tag{18.2/13}$$

Werden mit

$$\frac{d\beta}{dz} = \vartheta \quad \text{und} \quad \frac{V_z}{\vartheta} = \omega \tag{18.2/14}$$

der *spezifische Verdrehwinkel* ϑ und die *Einheitsverwölbung* ω eingeführt, so folgt nach Einsetzen von (18.2/11)

$$\frac{\gamma}{\vartheta} = \frac{\partial \omega}{\partial s} + \tilde{r}. \tag{18.2/15}$$

Im Rahmen der für dünnwandige Stäbe zulässigen Näherung mit Verwendung des Wandmittelwertes τ als Schubspannung sind auch die Größen γ, ω und $\tilde{r}$ als Wandmittelwerte aufzufassen. Wird in einer Querschnittsebene eine Umlaufintegration durchgeführt, so liefert das erste Glied der rechten Seite infolge der Eindeutigkeit der Verwölbung $\oint dV_z = 0$ und das zweite Glied $\oint \tilde{r}\, ds = 2\Phi$ [Beweis wie zu (18.2/4)], und es ergibt sich

$$\oint \frac{\gamma}{\vartheta}\, ds = 2\Phi. \tag{18.2/16}$$

Zum gleichen Ergebnis führt das Arbeitsprinzip mit dem virtuellen Schubfluß $\overset{(v)}{T}$ und dem virtuellen Torsionsmoment $\overset{(v)}{M}_T = 2\Phi\overset{(v)}{T}$ als statische Größen; denn durch Anwendung von (5.4/1) auf ein tordiertes Stabelement mit der Länge dz folgt

$$\oint \overset{(v)}{T}\gamma\, ds\, dz = \overset{(v)}{M}_T\, d\beta = \overset{(v)}{M}_T \vartheta\, dz.$$

Hierdurch wird die Theorie von SAINT VENANT bestätigt. Die Beziehung (18.2/16) gilt unabhängig vom Stoffgesetz. Für lineares Elastizitätsgesetz gilt $\gamma = \tau/G$ bzw. $M_T/(2G\Phi t)$. Mit der Abkürzung

$$\oint \frac{ds}{t} = \Lambda \tag{18.2/17}$$

ergibt sich aus (18.2/16), unter Bezugnahme auf die Definitionsgleichung (18.1/10), das *Torsionsträgheitsmoment*

$$J_T = M_T/(G\vartheta) = 4\Phi^2/\Lambda. \tag{18.2/18}$$

Zugleich folgt daraus, daß ϑ von z unabhängig ist und β eine lineare Funktion von z darstellt (wie in 18.1). Ferner geht (18.2/15) in

$$\frac{d\omega}{ds} = \frac{2\Phi}{\Lambda t} - \tilde{r} \tag{18.2/19}$$

über (auch ω muß offenbar von z unabhängig sein, so daß $d\omega/ds$ statt $\partial\omega/\partial s$ zu setzen ist). Die Integration liefert (s^* Integrationsvariable)

$$\omega = \int_{s^*=0}^{s} \left(\frac{2\Phi}{\Lambda t} - \tilde{r}\right) ds^* + C_1. \tag{18.2/20}$$

Die Integrationskonstante C_1, sowie die zur Bestimmung von $\tilde{r}$ benötigten Drehpolkoordinaten bleiben daher in der Theorie der reinen Torsion unbestimmt. Deshalb sei zunächst an Stelle des Drehpols ein beliebiger Bezugspunkt B verwendet und die zugehörige *fiktive Einheitsver-*

wölbung analog zu (18.2/20) durch die Beziehung

$$\omega^* = \int_{s^*=0}^{s} \left(\frac{2\Phi}{At} - \tilde{r}^*\right) ds^* + C_1^* \tag{18.2/21}$$

definiert, wobei die Konstante C_1^* frei wählbar ist. Mit Bezug auf (18.2/12) gilt

$$\tilde{r}\, ds = (x - x_D)\, dy - (y - y_D)\, dx . \tag{18.2/22}$$

Analog gilt für B als Bezugspunkt (Abb. 18.11)

$$\tilde{r}^*\, ds = (x - x_B)\, dy - (y - y_B)\, dx , \tag{18.2/23}$$

so daß

$$\tilde{r}\, ds = \tilde{r}^*\, ds + (x_B - x_D)\, dy - (y_B - y_D)\, dx \tag{18.2/24}$$

gilt. Durch Einsetzen in (18.2/20) und Vergleich mit (18.2/21) folgt für den Zusammenhang der wirklichen mit der fiktiven Einheitsverwölbung

$$\omega = \omega^* + (x_D - x_B) y - (y_D - y_B)\, x + C . \tag{18.2/25}$$

Die Konstante C enthält C_1 und ist deshalb frei verfügbar. Die Größen ω und ω^* unterscheiden sich daher nur durch eine in x und y lineare Funktion, d.h. hinsichtlich ihrer Bezugsebene. Damit *bleibt in der Theorie der reinen Torsion die Lage der für die Verwölbung maßgeblichen Bezugsebene unbestimmt.*

18.3 Bestimmung des Drehpols

Die Koordinaten des Drehpols und die damit in Zusammenhang stehende Lage der für die Verwölbung maßgeblichen Bezugsebene lassen sich nur bestimmen, wenn über die Art der Auflagerung des Stabes nähere Angaben vorliegen. Bei elastisch-nachgiebiger Einspannung werden durch die Behinderung der Verwölbung Normalspannungen σ_z (*Wölbspannungen*) geweckt, die zur freien Torsionsverwölbung proportional zu setzen sind. Sie bilden eine Gleichgewichtsgruppe, denn bei Torsion können im Stabquerschnitt weder eine resultierende Längskraft, noch resultierende Momente um die x- bzw. y-Achse auftreten. Aus der Proportionalität der Spannungen σ_z zu ω ergeben sich mithin die nachstehenden drei Bedingungen (NEUBER [18.1]):

$$\oint \omega t\, ds = 0 , \quad \oint \omega y t\, ds = 0 , \quad \oint \omega x t\, ds = 0 . \tag{18.3/1}$$

Ein analoger Sachverhalt tritt in der Theorie der wölbbehinderten Torsion auf (vgl. 18.9). Diese Bedingungen reichen zur Bestimmung der Drehpolkoordinaten und der Bezugsebene der Verwölbung gerade aus. Bei Doppelsymmetrie liegen Drehpol und Querschnittsschwerpunkt im Schnittpunkt der Symmetrieachsen, die dann zugleich Biegungshauptachsen sind. Bei einfacher Symmetrie liegen Drehpol und Schwerpunkt auf der Symmetrieachse, die zugleich Biegungshauptachse ist. Der Schwerpunkt eines kleinen Prismas, das von einer unverformten Querschnittsebene und einer verwölbten Querschnittsfläche begrenzt wird, bleibt stets auf der Stabachse.

Bei Einsetzen des Ausdruckes (18.2/25) in die Bedingungen (18.3/1) folgen unter Beachtung der Schwerpunktbedingungen

$$\oint xt\,ds = 0\,, \qquad \oint yt\,ds = 0 \tag{18.3/2}$$

die Gleichungen

$$J_\omega + CA = 0\,, \quad J_{\omega x} + (x_D - x_B)\,J_{xx} + (y_D - y_B)\,J_{xy} = 0\,,$$
$$J_{\omega y} + (x_D - x_B)\,J_{xy} + (y_D - y_B)\,J_{yy} = 0\,. \tag{18.3/3}$$

Hierbei gelten die Bezeichnungen

$$\oint \omega^* t\,ds = J_\omega, \quad \oint \omega^* yt\,ds = J_{\omega x}, \quad \oint \omega^* xt\,ds = -J_{\omega y},$$
$$\oint y^2 t\,ds = J_{xx}, \quad \oint x^2 t\,ds = J_{yy}, \quad \oint xyt\,ds = -J_{xy}. \tag{18.3/4}$$

Die letzten drei Gleichungen sind von der Biegelehre her bekannt, vgl. (17.1/9). Aus (18.3/3) folgen

$$C = -\frac{J_\omega}{A}, \; x_D - x_B = \frac{J_{xy}J_{\omega y} - J_{yy}J_{\omega x}}{J_{xx}J_{yy} - J_{xy}^2}, \; y_D - y_B = \frac{J_{xy}J_{\omega x} - J_{xx}J_{\omega y}}{J_{xx}J_{yy} - J_{xy}^2}. \tag{18.3/5}$$

Sind die x, y-Achsen Biegungshauptachsen ($J_{xy} = 0$), also J_{xx} und J_{yy} Hauptträgheitsmomente, so errechnen sich die Drehpolkoordinaten aus

$$x_D - x_B = -J_{\omega x}/J_{xx}, \quad y_D - y_B = -J_{\omega y}/J_{yy}. \tag{18.3/6}$$

Ist die x-Achse Symmetrieachse, so gilt $y_B = y_D = 0$ (die x- und die y-Achse sind dann Biegungshauptachsen). Analoges gilt, wenn die y-Achse Symmetrieachse ist.

Bei Durchführung der Rechnung für einen gegebenen Querschnitt ist zunächst für den Bezugspunkt B eine günstige, d.h. die Rechnung möglichst vereinfachende Lage zu wählen. Dann ist der Verlauf von ω^* mit einem frei gewählten Wert der Konstanten C_1^* aus (18.2/21) zu berechnen. Anschließend sind die Integrale (18.3/4) zu ermitteln und aus (18.3/5) bzw. (18.3/6) die Konstante C, sowie die Koordinatendifferenzen $x_D - x_B$ und $y_D - y_B$ zu berechnen. Schließlich ergibt sich die wirkliche Einheitsverwölbung aus (18.2/25).

18.4 Dünnwandige Stäbe mit drei- oder mehrfach zusammenhängendem Querschnitt

Drei- oder mehrfach zusammenhängende Querschnittsformen können in zweifach zusammenhängende Querschnittsformen, *Zellen* genannt, zerlegt werden (Abb. 18.12). Die einzelnen Zellen seien durch den Index β gekennzeichnet; mit n als Zahl der Zellen läuft β von 1 bis n. Die nähere Untersuchung zeigt, daß es widerspruchsfrei möglich ist, jeder Zelle einen eigenen konstanten Schubfluß T_β^* zuzuordnen; dabei sei für alle Zellen der gleiche Umlaufsinn (entsprechend einer positiven Drehung um die z-Achse) eingehalten. Wird die von der Wandmittellinie der Zelle β umschlossene Fläche mit Φ_β bezeichnet, so ist gemäß (18.2/5) der Anteil der Zelle β am Torsionsmoment gleich $2\Phi_\beta T_\beta^*$. Mithin gilt für das gesamte, vom Stab übertragene Torsionsmoment

$$M_T = 2 \sum_{\beta=1}^{n} \Phi_\beta T_\beta^*. \tag{18.4/1}$$

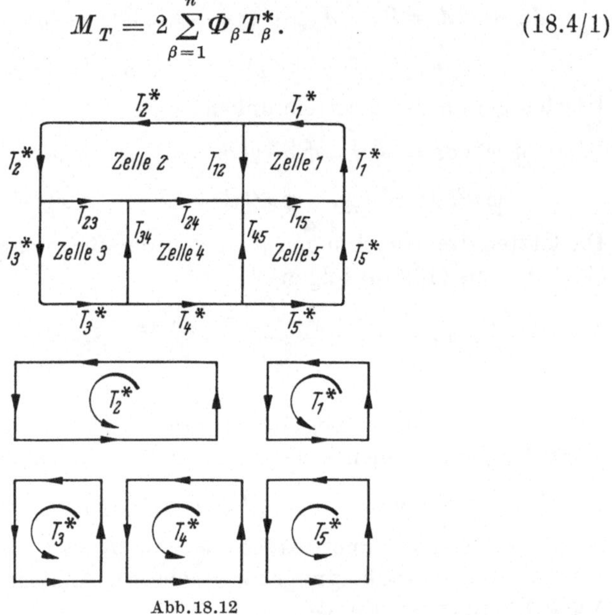

Abb. 18.12

Der in jeder Zwischenwand wirkende Schubfluß besteht aus zwei Anteilen, die den beiderseits angrenzenden Zellen zugeordnet sind. Infolge des gleichen Umlaufsinnes für alle Zellen nimmt jede Zwischenwand die *Differenz* der zelleneigenen Schubflüsse angrenzender Zellen auf (Abb. 18.12 und 18.13). Die zwischen zwei Zellen mit den Nummern β und δ befindliche Wand sei durch das Symbol (β, δ) gekennzeichnet. Dann gelte für den zugehörigen Schubfluß

$$T_{\beta\delta} = T_\beta^* - T_\delta^*. \tag{18.4/2}$$

Der so festgelegte Schubfluß $T_{\beta\delta}$ zählt in Richtung von T_β^* positiv.

Das Gleichgewicht der Verzweigungsstellen verlangt, daß sich die angreifenden Schubkräfte in z-Richtung gegenseitig aufheben. In Abb. 18.13 sind die an zwei Verzweigungsstellen wirkenden Schubkräfte unter Beachtung der Gleichheit der zugeordneten Schubspannungen (vgl. 3.4) eingezeichnet. *Es zeigt sich, daß die Gleichgewichtsforderung an allen Verzweigungsstellen durch Einführung der zelleneigenen Schubflüsse identisch erfüllt ist.*

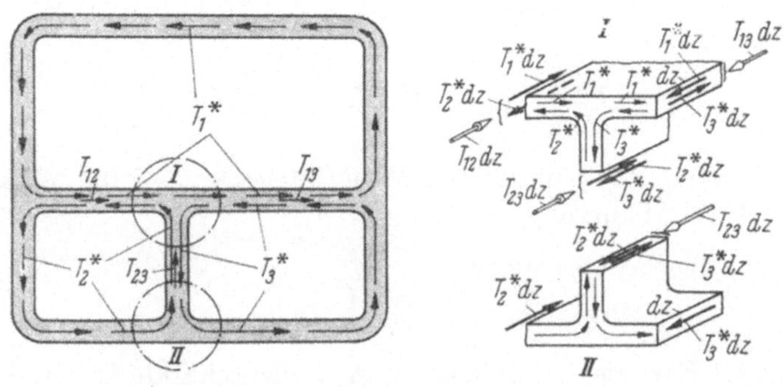

Abb. 18.13

Zur Aufstellung der zur Lösung erforderlichen Kompatibilitätsbedingungen diene der Arbeitssatz. Die virtuelle statische Gruppe bestehe aus dem virtuellen zelleneigenen Schubfluß $\overset{(v)}{T}{}^*_\beta$, der mit dem zugehörigen Torsionsmoment $\overset{(v)}{M}_{T\beta}$ die Gleichgewichtsbedingung

$$\overset{(v)}{M}_{T\beta} = 2\Phi_\beta \overset{(v)}{T}{}^*_\beta \tag{18.4/3}$$

erfüllt. Die kinematische Gruppe sei die wirkliche, bestehend aus ϑ und γ. Wie in 18.2 sei der Arbeitssatz auf ein Stabelement mit der Länge dz angewandt. Dann folgt

$$dz \oint_{(\beta)} \overset{(v)}{T}{}^*_\beta \gamma \, ds = \overset{(v)}{M}_{T\beta} \vartheta \, dz ,$$

und nach Einsetzen von $\overset{(v)}{M}_{T\beta}$ aus (18.4/3) und Division durch $\overset{(v)}{T}{}^*_\beta \, dz$:

$$\oint_{(\beta)} \gamma \, ds = 2\vartheta \Phi_\beta , \tag{18.4/4}$$

in Übereinstimmung mit (18.2/16). Für lineares Elastizitätsgesetz gilt $G\gamma = \tau = T/t$, so daß sich

$$\oint_{\beta} \frac{T}{t} \, ds = 2G\vartheta\Phi_\beta \tag{18.4/5}$$

ergibt. In den Wänden (β, δ), welche die Zelle β umschließen, wirken die Schubflüsse $T_{\beta\delta}$ in Richtung des Umlaufsinnes der Zelle β. Für die einzelnen Wandintegrale sei die Bezeichnung

$$\int_{(\beta,\delta)} \frac{ds}{t} = \Lambda_{\beta\delta} = \Lambda_{\delta\beta} \tag{18.4/6}$$

eingeführt, mit der Verabredung, daß für alle β, δ-Kombinationen, die sich auf nichtbenachbarte Zellen beziehen, $\Lambda_{\beta\delta} = 0$ gilt. Dann geht (18.4/5) über in

$$\sum_{\delta} \Lambda_{\beta\delta} T_{\beta\delta} = 2G\vartheta\Phi_{\beta},$$

oder wegen (18.4/2)

$$T_{\beta}^{*} \sum_{\delta} \Lambda_{\beta\delta} - \sum_{\delta} T_{\delta}^{*} \Lambda_{\beta\delta} = 2G\vartheta\Phi_{\beta}.$$

Für die auftretende Summe der Wandintegrale über die Wände der Zelle β sei die Abkürzung

$$\sum_{\delta} \Lambda_{\beta\delta} = \oint_{(\beta)} \frac{ds}{t} = \Lambda_{\beta} \tag{18.4/7}$$

eingeführt. Für die n unbekannten Zellenschubflüsse ergibt sich das folgende System von n linearen Gleichungen, dessen *Koeffizientenmatrix* wegen (18.4/6) *symmetrisch* ist:

$$\Lambda_{\beta} T_{\beta}^{*} - \sum_{\delta} \Lambda_{\beta\delta} T_{\delta}^{*} = 2G\vartheta\Phi_{\beta} \quad \text{für} \quad \beta = 1, 2, \ldots, n. \tag{18.4/8}$$

Durch Einsetzen der hieraus errechneten Zellenschubflüsse in (18.4/1) folgt mit Bezug auf die Definitionsgleichung (18.1/10) das Torsionsträgheitsmoment J_T. Die wirklichen Schubflüsse errechnen sich aus (18.4/2).

Die Verwölbung ergibt sich durch Integration von (18.2/15) mit $\gamma = T/(Gt)$ und $d\omega/ds$ statt $\partial\omega/\partial s$:

$$\omega = \int_{s^*=0}^{s} \left(\frac{T}{G\vartheta t} - \tilde{r}\right) ds^* + C_1. \tag{18.4/9}$$

Zunächst ist die fiktive Einheitsverwölbung aus

$$\omega^* = \int_{s^*=0}^{s} \left(\frac{T}{G\vartheta t} - \tilde{r}^*\right) ds^* + C_1^* \tag{18.4/10}$$

mit einem geeigneten Bezugspunkt zu berechnen. Dabei ist der Integrationsweg vom frei zu wählenden Anfangspunkt H längs der Wandmittellinien zu führen und für T der örtliche, d.h. zur jeweiligen Wand gehörige Schubfluß einzusetzen. Die Unabhängigkeit der Verwölbung von der Wahl des Integrationsweges ist durch die Erfüllung der Kompatibilitätsbedingungen (18.4/5) gesichert. Bezüglich des weiteren Rechnungsganges vgl. Schluß von 18.3 [an die Stelle der Umlaufintegrale in (18.3/4) treten hier Summen über alle Wandintegrale].

18.5 Dünnwandige Stäbe mit einfach zusammenhängendem Querschnitt

Dünnwandige Stäbe mit einfach zusammenhängendem Querschnitt sind offene prismatische Schalen. Sie besitzen nur eine geringe Torsionssteifigkeit und sind deshalb in erster Linie für die Aufnahme von Biegemomenten geeignet. In vielen Fällen ist dennoch das gleichzeitige Auftreten von Torsionsbeanspruchungen unvermeidlich (z. B. I-Profil, L-Profil, Turbinenschaufel usw.).

Die *Wandkoordinate* s eines derartigen Querschnittes läuft längs der Mittellinie vom linken Ende ($s = 0$) zum rechten Ende ($s = l$, mit l als Abwicklungslänge der Mittellinie, vgl. Abb. 18.14). Die Wandstärke t ist wieder eine Funktion von s. Der Abstand von der Mittellinie sei durch die Koordinate n repräsentiert, derart, daß die positiven Richtungen von n, s, z in dieser Reihenfolge ein Rechtssystem bilden. Längs des Randes gilt dann $n = \pm t/2$. Damit die Staboberfläche schubfrei ist, muß die Schubspannung am Rand die Richtung der Randtangente

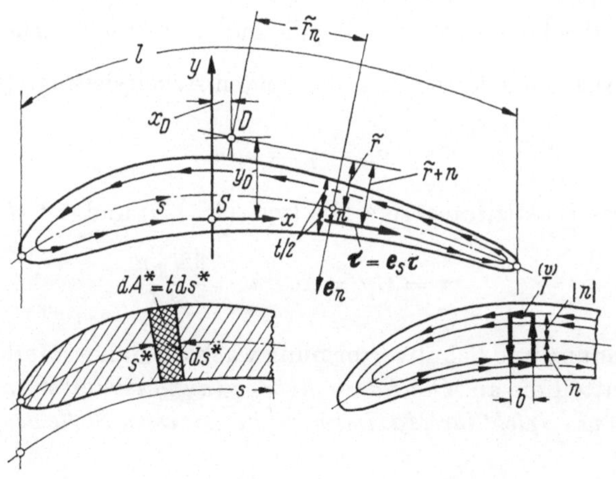

Abb. 18.14

haben; andernfalls würde eine normal zum Rand gerichtete Schubspannungskomponente auftreten, die gemäß 3.4 von einer weiteren, an der Staboberfläche in z-Richtung angreifenden Schubspannung begleitet wäre. Für die im Inneren des Querschnittes verlaufenden Spannungslinien (Linien, deren Tangente in die Schubrichtung zeigt) gibt Abb. 18.14 ein Beispiel; sie teilen den Querschnitt in ein Ringsystem auf. Für jeden Ring liefert die bisher dargelegte Theorie einen bestimmten Beitrag zum J_T-Wert des ganzen Querschnittes und zugleich — wegen des für alle Ringe gemeinsamen Verdrehwinkels — den entsprechenden Beitrag zum Torsionsmoment. Zur Aufstellung einer für praktische Zwecke geeigneten Näherungslösung diene das Arbeitsprinzip mit einer virtuellen statischen Gruppe, bestehend aus dem Schubfluß $\overset{(v)}{T}$ und dem Torsionsmoment $\overset{(v)}{M}_T$ einer sehr schmalen und sehr dünnwandigen, symmetrisch zur Mittellinie herausgeschnittenen Röhre mit Rechteckquerschnitt (Breite b, Höhe $2n$, Abb. 18.14). Liegt die Röhre genügend weit von den beiden Enden des Stabquerschnittes entfernt (dort zeigt sich eine starke Krümmung und Umlenkung der Spannungslinien), und wird eine verhältnismäßig schwache Änderung der Wandstärke t vorausgesetzt, so liegen die beiden kleinen Rechteckseiten mit der Breite b angenähert auf Spannungslinien, so daß dort die virtuelle Schubrichtung mit der wirklichen zusammenfällt und die Arbeit $2\overset{(v)}{T}\gamma bL$ geleistet wird (L Länge des Stabes). Längs der beiden anderen Rechteckseiten wird praktisch keine Arbeit geleistet, da die virtuelle Schubrichtung zur wirklichen fast senkrecht steht. Andererseits leistet das Torsionsmoment $\overset{(v)}{M}_T = 2\tilde{\Phi}\overset{(v)}{T}$ [vgl. (18.2/5), mit $\tilde{\Phi} = 2bn$ als Flächeninhalt des kleinen Rechtecks] die äußere virtuelle Arbeit $\overset{(v)}{M}_T\vartheta\, L = 4nb\overset{(v)}{T}\vartheta L$. Aus dem Gleichsetzen der beiden Arbeitsbeträge [vgl. (5.4/1)] folgt

$$\gamma_{sz} = \gamma = 2\vartheta n. \tag{18.5/1}$$

Für lineares Elastizitätsgesetz gilt [vgl. (18.1/5) und (18.1/10)]:

$$\tau = G\gamma = 2G\vartheta n = \frac{2M_T n}{J_T}. \tag{18.5/2}$$

Schubspannung und Schubverformung wachsen daher mit dem Abstand von der Mittellinie an. *Die Randschubspannung ist zur Wandstärke proportional und erreicht ihr Maximum an der dicksten Stelle des Querschnittes:*

$$\tau_{\text{Rand}} = \frac{M_T}{J_T}\,t, \quad \tau_{\max} = \frac{M_T}{W_T}, \quad W_T = \frac{J_T}{t_{\max}}. \tag{18.5/3}$$

Zur Berechnung von J_T genügt es nicht, das Moment dieser Schubspannungen zu bilden, denn es würde sich nur der halbe Wert ergeben. Die quergerichteten Schubspannungen, die im Rahmen der Näherung unberücksichtigt geblieben sind, erzeugen Kräftepaare mit verhältnismäßig großen Hebelarmen. Ein Fehlerausgleich zeigt sich bei Anwendung des Energiesatzes:

$$\int\limits_{s=0}^{l}\left\{\int\limits_{n=-t/2}^{t/2}\frac{\tau^2}{2G}\,dn\right\}t\,ds = \frac{1}{2}\,M_T\vartheta = \frac{M_T}{2GJ_T};$$

nach Einsetzen von (18.5/2) folgt die Formel von A. FÖPPL:

$$J_T = \frac{1}{3} \int_{s=0}^{l} t^3 \, ds. \tag{18.5/4}$$

Für *konstante Wandstärke* gilt $J_T = lt^3/3$ unabhängig davon, ob die Mittellinie gerade (Abb. 18.20—18.23), gekrümmt (Abb. 18.24) oder geknickt (Abb. 18.15) ist. Für *stückweise konstante Wandstärke* gilt $J_T = \frac{1}{3} \sum_{\beta=1}^{n} l_\beta t_\beta^3$; hierbei sind l_β und t_β die Längen und Breiten der n schmalen Streifen oder Rechtecke (Abb. 18.15), aus denen sich der Querschnitt zusammensetzt. Technische Walzprofile haben infolge der Ausrundungen ein größeres Torsionsträgheitsmoment (nach Messungen von A. FÖPPL beträgt die Abweichung bei **T**- und **Z**-Profilen bis zu 15%, bei I-Profilen bis zu 30%).

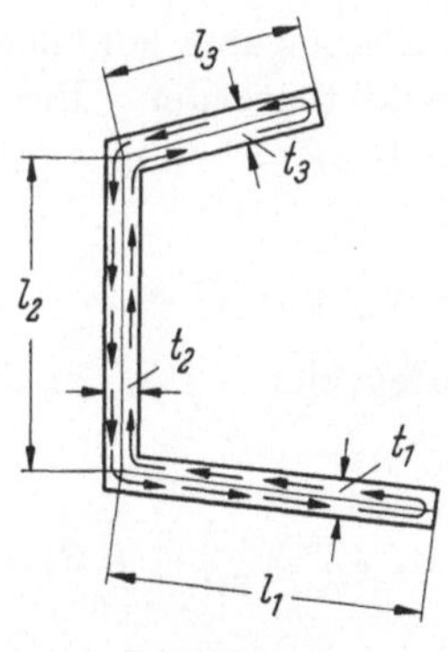

Abb. 18.15

Zur Ermittlung der *Verwölbung längs der Mittellinie* steht (18.2/15) zur Verfügung. Mit $n = 0$ gilt $\gamma = 0$ [vgl. (18.5/1)]; für die *Einheitsverwölbung* folgt

$$\omega = - \int_{s^*=0}^{s} \tilde{r} \, ds^* + C_1 \tag{18.5/5}$$

und analog für die *fiktive Einheitsverwölbung*

$$\omega^* = - \int_{s^*=0}^{s} \tilde{r}^* \, ds^* + C_1^*. \tag{18.5/6}$$

Zur Ermittlung der Drehpolkoordinaten und der Konstante C ist dieser Ausdruck in (18.3/4) einzusetzen (Wandintegrale statt Umlaufintegrale) und (18.5/3) bzw. (18.3/6) anzuwenden. Die wirkliche Verwölbung ergibt sich aus (18.2/25).

Bei etwas dickeren Profilen, sowie bei Querschnitten mit gerader Mittellinie ist auch die *Verwölbungsverteilung außerhalb der Mittellinie* zu berücksichtigen. Mit $\tilde{r} + n$ statt $\tilde{r}$ (Abb. 18.14) und s als Wegkoordinate längs der Äquidistanten der Mittellinie, sowie mit (18.5/1) folgt aus (18.2/15)

$$\frac{\partial \omega}{\partial s} = n - \tilde{r}. \tag{18.5/7}$$

Andererseits gilt für die vernachlässigbar kleine Winkeländerung γ_{nz} in der Querrichtung $\left(\text{Einheitsvektor } \boldsymbol{e}_n = \boldsymbol{e}_x \frac{\partial x}{\partial n} + \boldsymbol{e}_y \frac{\partial y}{\partial n}\right)$:

$$\frac{1}{\vartheta} \gamma_{nz} = \frac{\partial \omega}{\partial n} + \tilde{r}_n \approx 0 \quad \text{mit}$$

$$\tilde{r}_n = [\boldsymbol{e}_z, \boldsymbol{r} - \boldsymbol{r}_D, \boldsymbol{e}_n] = (x - x_D) \frac{\partial y}{\partial n} - (y - y_D) \frac{\partial x}{\partial n},$$

so daß

$$\frac{\partial \omega}{\partial n} = - \tilde{r}_n \tag{18.5/8}$$

folgt. Diese Beziehungen können zur genaueren Ermittlung der Verwölbungsverteilung verwendet werden. Bei *gerader Mittellinie* gilt $\tilde{r} = 0$, $y = -n$, $\tilde{r}_n = -x + x_D = -s + s_D$ (s_D ist s-Koordinate des Drehpols, Abb. 18.22) und

$$\omega = - (x - x_D)\, y + C = (s - s_D)\, n + C. \tag{18.5/9}$$

Aus (18.3/1) mit Flächenintegralen $\iint\limits_{(A)} \cdots dn\, ds$ statt Umlaufintegralen folgen

$$C = 0, \quad s_D = \frac{1}{3 J_T} \int\limits_{s=0}^{l} t^3 s\, ds. \tag{18.5/10}$$

Die Linien konstanter Verwölbung sind gleichseitige Hyperbeln (vgl. Abb. 18.20). Bei *Doppelsymmetrie* gilt

$$\omega = -xy. \tag{18.5/11}$$

18.6 Beispiele

18.6.1 Dünnwandiges Rohr konstanter Wandstärke mit Kreisquerschnitt. Mit Bezug auf Abb. 18.8 gilt mit R als Radius der Wandmittellinie $R = \tilde{r}$, denn Schwerpunkt und Drehpunkt fallen infolge der Drehsymmetrie zusammen. Aus (18.2/4), (18.2/8), (18.2/17) und (18.2/18) folgen $\Phi = \pi R^2$, $\Lambda = 2\pi R/t$, $2\Phi/\Lambda = Rt$, $W_T = 2\pi R^2 t$, $J_T = 2\pi R^3 t$ [in Übereinstimmung mit (18.1/17)]. Weiter folgt $\omega = 0$. Es handelt sich um das ideale Torsionsrohr.

18.6.2 Doppelsymmetrischer Kastenträger. Der in Abb. 18.16 dargestellte Kastenträger hat Rechteckquerschnitt (lange Seite a mit Wandstärke t_1, kurze Seite b mit Wandstärke t_2). Es folgen $\Phi = ab$, $\Lambda = 2(at_2 + bt_1)/(t_1 t_2)$, $2\Phi/\Lambda = abt_1t_2/(at_2 + bt_1)$, $W_T = 2abt_1$ bzw. $2abt_2$ (es gilt der kleinere Wert), $J_T = 2a^2b^2t_1t_2/(at_2 + bt_1)$. Infolge der Doppelsymmetrie liegen Schwerpunkt und Drehpol im Mittelpunkt des Rechtecks, die Symmetrieachsen sind Hauptachsen. Die Einheitsverwölbung ist auf den Rechteckseiten linear verteilt, geht in den Seitenmitten durch Null und erreicht in den Ecken den Wert $\pm ab(bt_1 - at_2)/(4at_2 + 4bt_1)$. Der Verlauf ist in Abb. 18.16 eingezeichnet. Im Sonderfall $t_2/t_1 = b/a$ verschwindet die Verwölbung.

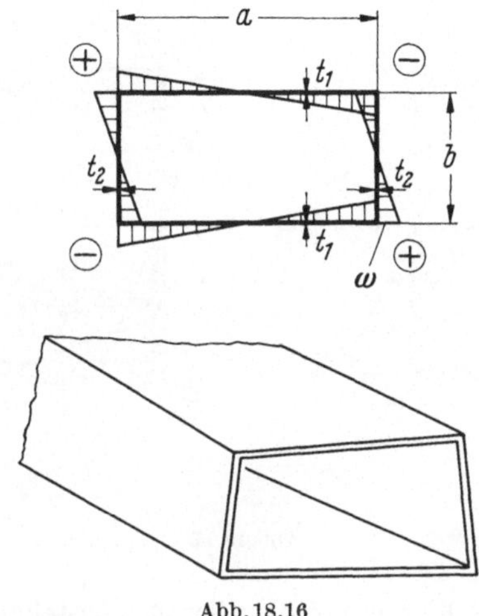

Abb. 18.16

18.6.3 Einfach symmetrischer Kastenträger. Der Kastenträger in Abb. 18.17 hat Quadratquerschnitt (Seite a) Die Wandstärke einer Wand sei t_1, die der übrigen Wände t_2. Mit der x-Achse als Symmetrieachse und Bezugspunkt B, sowie Anfangspunkt H auf der Mitte der Wand mit Wandstärke t_1 folgen: $\Phi = a^2$, $\Lambda = a(3t_1 + t_2)/(t_1 t_2)$, $2\Phi/\Lambda = 2at_1t_2/(3t_1 + t_2)$, $W_T = 2a^2t_1$ bzw. $2a^2t_2$ (es gilt der kleinere Wert), $J_T = 4a^3t_1t_2/(3t_1 + t_2)$, $J_{xx} = a^3(t_1 + 7t_2)/12$, $J_{xy} = 0$. Mit $C_1^* = 0$ ergeben sich die in der nachstehenden Tabelle eingetragenen Werte von ω^*, sowie der zur Berechnung von $J_{\omega x}$ erforderlichen Wandintegrale.

Wand	ds	$\omega^*(3t_1 + t_2)/a$	$24(3t_1 + t_2)\int \omega^* yt\, ds/(a^4 t_2)$
$G - C$	$-dy$	$-2t_2 y$	$-4t_1$
$C - E$	dx	$t_2 a + (t_1 - t_2)(x - x_B)/2$	$-3t_1 - 9t_2$
$E - F$	dy	$-(t_1 + t_2)y$	$-2t_1 - 2t_2$
$F - G$	$-dx$	$-t_2 a - (t_1 - t_2)(x - x_B)/2$	$-3t_1 - 9t_2$

Weiter ergibt sich $J_\omega = 0$, $J_{\omega x} = -a^4\, t_2\,(3t_1 + 5t_2)/(18t_1 + 6t_2)$, $J_{\omega y} = 0$, $x_D - x_B = -J_{\omega x}/J_{xx} = 2at_2(3t_1 + 5t_2)/[(3t_1 + t_2)(t_1 + 7t_2)]$, $y_D = 0$, $C = 0$, $x_B = -2at_2/(t_1 + 3t_2)$, $A = a(t_1 + 3t_2)$.

In Ecke C hat die Einheitsverwölbung den Wert

$$2a^2t_2(t_2 - t_1)/[(3t_1 + t_2)(t_1 + 7t_2)],$$

und in Ecke E:

$$a^2(t_1 + 3t_2)(t_1 - t_2)/[(3t_1 + t_2)(t_1 + 7t_2)].$$

Für $t_1 = t_2$ verschwindet die Verwölbung.
Abb. 18.17 zeigt die ω-Verteilung für $t_1 = 2t_2$ und für $t_2 = 2t_1$.

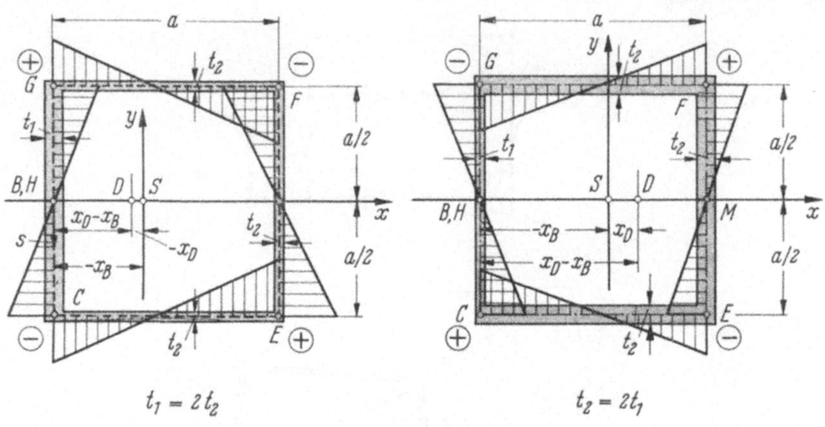

Abb. 18.17

18.6.4 Aus einem Halbkreis und einer Geraden bestehender Querschnitt konstanter Wandstärke. Für den in Abb. 18.18 dargestellten Querschnitt ergeben sich mit der x-Achse als Symmetrieachse, sowie mit Bezugspunkt B auf der Mitte der Geraden und Anfangspunkt H auf der Mitte des Halbkreises, ferner mit $C_I^* = 0$ die Rechnungswerte: $\Phi = \pi a^2/2$, $ds = a\,d\alpha$, $\Lambda = (\pi + 2)\,a/t$, $2\Phi/\Lambda = \pi a t/(\pi + 2)$, $W_T = \pi a^2 t$, $J_T = \pi^2 a^3 t/(\pi + 2)$, $\omega^* = -2a^2\alpha/(\pi + 2)$ längs des Halb-

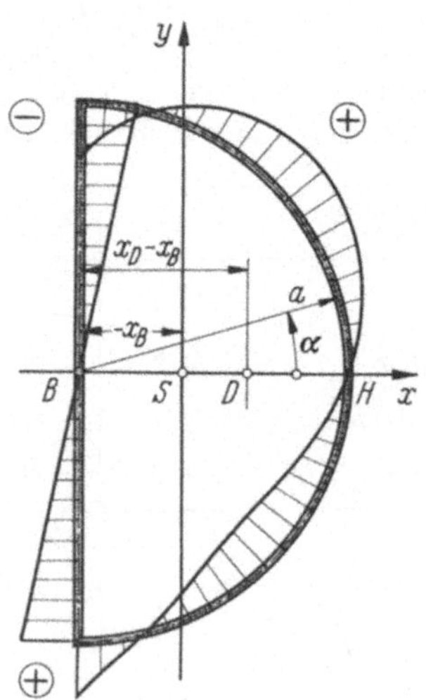

Abb. 18.18

kreises, bzw. $-\pi a y/(\pi + 2)$ längs der Geraden, $J_{xx} = (3\pi + 4)\,a^3 t/6$, $J_{xy} = 0$, $J_\omega = 0$, $J_{\omega x} = -\,2a^4 t(6 + \pi)/(3\pi + 6)$, $x_D - x_B = 4a(\pi + 6)/[(\pi + 2)(3\pi + 4)]$, $y_D = 0$, $C = 0$, $x_B = -2a/(\pi + 2)$, $A = at(\pi + 2)$, $\omega = \dfrac{2a^2}{\pi + 2}\left[\dfrac{2(\pi + 6)}{3\pi + 4}\sin\alpha - \alpha\right]$

längs des Halbkreises, bzw. $\omega = -\frac{3(\pi^2-8)}{(\pi+2)(3\pi+4)}\,ay$ längs der Geraden. Abb. 18.18 zeigt die ω-Verteilung.

18.6.5 Dünnwandiger Träger mit dreifach zusammenhängendem Kastenquerschnitt konstanter Wandstärke. Der Querschnitt in Abb. 18.19 enthält zwei Zellen. Die erste Zelle hat die Form eines Quadrates mit der Seite a, die zweite die Form eines Rechteckes mit den Seiten $2a$ und a. Es folgen $\Phi_1 = a^2$, $\Phi_2 = 2a^2$, $\Lambda_1 = 4a/t$, $\Lambda_2 = 6a/t$, $\Lambda_{12} = \Lambda_{21} = a/t$. Die Gleichungen (18.4/8) haben die Form

$$4T_1^* - T_2^* = 2G\vartheta at, \quad -T_1^* + 6T_2^* = 4G\vartheta at,$$

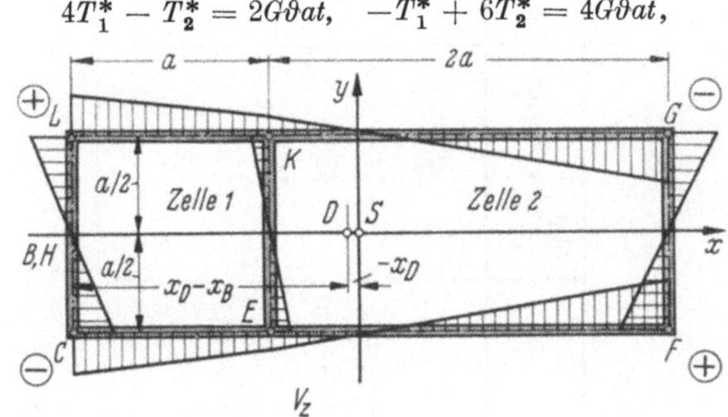

Abb. 18.19

mit der Lösung $T_1^* = 16G\vartheta at/23$, $T_2^* = 18G\vartheta at/23$. Aus (18.4/1) ergibt sich $2a^2T_1^* + 4a^2T_2^* = M_T = G\vartheta J_T$. Hieraus folgt $J_T = 104a^3t/23$, $T_1^* = 2M_T/(13a^2)$, $T_2^* = 9M_T/(52a^2)$ [die entsprechenden Werte für einen Stab mit den gleichen Abmessungen, jedoch ohne Zwischenwand sind: $J_T = 9a^3t/2$, $T_1 = T_2 = M_T/(6a^2)$; durch die Zwischenwand wächst daher die maximale Spannung um 4%, das Torsionsträgheitsmoment und damit die Steifigkeit jedoch nur um 0,5%]. Die zur Ermittlung der Verwölbung und der Koordinaten des Drehpoles erforderlichen Rechenschritte zeigt die Tabelle auf S. 270 (mit $C_1^* = 0$, $y_B = 0$).
Weiter folgen $J_{xx} = 7a^3t/4$, $J_{xy} = 0$, $J_\omega = 0$, $J_{\omega x} = -1342a^4t/552$, $J_{\omega y} = 0$, $y_D = 0$, $C = 0$, $x_D - x_B = 671a/483$, $A = 9at$, $x_B = -13a/9$. Die letzte Tabellenspalte enthält die wirkliche Einheitsverwölbung. Der Verlauf ist in Abb. 18.19 eingezeichnet.

18.6.6 Schmaler elliptischer Querschnitt. Ein Querschnitt von der Form einer schmalen Ellipse (Halbachsen a und b, Abb. 18.20, mit $b \ll a$) hat mit $l = 2a$ und $s = x + a$ die Wandstärke $t = 2b\sqrt{1 - x^2/a^2}$. Mit der Substitution $x = a \sin\alpha$

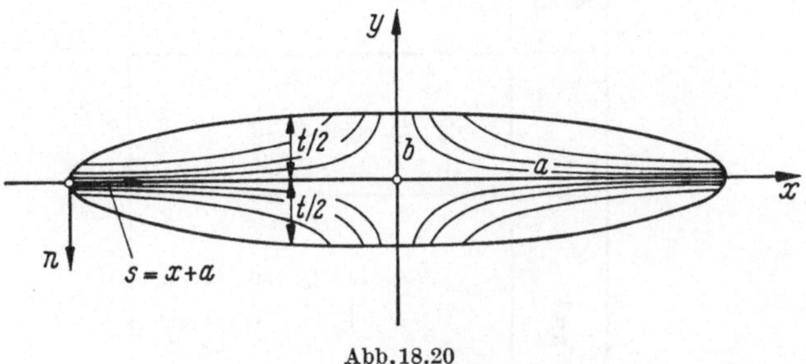

Abb. 18.20

Wand	ds	$\frac{46T}{G\vartheta ta}$	$\frac{46\tilde{r}^*}{a}$	$\frac{46}{a}\left(\frac{T}{G\vartheta t} - \tilde{r}^*\right)$	$\frac{46}{a}\,\omega^*$	$\frac{552}{a^4}\int \omega^*\, y\, ds$	Eckpunkt	$\frac{552}{a^2}\,\omega$
$L - C$	$-dy$	32	0	32	$-32y$	-32	C	-335
$C - E$	dx	32	23	9	$16a + 9(x - x_B)$	-123	E	-146
$E - F$	dx	36	23	13	$12a + 13(x - x_B)$	-456	F	400
$F - G$	dy	36	138	-102	$-102y$	-102	G	-400
$G - K$	$-dx$	36	23	13	$-12a - 13(x - x_B)$	-456	K	146
$K - L$	$-dx$	32	23	9	$-16a - 9(x - x_B)$	-123	L	335
$E - K$	dy	-4	46	-50	$-50y$	-50		

wird $dx = ds = a \cos\alpha\, d\alpha$ und $t = 2b\cos\alpha$. Aus 18.5 folgen hiermit $J_T = \frac{8}{3} b^3 a \int\limits_{\alpha=-\pi/2}^{\pi/2} \cos^4\alpha\, d\alpha = \pi a b^3$, $t_{\max} = 2b$ und $W_T = \pi a b^2/2$. Infolge der Doppelsymmetrie fällt der Drehpol in den Querschnittsschwerpunkt, und gemäß (18.5/11) gilt $\omega = -xy$ (die Linien konstanter Verwölbung sind gleichseitige Hyperbeln, vgl. Abb. 18.20).

18.6.7 Schmaler Rechteckquerschnitt. Für das schmale Rechteck (Länge l, Breite t, Abb. 18.21) gilt gemäß 18.5: $J_T = lt^3/3$, $W_T = lt^2/3$ und infolge der Doppelsymmetrie (wie in 18.6.6) $\omega = -xy$.

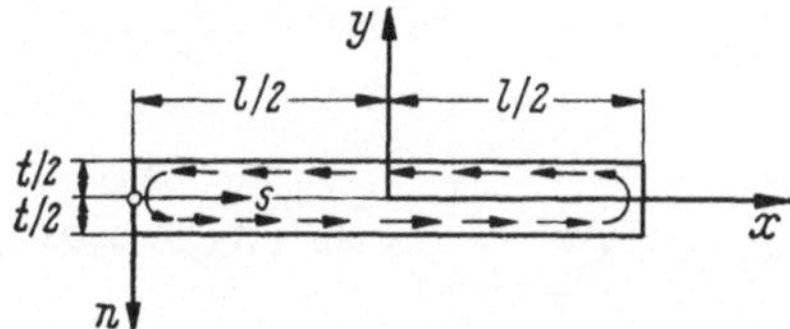

Abb. 18.21

18.6.8 Schmaler Trapezquerschnitt. Für die Wandstärke des in Abb. 18.22 ersichtlichen schmalen symmetrischen Trapezquerschnittes gilt $t = t_1 + s(t_2 - t_1)/l$. Damit folgt aus (18.5.4): $J_T = l(t_1^3 + t_1^2 t_2 + t_1 t_2^2 + t_2^3)/12$, sowie aus (18.5/10): $s_D = l^2(t_1^3 + 2t_1^2 t_2 + 3t_1 t_2^2 + 4t_2^3)/(60 J_T)$. Für die Verwölbung gilt $\omega = (s - s_D)\, n$. Für $t_2/t_1 = 2$ folgen $J_T = 1{,}25 l t_1^3$, $s_D = 49l/75$.

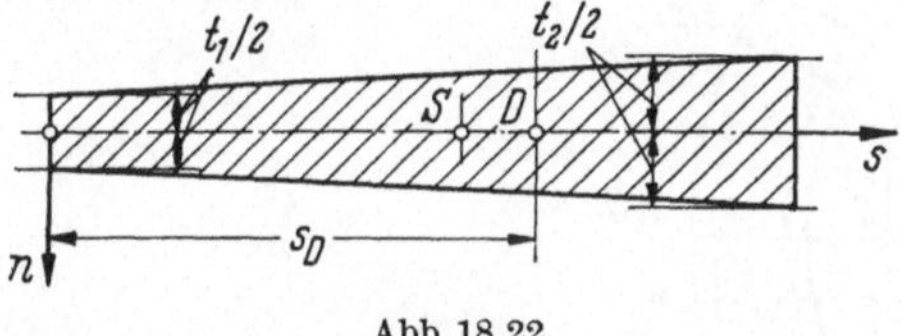

Abb. 18.22

18.6.9 Querschnitt mit gerader Mittellinie und stückweise konstanter Wandstärke. Für stückweise konstante Wandstärke gehen die Formeln (18.5/4) und (18.5/10) über in: $J_T = \frac{1}{3} \sum\limits_{\beta=1}^{n} l_\beta t_\beta^3$ und $s_D = \frac{1}{6 J_T} \sum\limits_{\beta=1}^{n} (L_\beta^2 - L_{\beta-1}^2)\, t_\beta^3$ mit l_β

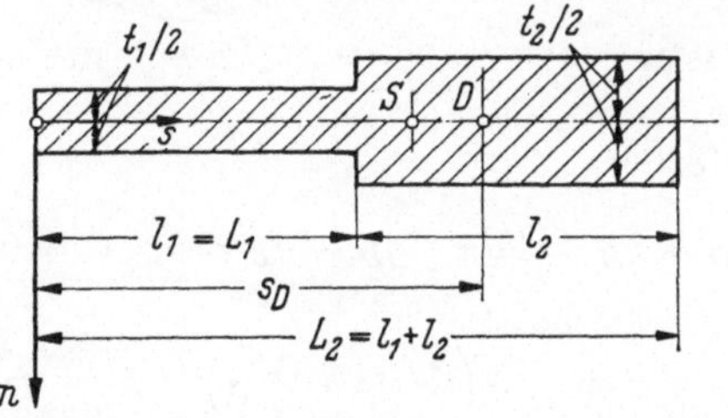

Abb. 18.23

und t_β als Längen und Breiten der n schmalen Rechtecke, aus denen sich der Querschnitt zusammensetzt, sowie mit $L_\beta = l_1 + l_2 + \cdots + l_\beta$ und $L_0 = 0$. Für $l_1 = l_2 = l/2$ und $t_2/t_1 = 2$ folgen $J_T = 1{,}5\, l t_1^3$, $s_D = 25\, l/36$ (vgl. Abb. 18.23). Ferner gilt wieder $\omega = (s - s_D)\, n$.

18.6.10 Halbkreisprofil. Beim dünnwandigen Halbkreisprofil konstanter Wandstärke (Abb. 18.24) wird zweckmäßig der Kreismittelpunkt als Bezugspunkt B gewählt. Mit der Symmetrieachse als x-Achse, a als Radius der Wandmittellinie, ferner mit $x = x_B + a \cos \alpha$, $y = a \sin \alpha$ und $ds = a \cdot d\alpha$ folgen

$$A = \pi a t, \qquad x_B = -\frac{a^2 t}{A} \int\limits_{\alpha=-\pi/2}^{\pi/2} \cos \alpha \, d\alpha = -\frac{2}{\pi} a, \qquad y_B = 0.$$

Mit $\tilde{r}^* = a$ und $C_1^* = -a^2\pi/2$ folgt gemäß (18.5/6)

$$\omega^* = -\int\limits_{\alpha^*=-\pi/2}^{\alpha} \tilde{r}^* a \, d\alpha^* + C_1^* = -a^2\alpha,$$

und gemäß (18.3/4)

$$J_\omega = 0, \quad J_{\omega x} = -a^4 t \int\limits_{\alpha=-\pi/2}^{\pi/2} \alpha \sin \alpha \, d\alpha = -2a^4 t, \quad J_{\omega y} = 0,$$

$$J_{xx} = a^3 t \int\limits_{\alpha=-\pi/2}^{\pi/2} \sin^2 \alpha \, d\alpha = \pi a^3 t/2, \quad J_{xy} = 0.$$

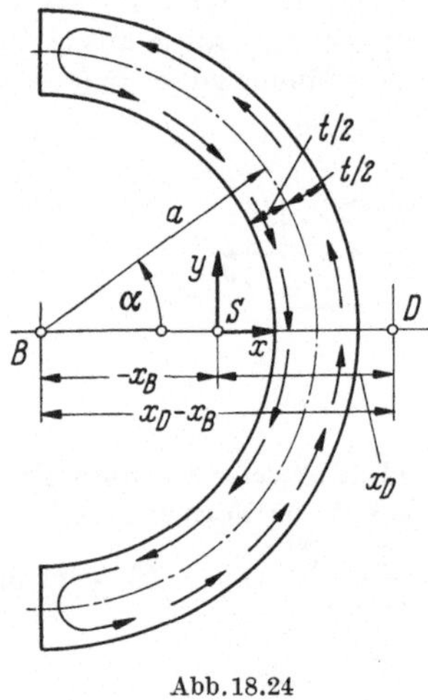

Abb. 18.24

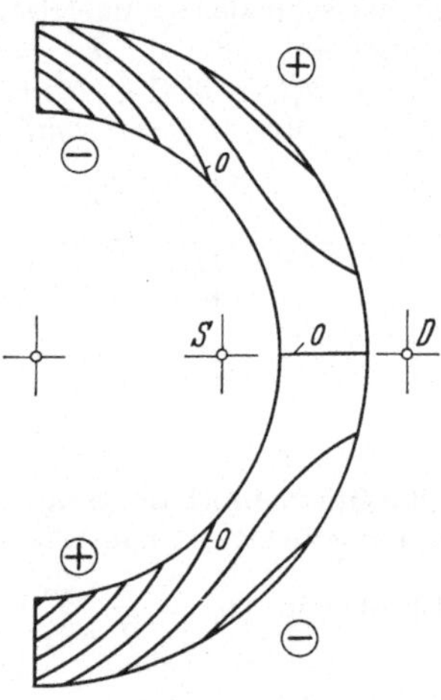

Abb. 18.25

Hiermit folgen aus (18.3/6)

$$x_D - x_B = 4a/\pi, \quad y_D - y_B = 0, \quad C = 0$$

und aus (18.2/25)

$$\omega = a^2 \left(\frac{4}{\pi} \sin \alpha - \alpha \right).$$

Abb. 18.25 zeigt die Linien konstanter Verwölbung, wie sie sich bei Verwendung der genaueren Beziehungen (18.5/7) und (18.5/8) ergeben. Aus (18.5/4) und (18.5/3) errechnen sich ferner

$$J_T = \frac{1}{3} l t^3 = \frac{\pi}{3} a t^3, \qquad W_T = \frac{\pi}{3} a t^2.$$

18.6.11 Winkelprofil. Bei einem Winkelprofil besteht die Wandmittellinie aus zwei Geraden (Abb. 18.26). Wird der Schnittpunkt beider Geraden als Bezugspunkt B gewählt, so folgt für alle Punkte der Wandmittellinie $\tilde{r}^* = 0$. Wird ferner $C_1^* = 0$ gesetzt, so verschwinden ω^*, J_ω, $J_{\omega x}$, $J_{\omega y}$, $x_D - x_B$, $y_D - y_B$, C und ω. Damit liegt der Drehpol unabhängig von der Wandstärkenverteilung und vom Neigungswinkel der beiden Geraden stets in ihrem Schnittpunkt. Ist die Wandstärke innerhalb der beiden Schenkel konstant, so folgen

$$J_T = \frac{1}{3}(l_1 t_1^3 + l_2 t_2^3), \quad W_T = J_T/t_{\max}.$$

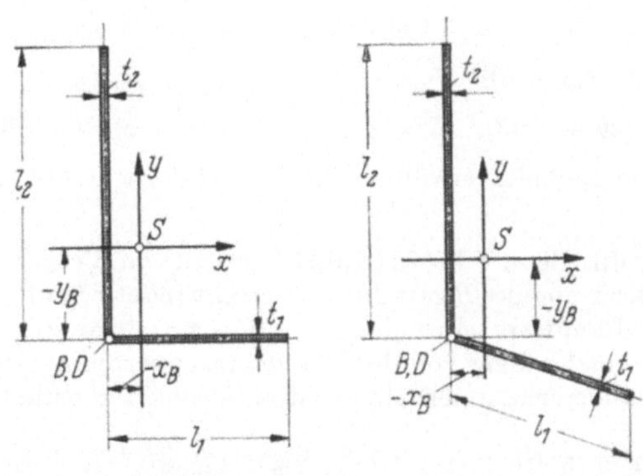

Abb. 18.26

18.6.12 U-Profil. Das in Abb. 18.27 dargestellte **U**-Profil konstanter Wandstärke besitzt eine Symmetrieachse, die als x-Achse dienen möge; auf ihr liegen Schwerpunkt und Drehpol. Mit dem Bezugspunkt B in Stegmitte und mit $C_1^* = 0$ ergeben sich die in nachstehender Tabelle für die Eckpunkte H, F, G, K, sowie für B angegebenen Werte von ω^* und ω.

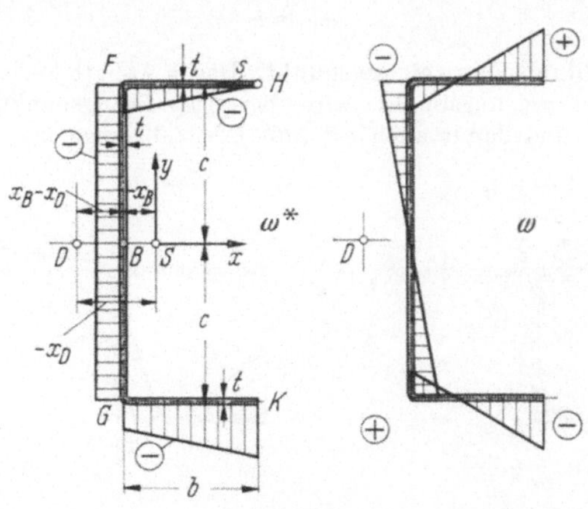

Abb. 18.27

Wandpunkte	ω^*	ω
H	0	$-bc(b + 2c/3)/(2b + 2c/3)$
F	$-bc$	$b^2c/(2b + 2c/3)$
B	$-bc$	0
G	$-bc$	$-b^2c/(2b + 2c/3)$
K	$-2bc$	$bc(b + 2c/3)/(2b + 2c/3)$

Es folgen

$$A = 2(b + c)\,t,\quad x_B = -b^2ct/A,\quad J_\omega = -2bc(b + c)\,t,$$

$$J_{\omega x} = b^2c^2t,\quad J_{\omega y} = 0,\quad J_{xx} = 2c^2(b + c/3)\,t,\quad J_{xy} = 0,$$

$$x_D - x_B = -b^2/(2b + 2c/3),\quad C = bc,\quad J_T = 2(b + c)\,t^3/3,\quad W_T = J_T/t.$$

Die Verteilung der Einheitsverwölbungen ω^* und ω ist in Abb. 18.27 eingezeichnet.

18.6.13 T-Profil. Beim T-Profil (Abb. 18.28) tritt ein Verzweigungspunkt auf. Wird dieser als Bezugspunkt B gewählt, so verschwindet $\tilde{r}^*$ auf allen Punkten der Wandmittellinie. Damit verschwinden ω^*, $x_D - x_B$, $y_D - y_B$, C und ω. Somit liegt der Drehpol unabhängig von der Wandstärkenverteilung im Verzweigungspunkt. Ist die Wandstärke innerhalb der drei Schenkel konstant, so folgen

$$J_T = \frac{1}{3}\,(l_1 + l_2 + l_3)\,t^3,\quad W_T = \frac{1}{3}\,(l_1 + l_2 + l_3)\,t^2.$$

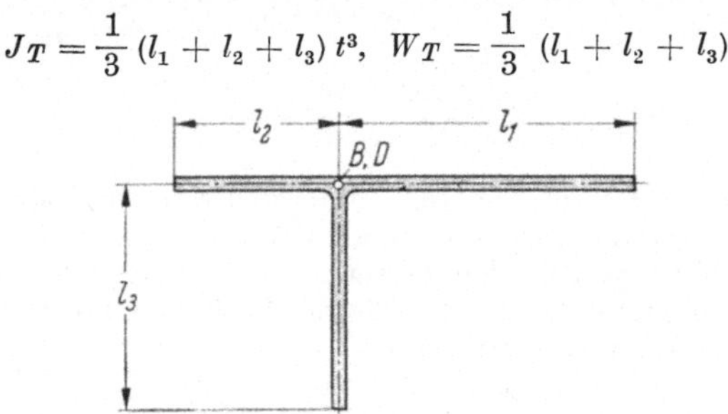

Abb. 18.28

18.6.14 Profil mit Verzweigungspunkt. Das in Abb. 18.29 dargestellte Profil besitzt einen Verzweigungspunkt; wird dieser als Bezugspunkt B gewählt, so verschwindet $\tilde{r}^*$ und damit auch ω^* (mit $C_1^* = 0$) längs $E - F$ und $B - G$.

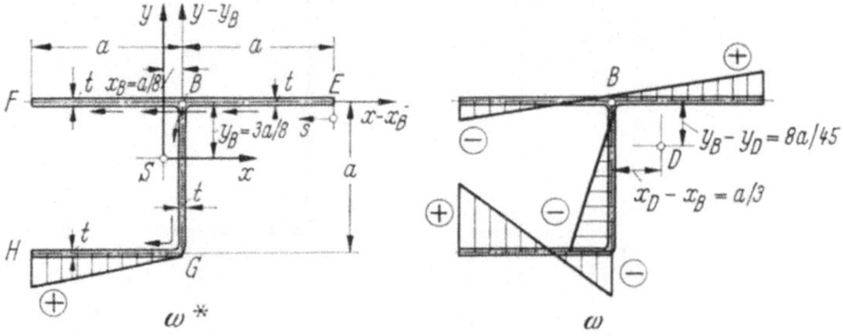

Abb. 18.29

Längs $G - H$ wird $\omega^* = a\left(\frac{a}{8} - x\right)$. Die Werte von ω^* und ω in den Punkten E, B, F, G und H sind in der nachstehenden Tabelle eingetragen.

Wandpunkte	ω^*/a^2	$\omega/(90a^2)$
E	0	18
B	0	2
F	0	−14
G	0	−28
H	1	46

Es folgen:

$$x_B = a/8,\ y_B = 3a/8,\ A = 4at,\ J_\omega = a^3t/2,\ J_{\omega x} = -5a^4t/16,$$
$$J_{\omega y} = 13a^4t/48,\ J_{xx} = 37a^3t/48,\ J_{yy} = 15a^3t/16,\ J_{xy} = -5a^3t/16,$$
$$J_T = 4at^3/3,\ W_T = 4at^2/3.$$

Der Verlauf von ω^* und ω ist in Abb. 18.29 eingezeichnet.

18.6.15 Z-Profil. Bei dem in Abb. 18.30 dargestellten Z-Profil konstanter Wandstärke liegen Schwerpunkt und Drehpol im Mittelpunkt ($x_D = y_D = 0$). Dieser

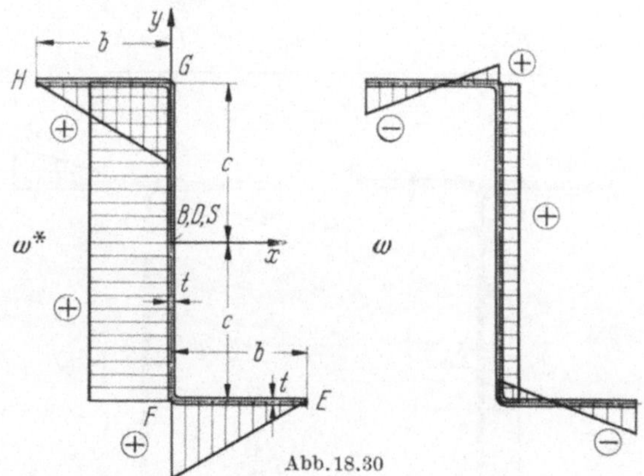

Abb. 18.30

Punkt sei als Bezugspunkt B gewählt ($x_B = y_B = 0$). Die Verwölbungen ω^* (mit $C_1^* = 0$) und ω sind in nachstehender Tabelle eingetragen und in Abb. 18.30 eingezeichnet.

Wandpunkte	ω^*	ω
E	0	$-bc(b + 2c)/(2b + 2c)$
F	bc	$b^2c/(2b + 2c)$
B	bc	$b^2c/(2b + 2c)$
G	bc	$b^2c/(2b + 2c)$
H	0	$-bc(b + 2c)/(2b + 2c)$

Es folgen

$$J_\omega = bc(b + 2c)\,t, \quad J_{\omega x} = 0, \quad J_{\omega y} = 0,$$
$$A = 2(b + c)\,t, \quad C = -bc(b + 2c)/(2b + 2c),$$
$$J_T = 2(b + c)\,t^3/3, \quad W_T = 2(b + c)\,t^2/3.$$

18.6.16 I-Profil. Bei dem in Abb. 18.31 ersichtlichen I-Profil konstanter Wandstärke liegen infolge der Doppelsymmetrie Schwerpunkt und Drehpol im Mittelpunkt, der zugleich als Bezugspunkt B dienen möge ($x_D = y_D = x_B = y_B = 0$), und die x, y-Achsen sind Biegungshauptachsen. Die Verwölbungen ω^* (mit $C_1^* = 0$) und ω sind aus der nachstehenden Tabelle, sowie aus Abb. 18.31 zu ersehen.

Wandpunkte	ω^*	ω
E	0	$-bc$
F	bc	0
G	$2bc$	bc
B	bc	0
H	bc	0
K	0	$-bc$
L	$2bc$	bc

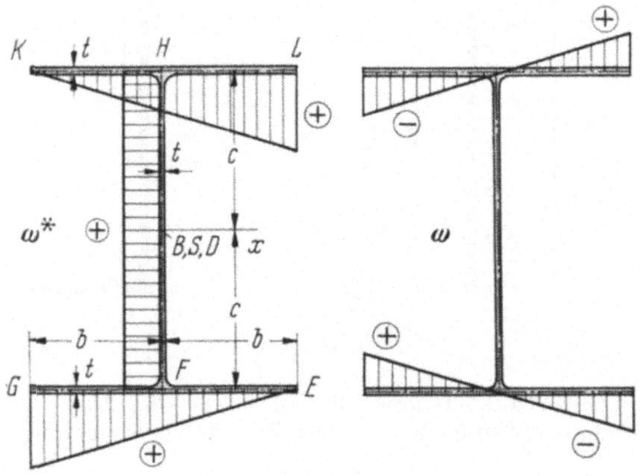

Abb. 18.31

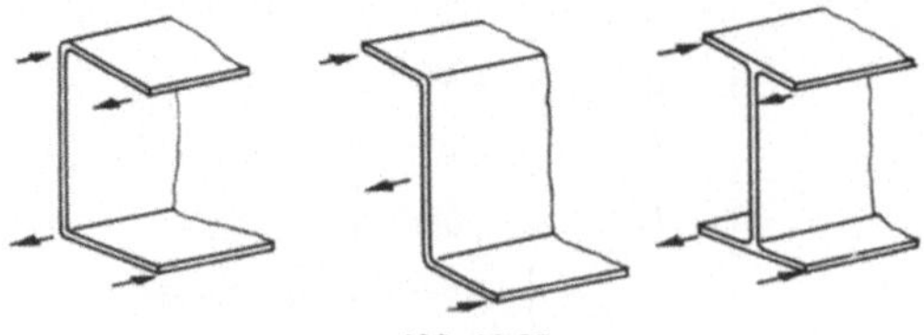

Abb. 18.32

Es folgen:

$$A = 2(2b + c)\,t,\ J_\omega = 2bc(2b + c)\,t,\ C = -bc,$$

$$J_{\omega x} = J_{\omega y} = 0,\ J_{xx} = 2c^2(2b + c/3)\,t,\ J_{yy} = 4b^3t/3,$$

$$J_{xy} = 0, J_T = 2(2b + c)\,t^3/3,\ W_T = 2(2b + c)\,t^2/3.$$

Die Verwölbung des **U**-, **Z**- und **I**-Profils ist in Abb. 18.32 perspektivisch dargestellt.

18.7 Wölbfreie Torsion

Wie in 18.1 nachgewiesen, verschwindet die Verwölbung beim Kreis- und beim konzentrischen Kreisringquerschnitt. Für die praktische Statik sind dies jedoch nicht die einzigen wölbfreien Querschnitte. Nach NEUBER [18.2] lassen sich zahlreiche nichtsymmetrische dünnwandige Querschnitte angeben, die auf ihrer gesamten Wandmittellinie verwölbungsfrei sind.

18.7.1 Dünnwandige zweifach zusammenhängende wölbfreie Querschnitte. Aus (18.2/20) folgt für $\omega = 0$ die Bedingung

$$\tilde{r}t = 2\Phi/\Lambda, \tag{18.7/1}$$

denn die Konstante C_1 ist wegen der ersten Bedingung (18.3/1) Null zu setzen. Für *konstante Wandstärke* ergibt sich die Bedingung $\tilde{r} = \text{const}$, so daß alle *Tangentenpolygone* wölbfrei sind; ihr Drehpol ist der Mittelpunkt des eingeschriebenen Kreises (Abb. 18.33). Für *Polygone mit seitenweise konstanter Wandstärke* gelten bei m Seiten $m - 1$ Bedingungen:

$$\tilde{r}_1t_1 = \tilde{r}_2t_2 = \tilde{r}_3t_3 = \cdots = \tilde{r}_mt_m. \tag{18.7/2}$$

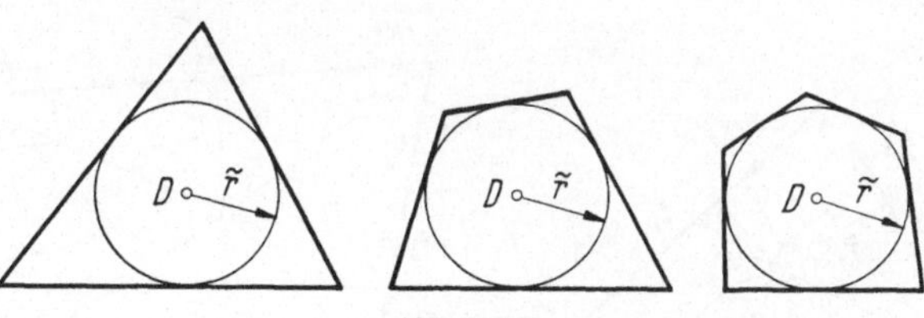

Abb. 18.33

Zur anschaulichen Deutung des geometrischen Sachverhaltes *bei beliebigen zweifach zusammenhängenden wölbfreien Querschnittsformen* sei die Wand an zwei, durch die Indizes p und q gekennzeichneten Stellen (zugehörige Wandstärken t_p und t_q) geschnitten (Abb. 18.34). Der dadurch herausgeschnittene Wandstreifen sei an den Schnittstellen durch die Hilfskräfte F_p und F_q belastet, die tangential zur Wandmittellinie vom herausgeschnittenen Wandteil weg gerichtet und zur jeweiligen Wandstärke proportional sind. Mit K als Proportionalitätsfaktor (positiv-reell) gilt dann $F_p = Kt_p$ und $F_q = Kt_q$. Die zugehörige Bedingung der Wölbfreiheit $\tilde{r}_p t_p = \tilde{r}_q t_q$ repräsentiert offensichtlich das Momentengleichgewicht der beiden Hilfskräfte in bezug auf den Drehpol. *Somit geht die Wirkungslinie der Resultierenden beider Kräfte durch*

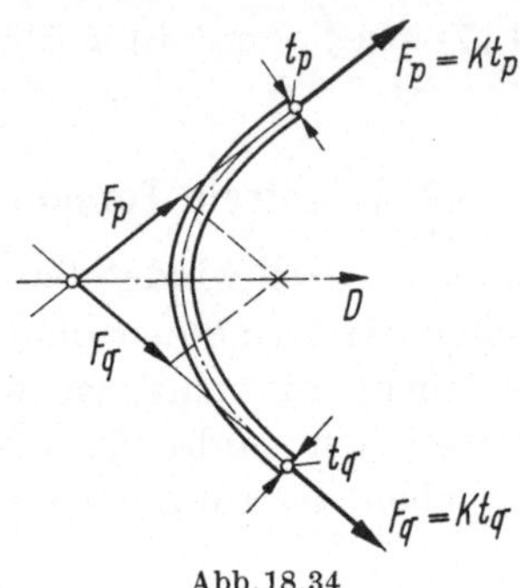

Abb. 18.34

den Drehpol, ist also *geometrischer Ort des Drehpols*. Wird die Wandstärke an drei Stellen vorgegeben bzw. frei gewählt, so werden durch Schnitte an diesen Stellen zwei Wandstreifen abgetrennt. Der Drehpol ergibt sich dann als Schnittpunkt der Wirkungslinien der zugehörigen beiden Hilfskraftresultierenden. Nach Kenntnis der Lage des Drehpoles ist $\tilde{r}$ an jeder Stelle bekannt, so daß die Wandstärkenverteilung berechnet werden kann: $t_q = \tilde{r}_p t_p / \tilde{r}_q$.

Für Polygone mit seitenweise konstanter Wandstärke folgt hieraus, daß das *Dreieck mit beliebigen Wandstärken* wölbfrei ist; beim *Viereck* ist eine Wandstärke zu berechnen, beim *Fünfeck* sind zwei zu berechnen usw. (Abb. 18.35).

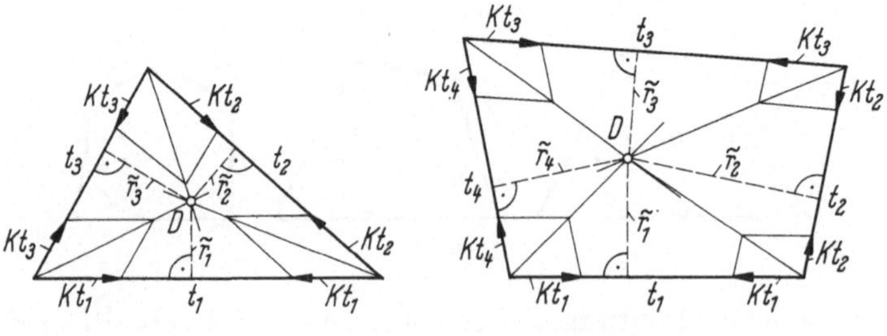

Abb. 18.35

18.7.2 Dünnwandige drei- und mehrfach zusammenhängende wölbfreie Querschnitte. Die aus (18.4/9) hervorgehende Bedingung der Wölbfreiheit $\tilde{r}t = T/(G\vartheta)$ muß für jede Wand erfüllt sein (es gilt wieder $C_1 = 0$). Mit h als Wandindex gilt

$$\tilde{r}_h t_h = T_h/(G\vartheta). \qquad (18.7/3)$$

Innerhalb jeder Wand gilt $T_h = \text{const}$ und damit $\tilde{r}_h t_h = \text{const}$, so daß $\tilde{r}_h$ nicht das Vorzeichen wechseln kann. Die Wandkoordinate s mit ihren Verzweigungen sei nun so eingeführt, daß $\tilde{r}_h$ in allen Wänden positiv ist [vgl. das in (18.2/12) auftretende Spatprodukt]. Der auf der rechten Gleichungsseite stehende Schubfluß, der mit der Wandkoordinate in gleicher Richtung laufend in die Ausgangsgleichungen eingeführt ist (Abb. 18.9), wird dann ebenfalls positiv und hat daher wirklich die Richtung der Wandkoordinate (Abb. 18.36). Daraus folgt

In dünnwandigen wölbfreien Querschnitten besitzt der Schubfluß an jeder Stelle in bezug auf den Drehpol ein positives Moment.

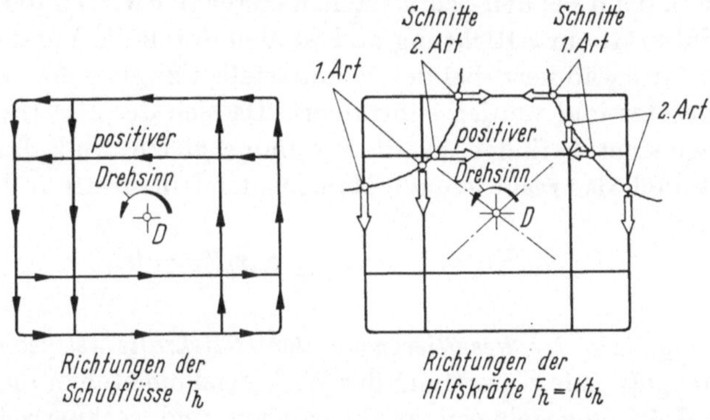

Abb. 18.36

Durch einen beliebig gelegten Schnitt sei ein Teil des Querschnittes abgetrennt (Abb. 18.36 und 18.37). An den Schnittstellen seien Hilfskräfte $F_h = Kt_h$ angebracht, die tangential zur Mittellinie der geschnittenen Wand und vom abgetrennten Querschnittsteil weg gerichtet sind (K sei wieder eine positiv-reelle Konstante). Die Summe der Momente

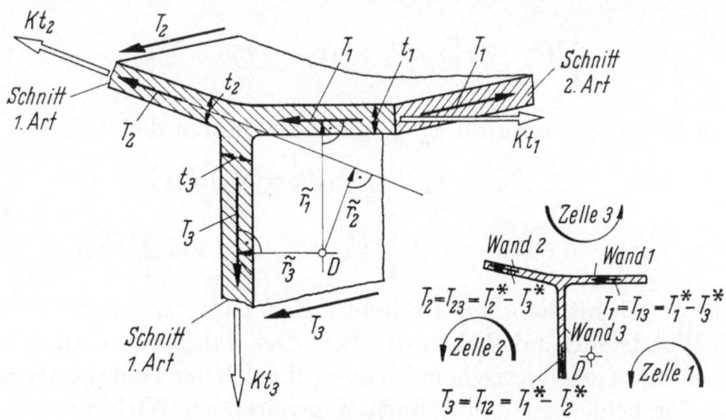

Abb. 18.37

dieser Hilfskräfte und damit ihr resultierendes Moment in bezug auf den Drehpol ist $\sum_{(h)} c_{sh}\tilde{r}_h K t_h$. Dabei durchläuft h die Nummern der geschnittenen Wände, und das Symbol c_{sh} ist gleich $+1$, wenn die Richtung von F_h mit der s-Richtung übereinstimmt und daher das Moment der Hilfskraft in bezug auf den Drehpol positiv ist (Schnittstellen erster Art), andernfalls gleich -1 (Schnittstellen zweiter Art). Durch Einsetzen von (18.7/3) geht das resultierende Moment der Hilfskräfte über in $\frac{K}{G\vartheta}\sum_{(h)} c_{sh}T_h$. Die nunmehr auftretende Summe repräsentiert die Resultierende der zur z-Achse parallelen zugeordneten Schubkräfte (Abb. 18.37), denn bei den Schnittstellen erster Art wirken die zugeordneten Schubkräfte in z-Richtung und werden durch die Vorzeichenvereinbarung für c_{sh} addiert, bei den Schnittstellen zweiter Art wirken sie entgegengesetzt und werden subtrahiert. Da sich der abgetrennte Teil im Gleichgewicht befindet, ist diese Summe gleich Null. Damit verschwindet auch das resultierende Moment der Hilfskräfte in bezug auf den Drehpol:

$$\sum_h c_{sh}\tilde{r}_h t_h = 0 \quad \text{bzw.} \quad \sum_h c_{sh}\tilde{r}_h F_h = 0. \tag{18.7/4}$$

Die Wirkungslinie der Resultierenden der Hilfskräfte ist geometrischer Ort des Drehpols. Zur Ermittlung der Wirkungslinie stehen die in I.2.1, I.2.2 und I.6.2 angegebenen zeichnerischen und rechnerischen Verfahren zur Verfügung.

Im Falle der rechnerischen Lösung ist eine Umformung von (18.7/4) zweckmäßig. Aus (18.2/12) mit $\tilde{r}_h$ statt $\tilde{r}$ und $\boldsymbol{r}_h$ statt $\boldsymbol{r}$ folgt $\tilde{r}_h = [\boldsymbol{e}_z, (\boldsymbol{r}_h - \boldsymbol{r}_D), \boldsymbol{e}_s]$. Hiermit, sowie mit $c_{sh}F_h\boldsymbol{e}_s = \boldsymbol{F}_h$ folgt $\sum_h (\boldsymbol{r}_h - \boldsymbol{r}_D)\times\boldsymbol{F}_h = 0$ oder mit der Identität $\boldsymbol{r}_h - \boldsymbol{r}_D = \boldsymbol{r}_h - \boldsymbol{r}_B - (\boldsymbol{r}_D - \boldsymbol{r}_B)$, wobei $\boldsymbol{r}_B$ der Ortsvektor eines frei wählbaren Bezugspunktes B ist,

$$\sum_h (\boldsymbol{r}_h - \boldsymbol{r}_B)\times\boldsymbol{F}_h = (\boldsymbol{r}_D - \boldsymbol{r}_B)\times\sum_h \boldsymbol{F}_h, \tag{18.7/5}$$

bzw. in Komponenten (mit x_h, y_h als Koordinaten der Schnittstellen)

$$\begin{aligned}&\sum_h [(x_h - x_B)F_{hy} - (y_h - y_B)\,F_{hx}]\\&= (x_D - x_B)\sum_h F_{hy} - (y_D - y_B)\sum_h F_{hx}.\end{aligned} \tag{18.7/6}$$

Für die Ermittlung des Drehpoles sind zwei verschiedene Schnitte durch Wandstellen mit bekannter bzw. frei wählbarer Wandstärke erforderlich. Auf zeichnerischem Wege ergibt sich der Drehpol als Schnittpunkt der beiden zu den Schnitten gehörenden Wirkungslinien. Im Falle der rechnerischen Lösung sind die Drehpolkoordinaten x_D und

y_D aus zwei linearen Gleichungen der Form (18.7/6) zu ermitteln. Die übrigen Wandstärken ergeben sich durch weitere Schnitte.

Bei n Zellen sind die Wandstärken an $n + 2$ Stellen frei wählbar, innerhalb derselben Wand jedoch nur an höchstens drei Stellen.

18.7.3 Dünnwandige einfach zusammenhängende Querschnitte. Aus (18.5/5) folgt mit $\omega = 0$ und $C_1 = 0$ die Bedingung $\tilde{r} = 0$. Mithin sind alle sternartigen Querschnitte wölbfrei (Abb. 18.38). Der Drehpol ist Schnittpunkt der Wandgeraden und damit zugleich der Verzweigungspunkt (vgl. Abb. 18.26 und 18.28).

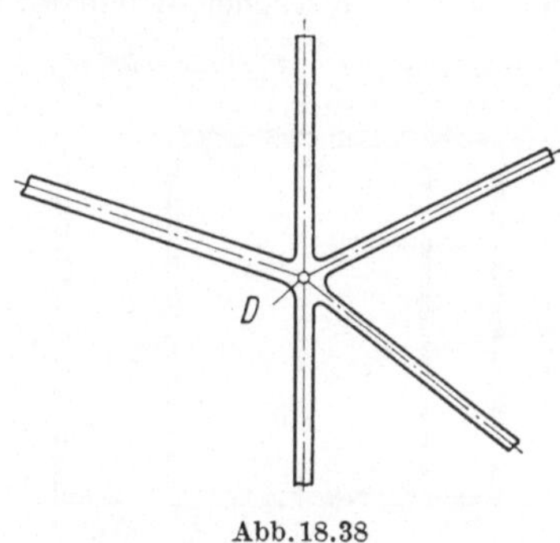

Abb. 18.38

18.8 Beispiele

18.8.1 Dreifach zusammenhängender wölbfreier Querschnitt. Ein Träger mit Rechteckquerschnitt (Abb. 18.39, Zelle 1, Seiten a und $0{,}4a$, bestehend aus Wand 1 mit Wandstärke $t_1 = t_0$ und Wand 2 mit Wandstärke $t_2 = t_0$) soll durch Anschweißen von einem Träger mit **U**-Profil (konstante Wandstärke t_3) zu einem dreifach zusammenhängenden wölbfreien Träger erweitert werden.

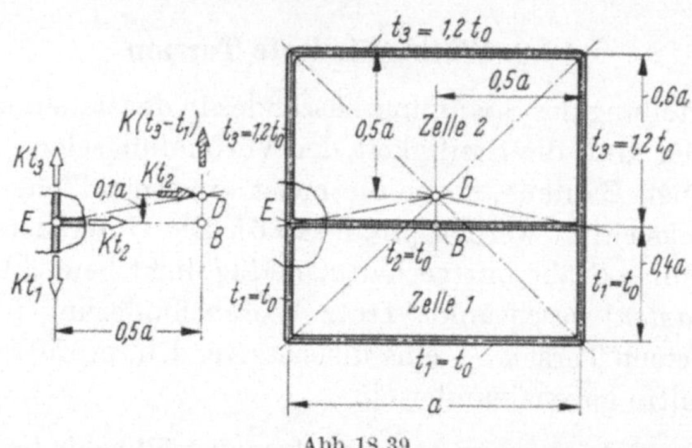

Abb. 18.39

Da zu beiden Seiten jeder äußeren Ecke dieselbe Wandstärke vorhanden ist (t_1 bzw. t_3), liegt der Drehpol im gemeinsamen Schnittpunkt der vier Winkelhalbierenden, d.h. die äußere Kontur ist ein Quadrat mit der Seite a, und der Drehpol liegt auf der Symmetrieachse im Abstand $0{,}1a$ von Wand 2. Durch Herausschneiden des mit E bezeichneten Verzweigungspunktes und Anwendung von (18.7/4) folgt für Bezugspunkt B auf der Mitte von Wand 2: $-0{,}5at_3 + 0{,}5at_1 = -0{,}1at_2$. Mit $t_1 = t_2 = t_0$ folgt $t_3 = 1{,}2t_0$. Aus $T_h = G\vartheta\tilde{r}_h t_h$ folgt weiter $T_1 = 0{,}5at_0G\vartheta$, $T_2 = 0{,}1at_0G\vartheta$, $T_3 = 0{,}6at_0G\vartheta$. Mit $T_1^* = T_1$, $T_2^* = T_3$, $\Phi_1 = 0{,}4a^2$, $\Phi_2 = 0{,}6a^2$ ergibt sich aus (18.4/1): $M_T = 2(T_1^*\Phi_1 + T_2^*\Phi_2) = 1{,}12a^3t_0G\vartheta$. Mithin wird $J_T = 1{,}12a^3t_0$.

18.8.2 Vierfach zusammenhängender wölbfreier Querschnitt. Der in Abb. 18.40 ersichtliche Querschnitt besteht aus drei Zellen. Gegeben sind die vier Wandstärken der mittleren Zelle, sowie die Wandstärken der vom oberen rechten Verzweigungspunkt nach rechts laufenden Wand (mit $0{,}8t_0$) und der vom oberen linken Verzweigungspunkt nach links laufenden Wand (mit $0{,}7t_0$). Zu ermitteln sind die Lage des Drehpoles und die restlichen Wandstärken.

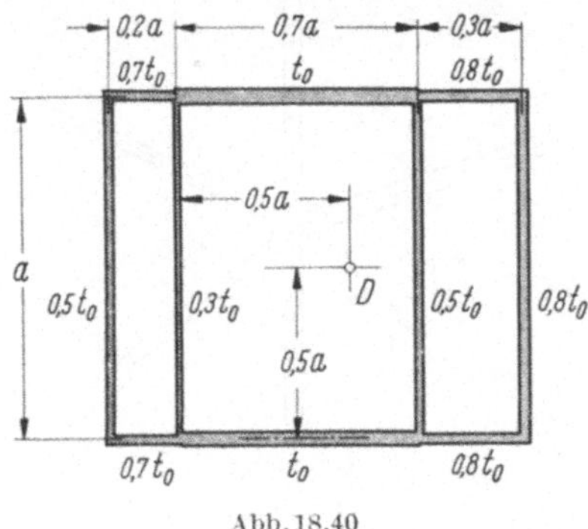

Abb. 18.40

In der Umgebung der beiden oberen Verzweigungspunkte sind sämtliche Wandstärken bekannt. Das Schnittverfahren führt auf zwei Wirkungslinien, in deren Schnittpunkt der Drehpol liegt. Nach Kenntnis der Lage des Drehpoles ergeben sich die weiteren Wandstärken durch Anwendung des Schnittverfahrens auf die äußeren Ecken (die Anwendung auf die unteren Verzweigungspunkte liefert Kontrollen). Weiter folgt $J_T = 1{,}08a^3t_0$.

18.9 Wölbbehinderte Torsion

Zur Beurteilung des Spannungszustandes in der näheren Umgebung der Stabenden muß die Steifigkeit der Verbindungselemente und der angeschlossenen Bauteile, sowie die meist unvermeidliche Wölbbehinderung berücksichtigt werden [18.3—18.6]. Die Untersuchung sei hier auf dünnwandige Stäbe mit verhältnismäßig dicht benachbarten Querwänden (*Spanten*) beschränkt. Trotz Wölbbehinderung tritt dann — wie bei der reinen Torsion — eine quasistarre, d.h. profiltreue Drehung der Querschnitte gegeneinander ein.

18.9.1 Grundgleichungen zur profiltreuen wölbbehinderten Torsion. Bei Profiltreue verschwindet die Dehnung in Richtung der Wandkoordinate s und (18.2/11) bleibt gültig: $\varepsilon_s = 0$, $V_s = \beta\tilde{r}$. Mit $d\beta/dz = \vartheta$ folgen

$$\varepsilon_z = \partial V_z/\partial z, \quad \gamma_{sz} = \gamma = \partial V_z/\partial s + \vartheta\tilde{r}. \tag{18.9/1}$$

Für lineares Elastizitätsgesetz gilt

$$\sigma_s = \nu\sigma_z, \quad \sigma_z = \frac{E}{1-\nu^2}\partial V_z/\partial z, \quad \tau = G(\partial V_z/\partial s + \vartheta\tilde{r}). \qquad (18.9/2)$$

Mit $\tau t = T$ als Schubfluß, q_s bzw. q_n als Flächenzwangskräften in s-Richtung bzw. normal zur Wand (verursacht durch die Querwände), sowie ϱ als Krümmungsradius der Mittellinie ergeben sich die Gleichgewichtsbedingungen (Abb. 18.41):

$$\frac{\partial T}{\partial s} + t\frac{\partial\sigma_z}{\partial z} = 0, \quad \frac{\partial T}{\partial z} + \frac{\partial}{\partial s}(\sigma_s t) + q_s = 0, \quad q_n - \sigma_s\frac{t}{\varrho} = 0. \qquad (18.9/3)$$

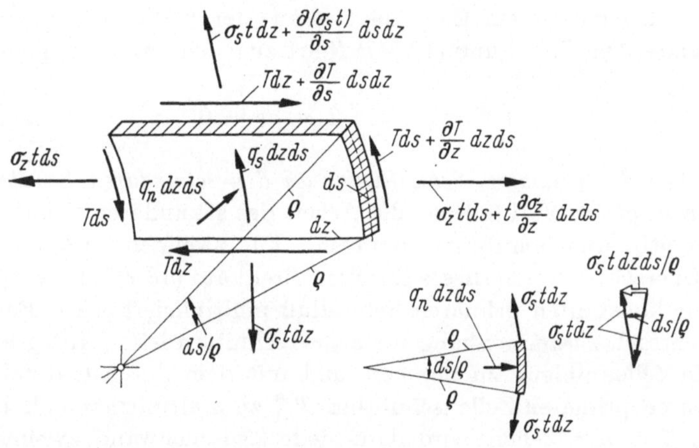

Abb. 18.41

Das Gleichungssystem führt auf eine partielle Differentialgleichung zweiter Ordnung. Für praktische Zwecke bevorzugt man meist Näherungslösungen.

18.9.2 Näherungslösung zur profiltreuen wölbbehinderten Torsion. Anteile aus der reinen Torsion seien durch Index 1, Anteile aus der Wölbbehinderung durch Index 2 gekennzeichnet. Mit

$$\vartheta = \vartheta(z), \omega = \omega_1, \quad V_z = \vartheta\omega + V_{z2}, \qquad (18.9/4)$$

sowie mit $\varepsilon_s = 0$, $V_s = \beta\tilde{r}$ (Profiltreue) und der Schreibweise $\frac{d}{dz}(\cdots) = (\cdots)'$ folgen bei Vernachlässigung von $\partial V_{z2}/\partial z$ gegenüber $\vartheta'\omega$ bei ε_z:

$$\varepsilon_z = \vartheta'\omega, \quad \sigma_z = \frac{E}{1-\nu^2}\vartheta'\omega, \quad \sigma_s = \nu\sigma_z,$$
$$\tau_1 = G\vartheta\left(\frac{d\omega}{ds} + \tilde{r}\right), \quad \tau_2 = G\frac{\partial V_{z2}}{\partial s}. \qquad (18.9/5)$$

Der sekundäre Schubfluß T_2 ergibt sich aus der ersten Gleichgewichtsbedingung (18.9/3) [definitionsgemäß gilt $\partial T_1/\partial s = 0$, also $\partial T/\partial s =$

$\partial T_2/\partial s]$:

$$T_2 = -\frac{E\vartheta''}{1-\nu^2}\left[\int_{s^*=0}^{s} \omega t \, ds^* + K\right]. \tag{18.9/6}$$

Zur Bestimmung der Integrationskonstanten K steht die letzte Gleichung (18.9/5) zur Verfügung; denn aus der Eindeutigkeit von V_{z2} auf einem in der Querschnittsebene liegenden und der Wandmittellinie folgenden geschlossenen Integrationsweg ergibt sich

$$\oint \frac{T_2}{t} ds = 0. \tag{18.9/7}$$

Bei Wänden mit freiem Ende folgt K aus der Bedingung $T_2 = 0$ am Wandende. Die Beziehung (18.9/7) führt zugleich auf die allgemeinere Aussage

$$\int_{(A)} T_1\gamma_2 \, ds = \int_{(A)} T_2\gamma_1 \, ds = 0: \tag{18.9/8}$$

Die Arbeit des primären Schubflusses an den sekundären Schubverformungen ist gleich Null (ebenso die Arbeit des sekundären Schubflusses an den primären Schubverformungen). Für zweifach zusammenhängende Querschnitte geht dieses Resultat direkt aus (18.9/7) hervor, wenn mit dem konstanten primären Schubfluß multipliziert wird. Bei drei- und mehrfach zusammenhängenden Querschnitten ist als Integrationsweg ein Zellenumlauf zu nehmen und mit dem durch G dividierten konstanten primären Zellenschubfluß $T_{\beta 1}^*$ zu multiplizieren. Bei Summation über alle Zellen wird dann jede Zwischenwand zweimal (in entgegengesetzter Richtung) durchlaufen, so daß dort als Differenz der Zellenschubflüsse der wirkliche primäre Schubfluß [vgl. (18.4/2)] arbeitet. Das Ergebnis gilt auch dann, wenn der Querschnitt Wände mit freiem Ende enthält, denn in solchen Wänden verschwindet der Wandmittelwert des primären Schubflusses.

Mit Verwendung des Drehpoles als Bezugspunkt läßt sich das Torsionsmoment wie folgt darstellen:

$$M_T = M_{T1} + M_{T2} = \int_{(A)} T\tilde{r} \, ds \text{ mit } T = T_1 + T_2 \text{ und } M_{T1} = GJ_T\vartheta. \tag{18.9/9}$$

Mit $\tilde{r} = \frac{\gamma_1}{\vartheta} - \frac{d\omega}{ds}$ [vgl. (18.9/5)] ergibt sich für das sekundäre Torsionsmoment

$$M_{T2} = \int_{(A)} T_2\tilde{r} ds = \frac{1}{\vartheta}\int_{(A)} T_2\gamma_1 \, ds - \int_{(A)} T_2 \, d\omega. \tag{18.9/10}$$

Das erste Integral der rechten Seite verschwindet wegen (18.9/8), das zweite liefert $-\int_{(A)} T_2 \, d\omega = \int_{(A)} \{-d(T_2\omega) + \omega \, dT_2\}$. Der erste Teil des Integranden liefert wegen der Eindeutigkeit von $T_2\omega$ bzw. der Randbedingung $T_2 = 0$ an freien Wandenden den Wert Null. Der Rest liefert nach Einsetzen von (18.9/6) den Ausdruck $-EJ_{\omega\omega}\vartheta''/(1-\nu^2)$ mit

$$J_{\omega\omega} = \int_{(A)} \omega^2 t\, ds. \qquad (18.9/11)$$

Diese Größe hat die Dimension cm⁶ und heißt *Wölbwiderstand*. Mithin gilt für das gesamte Torsionsmoment

$$M_T = GJ_T\vartheta - \frac{EJ_{\omega\omega}}{1-\nu^2}\vartheta''. \qquad (18.9/12)$$

Die hieraus für ϑ hervorgehende lineare Differentialgleichung zweiter Ordnung mit konstanten Koeffizienten

$$\vartheta'' - \lambda^2\vartheta = -\frac{(1-\nu^2)M_T}{EJ_{\omega\omega}} \quad \text{mit } \lambda^2 = \frac{(1-\nu)\,J_T}{2J_{\omega\omega}} \qquad (18.9/13)$$

hat die allgemeine Lösung (mit K_1, K_2 als Integrationskonstanten)

$$\vartheta = \frac{1}{GJ_T}\left[M_T + K_1\cosh(\lambda z) + K_2\sinh(\lambda z)\right]. \qquad (18.9/14)$$

18.10 Beispiele

18.10.1 Einseitig wölbverhindert eingespannter tordierter Stab. Für den in Abb. 18.42 dargestellten, links eingespannten Stab mit Einleitung eines Torsionsmomentes am rechten Ende (ohne Wölbbehinderung) gelten die Bedingungen: Für $z = 0$ wird $V_z = 0$, d.h. $\vartheta = 0$; für $z = l$ wird $\sigma_z = 0$, d.h. $\vartheta' = 0$. Mit Bezug auf (18.9/14) folgen $M_T + K_1 = 0$, $K_1\sinh(\lambda l) + K_2\cosh(\lambda l) = 0$, und daher $K_1 = -M_T$, $K_2 = M_T\tanh(\lambda l)$,

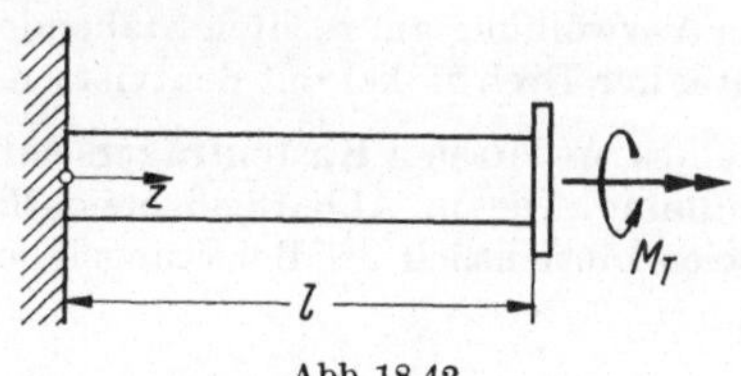

Abb. 18.42

$$\vartheta = \frac{M_T}{GJ_T}\left[1 - \frac{\cosh(\lambda l - \lambda z)}{\cosh(\lambda l)}\right],$$

$$\beta = \int_{z^*=0}^{z}\vartheta\, dz^* = \frac{M_T}{GJ_T}\left[z + \frac{\sinh(\lambda l - \lambda z)}{\lambda\cosh(\lambda l)} - \frac{1}{\lambda}\tanh(\lambda l)\right],$$

$$\sigma_z = \frac{M_T\omega\sinh(\lambda l - \lambda z)}{J_{\omega\omega}\lambda\cosh(\lambda l)},$$

$$\tau = \tau_1 + \left[\frac{M_T}{J_{\omega\omega}t}\left(\int_{s^*=0}^{s}\omega t\, ds + C\right) - \tau_1\right]\frac{\cosh(\lambda l - \lambda z)}{\cosh(\lambda l)}.$$

Die Normalspannung kann einen beachtlichen Betrag erreichen, während die Schubspannung kaum τ_1 überschreitet. Im *Grenzfall* $J_T \to 0$, also $\lambda \to 0$ (Näherung bei einfach zusammenhängenden dünnwandigen Querschnitten) folgen [auch durch Integration von (18.9/13) für $\lambda = 0$ nachweisbar]:

$$\vartheta = \frac{(1-\nu^2)\,M_T}{EJ_{\omega\omega}}\,z\left(l - \frac{z}{2}\right), \quad \beta = \frac{(1-\nu^2)\,M_T}{EJ_{\omega\omega}}\left(\frac{l}{2}z^2 - \frac{1}{6}z^3\right),$$

$$\sigma_z = \frac{M_T\omega}{J_{\omega\omega}}\,(l - z).$$

Die Extremwerte sind

$$\sigma_{\max} = (\sigma_z)_{z=0} = \frac{M_T\omega_{\max}\tanh(\lambda l)}{J_{\omega\omega}\lambda} \quad \text{bzw.} \quad \frac{M_T\omega_{\max} l}{J_{\omega\omega}},$$

$$\beta_{\max} = (\beta)_{z=l} = \frac{M_T l}{GJ_T}\left[1 - \frac{\tanh(\lambda l)}{\lambda l}\right] \quad \text{bzw.} \quad \frac{(1-\nu^2)\,M_T l^3}{3EJ_{\omega\omega}}.$$

18.10.2 Einseitig wölbverhindert eingespannter Stab mit am anderen Ende unter Wölbverhinderung eingeleitetem Torsionsmoment. Abweichend von Aufgabe 18.10.1 gilt hier $\vartheta = 0$ sowohl für $z = 0$ wie für $z = l$, so daß $M_T + K_1 = 0$ und $M_T + K_1\cosh(\lambda l) + K_2\sinh(\lambda l) = 0$, d.h. $K_1 = -M_T$, $K_2 = M_T\tanh(\lambda l/2)$ folgen. Weiter ergibt sich:

$$\vartheta = \frac{M_T}{GJ_T}\left[1 - \frac{\cosh(\lambda l/2 - \lambda z)}{\cosh(\lambda l/2)}\right],$$

d.h. dieselbe Formel wie bei Aufgabe 18.10.1, jedoch mit $l/2$ statt l. Die Extremwerte sind:

$$\sigma_{\max} = \frac{M_T\omega_{\max}\tanh(\lambda l/2)}{J_{\omega\omega}\lambda} \quad \text{bzw.} \quad \frac{M_T\omega_{\max} l}{2J_{\omega\omega}},$$

$$\beta_{\max} = \frac{M_T l}{GJ_T}\left[1 - \frac{\tanh(\lambda l/2)}{\lambda l/2}\right] \quad \text{bzw.} \quad \frac{(1-\nu^2)\,M_T l^3}{12EJ_{\omega\omega}}.$$

Durch Verhinderung der Verwölbung am rechten Stabende geht daher die Beanspruchung auf die Hälfte, der Drehwinkel auf den vierten Teil zurück.

18.10.3 Vergleich eines wölbfreien Kastenträgers mit einem I-Träger bei verhinderter Endverwölbung. Die in Abb. 18.43 ersichtlichen beiden flächengleichen Querschnitte seien hinsichtlich des Belastungsfalles der Aufgabe 18.10.2 miteinander verglichen.

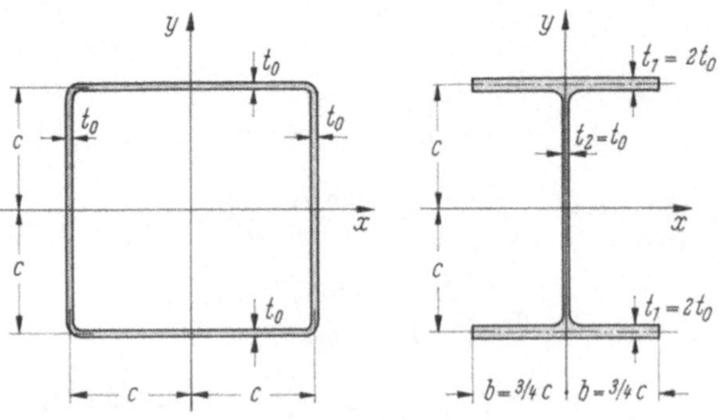

Abb. 18.43

(a) *Für den Kastenträger* gilt mit Bezug auf Beispiel 18.6.2:

$$\Phi = 4c^2,\ \Lambda = 8c/t_0;\ J = 4\Phi^2/\Lambda = 8c^3t_0;\ W = 2\Phi t_0 = 8c^2t_0;$$

$$\omega = 0;\ \beta_{a,\max} = \frac{M_T l}{GJ_T} = \frac{(1+\nu)\,M_T l}{4Ec^3t_0};$$

$$\sigma_{a,\max} = \tau_{a,\max}\sqrt{3} = \frac{M_T\sqrt{3}}{8c^2t_0}.$$

(b) *Für den* I*-Träger* gilt mit Bezug auf Beispiel 18.6.16 und 18.10.2:

$$J_T = 2ct_0^3 + 4bt_1^3 = 26ct_0^3;\ \omega = \pm cx;$$

$$J_{\omega\omega} = 4c^2t_1\int\limits_{x=0}^{b} x^2\,dx = \frac{4}{3}\,b^3c^2t_1 = \frac{9}{8}\,c^5t_0;$$

$$\lambda^2 = \frac{(1-\nu)\,J_T}{2J_{\omega\omega}} = \frac{4(1-\nu)\,26t_0^2}{9c^4};$$

Mit $l = 6c$, $t_0 = 0{,}1c$ und $\nu = 0{,}3$ folgen:

$$\lambda l = 1{,}7;\ \tanh(\lambda l/2) = 0{,}691;$$

$$\beta_{b,\max} = \frac{M_T l}{GJ_T}\left[1 - \frac{\tanh(\lambda l/2)}{(\lambda l/2)}\right] = 0{,}112\,\frac{M_T}{Et_0^3};$$

$$\sigma_{b,\max} = \frac{M_T\omega_{\max} l}{2J_{\omega\omega}}\left[\frac{\tanh(\lambda l/2)}{(\lambda l/2)}\right] = 0{,}01626\,\frac{M_T}{t_0^3}.$$

Für den *Grenzfall* $\lambda \to 0$ würde sich ergeben:

$$\beta_{b,\max} = \frac{(1-\nu^2)\,M_T l^3}{12EJ_{\omega\omega}} = 0{,}1456\,\frac{M_T}{Et_0^3};$$

$$\sigma_{b,\max} = \frac{M_T\omega_{\max} l}{2J_{\omega\omega}} = 0{,}020\,\frac{M_T}{t_0^3}.$$

Mithin folgen

$$\frac{\beta_{b,\max}}{\beta_{a,\max}} = 5{,}7\ (\text{bzw. } 7{,}5);\qquad \frac{\sigma_{b,\max}}{\sigma_{a,\max}} = 7{,}5\ (\text{bzw. } 9{,}2).$$

Für größere Trägerlänge wäre der I-Träger noch ungünstiger. Vorstehende Gegenüberstellung kann aber nur einen qualitativen Einblick geben, denn die Nachgiebigkeit der anschließenden Bauteile ist nicht berücksichtigt.

18.10.4 Beiderseits wölbverhindert eingespannter Stab mit Einzelmoment. Die Durchrechnung dieses Belastungsfalles sei auf die beiden Grenzfälle $\lambda \to \infty$ und $\lambda \to 0$ beschränkt (Abb. 18.44).

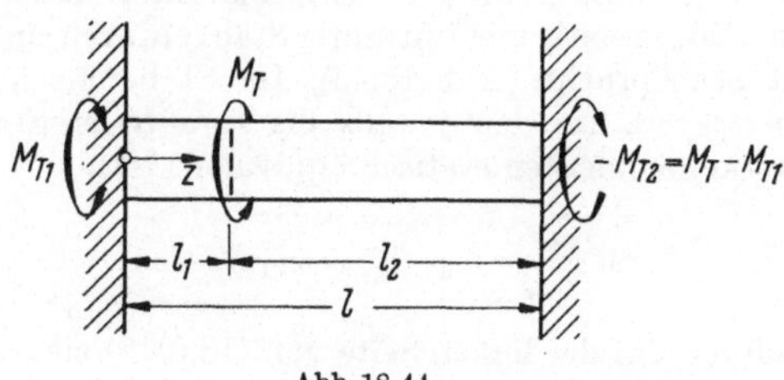

Abb. 18.44

1. *Grenzfall*: $\lambda \to \infty$ (Keine Berücksichtigung der Wölbverhinderung, d.h. wie reine Torsion zu rechnen). Es gilt

$$\vartheta_1 = \frac{M_{T1}}{GJ_T}, \quad \beta_1 = \int_0^z \vartheta_1 \, dz^* = \frac{M_{T1}}{GJ_T} z, \quad \vartheta_2 = \frac{M_{T2}}{GJ_T}, \quad \beta_2 = \int_l^z \vartheta_2 \, dz^* = \frac{M_{T2}}{GJ_T}(z - l).$$

Übergangsbedingung: $\beta_1 = \beta_2$ für $z = l_1$, daraus $M_{T1} l_1 = -M_{T2} l_2$ und wegen $M_{T2} = M_{T1} - M_T$ ergibt sich $M_{T1}/M_T = l_2/l$, $M_{T2}/M_T = -l_1/l$, d.h. die Teilmomente verhalten sich umgekehrt wie die Stablängen; ferner wird

$$\beta_{\max} = (\beta_1)_{z=l_1} = \frac{M_T l_1 l_2}{GJ_T l}.$$

2. *Grenzfall*: $\lambda \to 0$ (Stab ist hinsichtlich der reinen Torsion völlig torsionsschlaff). Es gelten folgende Bedingungen. Für $z = 0$: $\vartheta = 0$, $\beta = 0$; für $z = l_1$: $\vartheta_1' = \vartheta_2'$, $\vartheta_1 = \vartheta_2$, $\beta_1 = \beta_2$; für $z = l$: $\vartheta = 0$, $\beta = 0$; $M_{T2} = M_{T1} - M_T$. Hiermit folgen:

$$\frac{EJ_{\omega\omega}}{1-\nu^2}\vartheta_1'' = -M_{T1}, \quad \frac{EJ_{\omega\omega}}{1-\nu^2}\vartheta_1' = M_{T1}(C_1 - z), \quad \frac{EJ_{\omega\omega}}{1-\nu^2}\vartheta_1 = M_{T1}\left(C_1 z - \frac{z^2}{2}\right),$$

$$\frac{EJ_{\omega\omega}}{1-\nu^2}\beta_1 = M_{T1}\left(\frac{C_1}{2} z^2 - \frac{z^3}{6}\right), \quad \frac{EJ_{\omega\omega}}{1-\nu^2}\vartheta_2'' = -M_{T2}, \quad \frac{EJ_{\omega\omega}}{1-\nu^2}\vartheta_2' = M_{T2}(C_2 - z),$$

$$\frac{EJ_{\omega\omega}}{1-\nu^2}\vartheta_2 = M_{T2}\left[C_2(z-l) - \frac{z^2}{2} + \frac{l^2}{2}\right],$$

$$\frac{EJ_{\omega\omega}}{1-\nu^2}\beta_2 = M_{T2}\left[\frac{C}{2}(z-l)^2 - \frac{z^3}{6} + \frac{l^2 z}{2} - \frac{l^3}{3}\right];$$

aus den Bedingungen für $z = l_1$ ergeben sich:

$$C_1 = \frac{l l_1}{3l_1 + l_2}, \quad C_2 = l - \frac{l l_2}{l_1 + 3l_2},$$

$$-\frac{M_{T1}}{M_{T2}} = \frac{l_2^2(3l_1 + l_2)}{l_1^2(l_1 + 3l_2)}, \quad \frac{M_{T1}}{M_T} = \frac{l_2^2}{l^3}(3l_1 + l_2), \quad \frac{M_{T2}}{M_T} = -\frac{l_1^2}{l^3}(l_1 + 3l_2),$$

$$\beta_{\max} = (\beta)_{z=l_1} = \frac{(1-\nu^2)M_T}{3EJ_{\omega\omega}}\left(\frac{l_1 l_2}{l}\right)^3,$$

$$\sigma_{\max} = (\sigma_z)_{z=0} = \frac{M_T \omega_{\max} l_1 l_2^2}{J_{\omega\omega} l^2} \quad \text{bzw.} \quad (\sigma_z)_{z=l} = \frac{M_T \omega_{\max} l_1^2 l_2}{J_{\omega\omega} l^2}.$$

Für $l_1/l = 1/4$, $l_2/l = 3/4$ folgen im 1. Grenzfall $M_{T1}/M_T = 3/4$, $M_{T2}/M_T = -1/4$, bzw. im 2. Grenzfall $M_{T1}/M_T = 27/32$, $M_{T2}/M_T = -5/32$.

18.10.5 Einseitig wölbverhindert eingespannter Stab mit konstantem Streckenmoment. Ein einseitig eingespannter Stab sei durch ein konstant verteiltes Torsionsmoment beansprucht (Abb. 18.45). Im Stabquerschnitt wird ein Torsionsmoment übertragen, das den jeweils bis zum freien Stabende von außen eingeleiteten Streckenmomenten statisch äquivalent ist:

$$M_T = \int_{z^*=z}^{l} m_T \, dz^* = m_T(l - z).$$

Wird dieser Ausdruck auf der linken Seite von (18.9/12) eingesetzt, so zeigt sich, daß die Lösung (18.9/14) der Differentialgleichung unverändert übernommen werden kann. Wie im Beispiel 18.10.1 gelten die Bedingungen $\vartheta = 0$ und $\beta = 0$ für $z = 0$, sowie $\vartheta' = 0$ für $z = l$. Damit folgen: $m_T l + K_1 = 0$; $-m_T + \lambda [K_1 \sinh(\lambda l) + K_2 \cosh(\lambda l)] = 0$; $K_1 = -m_T l$, $K_2 = m_T [1 + \lambda l \sinh(\lambda l)]/[\lambda \cosh(\lambda l)]$,

$$\vartheta = \frac{m_T l}{GJ_T}\left[1 - \frac{\cosh(\lambda l - \lambda z)}{\cosh(\lambda l)} - \frac{z}{l} + \frac{\sinh(\lambda z)}{\lambda l \cosh(\lambda l)}\right],$$

$$\beta = \frac{m_T l}{GJ_T}\left[z + \frac{\sinh(\lambda l - \lambda z) - \sinh(\lambda l)}{\lambda \cosh(\lambda l)} - \frac{z^2}{2l} + \frac{\cosh(\lambda z) - 1}{\lambda^2 l \cosh(\lambda l)}\right],$$

$$\sigma_z = \frac{E\vartheta'\omega}{1 - \nu^2} = \frac{m_T l \omega}{J_{\omega\omega}\lambda}\left[\frac{\sinh(\lambda l - \lambda z)}{\cosh(\lambda l)} - \frac{1}{\lambda l} + \frac{\cosh(\lambda z)}{\lambda l \cosh(\lambda l)}\right],$$

$$\beta_{\max} = (\beta)_{z=l} = \frac{m_T l^2}{GJ_T}\left[\frac{1}{2} - \frac{\tanh(\lambda l)}{\lambda l} + \frac{1}{(\lambda l)^2} - \frac{1}{(\lambda l)^2 \cosh(\lambda l)}\right],$$

$$\sigma_{\max} = \frac{m_T l \omega_{\max}}{J_{\omega\omega}\lambda}\left[\tanh(\lambda l) - \frac{1}{\lambda l} + \frac{1}{\lambda l \cosh(\lambda l)}\right].$$

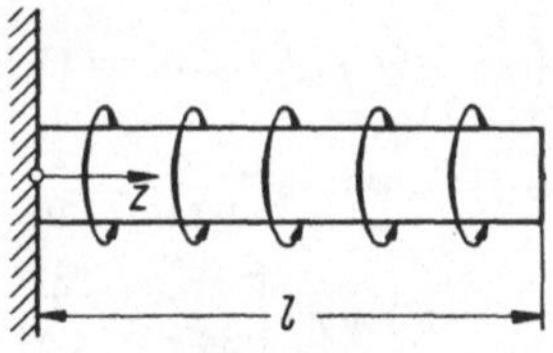

Abb. 18.45

Im *Grenzfall* $\lambda \to 0$ geht die Differentialgleichung (18.9/13) über in $\vartheta'' = -\frac{(1 - \nu^2)\, m_T l}{EJ_{\omega\omega}}\left(1 - \frac{z}{l}\right)$. Durch Integration folgen bei Berücksichtigung der Randbedingungen:

$$\vartheta = \frac{(1 - \nu^2)\, m_T l}{EJ_{\omega\omega}}\left[\frac{zl}{2} - \frac{z^2}{2} + \frac{z^3}{6l}\right],$$

$$\beta = \frac{(1 - \nu^2)\, m_T l}{EJ_{\omega\omega}}\left[\frac{l}{4} z^2 - \frac{z^3}{6} + \frac{z^4}{24l}\right], \quad \sigma_z = \frac{m_T l^2 \omega}{J_{\omega\omega}}\left[\frac{1}{2} - \frac{z}{l} + \frac{z^2}{2l^2}\right],$$

$$\beta_{\max} = \frac{(1 - \nu^2)\, m_T l^4}{8EJ_{\omega\omega}}, \quad \sigma_{\max} = \frac{m_T l^2 \omega_{\max}}{2J_{\omega\omega}}.$$

18.10.6 Beiderseits wölbverhindert eingespannter Stab mit konstantem Streckenmoment. Ist der Stab beiderseits wölbverhindert eingespannt (Abb. 18.46), so gilt $M_T = M_{T1} - m_T z$. Hierbei ist das Einspannmoment am linken

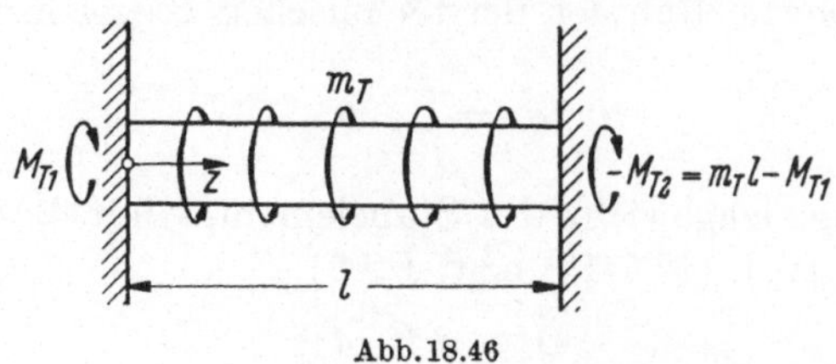

Abb. 18.46

Stabende mit M_{T1} bezeichnet (statisch unbestimmte Größe). An beiden Stabenden gilt $\vartheta = 0$ und $\beta = 0$. Auf Grund der Symmetrie kann $M_{T1} = m_T l/2$ gefolgert werden. Nach Anpassung von (18.9/14) an die Randbedingungen ergibt sich:

$$\beta = \frac{m_T l}{GJ_T}\left[\frac{z}{2} - \frac{z^2}{2l} + \frac{\cosh(\lambda z - \lambda l/2) - \cosh(\lambda l/2)}{2\lambda \sinh(\lambda l/2)}\right],$$

$$\vartheta = \frac{m_T l}{GJ_T}\left[\frac{1}{2} - \frac{z}{l} + \frac{\sinh(\lambda z - \lambda l/2)}{2\sinh(\lambda l/2)}\right],$$

$$\vartheta' = \frac{m_T}{GJ_T}\left[-1 + \frac{\lambda l \cosh(\lambda z - \lambda l/2)}{2\sinh(\lambda l/2)}\right],$$

$$\beta_{\max} = (\beta)_{z=l/2} = \frac{m_T l^2}{8GJ_T}\left[1 - \frac{\tanh(\lambda l/4)}{(\lambda l/4)}\right],$$

$$\sigma_{\max} = (\sigma_z)_{z=0} = \frac{m_T l \omega_{\max}}{2J_{\omega\omega}\lambda}\left[\coth(\lambda l/2) - \frac{1}{(\lambda l/2)}\right];$$

bzw. im *Grenzfall* $\lambda = 0$:

$$EJ_{\omega\omega}\vartheta'' = -(1-\nu^2)\, m_T l\left(\frac{1}{2} - \frac{z}{l}\right), \quad EJ_{\omega\omega}\vartheta' = (1-\nu^2)\, m_T l^2\left[\frac{1}{12} - \frac{z}{2l} + \frac{z^2}{2l^2}\right],$$

$$EJ_{\omega\omega}\vartheta = (1-\nu^2)\, m_T l^3\left[\frac{z}{12l} - \frac{z^2}{4l^2} + \frac{z^3}{6l^3}\right],$$

$$EJ_{\omega\omega}\beta = (1-\nu^2)\, m_T l^4\left[\frac{z^2}{24l^2} - \frac{z^3}{12l^3} + \frac{z^4}{24l^4}\right],$$

$$\beta_{\max} = \frac{(1-\nu^2)\, m_T l^4}{384EJ_{\omega\omega}}, \quad \sigma_{\max} = \frac{m_T l^2 \omega_{\max}}{12J_{\omega\omega}}.$$

19 Querschub

Die in biegebeanspruchten prismatischen Stäben auftretende Querkraft ist Resultierende der *Querschubspannungen*, die — ähnlich den Torsionsschubspannungen — in Quer- und Längsschnitten wirken.

19.1 Vollquerschnitte

Mit der z-Achse als Stabachse und den x, y-Achsen als Biegungshauptachsen ($J_{xy} = 0$) gilt für die durch das Biegemoment M_x erzeugte Normalspannung im Rahmen der technischen Biegelehre (vgl. 17.5.2)

$$\sigma_z = \frac{M_x}{J_{xx}}\, y. \tag{19.1/1}$$

Das Momentengleichgewicht des Stabelementes mit Bezug auf die x-Achse verlangt [vgl. (17.7/15) bzw. I.9.2]

$$Q_y = dM_x/dz. \tag{19.1/2}$$

Hierbei ist die Querkraft in y-Richtung mit Q_y bezeichnet. Damit gilt

$$\frac{\partial \sigma_z}{\partial z} = \frac{y}{J_{xx}} \frac{dM_x}{dz} = \frac{Q_y}{J_{xx}} y. \tag{19.1/3}$$

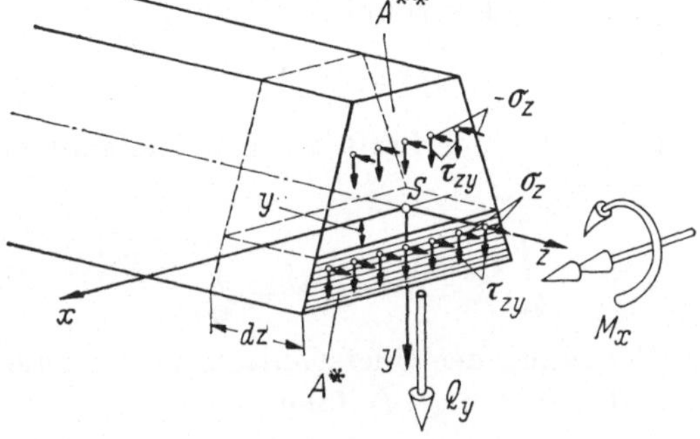

Abb. 19.1

Ein Stabelement (Länge dz, Abb. 19.1) sei durch einen Längsschnitt $y = \text{const}$ in zwei kleine Prismen mit den Querschnittsflächen A^{**} (oben) und A^* (unten) zerlegt. In den Querschnitten wirken außer den Biegespannungen σ_z die Querschubspannungen τ_{zy}, im Längsschnitt die zugeordneten Schubspannungen $\tau_{yz} = \tau_{zy}$ (die Schubspannungen $\tau_{zx} = \tau_{xz}$ liefern zur Querkraft Q_y keinen Beitrag und sind in Abb. 19.1 und 19.2 nicht eingezeichnet). Für die am Prisma mit der Querschnittsfläche A^* angreifenden Kräfte (Abb. 19.2) gilt als Gleichgewichtsbedingung in z-Richtung und mit $\bar{\tau}_{yz} = \bar{\tau}_{zy}$ als dem auf die Schnittbreite bezogenen Mittelwert der Querschubspannungen:

$$\int_{(A^*)} \left(\sigma_z + \frac{\partial \sigma_z}{\partial z} dz\right) dA - \int_{(A^*)} \sigma_z dA - \bar{\tau}_{yz} t\, dz = 0.$$

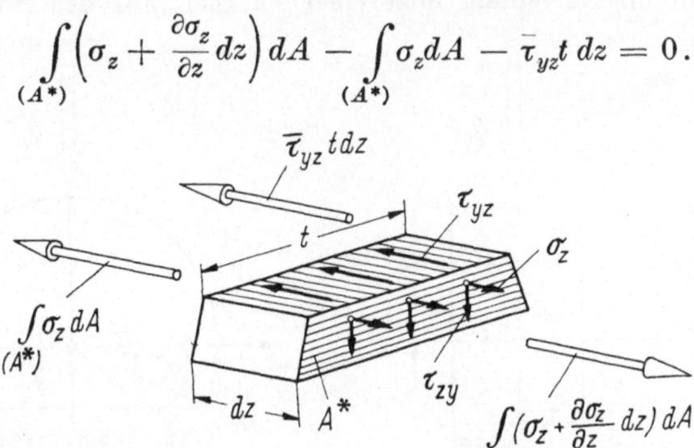

Abb. 19.2

Nach Einsetzen von (19.1/3) folgt

$$\bar{\tau}_{zy} = \frac{Q_y s_x^*}{t J_{xx}} = -\frac{Q_y s_x^{**}}{t J_{xx}}. \tag{19.1/4}$$

Hierbei sind

$$s_x^* = \int_{(A^*)} y\, dA\,, \quad s_x^{**} = \int_{(A^{**})} y\, dA \tag{19.1/5}$$

die *statischen Momente* der Flächen A^* und $A^{**} = A - A^*$ bezüglich der x-Achse. Wegen der Schwerpunktbedingung $\int_{(A)} y\, dA = 0$ gilt

$$s_x^{**} = -s_x^*. \tag{19.1/6}$$

Zur Kontrolle sei die Querkraft als Resultierende der Querschubspannungen nachgewiesen:

$$Q_y = \int_{(A)} \bar{\tau}_{zy}\, dA = -\frac{Q_y}{J_{xx}} \int_{(A)} \frac{s_x^{**}}{t}\, dA\,.$$

Mit $dA = t\, dy$ (Zerlegung des Querschnittes in schmale Streifen mit der Breite dy und der Länge t) folgt

$$-\int_{(A)} s_x^{**}\, dy = \int_{(A)} [-d(s_x^{**} y) + y\, ds_x^{**}] = J_{xx}\,,$$

denn der erste Teil des Integranden liefert Null (Eindeutigkeit) und der zweite führt wegen $ds_x^{**} = y\, dA$ zur Übereinstimmung mit (17.1/9).

19.2 Beispiele

19.2.1 Rechteckquerschnitt. Beim Rechteck (Abb. 19.3) gilt $t = \text{const}$, und mit $dA = t\, dy$ folgen: $J_{xx} = \int_{-h/2}^{h/2} y^2 t\, dy = bh^3/12$, $s_x^* = \int_{y^*=y}^{h/2} y^* t\, dy^* = t(h^2/8 - y^2/2)$.

Mit $\tau_m = Q/A = Q/(ht)$ als Mittelwert ergibt sich $\bar{\tau}_{zy} = \tau_m \left(\frac{3}{2} - \frac{6y^2}{h^2}\right)$.

Die Schubspannungsverteilung folgt einer Parabel. Für den Höchstwert gilt $\tau_{\max} = 1{,}5\tau_m$.

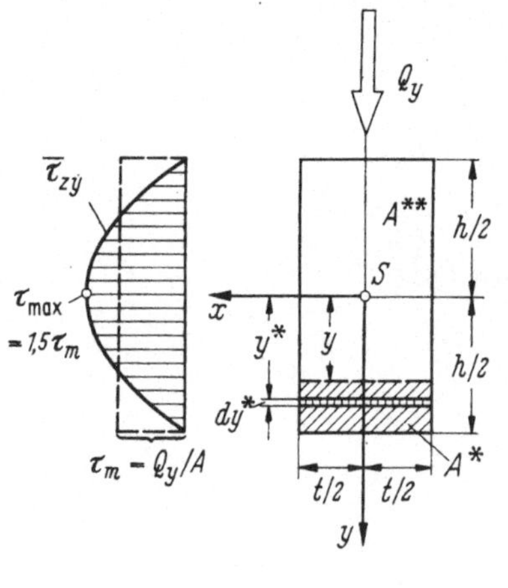

Abb. 19.3

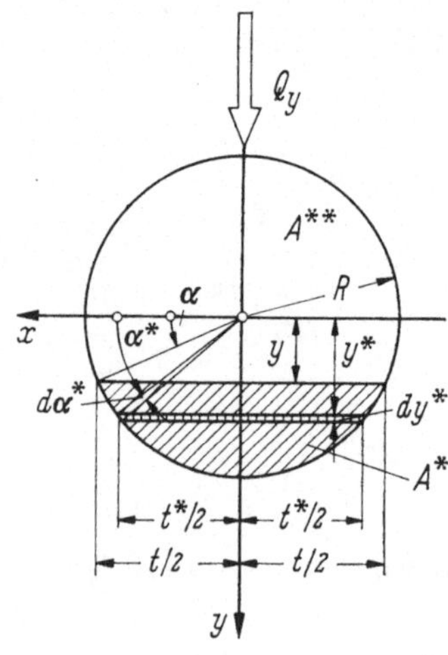

Abb. 19.4

19.2.2 Kreisquerschnitt. Für den Kreis (Abb. 19.4) mit der Parameterdarstellung $t = 2R\cos\alpha$, $y = R\sin\alpha$ folgen $dA = t\,dy = 2R^2\cos^2\alpha\,d\alpha$, $J_{xx} = 2R^4\int\limits_{\alpha=-\pi/2}^{\pi/2}\sin^2\alpha\cos^2\alpha\,d\alpha = \pi R^4/4$, $s_x^* = 3R^3\int\limits_{\alpha^*=\alpha}^{\pi/2}\sin\alpha^*\cos^2\alpha^*\,d\alpha^* = \frac{2}{3}R^3\cos^3\alpha$, $\tau_m = Q_y/A = Q_y/(\pi R^2)$, $\tau_{\max} = 4\tau_m/3$.

19.2.3 Elliptischer Querschnitt. Für die Ellipse (Abb. 19.5) mit der Parameterdarstellung $t = 2b\cos\alpha$, $y = a\sin\alpha$ folgen $dA = 2ab\cos^2\alpha\,d\alpha$, $J_{xx} = \pi a^3 b/4$, $s_x^* = \frac{2}{3}a^2 b\cos^3\alpha$, $\tau_m = Q/A = Q/(\pi ab)$, $\tau_{\max} = 4\tau_m/3$.

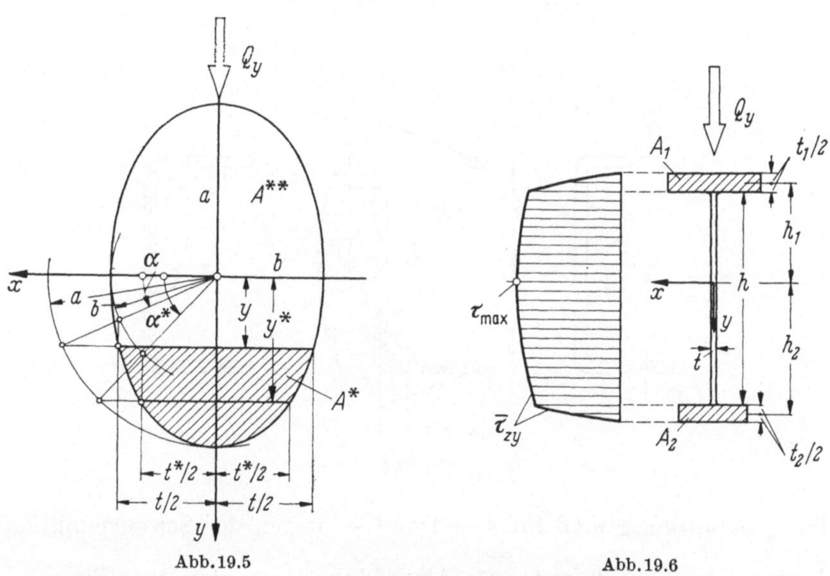

Abb. 19.5 Abb. 19.6

19.2.4 I-Querschnitt. Für den einfach symmetrischen Querschnitt in Abb. 19.6 gilt

$$A_1 h_1 + t(h_1 - t_1/2)^2/2 = A_2 h_2 + t(h_2 - t_2/2)^2/2 \text{ (für Schwerpunkt)},$$

$$J_{xx} = A_1(h_1^2 + t_1^2/12) + A_2(h_2^2 + t_2^2/12) + t[(h_1 - t_1/2)^3 + (h_2 - t_2/2)^3]/3$$

[vgl. hierzu (17.2/9)], $s_x^* = A_2 h_2 + t[(h_2 - t_2/2)^2 - y^2]/2$ [für $-(h_1 - t_1/2) \leq y \leq (h_2 - t_2/2)$]; *gebräuchliche Näherung* (für $t_1 \ll h_1 \ll A_1/t$, $t_2 \ll h_2 \ll A_2/t$):

$$\tau_{\max} \approx Q_y/(th),$$

d.h. *man kann so rechnen, als ob der Steg allein die Querkraft aufnimmt.*

19.3 Dünnwandige Querschnitte

19.3.1 Einfach zusammenhängende dünnwandige Querschnitte. Die Wandkoordinate s folge der Wandmittellinie, Anfangspunkt H und Endpunkt K an den beiden Profilrändern (Abb. 19.7). Mit Verwendung des statischen Momentes der von $s^* = 0$ bis $s^* = s$ durchlaufenen

Teilfläche des Querschnittes [an Stelle von s_x^* in (19.1/5) mit $dA = t ds^*$]

$$s_x = \int_{s^*=0}^{s} y t ds^* \tag{19.3/1}$$

folgt — wie in 19.1 — aus dem Gleichgewicht des bei $s^* = s$ abgeschnittenen Prismas für den *Querschubfluß* an dieser Stelle (Vorzeichenumkehr, weil nun τ in s-Richtung positiv zählt)

$$T = \tau t = -\frac{Q_y s_x}{J_{xx}}. \tag{19.3/2}$$

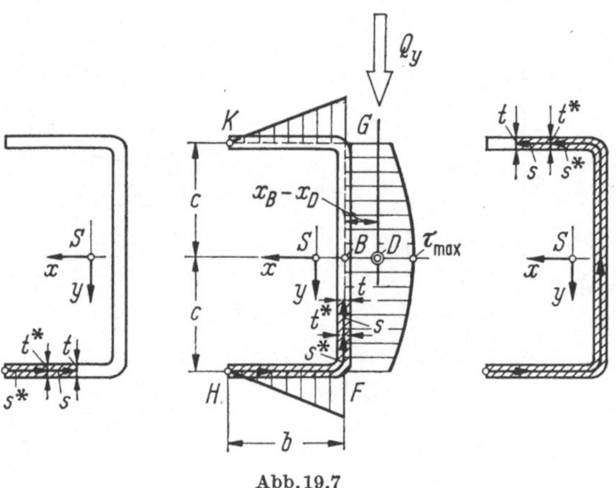

Abb. 19.7

Da s_x definitionsgemäß für $s = 0$ und — wegen der Schwerpunktbedingung $\int_{s=0}^{l} yt\, ds = 0$ mit l als Abwicklungslänge der Mittellinie — auch für $s = l$ verschwindet, sind die Profilränder unbelastet, wie verlangt werden muß.

Zur Kontrolle sei die Querkraft als Resultierende des Querschubflusses nachgewiesen: $Q_y = \int_{s=0}^{l} T\left(\frac{dy}{ds}\right) \cdot ds = \int_{s=0}^{l} [d(Ty) - y\, dT]$. Der erste Teil des Integranden verschwindet wegen $T = 0$ an beiden Rändern, der zweite liefert mit Bezug auf (19.3/2) wegen $dT = -\frac{Q_y}{J_{xx}} yt\, ds$ und der Definitionsgleichung $J_{xx} = \int_{s=0}^{l} y^2 t\, ds$ den Wert Q_y.

19.3.2 Zweifach zusammenhängende dünnwandige Querschnitte. Mit Bezug auf (18.9/3), sowie auf Abb. 18.9 und 18.41 gilt ohne Vorhandensein von Querwänden bzw. Spanten $q_s = q_n = 0$ und damit $S_s = 0$, $T = T(s)$, ferner $\partial T/\partial s + t\, \partial\sigma_z/\partial z = 0$. Nach Einsetzen von (19.1/3) folgt

$$T = \frac{Q_y}{J_{xx}}(C - s_x). \tag{19.3/3}$$

Hierbei gilt für s_x wieder die Definitionsgleichung (19.3/1), d.h. s_x ist das statische Moment der von $s^* = 0$ (frei wählbarer Anfangspunkt H) bis $s^* = s$ reichenden Teilfläche. Die Integrationskonstante C ist statisch unbestimmt (sie repräsentiert den im Anfangspunkt H herrschenden Schubfluß). Zu ihrer Berechnung diene das Arbeitsprinzip mit dem virtuellen Torsionsschubfluß $\overset{(v)}{T} = \text{const}$. Da keine wirkliche Torsion vorliegt, gilt $\vartheta = 0$, so daß vom virtuellen Torsionsmoment keine Arbeit geleistet wird. Daraus folgt $\oint \overset{(v)}{T}\gamma\, dA/t = \oint \overset{(v)}{T} T\, ds/(Gt) = 0$ oder

$$\oint T\frac{ds}{t} = 0. \tag{19.3/4}$$

Nach Einsetzen von (19.3/3) ergibt sich

$$C = K/\Lambda \tag{19.3/5}$$

mit den Bezeichnungen

$$\oint \frac{ds}{t} = \Lambda, \quad \oint s_x \frac{ds}{t} = K.$$

Die Darstellung der Querkraft als Resultierende der Querschubspannungen führt auf $Q_y = \oint T\, dy = \frac{Q_y}{J_{xx}} \oint (C - s_x)\, dy = \frac{Q_y}{J_{xx}} \oint \{d[(C - s_x)y] + y\, ds_x\}$. Der erste Teil des Integranden liefert Null (Eindeutigkeit), der zweite führt auf die Definitionsgleichung von J_{xx}.

19.3.3 Drei- und mehrfach zusammenhängende dünnwandige Querschnitte. Bei beliebig zusammenhängenden Querschnittsformen gilt (19.3/3) für jede Wand. Damit an den Verzweigungsstellen das Gleichgewicht gewährleistet ist, muß die Summe der ankommenden Schubflüsse gleich der Summe der weggehenden Schubflüsse sein (vgl. Abb. 18.12 und 18.13). Für die Koordinate s sind ausreichend viele Anfangspunkte zu wählen, und der s_x-Wert hinter einem Verzweigungspunkt ist jeweils der Summe der s_x-Werte auf den vor demselben Verzweigungspunkt zusammenkommenden Wegen gleichzusetzen (Abb. 19.8). An Stelle der Integrationskonstanten sind die Differenzen $T_\beta^* - T_\gamma^*$ der konstanten Torsionszellenschubflüsse in den beiderseits der jeweiligen Wand liegenden Zellen einzuführen (β und γ sind Zellennummern, vgl. 18.4). An die Stelle von (19.3/3) tritt dann

$$T_{\beta\gamma} = \frac{Q_y}{J_{xx}}(T_\beta^* - T_\gamma^* - s_x). \tag{19.3/6}$$

Hierbei ist der Wandschubfluß $T_{\beta\gamma}$ in Richtung von T_β^* positiv definiert, während T_β^* einem positiven Zellenumlauf folgt (vgl. 18.4). Bei n

Zellen, d.h. bei $(n+1)$-fachem Zusammenhang, sind n statisch unbestimmte Zellenschubflüsse zu ermitteln. Hierzu diene das Arbeitsprinzip mit dem konstanten virtuellen Zellenschubfluß $\overset{(v)}{T}{}^*_\beta$. Da das zugehörige virtuelle Torsionsmoment wegen $\vartheta = 0$ keine Arbeit leistet, folgt $\oint\limits_{(\beta)} \overset{(v)}{T}{}^*_\beta T_{\beta\gamma} \frac{ds}{t} = 0$ oder nach Division durch $\overset{(v)}{T}{}^*_\beta$ und Einsetzen von (19.3/6):

$$\Lambda_\beta T^*_\beta - \sum_\gamma \Lambda_{\beta\gamma} T^*_\gamma = K_\beta \quad \text{für } \beta = 1, 2, \ldots, n. \tag{19.3/7}$$

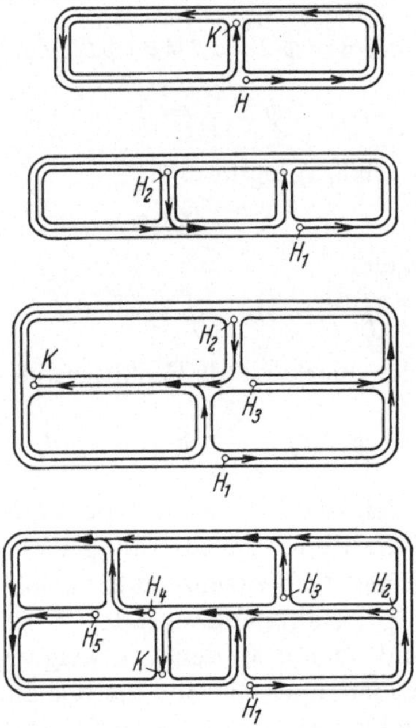

Abb. 19.8

Hierbei durchläuft γ die Nummern der Zellen, die an Zelle β angrenzen. Es gelten die Bezeichnungen (vgl. 18.4):

$$\oint\limits_{(\beta)} \frac{ds}{t} = \Lambda_\beta, \quad \int\limits_{(\beta,\gamma)} \frac{ds}{t} = \Lambda_{\beta\gamma}, \quad \oint\limits_{(\beta)} s_x \frac{ds}{t} = K_\beta. \tag{19.3/8}$$

Nach Ermittlung der n Unbekannten T^*_β aus den n linearen Gleichungen (19.3/7) ergeben sich die Schubflüsse aus (19.3/6). Der Nachweis der Querkraft als Resultierende der Querschubflüsse läßt sich wie in 19.3.2 durchführen.

19.3.4 Schubmittelpunkt und Drehpol. Bei torsionsfreier Biegung geht die Wirkungslinie der Querkraft durch den sog. Schubmittelpunkt, der im allgemeinen nicht mit dem Querschnittsschwerpunkt zusammenfällt. Wird der Querschubfluß mit T_Q und der Torsionsschubfluß mit T_T gekennzeichnet, so ist bei linearem Elastizitätsgesetz $T_Q/(Gt)$ die Querschubwinkeländerung und $T_T/(Gt)$ die Torsionswinkeländerung. Die Arbeit des Torsionsschubflusses bei gleichzeitig auftretendem Querschub an der Querschubwinkeländerung ist $\int\limits_{(A)} T_T T_Q \, ds/(Gt)$; dieser Betrag repräsentiert zugleich die Arbeit des Querschubflusses an der Torsionswinkeländerung. Zufolge des Arbeitssatzes muß dieser Arbeitsbetrag gleich der Arbeit des Torsionsmomentes und damit gleich Null sein, denn bei Querschub tritt (im Rahmen der hier geltenden vereinfachenden Voraussetzungen) keine Drehung auf. Hieraus folgt, daß auch die (gemäß dem Arbeitssatz gleich große) Arbeit der Querkraft verschwindet, d.h. ihr Angriffspunkt erfährt bei Torsion keine Verschiebung. Der einzige Querschnittspunkt, der sich bei Torsion nicht verschiebt, ist aber der Drehpol. Für die konsequente Aufspaltung des Spannungszustandes in reine Torsion einerseits und torsionsfreie Biegung andererseits ergeben sich daher zwei Bedingungen:

1. Es verschwindet die Mischarbeit:

$$\int\limits_{(A)} T_Q T_T \frac{ds}{t} = 0. \tag{19.3/9}$$

2. Schubmittelpunkt und Drehpol fallen zusammen.

Dieser Sachverhalt wurde von C. Weber und E. Trefftz[1] aufgedeckt. Der Schubmittelpunkt bzw. Drehpol kann hiernach sowohl aus der fiktiven Verwölbung (vgl. 18.3), als auch aus der Verteilung der Querschubflüsse ermittelt werden. Da die Wirkungslinie der Querkraft durch den Schubmittelpunkt geht, verschwindet das resultierende Moment der Querschubflüsse mit Bezug auf den Schubmittelpunkt, d.h. es gilt $\int\limits_{(A)} T_Q \tilde{r} \, ds = 0$, oder mit Anwendung von (18.2/24), sowie mit $\int\limits_{(A)} T_Q \, dx = Q_x$, $\int\limits_{(A)} T_Q \, dy = Q_y$:

$$(x_D - x_B) Q_y - (y_D - y_B) Q_x = \int\limits_{(A)} T_Q \tilde{r}^* \, ds. \tag{19.3/10}$$

Auf der rechten Seite steht hier das resultierende Moment der Querschubflüsse mit Bezug auf den frei wählbaren Punkt B, auf der linken Seite treten die Koordinatendifferenzen des Drehpoles gegenüber B auf. Liegt die Querschubverteilung z.B. für Q_y vor — wie in 19.3.1 bis 19.3.3 beschrieben — so liefert (19.3/10) die Koordinatendifferenz $x_D - x_B$. Das wirkliche Verschwinden von Q_x ist dann eine Folge der Voraussetzung, daß die x, y-Achsen Biegungshauptachsen sind; denn

[1] Erich Trefftz (geb. 1888 in Leipzig, gest. 1937 in Dresden).

es folgt

$$Q_x = \int_{(A)} T_Q \, dx = \int_{(A)} [d(T_Q x) - x \, dT_Q] = \frac{Q_y}{J_{xx}} \int_{(A)} x s_x \, dA .$$

Das auftretende Integral ist gleich $-J_{xy}$ und verschwindet voraussetzungsgemäß. Nach Ermittlung der Querschubverteilung für Q_x liefert (19.3/10) die Koordinatendifferenz $y_D - y_B$.

Zur Kontrolle sei noch eine andere Art der Beweisführung angegeben, die sich auf (18.2/15) mit $\gamma = T_T/(Gt)$ stützt:

$$\int_{(A)} T_Q \tilde{r} \, ds = \int_{(A)} T_Q [T_T/(G \vartheta t) \, ds - d\omega] .$$

Der erste Teil des Integranden verschwindet wegen (19.3/9). Der Rest geht über in

$$-\int_{(A)} T_Q \, d\omega = \int_{(A)} [-d(T_Q \omega) + \omega \, dT_Q] .$$

Der erste Teil dieses Integranden liefert Null (Eindeutigkeit), der zweite führt bis auf den Faktor $-Q_y/J_{xx}$ auf das Integral $\int_{(A)} \omega y \, dA$, dessen Verschwinden als eine der Bestimmungsgleichungen für den Drehpol eingeführt wurde [vgl. (18.3/1)].

19.4 Beispiele

19.4.1 U-Profil. Für ein U-Profil mit konstanter Wandstärke (Abb. 18.27 und 19.7) mit der Symmetrieachse als x-Achse und dem Bezugspunkt B in Stegmitte ergeben sich die in nachstehender Tabelle angegebenen Werte:

Wand	y	s_x	dy	$\int s_x dy$	$\tilde{r}^*$	$\int s_x \tilde{r}^* \, ds$
$H - F$	c	cst	0	0	c	$b^2 c^2 t/2$
$F - G$	$b + c - s$	$[c^2 + 2bc - (s - b - c)^2] \, t/2$	$-ds$	$-2(b + c/3) \, c^2 t$	0	0
$G - K$	$-c$	$c(2b + 2c - s) \, t$	0	0	c	$b^2 c^2 t/2$
			Σ	$-2(b + c/3) \, c^2 t = -J_{xx}$	Σ	$b^2 c^2 t$

Es folgt $x_D - x_B = \int_{s=0}^{l} \tau t \tilde{r}^* \, ds/Q_y = \int_{s=0}^{l} s_x \tilde{r}^* \, ds \Big/ \int_{s=0}^{l} s_x \, dy = -\frac{b^2}{2b + 2c/3}$. Die Schubspannungsverteilung (proportional s_x) zeigt Abb. 19.7, Mitte.

19.4.2 Halbkreisprofil. Für das Halbkreisprofil (Abb. 18.24 und 19.9) gilt mit der Symmetrieachse als x-Achse und dem Kreismittelpunkt als Bezugspunkt B:

$x = x_B + a\cos\alpha,\ y = a\sin\alpha,\ ds = a\,d\alpha,\ \tilde{r}^* = a,$

$$s_x = \int_{\alpha^*=-\pi/2}^{\alpha} a^2 t \sin\alpha^*\, d\alpha^* = -a^2 t\cos\alpha, \quad \int_{\alpha^*=-\pi/2}^{\pi/2} s_x\, dy = -\pi a^3 t/2 = -J_{xx},$$

$$\int_{\alpha=-\pi/2}^{\pi/2} s_x \tilde{r}^*\, ds = -2a^4 t, \quad x_D - x_B = \int_{s=0}^{l} \tau t \tilde{r}^*\, ds/Q_y = \int_{\alpha=-\pi/2}^{\pi/2} s_x \tilde{r}^*\, d\alpha \Bigg/ \int_{\alpha=-\pi/2}^{\pi/2} s_x\, dy = \frac{4a}{\pi}.$$

Man beachte die Übereinstimmung von x_D mit dem in 18.6.10 auf anderem Wege gefundenen Wert.

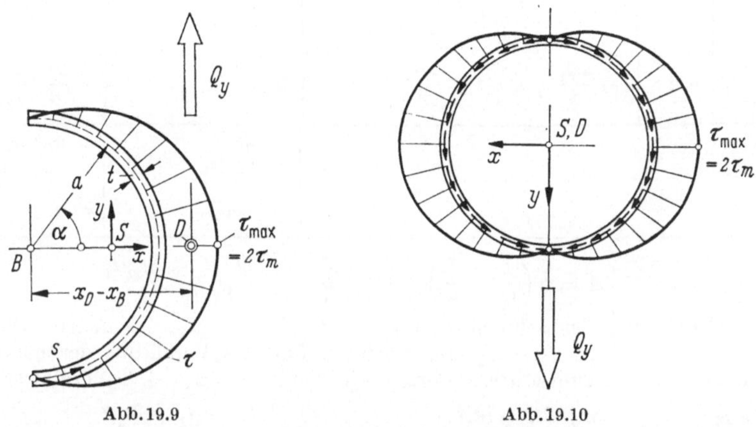

Abb. 19.9 Abb. 19.10

19.4.3 Dünnwandiges Rohr mit Kreisquerschnitt. Beim dünnwandigen Rohr mit Kreisquerschnitt (Abb. 19.10) ergibt sich dieselbe Spannungsverteilung wie beim Halbkreisprofil, so daß $\tau_{max} = 2\tau_m$ mit $\tau_m = Q_y/A$ und $A = 2\pi a t$ gilt.

19.4.4 Kastenquerschnitt. Für den quadratischen Kastenquerschnitt mit den Wandstärken t_1 (auf einer Seite) und t_2 (auf drei Seiten) folgen mit den Bezeichnungen von Abb. 19.11 und 18.17:

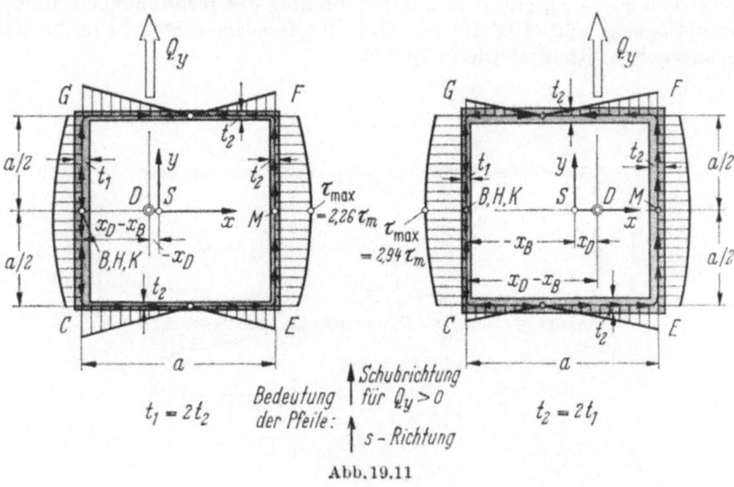

Abb. 19.11

Wand	t	y	s_x	dy	$\int s_x\,dy$	$\int s_x\,ds/t$	$\tilde{r}^*$
$G-C$	t_1	$-s$	$-s^2t/2$	$-ds$	$a^3t_1/24$	$-a^3/24$	0
$C-E$	t_2	$-a/2$	$-\frac{a^2t_1}{8}-\frac{a}{2}\left(s-\frac{a}{2}\right)t_2$	0	0	$-\frac{a^3}{8}\left(\frac{t_1}{t_2}+2\right)$	$a/2$
$E-F$	t_2	$s-2a$	$-\frac{a^2t_1}{8}+\frac{(s-2a)^2t_2}{2}$ $-\frac{5a^2t_2}{8}$	ds	$-\frac{a^3}{24}(3t_1+14t_2)$	$-\frac{a^3}{24}\left(\frac{3t_1}{t_2}+14\right)$	a
$F-G$	t_2	$a/2$	$-\frac{a^2t_1}{8}-\frac{7a^2t_2}{4}+\frac{ast_2}{2}$	0	0	$-\frac{a^3}{8}\left(\frac{t_1}{t_2}+2\right)$	$a/2$
				Σ	$-\frac{a^3}{12}(t_1+7t_2)$ $=-J_{xx}$	$-\frac{3a^3}{8}\left(\frac{t_1}{t_2}+3\right)$ $=K$	

$$\Lambda = a\left(\frac{1}{t_1}+\frac{3}{t_2}\right), \quad C=\frac{K}{\Lambda}=-\frac{3a^2(t_1+3t_2)\,t_1}{8(3t_1+t_2)}.$$

Die Verteilung der Schubspannung $\tau = Q_y(C-s_x)/J_{xx}$ ist in Abb. 19.11 für $t_1 = 2t_2$, sowie für $t_2 = 2t_1$ eingezeichnet. Für das Verhältnis der maximalen Schubspannung zum Mittelwert $\tau_m = Q_y/A$ mit $A = a(t_1+3t_2)$ ergibt sich:

$$\frac{\tau_{\max}}{\tau_m}=\frac{3(t_1+3t_2)(7t_1+5t_2)}{2(t_1+7t_2)(3t_1+t_2)} \text{ für } t_1 \geq t_2, \text{ bzw. } \frac{9(t_1+3t_2)^2}{2(t_1+7t_2)(3t_1+t_2)} \text{ für } t_1 \leq t_2.$$

Für $x_D - x_B$ aus (19.3/10) folgt Übereinstimmung mit 18.6.3.

19.4.5 Dreifach zusammenhängender Kastenquerschnitt konstanter Wandstärke. Mit Bezug auf Abb. 19.12 bzw. 18.19 folgen für Q_y die Werte auf S. 301. Die Beziehungen (19.3/7) liefern $\Lambda_1T_1^* - \Lambda_{12}T_2^* = K_1$, $\Lambda_2T_2^* - \Lambda_{12}T_1^* = K_2$. Mit $\Lambda_1 = 4a/t$, $\Lambda_2 = 6a/t$, $\Lambda_{12} = a/t$, $K_1 = a^3$, $K_2 = -3a^3$ folgen $T_1^* = 3a^2t/23$, $T_2^* = -11a^2t/23$. Die Schubverteilung (vgl. die vorletzte Spalte) zeigt Abb. 19.12. Der Wert von $x_D - x_B$ ergibt sich durch Bildung des resultierenden Momentes der Schubflüsse gemäß (19.3/10) mit $Q_x = 0$ (Hebelarme $\tilde{r}^*$ sind in der letzten Spalte angegeben, Resultat wie in 18.6.5).

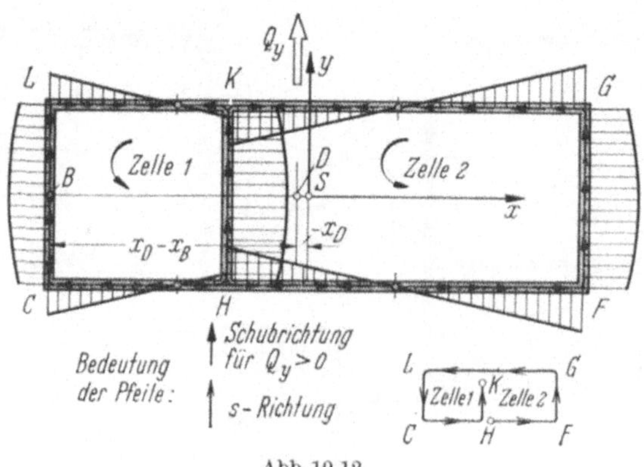

Abb. 19.12

Wand	$\frac{y}{a}$	$\frac{s_x}{a^2 t}$	$\frac{\int s_x\,dy}{a^3 t}$	Zelle 1		Zelle 2		$\frac{\tau J_{xx}}{Q_y a^2}$	$\frac{\tilde{r}^*}{a}$
				ds_1	$\frac{\int s_x\,ds_1}{a^3 t}$	ds_2	$\frac{\int s_x\,ds_2}{a^3 t}$		
$H - F$	$-\frac{1}{2}$	$-\frac{s}{2a}$	0	0	0	ds	-1	$\frac{s}{2a} - \frac{11}{23}$	$\frac{1}{2}$
$F - G$	$\frac{s}{a} - \frac{5}{2}$	$\frac{1}{2}\left(\frac{s}{a} - \frac{5}{2}\right)^2 - \frac{9}{8}$	$-\frac{13}{12}$	0	0	ds	$-\frac{13}{12}$	$-\frac{1}{2}\left(\frac{s}{a} - \frac{5}{2}\right)^2 + \frac{9}{8} - \frac{11}{23}$	3
$G - K$	$\frac{1}{2}$	$\frac{1}{2}\left(\frac{s}{a} - 5\right)$	0	0	0	ds	-1	$-\frac{1}{2}\left(\frac{s}{a} - 5\right) - \frac{11}{23}$	$\frac{1}{2}$
$K - L$	$\frac{1}{2}$	$\frac{1}{2}\left(\frac{s}{a} - 5\right)$	0	ds	$\frac{1}{4}$	0	0	$-\frac{1}{2}\left(\frac{s}{a} - 5\right) + \frac{3}{23}$	$\frac{1}{2}$
$L - C$	$\frac{13}{2} - \frac{s}{a}$	$-\frac{1}{2}\left(\frac{13}{2} - \frac{s}{a}\right)^2 + \frac{5}{8}$	$-\frac{7}{12}$	ds	$\frac{7}{12}$	0	0	$\frac{1}{2}\left(\frac{s}{a} - \frac{13}{2}\right)^2 - \frac{5}{8} + \frac{3}{23}$	0
$C - H$	$-\frac{1}{2}$	$-\frac{s}{2a} + 4$	0	ds	$\frac{1}{4}$	0	0	$\frac{s}{2a} - 4 + \frac{3}{23}$	$\frac{1}{2}$
$H - K$	$\frac{s}{a} - \frac{17}{2}$	$\frac{1}{2}\left(\frac{s}{a} - \frac{17}{2}\right)^2 - \frac{1}{8}$	$-\frac{1}{12}$	ds	$-\frac{1}{12}$	$-ds$	$\frac{1}{12}$	$-\frac{1}{2}\left(\frac{s}{a} - \frac{17}{2}\right)^2 + \frac{1}{8} + \frac{14}{23}$	1
		Σ	$-\frac{7}{4}$	Σ	1	Σ	-3		
			$= -\frac{J_{xx}}{a^3 t}$		$= \frac{K_1}{a^3}$		$= \frac{K_2}{a^3}$		

19.5 Querschubdeformation bei Biegung

In 17.7.2 wurden die für reine Biegung geltenden geometrischen Beziehungen, insbesondere das Ebenbleiben der Querschnitte, für Querkraftbiegung als Näherung übernommen. Die Güte dieser Näherung sei mit Hilfe des Arbeitssatzes überprüft. Bei linearem Elastizitätsgesetz gilt für die virtuelle Arbeit (L Stablänge):

$$\overset{(v)}{W} = \int_{z=0}^{L} \left[\int_{(A)} \left(\sigma_z \overset{(v)}{\sigma_z} / E + \tau \overset{(v)}{\tau} / G \right) dA \right] dz. \qquad (19.5/1)$$

Für Biegung um die x-Achse als Hauptachse gilt

$$\sigma_z = \frac{M_x}{J_{xx}} y, \quad \overset{(v)}{\sigma_z} = \frac{\overset{(v)}{M_x}}{J_{xx}} y, \quad \tau = \frac{Q_y}{A} f_y, \quad \overset{(v)}{\tau} = \frac{\overset{(v)}{Q_y}}{A} f_y \qquad (19.5/2)$$

mit

$$\tau / \tau_m = f_y(y) \text{ bzw. } f_y(s) \qquad (19.5/3)$$

als Verteilungsfunktion der Querkraftschubspannungen, bezogen auf ihren Querschnittsmittelwert (vgl. 19.2 bis 19.4). Wegen $\int_{(A)} y^2 \, dA = J_{xx}$ folgt

$$\overset{(v)}{W} = \int_{z=0}^{L} \left[\frac{M_x \overset{(v)}{M_x}}{E J_{xx}} + \varkappa_y \frac{Q_y \overset{(v)}{Q_y}}{G A} \right] dz. \qquad (19.5/4)$$

Hierbei repräsentiert die dimensionslose Hilfsgröße

$$\varkappa_y = \frac{1}{A} \int_{(A)} f_y^2 \, dA \qquad (19.5/5)$$

den *Querschnittsmittelwert* von f_y^2 und heißt *Querschubzahl*. In Abb. 19.13 sind einige Zahlenwerte zusammengestellt.

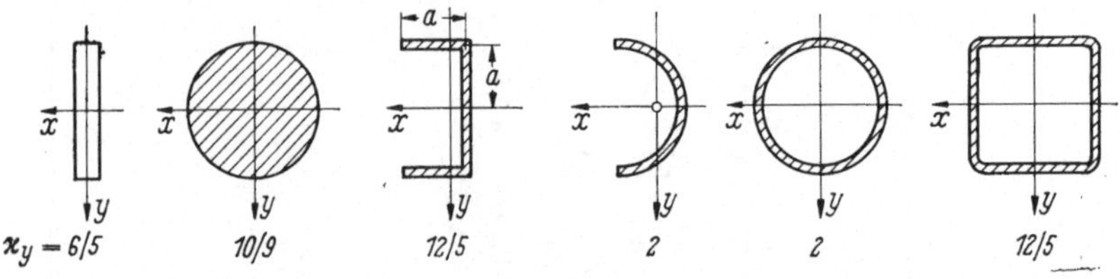

Abb. 19.13

Für den einseitig eingespannten Stab mit Einzellast am anderen Ende (Abb. 17.43) ergibt sich z. B. mit $Q_y = F$, $\overset{(v)}{Q_y} = 1$, $M_x = Fz$, $\overset{(v)}{M_x} = z$, wenn die Stablänge mit L bezeichnet wird:

$$\overset{(v)}{W} = \eta_{\max} = \frac{F L^3}{3 E J_{xx}} \left[1 + 6 \varkappa (1 + \nu) \frac{i_x^2}{L^2} \right] \cdot \qquad (19.5/6)$$

In der Regel ist der Trägheitsradius $i_x = \sqrt{J_{xx}/A}$ genügend klein gegenüber der Stablänge L und deshalb das in der Klammer neben 1 stehende Korrekturglied vernachlässigbar.

20 Stäbe unter kombinierter Belastung

20.1 Virtuelle Arbeit bei kombinierter Belastung

Für Probleme der kombinierten Belastung, wie sie insbesondere bei räumlich gekrümmten Stäben auftreten, sind die grundlegenden Beziehungen (10.1/10) bzw. (10.1/12) anzuwenden (*Verzerrungsarbeit* bei Bezugnahme auf die Sätze von CASTIGLIANO, bzw. *virtuelle Arbeit* bei Bezugnahme auf das Arbeitsprinzip). Es mögen folgende Bezeichnungen gelten:

I, II Biegungshauptachsen; M_I, M_{II} Biegemomente um die Hauptachsen; M_T Torsionsmoment; N Normalkraft; Q_I, Q_{II} Querkräfte auf Wirkungslinien parallel zu den Hauptachsen durch den Schubmittelpunkt D; J_I, J_{II} Hauptträgheitsmomente des Querschnittes; J_T Torsionsträgheitsmoment; A Querschnittsfläche; $\varkappa_I$, $\varkappa_{II}$ Querschubzahlen für die Hauptachsen; s Stabkoordinate; L Abwicklungslänge.

Unter den angegebenen Voraussetzungen treten die Arbeitsbeträge für M_I, M_{II}, M_T, N, Q_I, Q_{II} mischungsfrei auf, und mit Hilfe der in den Abschnitten 12, 17, 18, 19 abgeleiteten Ergebnisse folgen aus (10.1/10) bzw. (10.1/12) im Rahmen der für technische Zwecke geeigneten Näherung für die *virtuelle Arbeit*

$$\overset{(v)}{W} = \int\limits_{s=0}^{L} \left\{ \frac{\overset{(v)}{M_I} M_I}{E J_I} + \frac{\overset{(v)}{M_{II}} M_{II}}{E J_{II}} + \frac{\overset{(v)}{M_T} M_T}{G J_T} + \frac{\overset{(v)}{N} N}{EA} + \frac{1}{GA} \left(\varkappa_I \overset{(v)}{Q_I} Q_I + \varkappa_{II} \overset{(v)}{Q_{II}} Q_{II} \right) \right\} ds \qquad (20.1/1)$$

und für die *Verzerrungsarbeit*

$$W = \int\limits_{s=0}^{L} \left\{ \frac{M_I^2}{2EJ_I} + \frac{M_{II}^2}{2EJ_{II}} + \frac{M_T^2}{2GJ_T} + \frac{N^2}{2EA} + \frac{1}{2GA} \left(\varkappa_I Q_I^2 + \varkappa_{II} Q_{II}^2 \right) \right\} ds. \qquad (20.1/2)$$

In der Regel können die Arbeitsanteile aus Normalkraft und Querschub vernachlässigt werden.

20.2 Beispiele

20.2.1 Einseitig eingespannter kreisförmig gekrümmter Stab mit Einzellast. Mit Bezug auf Abb. 20.1 gilt für die Verschiebungen in vertikaler Richtung sowie für die Drehungen um die Stabmittellinie gemäß dem Arbeitsprinzip

$$V_y = \overset{(v)}{W} \text{ mit } \overset{(v)}{F} = 1, \quad \varphi = \overset{(v)}{W} \text{ mit } \overset{(v)}{M} = 1.$$

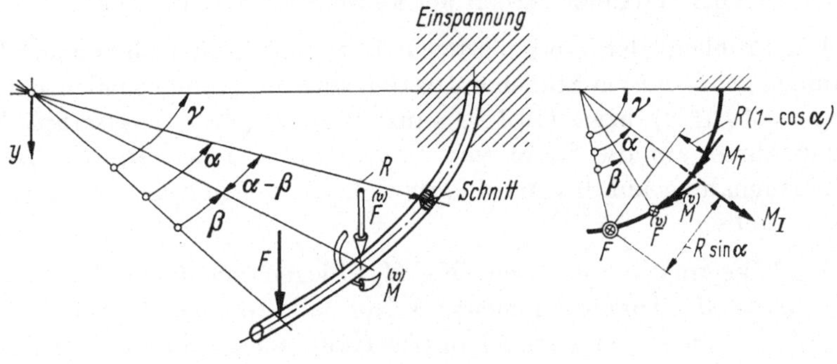

Abb. 20.1

Bei Anwendung des zweiten Satzes von Castigliano wäre W als vollständige Funktion der Schnittkräfte und -momente aufzustellen und nach $\overset{(v)}{F}$ bzw. $\overset{(v)}{M}$ zu differenzieren. Anschließend wäre $\overset{(v)}{F}$ und $\overset{(v)}{M}$ Null zu setzen. Da die Schnittkräfte und -momente linear von $\overset{(v)}{F}$ bzw. $\overset{(v)}{M}$ abhängen, sind beide Rechnungsarten identisch.

Der weitere Lösungsweg erfolgt nach dem Arbeitsprinzip. Aus dem Gleichgewicht des abgeschnittenen Stabteiles folgen:

$$M_I = FR \sin\alpha, \; \overset{(v)}{M}_I = R \sin(\alpha-\beta) \text{ aus } \overset{(v)}{F}, \text{ bzw. } \sin(\alpha-\beta) \text{ aus } \overset{(v)}{M},$$

$$M_{II} = \overset{(v)}{M}_{II} = 0, \; M_T = FR[1-\cos\alpha], \; \overset{(v)}{M}_T = R[1-\cos(\alpha-\beta)] \text{ aus } \overset{(v)}{F},$$

$$\text{bzw. } \cos(\alpha-\beta) \text{ aus } \overset{(v)}{M}.$$

Für Kreisquerschnitt gilt $J_T = 2J_I$. Es ergibt sich bei Vernachlässigung der Deformationen aus Normalkraft und Querschub:

$$V_y = \frac{FR^3}{EJ_I} \int_{\alpha=\beta}^{\gamma} \{\sin\alpha \sin(\alpha-\beta) + (1+\nu)\,[1-\cos\alpha]\,[1-\cos(\alpha-\beta)]\}\, d\alpha,$$

$$\varphi = \frac{FR^2}{EJ_I} \int_{\alpha=\beta}^{\gamma} \{-\sin\alpha \sin(\alpha-\beta) + (1+\nu)\,[1-\cos\alpha] \cos(\alpha-\beta)\}\, d\alpha,$$

bzw. nach Ausrechnung:

$$V_y = \frac{FR^3}{EJ_I}\left\{\frac{1}{2}(\gamma-\beta)\cos\beta - \frac{1}{4}\sin(2\gamma-\beta) + \frac{1}{4}\sin\beta\right.$$

$$+ (1+\nu)\left[\frac{1}{2}(\gamma-\beta)(2+\cos\beta)\right.$$

$$\left.\left. + \frac{1}{4}\sin(2\gamma-\beta) - \sin\gamma + \frac{3}{4}\sin\beta - \sin(\gamma-\beta)\right]\right\},$$

$$\varphi = \frac{FR^2}{EJ_I}\left\{-\frac{1}{2}(\gamma-\beta)\cos\beta + \frac{1}{4}\sin(2\gamma-\beta) - \frac{1}{4}\sin\beta\right.$$

$$\left. + (1+\nu)\left[-\frac{1}{2}(\gamma-\beta)\cos\beta - \frac{1}{4}\sin(2\gamma-\beta) + \frac{1}{4}\sin\beta + \sin(\gamma-\beta)\right]\right\}.$$

Die im Kraftangriffspunkt auftretenden *Höchstwerte* sind

$$V_{y,\max} = (V_y)_{\beta=0}$$

$$= \frac{FR^3}{EJ_I}\left\{\frac{\gamma}{2} - \frac{1}{4}\sin(2\gamma) + (1+\nu)\left[\frac{3}{2}\gamma - 2\sin\gamma + \frac{1}{4}\sin(2\gamma)\right]\right\},$$

$$\varphi_{\max} = (\varphi)_{\beta=0}$$

$$= \frac{FR^2}{EJ_I}\left\{-\frac{\gamma}{2} + \frac{1}{4}\sin(2\gamma) + (1+\nu)\left[-\frac{\gamma}{2} + \sin\gamma - \frac{1}{4}\sin(2\gamma)\right]\right\}.$$

20.2.2 Beiderseits eingespannter Kreisbogenstab mit Einzellast. Hinsichtlich einer beliebigen räumlichen Belastung ist der beiderseits eingespannte Stab im allgemeinen sechsfach statisch unbestimmt. Ist die Stabmittellinie wie im vorliegenden Falle eine ebene Kurve, so läßt sich das Problem in zwei Teilprobleme aufspalten. Beim ebenen Beanspruchungszustand liegen die äußeren Kräfte in der Ebene der Stabmittellinie, und die äußeren Momente drehen in dieser Ebene. Dabei werden nur Normalkräfte sowie Querkräfte in dieser Ebene und Biegemomente, die in dieser Ebene drehen, geweckt. Hinsichtlich dieser Beanspruchung ist der Stab höchstens dreifach statisch unbestimmt. Beim zweiten Beanspruchungszustand liegen die äußeren Kräfte senkrecht zur Ebene, und die Vektoren der äußeren Momente liegen in der Ebene. Dabei werden Querkräfte senkrecht zur Ebene, sowie Biegemomente, die um in der Ebene liegende Achsen drehen, und Torsionsmomente geweckt. Auch hinsichtlich dieser Beanspruchung ist der Stab höchstens dreifach statisch unbestimmt. Im Kreisbogenstab erzeugt eine symmetrisch angreifende Einzellast eine symmetrische Beanspruchung, wobei sich der Grad der statischen Unbestimmtheit im ersten Falle auf 2, im zweiten Falle auf 1 reduziert. Der ebene Beanspruchungsfall wurde bereits in 17.10.2 (Abb. 17.60) behandelt. Im vorliegenden Falle handelt es sich um den zweiten Beanspruchungszustand (Abb. 20.2).

Mit Einführung des Biegemomentes an der Kraftangriffsstelle als statisch unbestimmte Größe X folgen

$$M_I = \frac{1}{2}FR\sin\alpha - X\cos\alpha, \quad M_T = \frac{1}{2}FR(1-\cos\alpha) - X\sin\alpha.$$

Für den zu X gehörenden Eigenzustand gilt (Index 1, $F = 0$, $X = 1$):

$$\overset{(1)}{M_I} = -\cos\alpha, \quad \overset{(1)}{M_T} = -\sin\alpha.$$

Mit dieser Eigengruppe als virtueller statischer Gruppe verschwindet die virtuelle Arbeit. Bei Vernachlässigung der aus Normalkraft und Querschub hervorgehenden Anteile folgt aus (20.1/1) mit $J_T = J_p = 2J_I$ (Kreisquerschnitt):

$$\int\limits_{\alpha=0}^{\pi/2} \left\{ \left[\frac{1}{2} FR \sin\alpha - X \cos\alpha \right] \cos\alpha \right.$$

$$\left. + (1+\nu) \left[\frac{1}{2} FR(1 - \cos\alpha) - X \sin\alpha \right] \sin\alpha \right\} d\alpha = 0.$$

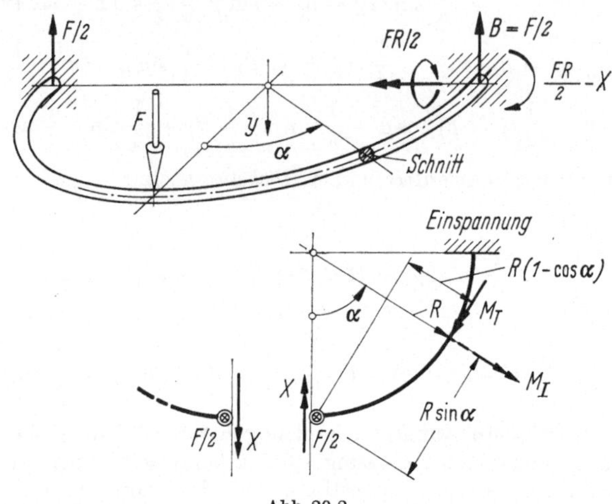

Abb. 20.2

Dieselbe Beziehung ergibt sich aus $\partial W/\partial X = 0$. Die Ausrechnung liefert $X = FR/\pi$. Die maximale Durchbiegung tritt hier am Kraftangriffspunkt auf und kann deshalb aus dem Energiesatz $\frac{1}{2} F\eta_{\max} = W$ berechnet werden:

$$\eta_{\max} = \frac{FR^3}{2EJ_I} \left[\frac{\pi}{4} - \frac{1}{\pi} + (1+\nu)\left(\frac{3\pi}{4} - 2 - \frac{1}{\pi} \right) \right].$$

20.2.3 Spiralfeder. Für die Spiralfeder (Abb. 20.3) mit Radius R und der Anzahl der Windungen n ist die Abwicklungslänge $L = 2n\pi R/\cos\beta$. Für Belastung durch die Axialkraft F und das Axialmoment M gilt $M_I = -FR \sin\beta + M\cos\beta$, $M_T = FR\cos\beta + M\sin\beta$, und bei Kreisquerschnitt folgen für die axiale Verschiebung η, sowie für die Verdrehung φ der Enden gegeneinander

$$\eta = \frac{2n\pi R^2}{EJ_I \cos\beta} [FR(1 + \nu\cos^2\beta) + \nu M \sin\beta\cos\beta],$$

$$\varphi = \frac{2n\pi R}{EJ_I \cos\beta} [M(1 + \nu\sin^2\beta) + \nu FR\sin\beta\cos\beta].$$

Die *Zugsteifigkeit* einer Feder, auch *Federkonstante* genannt, ist allgemein definiert durch $c = F/\eta$. Bei frei drehbaren Enden ($M = 0$) folgt hier

$$c = EJ_I \cos\beta/[2n\pi R^3(1 + \nu\cos^2\beta)].$$

Bei Verhinderung der Drehung ($\varphi = 0$) gilt $M = -\nu FR\sin\beta\cos\beta/(1 + \nu\sin^2\beta)$ und

$$\mathring{c} = EJ_I \cos\beta(1 + \nu\sin^2\beta)/[2n\pi R^3(1+\nu)] \quad \text{(statt } c\text{)}.$$

Die *Drehsteifigkeit* der Feder ist definiert durch $c_T = M/\varphi$. Bei freier axialer Verschieblichkeit ($F = 0$) folgt

$$c_T = EJ_I \cos\beta/[2n\pi R(1 + \nu \sin^2\beta)].$$

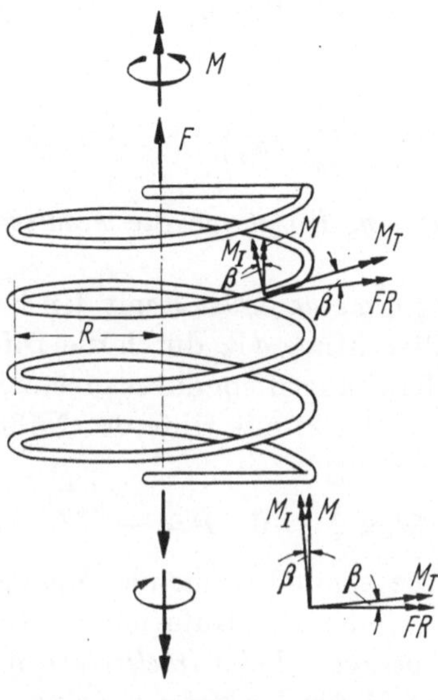

Abb. 20.3

Bei Verhinderung der axialen Verschiebung ($\eta = 0$) gilt $FR = -\nu M \sin\beta\cos\beta/(1 + \nu\cos^2\beta)$ und

$$\mathring{c}_T = EJ_I \cos\beta(1 + \nu\cos^2\beta)/[2n\pi R(1 + \nu)] \quad (\text{statt } c_T).$$

Die *Verzerrungsarbeit der Feder* ist $W = \frac{1}{2}(F\eta + M\varphi)$; *bei Zugbeanspruchung* folgt

$$W = \frac{1}{2}F\eta = F^2/(2c) = \frac{c}{2}\eta^2 \quad \text{bzw.} \quad F^2/(2\mathring{c}) = \frac{\mathring{c}}{2}\eta^2.$$

21 Kräftepotential und Stabilität

21.1 Potential der äußeren Kraftgrößen

Die äußeren Kräfte und Momente sind durch physikalische Wirkungen bedingt und können sich mit den Verschiebungen und Drehungen der Oberflächenelemente, an denen sie angreifen (vgl. 5.2), ändern. Wird vorausgesetzt, daß hierbei die Symmetriebedingungen (Bezeichnungen wie in 5.2; der Index A weist darauf hin, daß es sich um äußere Kraftgrößen handelt)

$$\partial \overset{A}{F_q}/\partial V_p = \partial \overset{A}{F_p}/\partial V_q,\ \partial \overset{A}{F_q}/\partial \varphi_p = \partial \overset{A}{M_p}/\partial V_q,\ \partial \overset{A}{M_q}/\partial \varphi_p = \partial \overset{A}{M_p}/\partial \varphi_q \qquad (21.1/1)$$

erfüllt sind, so existiert ein *Potential der äußeren Kraftgrößen* $U(V_q, \varphi_q)$, aus dem sich die Kraftgrößen in der Form

$$\overset{A}{F}_q = -\partial U/\partial V_q, \quad \overset{A}{M}_q = -\partial U/\partial \varphi_q \tag{21.1/2}$$

ableiten lassen. Wegen

$$\delta U = \sum_q \left(\frac{\partial U}{\partial V_q}\delta V_q + \frac{\partial U}{\partial \varphi_q}\delta\varphi_q\right) = -\sum_q (\overset{A}{F}_q \delta V_q + \overset{A}{M}_q \delta\varphi_q)$$

repräsentiert U bis auf eine Konstante die negative Arbeit der äußeren Kräfte.

Handelt es sich nur um *eine* Kraft $\boldsymbol{F}$ mit den Komponenten F_x, F_y, F_z und werden die Differentiale dV_q durch die Differentiale dx, dy, dz der Koordinaten des Kraftangriffspunktes ersetzt, so können die Beziehungen (21.1/1) und (21.1/2) mit Hilfe des Nablavektors (3.16/5) in der Form [vgl. auch (4.4/12)]

$$\nabla \times \boldsymbol{F} = 0, \quad \boldsymbol{F} = -\nabla U \tag{21.1/3}$$

geschrieben werden. Die somit bestehende Analogie zum wirbelfreien Strömungsfeld (Verschwinden der Rotation des Geschwindigkeitsvektors) führt zu der Aussage: *Bei wirbelfreiem Kraftfeld existiert ein Kräftepotential.* Es gilt z.B. für das Potential einer konstanten Kraft F, die (wie eine Schwerkraft) vertikal nach unten gerichtet ist, bei Einführung der y-Koordinate senkrecht nach oben, d.h. der Kraft entgegen:

$$U = +Fy + C \qquad (C \text{ Konstante}), \tag{21.1/4}$$

denn hiermit wird $F_x = 0$, $F_y = -F$, $F_z = 0$, wie gefordert.

Bei *unveränderlichen* äußeren Kraftgrößen gilt

$$U = -\sum_q (\overset{A}{F}_q V_q + \overset{A}{M}_q \varphi_q). \tag{21.1/5}$$

21.2 Potential der Zwangskraftgrößen

Die Auflager eines Tragwerkes und die Verbindungen der Tragwerksteile entsprechen, soweit es sich um nichtdeformierbare Stütz- und Verbindungselemente handelt, kinematischen Zwangsbedingungen. *Die zugehörigen Zwangskräfte und -momente leisten keine Arbeit* (vgl. I.21.3). Die Untersuchung sei hier auf *holonome Systeme* beschränkt, d.h. auf Systeme, deren Zwangsbedingungen sich als Funktionen f_ϱ der Verschiebungen und Drehungen schreiben lassen (der Index ϱ gibt die Nummer der Zwangsbedingung an, läuft daher von 1 bis z, wenn die Zahl der Zwangsbedingungen, wie in I.10.1 und I.13.2, mit z bezeichnet wird). Diese Funktionen repräsentieren, in Nullform geschrieben und mit zunächst freien Faktoren λ_ϱ multipliziert, die *Potentiale der Zwangskraftgrößen*, d.h. es gilt

$$f_\varrho(V_q, \varphi_q) = 0, \tag{21.2/1}$$

$$\overset{(\varrho)}{F}_q = -\frac{\partial}{\partial V_q}(\lambda_\varrho f_\varrho) = -\lambda_\varrho \frac{\partial f_\varrho}{\partial V_q}, \quad \overset{(\varrho)}{M}_q = -\lambda_\varrho \frac{\partial f_\varrho}{\partial \varphi_q}. \tag{21.2/2}$$

Der Nachweis ergibt sich durch Bildung des Differentials von f_ϱ:

$$df_\varrho = \sum_q \left(\frac{\partial f_\varrho}{\partial V_q} dV_q + \frac{\partial f_\varrho}{\partial \varphi_q} d\varphi_q\right) = 0.$$

Nach Multiplikation mit $-\lambda_\varrho$ und Einsetzen der Kraftgrößen aus (21.2/2) folgt

$$\sum_q \left(\overset{(\varrho)}{F}_q dV_q + \overset{(\varrho)}{M}_q d\varphi_q\right) = 0 \qquad \text{für alle } \varrho;$$

Dieser Ausdruck stellt zugleich das Differential der am Zwangsglied mit der Nummer ϱ auftretenden Arbeit der Zwangskraftgrößen dar und muß deshalb gleich Null sein.

Das Gesamtpotential der Zwangskraftgrößen ist (lineare Superposition)

$$\Phi = \sum_{\varrho=1}^{z} \lambda_\varrho f_\varrho = 0. \tag{21.2/3}$$

Die gesamten bei Berücksichtigung aller Zwangsbedingungen entstehenden Zwangskräfte sind (Kennzeichnung durch den Index Z)

$$\overset{Z}{F}_q = \sum_{\varrho=1}^{z} \overset{\varrho}{F}_q = -\partial\Phi/\partial V_q, \quad \overset{Z}{M}_q = \sum_{\varrho=1}^{z} \overset{\varrho}{M}_q = -\partial\Phi/\partial\varphi_q. \tag{21.2/4}$$

Diese Zwangskraftgrößen sind äußere Kraftgrößen an den gedanklich herausgeschnittenen quasi-starren Flächenelementen.

21.3 Potential der elastischen Kraftgrößen

Die an linear-elastischen Tragwerksteilen angreifenden Kraftgrößen sind gemäß dem ersten Satz von Castigliano gleich den partiellen Ableitungen der Verzerrungsenergie nach den zugehörigen Verschiebungen bzw. Drehungen [vgl. (9.1/8)]. Ihre Reaktionen sind die an den gedanklich herausgeschnittenen Flächenelementen angreifenden *elastischen Kraftgrößen* $\overset{E}{F}_q$ und $\overset{E}{M}_q$, so daß

$$\overset{E}{F}_q = -\partial W/\partial V_q, \quad \overset{E}{M}_q = -\partial W/\partial \varphi_q \tag{21.3/1}$$

folgen. *Mithin ist die Verzerrungsenergie das Potential der elastischen Kraftgrößen.*

21.4 Gesamtpotential und Gleichgewicht

Die in 21.1, 21.2 und 21.3 dargestellten Kraftgrößen sind äußere Kraftgrößen an den gedanklich herausgeschnittenen quasi-starren Flächenelementen. Wird vorausgesetzt, daß außer den erwähnten Kategorien keine weiteren Kräfte auftreten, so verlangt das Gleichgewicht

$$\overset{A}{F}_q + \overset{Z}{F}_q + \overset{E}{F}_q = F_q = 0, \quad \overset{A}{M}_q + \overset{Z}{M}_q + \overset{E}{M}_q = M_q = 0 \text{ für alle } q. \tag{21.4/1}$$

Hierbei sind F_q und M_q die resultierenden Kraftgrößen. Mit Einführung des Gesamtpotentials

$$\Pi = U + \Phi + W \tag{21.4/2}$$

nehmen die Gleichgewichtsbedingungen die einfache Form (mit F_q und M_q als Gesamtkraftgrößen)

$$-F_q = \frac{\partial \Pi}{\partial V_q} = 0, \quad -M_q = \frac{\partial \Pi}{\partial \varphi_q} = 0 \tag{21.4/3}$$

an, d.h. *für die Gleichgewichtslage ist das Gesamtpotential ein Extremum.* Bei einem langsamen Belastungsvorgang mit stetiger Änderung der äußeren Kräfte befindet sich das System in jedem Augenblick im Gleichgewicht, und für die Änderung des Gesamtpotentials gilt $\delta\Pi = \sum_q \left(\frac{\partial \Pi}{\partial V_q}\,\delta V_q + \frac{\partial \Pi}{\partial \varphi_q}\,\delta\varphi_q\right) = 0$. Ist Π_0 der Wert des Gesamtpotentials bei Belastungsbeginn, so folgt für jeden beliebigen Belastungszustand der *Energiesatz* in der Form

$$\Pi - \Pi_0 = 0, \text{ bzw. } \Pi = 0, \text{ falls } \Pi_0 = 0 \text{ ist,} \tag{21.4/4}$$

d.h. die Arbeit $-U$ der äußeren Kräfte wird als Verzerrungsenergie gespeichert (vgl. 8.1).

21.5 Stabilität, Labilität und Indifferenz

In einer zur Gleichgewichtslage benachbarten (*variierten*) Lage gilt für das Gesamtpotential

$$\Pi(V_q + \delta V_q, \varphi_q + \delta\varphi_q) = \Pi(V_q, \varphi_q) + \delta\Pi + \delta^2\Pi. \tag{21.5/1}$$

Hierbei heißt $\delta\Pi$ *erste* und $\delta^2\Pi$ *zweite Variation* von Π. Es folgen

$$\delta\Pi = \sum_q \left(\frac{\partial \Pi}{\partial V_q}\,\delta V_q + \frac{\partial \Pi}{\partial \varphi_q}\,\delta\varphi_q\right) = -\sum_q (F_q\,\delta V_q + M_q\,\delta\varphi_q) = 0 \tag{21.5/2}$$

und

$$\delta^2 \Pi = \sum_p \sum_q \left(\frac{\partial^2 \Pi}{\partial V_p \partial V_q} \delta V_p \delta V_q + 2 \frac{\partial^2 \Pi}{\partial V_p \partial \varphi_q} \delta V_p \delta\varphi_q + \frac{\partial^2 \Pi}{\partial \varphi_p \partial \varphi_q} \delta\varphi_p \delta\varphi_q \right)$$
$$= - \sum_q (\delta F_q \delta V_q + \delta M_q \delta\varphi_q). \qquad (21.5/3)$$

Wegen (21.4/3) verschwindet die erste Variation. Im Falle $\delta^2\Pi > 0$ ist Π ein *Minimum*. Zur Deckung der mit der Lageänderung verbundenen negativen Arbeitsbeträge $\delta F_q \, \delta V_q + \delta M_q \, \delta\varphi_q$ muß dem System von außen Energie zugeführt werden; sobald das System sich selbst überlassen bleibt, bewirkt das erhöhte Potential wieder die Rückkehr in die Gleichgewichtslage, d.h. das System verhält sich *stabil*. Im Falle $\delta^2\Pi < 0$ ist Π ein *Maximum*. Bei der Lageänderung verliert das System in Form der jetzt positiven Arbeiten $\delta F_q \, \delta V_q + \delta M_q \, \delta\varphi_q$ Energie nach außen, die nicht zurückgewonnen werden kann; das System kann deshalb nicht zur ursprünglichen Gleichgewichtslage zurückkehren, d.h. es verhält sich *labil*. Im Falle $\delta^2\Pi = 0$ bleibt das Gesamtpotential erhalten; das System bleibt daher auch in der Nachbarlage dauernd in Ruhe, d.h. es verhält sich *indifferent*.

Diese Erkenntnisse, insbesondere das technisch wichtige *Stabilitätskriterium*, wonach das Gesamtpotential bei stabilem Gleichgewicht ein Minimum ist, gehen auf LAGRANGE[1] zurück.

Die indifferente Gleichgewichtslage gilt in der Technik als Gefahrengrenze. Die zugehörige äußere Belastung heißt *kritische Belastung*.

Zur praktischen Lösung derartiger Aufgaben empfiehlt es sich, die kinematischen Größen nach Möglichkeit von vornherein so einzuführen, daß alle Zwangsbedingungen identisch erfüllt werden und Φ nicht mehr auftritt (*angepaßte Koordinaten*). Führt die exakte Lösung auf Schwierigkeiten, so kann mit einer kinematischen Ersatzgruppe gerechnet werden, die den Formänderungsvorgang in den elastischen Tragwerksteilen approximativ wiedergibt. Aus der Integralbedingung $\delta\Pi = 0$ bzw. $\Pi = 0$, falls $\Pi_0 = 0$ ist, ergibt sich dann eine kritische Belastung, die meist nur wenig höher liegt als die exakte (*Energieverfahren*). Enthält der für die Ersatzgruppe gewählte Ansatz freie Konstanten, so können auch diese der Integralbedingung $\delta\Pi = 0$ angepaßt werden (*Variationsverfahren*); auf diese Weise läßt sich eine hohe Genauigkeit erzielen.

21.6 Beispiele

21.6.1. Drehbar gelagerte Stange mit zwei Gewichten. Eine starre Stange ist drehbar gelagert (Drehachse senkrecht zur Stangenachse) und trägt an ihren Enden die Gewichte G_1 und G_2 (Abb. 21.1). Die Abstände der Gewichtsschwer-

[1] JOSEPH LOUIS COMTE DE LAGRANGE (geb. 1736 in Turin, gest. 1813 in Paris).

punkte von der Drehachse sind r_1 und r_2. Die y-Achse sei von der Drehachse aus senkrecht aufwärts gerichtet. Mit Bezug auf (21.1/4) gilt dann bei Vernachlässigung des Eigengewichtes der Stange:

$$W = 0, \quad U = G_1 y_1 + G_2 y_2 = (G_1 r_1 - G_2 r_2) \sin\varphi = \Pi .$$

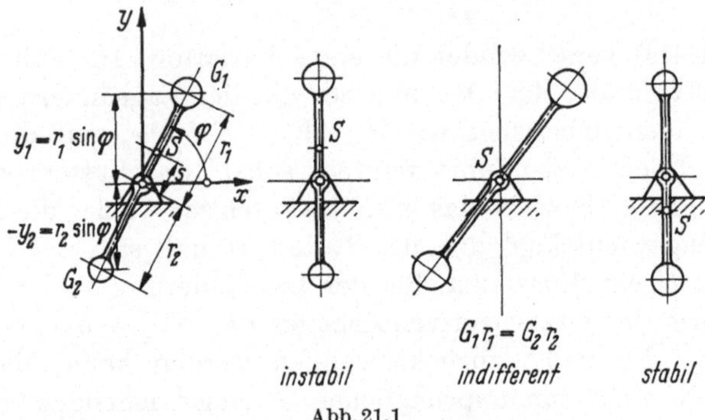

Abb. 21.1

Durch Einführung des Winkels φ, der die beiden Unbekannten y_1 und y_2 ersetzt, wird die Einführung einer Zwangsbedingung entbehrlich (andernfalls wäre die Zwangsbedingung $y_1/r_1 + y_2/r_2 = 0$ einzuführen). Es folgen ($-\partial\Pi/\partial\varphi$ liefert das resultierende Moment M) in Übereinstimmung mit dem Momentensatz:

$$\delta\Pi = \frac{\partial\Pi}{\partial\varphi}\,\delta\varphi = (G_1 r_1 - G_2 r_2)\cos\varphi\,\delta\varphi = -M\,\delta\varphi = 0,$$

$$\delta^2\Pi = \frac{\partial^2\Pi}{\partial\varphi^2}\,(\delta\varphi)^2 = -(G_1 r_1 - G_2 r_2)\sin\varphi\,(\delta\varphi)^2 .$$

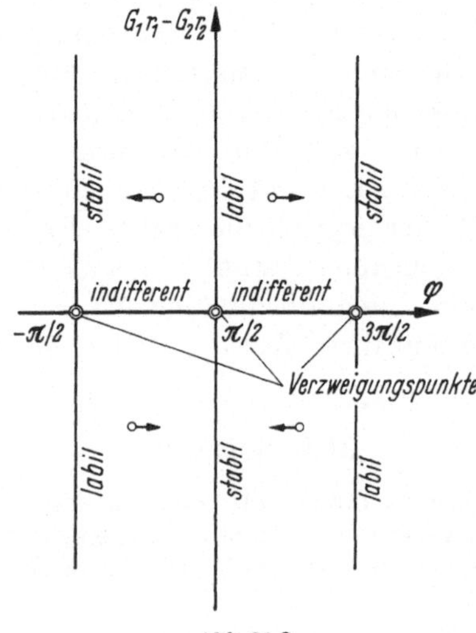

Abb. 21.2

Daraus folgt (vgl. Abb. 21.2):

Gleichgewicht	$G_1 r_1 - G_2 r_2$	φ
Stabil	>0 <0	$-\pi/2$ $\pi/2$
Labil	>0 <0	$\pi/2$ $-\pi/2$
Indifferent	0	beliebig

Wie Abb. 21.2 zeigt, tritt an den Punkten $G_1 r_1 = G_2 r_2$, $\varphi = -\pi/2$ bzw. $\pi/2$ bzw. $3\pi/2$ eine Verzweigung der die Gleichgewichtslage charakterisierenden Linien ein.

21.6.2 Drehbar gelagerter, durch Federn gestützter starrer Druckstab. Ein starrer Stab ist an einem Ende drehbar gelagert (Drehachse senkrecht zur Stabachse) und nimmt am anderen Ende eine Druckkraft F auf; in der Querrichtung ist der Stab durch zwei Federn mit den Federkonstanten c_1 und c_2 (vgl. 20.2.3) abgestützt (Abb. 21.3). Mit Einführung des Winkels φ entfällt die Zwangsbedingung, und es folgen:

$$U = Fl \sin\varphi, \quad W = \frac{1}{2}(c_1 + c_2)\, b^2 \cos^2\varphi,$$

$$\Pi = Fl \sin\varphi + \frac{1}{2}(c_1 + c_2)\, b^2 \cos^2\varphi,$$

$$\delta\Pi = \frac{\partial \Pi}{\partial \varphi}\,\delta\varphi = \left[Fl\cos\varphi - (c_1 + c_2)\frac{b^2}{2}\sin(2\varphi)\right]\delta\varphi,$$

$$\delta^2\Pi = \frac{\partial^2 \Pi}{\partial \varphi^2}(\delta\varphi)^2 = [-Fl\sin\varphi - (c_1 + c_2)\, b^2 \cos(2\varphi)]\,(\delta\varphi)^2.$$

Die Gleichgewichtslage $\varphi = \pi/2$ wird bei der *kritischen Last* $F_k = (c_1 + c_2) b^2/l$ indifferent (Abb. 21.4).

Ist der Stab an beliebigen Stellen durch Federn gehalten (Abb. 21.5), so gilt allgemein $\Pi = -F V_F + \frac{1}{2}\sum_q c_q V_q^2$. Hierbei ist V_F die Verschiebungskomponente des Kraftangriffspunktes in Richtung der Kraft, ferner sind V_q die Federwege. Wird die Untersuchung auf die nähere Umgebung der indifferenten Gleichgewichtslage beschränkt (hier die vertikale Lage der Stabachse), so ist es zweckmäßig, den Winkel β der Stabachse gegenüber der Vertikalen einzuführen. Bei Vernachlässigung der dritten und höherer Potenzen von β gilt für die Horizontalverschiebung des Kraftangriffspunktes $x = l\sin\beta \approx l\beta$, und es folgen $V_F = l(1 - \cos\beta) \approx l\beta^2/2 = x^2/(2l)$, $V_q = l_q \sin\beta \approx l_q\beta = l_q x/l$. Aus $\Pi = \Pi_0 = 0$ folgt

$$F_k = \frac{1}{l}\sum_q c_q l_q^2.$$

Ist der Stab durch ein Rollenlager abgestützt (Abb. 21.6), so ergibt sich mit x_0 als Verschiebung des Rollenlagers und x als relativer Horizontalverschiebung des Kraftangriffspunktes gegenüber x_0 im Rahmen der für kleine β-Werte zulässigen geometrischen Beziehungen: $V_F = x^2/(2l)$, $V_q = x_0 + l_q x/l$, $\Pi = -Fx^2/(2l) +$

$\frac{1}{2} \sum_q c_q(x_0 + l_q x/l)^2$. Aus $\frac{\partial \Pi}{\partial x_0} = 0$ folgt $x_0 = -x \sum_q c_q l_q/(l \sum_r c_r)$, und aus $\frac{\partial \Pi}{\partial x} = 0$ nach Elimination von x_0 und Auflösung:

$$F_k = \sum_p \sum_q c_p c_q l_q (l_q - l_p)/(l \sum_r c_r)$$

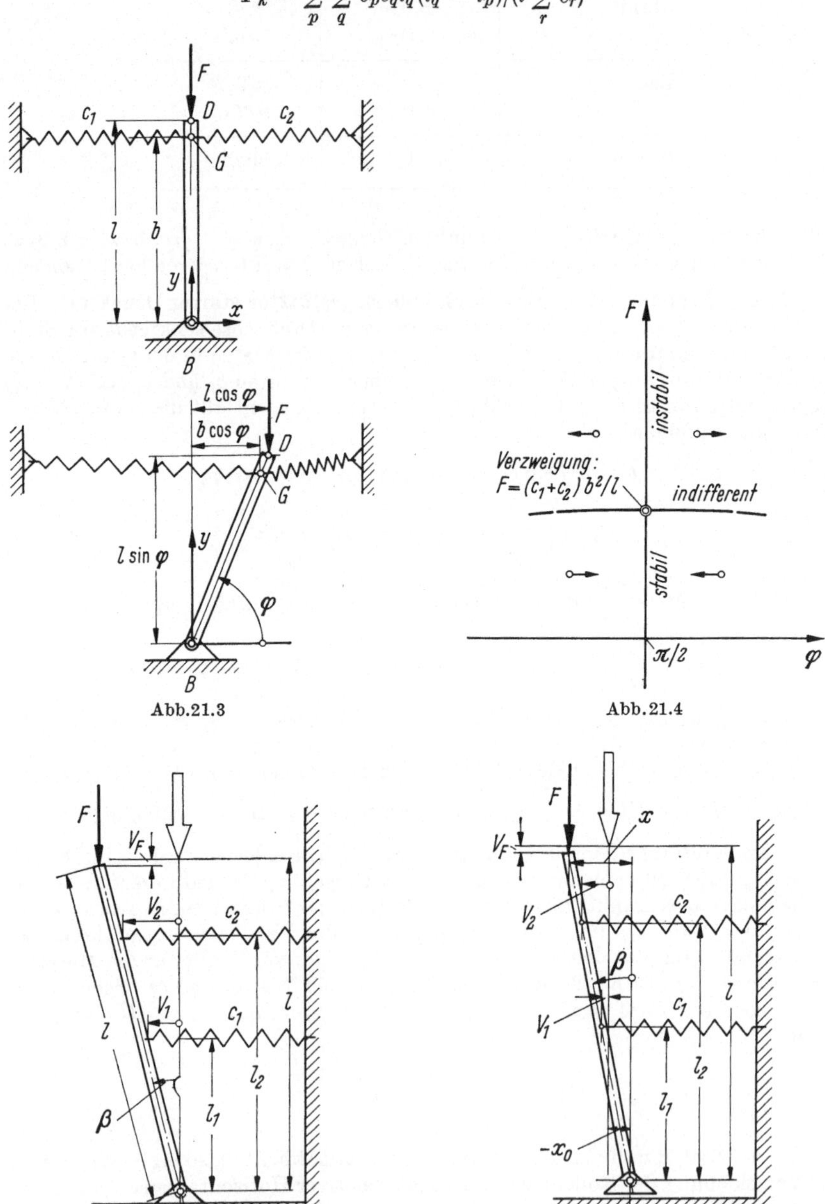

Abb. 21.3 Abb. 21.4

Abb. 21.5 Abb. 21.6

oder

$$F_k = \frac{c_1c_2(l_2 - l_1)^2 + c_1c_3(l_3 - l_1)^2 + c_2c_3(l_3 - l_2)^2 + \cdots}{(c_1 + c_2 + c_3 + \cdots)\, l}.$$

21.6.3 Starrer Druckstab mit seitlichen Federn und einem Zwischengelenk. Besitzt der Stab ein Zwischengelenk und ist der Kraftangriffspunkt durch eine seitlich angelenkte Stange geführt (Abb. 21.7), so gilt mit x als Horizontalverschiebung des Zwischengelenkes bei Beschränkung auf kleine Verschiebungen

$$V_F = \frac{x^2}{2}\left(\frac{1}{l} + \frac{1}{l^*}\right), \quad V_q = x l_q / l, \quad V_q^* = x l_q^* / l,$$

$$\Pi = -\frac{F}{2} x^2 \left(\frac{1}{l} + \frac{1}{l^*}\right) + \frac{x^2}{2} \sum_q c_q l_q^2 / l^2 + \frac{x^2}{2} \sum_p c_p^* l_q^{*2} / l^{*2} = 0,$$

$$F_k = \frac{l l^*}{l + l^*}\left[\sum_q c_q l_q^2 / l^2 + \sum_p c_p^* l_p^{*2} / l^{*2}\right].$$

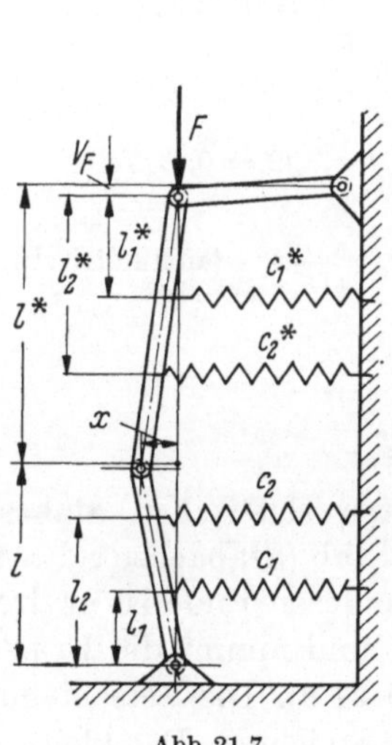

Abb. 21.7

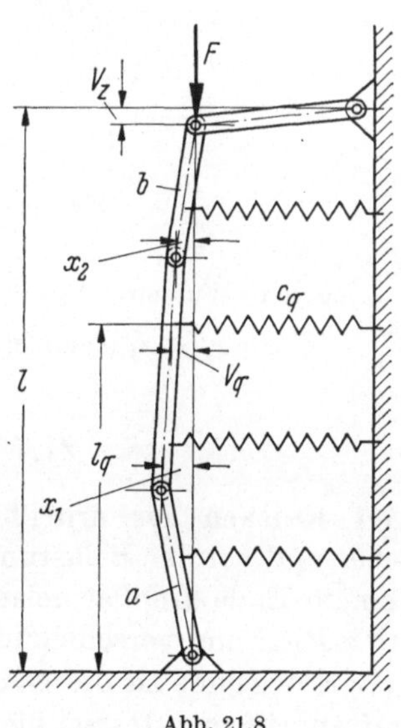

Abb. 21.8

21.6.4. Starrer Druckstab mit seitlichen Federn und zwei Zwischengelenken. Bei zwei Zwischengelenken gilt mit x_1 und x_2 als Horizontalverschiebungen der Gelenkpunkte (Abb. 21.8):

$$V_F = \frac{x_1^2}{2a} + \frac{x_2^2}{2b} + \frac{(x_1 - x_2)^2}{2\,(l - a - b)},$$

für $0 \le l_q \le a$: $\quad V_q = x_1 l_q / a,$

für $a \le l_q \le (l - b)$: $\quad V_q = x_1 + (x_2 - x_1)\,(l_q - a)/(l - a - b),$

für $(l - b) \le l_q \le l$: $\quad V_q = x_2 (l - l_q)/b,$

$\Pi = -FV_F + \frac{1}{2}\sum_q c_q V_q^2$. Aus $\frac{\partial \Pi}{\partial x_1} = 0$ und $\frac{\partial \Pi}{\partial x_2} = 0$ ergeben sich für die Unbekannten x_1 und x_2 zwei lineare homogene Gleichungen, deren Koeffizientendeterminante im Falle des indifferenten Gleichgewichtes verschwinden muß.

Für das Beispiel $a = b = l/4$, $l_1 = l/4$, $l_2 = l/2$, $l_3 = 3l/4$, $c_1 = c_3$ (Abb. 21.8) folgen $V_1 = x_1$, $V_2 = (x_1 + x_2)/2$, $V_3 = x_2$,

$$\Pi = -\frac{F}{l}(3x_1^2 + 3x_2^2 - 2x_1x_2) + \frac{1}{2}[c_1x_1^2 + c_2(x_1 + x_2)^2/4 + c_1x_2^2],$$

$$\frac{\partial \Pi}{\partial x_1} = \left(c_1 + \frac{c_2}{4} - \frac{6F}{l}\right)x_1 + \left(\frac{c_2}{4} + \frac{2F}{l}\right)x_2 = 0,$$

$$\frac{\partial \Pi}{\partial x_2} = \left(\frac{c_2}{4} + \frac{2F}{l}\right)x_1 + \left(c_1 + \frac{c_2}{4} - \frac{6F}{l}\right)x_2 = 0$$

und hieraus durch Nullsetzen der Koeffizientendeterminante

$$\begin{vmatrix} c_1 + c_2/4 - 6F/l & \frac{c_2}{4} + \frac{2F}{l} \\ \frac{c_2}{4} + \frac{2F}{l} & c_1 + \frac{c_2}{4} - 6\frac{F}{l} \end{vmatrix} = 0 \text{ bzw.}$$

$$32\frac{F^2}{l^2} - (12c_1 + 4c_2)\frac{F}{l} + c_1^2 + c_1c_2/2 = 0,$$

mit den beiden Wurzeln $F_{k1} = c_1 l/8$ mit $x_2 = -x_1$ (antimetrisch), bzw. $F_{k2} = \frac{c_1 l}{4} + \frac{c_2 l}{8}$ mit $x_2 = x_1$ (symmetrisch).

21.7 Knickung

21.7.1 Knicken des druckbeanspruchten elastischen Stabes. Ein elastischer und vor der Belastung gerader Stab (Stabachse sei z-Achse) ist an einem Ende drehbar gelagert. Am anderen Ende ist er drehbar, sowie in z-Richtung verschieblich gelagert und nimmt die Druckkraft F auf (Wirkungslinie ist die z-Achse, Abb. 21.9). Die Verschiebung V_z des Kraftangriffspunktes sei hier mit V_F bezeichnet. Das kleinste Flächenträgheitsmoment des Stabquerschnittes sei auf die x-Achse bezogen ($J_{\min} = J_{xx} = J$). Die y-Achse liegt dann in der Ebene der bei indifferentem Gleichgewicht zu erwartenden Verbiegung (Durchbiegung $V_y = \eta$). Da die Auflagerkräfte aus Gleichgewichtsgründen keine y-Komponenten haben, gilt für das Biegemoment (Momentengleichung für den abgeschnittenen Teilstab) $M = F\eta$. Andererseits gilt $M = -EJ\eta''$ [vgl. (17.7/17)]. Damit ergibt sich die lineare homogene Differentialgleichung zweiter Ordnung

$$\eta'' + k^2\eta = 0 \text{ mit } k^2 = F/(EJ). \qquad (21.7/1)$$

Im Falle konstanter Biegesteifigkeit ist k konstant, und als Lösung der Differentialgleichung folgt

$$\eta = C \sin(kz + \beta). \tag{21.7/2}$$

Die Randbedingungen sind: $\eta = 0$ und $M = 0$, d.h. $\eta'' = 0$ für $z = V_F \approx 0$ und $z = l$ (die Bedingung $\eta'' = 0$ führt wegen des Aufbaues der Differentialgleichung hier wieder auf $\eta = 0$). Es folgen daher $C \sin \beta = 0$ und $C \sin (kl + \beta) = 0$. Mithin muß entweder $C = 0$ oder $\beta = 0$, bzw. π und zugleich $k = n\pi/l$ (*Eigenwert*) mit $n = 1, 2, \ldots$ sein. Im ersten Fall ($C = 0$) wäre die Möglichkeit des Knickens von vornherein ausgeschlossen. Im zweiten Fall ergibt sich für die kritische Last, d.h. die *Knicklast*

$$F_k = n^2\pi^2 EJ/l^2. \tag{21.7/3}$$

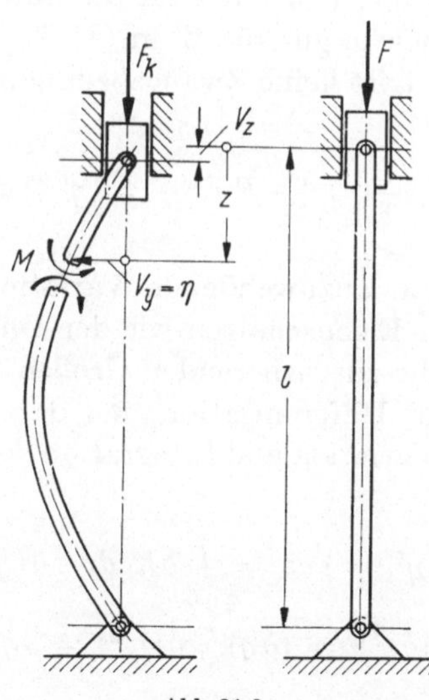

Abb. 21.9

Für $n = 1$ folgt die niedrigste und deshalb technisch wichtigste kritische Last, nach ihrem Entdecker Eulersche Knicklast genannt:

$$F_E = \pi^2 EJ/l^2. \tag{21.7/4}$$

Die Biegelinie ist eine halbe Sinuswelle (bei den höheren Kicklasten besteht sie aus n halben Sinuswellen).

Bei Untersuchung des Problems mit Hilfe des Kräftepotentials kann auf die Berücksichtigung der Deformation infolge Längskraft und Querschub verzichtet und für die Verzerrungsarbeit (17.7/38) mit $M = -EJ\eta''$ und $N \approx 0$ angewandt werden. Somit ist zu setzen:

$$U = -FV_F, \quad W = \frac{1}{2} \int_{z=V_F}^{l} EJ\eta''^2 \, dz. \tag{21.7/5}$$

Die Stablänge l bleibt im Rahmen der Näherung als Abwicklungslänge der verbogenen Stabmittellinie erhalten:

$$l = \int_{s=0}^{l} ds = \int_{z=V_F}^{l} \sqrt{(dz)^2 + (d\eta)^2} \approx \int_{z=V_F}^{l} \left[dz + \frac{1}{2}\eta'^2\, dz \cdots\right]$$

$$= l - V_F + \frac{1}{2} \int_{z=V_F}^{l} \eta'^2 dz.$$

Somit ergibt sich in guter Näherung

$$V_F = \frac{1}{2} \int_{z=0}^{l} \eta'^2\, dz. \tag{21.7/6}$$

Im Rahmen der Näherung kann hier für die untere Grenze $z = 0$ eingesetzt werden; das gleiche gilt für W in (21.7/5). Wegen der Zurückführung von V_F auf η tritt keine Zwangsbedingung mehr auf, und das Gesamtpotential ist

$$\Pi = \frac{1}{2} \int_{z=0}^{l} [-F\eta'^2 + EJ\eta''^2]\, dz. \tag{21.7/7}$$

Der auf dieses Integral anzuwendende Variationsoperator δ hat im wesentlichen dieselben Eigenschaften wie der Differentiationsoperator d, ist jedoch *nur* auf die zu variierenden Größen (hier η, η', η'') anzuwenden. Variation und Differentiation sind daher in der Reihenfolge vertauschbar, ebenso Variation und Integration (kommutatives Gesetz). Es gilt also

$$\delta \int_{z=0}^{l} K(\eta, \eta', \eta'')\, dz = \int_{z=0}^{l} \delta K\, dz, \quad \delta(\eta') = (\delta\eta)',$$

$$\delta(\eta'') = (\delta\eta')' = (\delta\eta)'', \; \delta(\eta'^2) = 2\eta'\, \delta\eta' \text{ usw.};$$

also folgt

$$\delta\Pi = \int_{z=0}^{l} [-F\eta'\, \delta\eta' + EJ\eta''\, \delta\eta'']\, dz.$$

Mit Anwendung der Identitäten $\eta'\, \delta\eta' = (\eta'\, \delta\eta)' - \eta''\, \delta\eta$ und $EJ\eta''\, \delta\eta'' = (EJ\eta''\, \delta\eta')' - (EJ\eta'')'\, \delta\eta' = [EJ\eta''\, \delta\eta' - (EJ\eta'')'\, \delta\eta]' + (EJ\eta'')''\, \delta\eta$ verschwinden die Integrale $\int_{z=0}^{l} (\eta'\, \delta\eta)'\, dz$ und $\int_{z=0}^{l} [\cdots]'\, dz$, denn an beiden Stabenden gilt $\eta = 0$ und damit auch $\delta\eta = 0$, sowie bei freier Drehbarkeit $M = 0$, bzw. bei Einspannung $\eta' = 0$ und damit $\delta\eta' = 0$. Für das Gleichgewicht folgt die Bedingung

$$\delta\Pi = \int_{z=0}^{l} [F\eta + EJ\eta'']''\, \delta\eta\, dz = 0. \tag{21.7/8}$$

Da dieses Integral für alle kinematisch möglichen $\delta\eta$ verschwinden muß, ergibt sich die Gleichgewichtsbedingung $[\cdots]'' = 0$, bzw.

$$F\eta + EJ\eta'' = C_0 + C_1 z; \qquad (21.7/9)$$

sie berücksichtigt auch eine mögliche Einspannung und eine Auflagerkomponente in y-Richtung und ist deshalb allgemeiner als (21.7/1).

An Hand des vorliegenden Problems sei ferner das für praktische Zwecke nützliche *Energieverfahren* (vgl. 21.5) demonstriert. Wird die Durchbiegung z.B. durch ein Polynom vierten Grades

$$\eta = c_0 + c_1 z + c_2 z^2 + c_3 z^3 + c_4 z^4$$

approximiert, so folgen aus den Randbedingungen $\eta = 0$ und $\eta'' = 0$ bei $z = 0$ und $z = l$ für die Konstanten folgende Werte: $c_0 = 0$, $c_2 = 0$, $c_3 = -2c_1/l^2$, $c_4 = c_1/l^3$ und damit $\eta = c_1(z - 2z^3/l^2 + z^4/l^3)$, $\eta' = c_1(1 - 6z^2/l^2 + 4z^3/l^3)$, $\eta'' = 12c_1(-z/l^2 + z^2/l^3)$, $\int\limits_{z=0}^{l} \eta'^2\,dz = \frac{17}{35} c_1^2 l$, $\int\limits_{z=0}^{l} \eta''^2\,dz = \frac{24c_1^2}{5l}$. Bei Anwendung von (21.4/4) mit $F = F_k$ ist zu beachten, daß der Stab bei Erreichen der indifferenten Gleichgewichtslage zunächst noch gerade ist, so daß $\Pi_0 = 0$ zu setzen ist. Für die möglichen indifferenten Gleichgewichtslagen des verbogenen Stabes gilt daher $\Pi = 0$. Die Konstante c_1 und damit der Betrag der Durchbiegung bleiben unbestimmt [wie auch die Konstante C in der exakten Lösung (21.7/2)]. Es folgt

$$F_k = \int\limits_{z=0}^{l} EJ\eta''^2\,dz \Bigg/ \int\limits_{z=0}^{l} \eta'^2\,dz. \qquad (21.7/10)$$

Mit $EJ = \text{const}$ ergibt sich nach Einsetzen der berechneten Werte $F_k = 168EJ/(17l^2)$. Die Abweichung vom exakten Wert F_E [vgl. (21.7/4)] beträgt nur 0,13%.

21.7.2 Verschiedene Auflagerungsarten. Von EULER wurden auch drei weitere Knickprobleme behandelt (Abb. 21.10). Die zugehörigen Knicklasten lassen sich durch Einführung der zu Fall *II* gehörenden Stablänge als *reduzierte Länge* aus der gemeinsamen Beziehung

$$F_E = \pi^2 EJ/l_{\text{red}}^2 \qquad (21.7/11)$$

berechnen, wenn die reduzierte Länge aus der jeweiligen Stablänge l gemäß der nachstehenden Tabelle bestimmt wird.

Eulerfall	*I*	*II*	*III*	*IV*
l_{red}	$2l$	l	$\approx 0{,}7l$	$0{,}5l$

(21.7/12)

Diese Werte ergeben sich durch Lösung des jeweiligen Randwertproblems mittels (21.7/9), Im Eulerfall *I* und *IV* ist das Ergebnis an Hand von Abb. 21.10 ohne weiteres einzusehen. Im Eulerfall *III* tritt eine Auflagerkomponente in Querrichtung auf, und die Durchbiegung enthält außer der Sinusfunktion eine lineare Funktion von z.

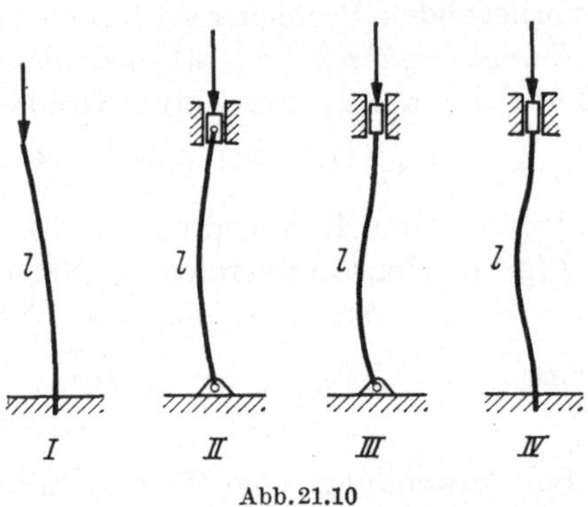

Abb. 21.10

21.7.3 Krafteinleitungs- und Herstellungsungenauigkeiten. Weder die Herstellung eines exakt geraden Stabes, noch seine exakte Montage, derart, daß die Wirkungslinie der Druckkraft mit der unverformten Stabachse zusammenfällt, sind technisch möglich. Zur Abschätzung der durch solche Ungenauigkeiten bedingten Erhöhung der Knickgefahr mögen zwei einfache Beispiele dienen, die mit dem zweiten Eulerfall in Zusammenhang stehen.

Hat die Wirkungslinie der äußeren Kraft den Abstand e von der unverformten Stabachse, so ist $F(\eta + e)$ das Moment mit Bezug auf den Querschnittsschwerpunkt im verbogenen Stab (Abb. 21.11, links), und statt (21.7/1) folgt

$$\eta'' + k^2(\eta + e) = 0, \tag{21.7/13}$$

mit der Lösung

$$\eta + e = (\eta_{\max} + e)\sin(kz + \beta). \tag{21.7/14}$$

Aus den Randbedingungen (vgl. 21.7.1) folgen

$$\sin\beta = \sin(kl + \beta) = \frac{e}{(\eta_{\max} + e)}$$

und hieraus

$$\beta = \frac{\pi}{2} - \frac{kl}{2},$$

sowie

$$\frac{(\eta_{\max} + e)}{e} = \frac{1}{\cos(kl/2)} = \frac{1}{\cos\left(\frac{\pi}{2}\sqrt{\frac{F}{F_E}}\right)}. \tag{21.7/15}$$

Demnach wächst die Durchbiegung bis Erreichen der Eulerlast unbegrenzt. Soll eine zulässige Verformung eingehalten werden, so darf eine Grenzlast $F^* < F_E$ nicht überschritten werden.

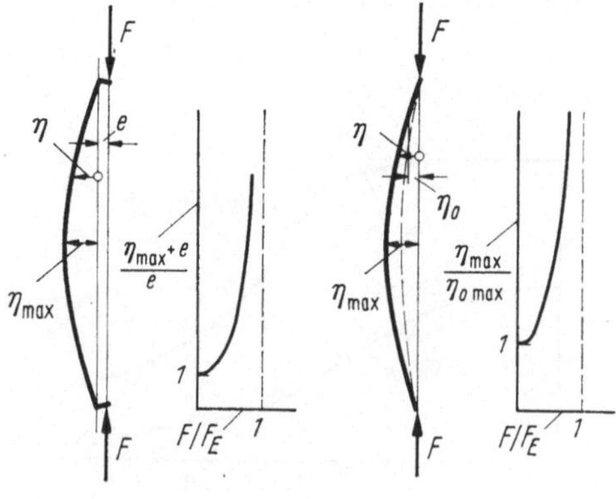

Abb. 21.11

Hat der Stab schon vor seiner Belastung eine Durchbiegung $\eta_0 = \eta_{0,\max} \sin(\pi z/l)$, ist ferner η die gesamte Abweichung von der Wirkungslinie der äußeren Kraft (zugleich Verbindungsgerade der Schwerpunkte der Endquerschnitte), so ist $(\eta - \eta_0)''$ die zum Biegemoment proportionale elastische Krümmung (Abb. 21.11, rechts). Somit ist statt (21.7/1) zu setzen:

$$\eta'' + k^2\eta = \eta_0'' = -\frac{\pi^2}{l^2}\,\eta_{0,\max}\sin(\pi z/l)\,. \qquad (21.7/16)$$

Mit Beachtung der Randbedingungen ergibt sich die Lösung

$$\eta = \eta_{\max}\sin(\pi z/l)\,. \qquad (21.7/17)$$

Nach Einsetzen in (21.7/16) folgt

$$\frac{\eta_{\max}}{\eta_{0,\max}} = \frac{1}{1 - (kl/\pi)^2} = \frac{1}{1 - F/F_E}\,. \qquad (21.7/18)$$

Auch hier zeigt sich, daß zur Vermeidung unzulässig hoher Verformungen eine Grenzlast eingehalten werden muß, die wesentlich *unterhalb* der Eulerlast liegt.

21.7.4 Schlankheitsgrad und ω-Verfahren. Wird (21.7/4) durch die Querschnittsfläche A des Stabes dividiert, so ergibt sich die *Knickspannung*

$$(-)\ \sigma_k = F_E/A = \pi^2 E/\lambda^2\,. \qquad (21.7/19)$$

Hierbei ist

$$\lambda = l\sqrt{A/J} = l/i \qquad (21.7/20)$$

der *Schlankheitsgrad* [bezüglich des Trägheitsradius i vgl. (17.3/11)]. Im σ, λ-Diagramm ergibt sich aus (21.7/19) für jeden Stoff eine Hyperbel höherer Art (Eulerhyperbel), die jedoch nur in ihrem mittleren Bereich anwendbar ist (Abb. 21.12). Im Bereich a (verhältnismäßig kleine

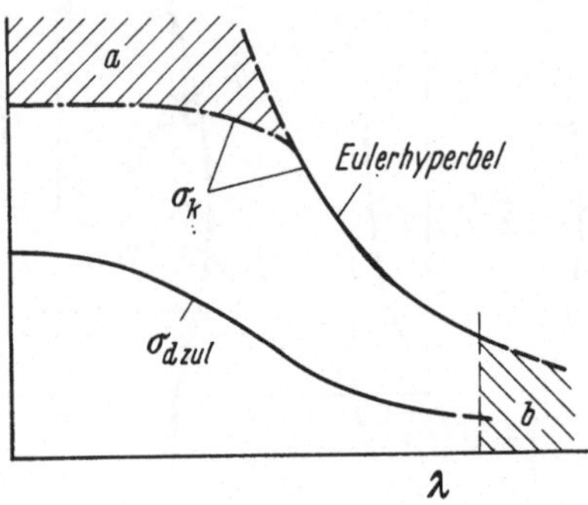

Abb. 21.12

Schlankheitsgrade) haben Versuche gezeigt, daß die Knickspannung wesentlich unterhalb der Eulerhyperbel bleibt. Die Ursache ist nicht nur in den unvermeidlichen Ungenauigkeiten zu sehen (vgl. 21.7.3), sondern vor allem darin, daß der Werkstoff bei hohen Druckspannungen erhebliche Abweichungen vom linearen Elastizitätsgesetz zeigt [grundlegende Untersuchungen von TETMAJER[1] (experimentell), ENGESSER[2] (Ersatz des Elastizitätsmoduls durch den *Tangentenmodul*, definiert durch die Tangente an die Spannungs-Dehnungslinie, u.a.]. Im Bereich b (extrem hohe Schlankheitsgrade) haben die Stäbe zu geringe Steifigkeit gegenüber unvermeidlichen Nebenbeanspruchungen (Herstellung, Transport, Montage usw.), so daß dieser Bereich in der Regel durch Bauvorschriften verboten ist. Wird die Knickspannung durch den Sicherheitswert (im Bereich der Eulerhyperbel meist 3,5, im übrigen Bereich kleiner) dividiert, so entsteht die *zulässige Druckspannung*

$$\sigma_{D\text{zul}} = F_{\text{zul}}/A. \qquad (21.7/21)$$

Beim heute üblichen ω-Verfahren wird die zulässige Druckspannung aus der zulässigen Spannung des Stoffes mittels Division durch die Zahl ω errechnet, die als Funktion des Schlankheitsgrades in Tabellen festgelegt ist:

$$\sigma_{D\text{zul}} = \sigma_{\text{zul}}/\omega. \qquad (21.7/22)$$

---

[1] LUDWIG TETMAJER VON PRZERWA (geb. 1850 in Krompach/Österreich, gest. 1905 in Wien).

[2] FRIEDRICH ENGESSER (geb. 1848 in Weinheim, gest. 1931 in Karlsruhe).

Für den Stahl St 52 mit $\sigma_{zul} = 2100$ kp/cm² gilt z.B.:

λ	20	40	60	80	100	120	140	160	180	200	220
ω	1,06	1,19	1,41	1,79	2,53	3,65	4,96	6,48	8,21	10,13	12,26

Ausführliche Angaben in DIN 4114. (21.7/23)

22 Berücksichtigung der Abweichungen vom linearen Elastizitätsgesetz

Liegt die nach der linearen Theorie berechnete maximale Effektivspannung im nichtlinearen Bereich der Spannungs-Dehnungslinie, so gelten folgende Regeln.

Bei *statisch bestimmten Systemen* (wie z.B. bei zugbeanspruchten prismatischen Stäben, bei statisch bestimmten Fachwerken, bei torsionsbeanspruchten dünnwandigen Stäben mit zweifach zusammenhängendem Querschnitt) bleibt die lineare Spannungsberechnung gültig. Jedoch ist die Effektivdehnung aus der Spannungs-Dehnungslinie zu ermitteln und der Elastizitätsmodul durch den *Sekantenmodul* σ_e/ε_e zu ersetzen (*Admin-Eininvariantenhypothese* [11.2]).

Bei *statisch unbestimmten Systemen* ändert sich während des Belastungsvorganges die Verteilung der inneren Kräfte. Bauteilbereiche, die bei linearem Elastizitätsgesetz an der Kraftübertragung wenig beteiligt sind, erfahren eine höhere Beanspruchung; Bauteilbereiche, die bei linearem Elastizitätsgesetz an der Kraftübertragung stark beteiligt sind, erfahren dagegen eine geringere Beanspruchung (*Makrostützwirkung* [22.1]). Für das ganze Bauteil ergibt sich somit eine mit zunehmender Belastung gleichmäßigere Spannungsverteilung. Der Sachverhalt sei für *biegebeanspruchte prismatische Stäbe* demonstriert; hierbei bleibt die lineare Dehnungsverteilung erhalten (Beweis in 17.1). Die den Dehnungen zugeordneten Spannungen sind aus der Spannungs-Dehnungslinie zu ermitteln. Bei höherer Belastung treten im zähen Werkstoff plastizierte Randzonen auf, die sich nach innen so weit verbreitern, daß die in der näheren Umgebung der Nullinie verbleibende elastische Zone bedeutungslos wird. Bei biegebeanspruchten Trägern mit doppelsymmetrischem Querschnitt kann im Falle des Versagens durch Verformen die Spannung in der plastizierten Zugzone gleich der Streckgrenze, in der plastizierten Druckzone gleich der Druckfließgrenze, bzw. (gemäß der Oktaederschub- oder der Schubhypothese) gleich der negativen Streckgrenze gesetzt werden. Dann tritt an die Stelle des Widerstandsmomentes das plastische Widerstandsmoment $W_{pl} = eA$. Hierbei ist e der Abstand des Schwerpunktes der auf einer Seite der Nullinie liegenden halben Querschnittsfläche von der Nullinie. *Beim Rechteckquerschnitt* (Breite b, Höhe h, Abb. 17.10) ist z.B. $e = h/4$ und $W_{pl} = bh^2/4$ (statt $bh^2/6$ in der linearen Theorie), beim *Kreisquerschnitt* (Radius b, Abb. 17.6) ist $e = 4b/(3\pi)$ und $W_{pl} = 4b^3/3$ (statt $\pi b^3/4$) zu setzen. Allgemein dient zur Berechnung der Sicherheit gegen Versagen statisch unbestimmter Tragwerke das sog. *Traglastverfahren* [22.2].

Bei *zugbeanspruchten Stäben mit Spannungskonzentration* (vgl. z.B. Abb. 12.5) können die nach der linearen Theorie berechneten Spannungen zum Nachweis der Sicherheit gegen Verformen als *fiktive Spannungen* dienen. Gegenüber den wirklichen Spannungen bieten sie den Vorteil der Proportionalität zur äußeren Kraft. An die Stelle der 0,2-Dehngrenze ist dann aber die *fiktive Dehngrenze* $\sigma_{0,2}^* = \delta_{0,2}\,\sigma_{0,2}$ zu setzen, wobei $\delta_{0,2}$ den *Faktor der Makrostützwirkung* repräsentiert (auch *Dehngrenzenverhältnis* genannt). Nach einer Näherungsformel des Verfassers [22.1] gilt bei Spannungskonzentration

$$\delta_{0,2} = \sqrt{1 + 0{,}002\,E/\sigma_{0,2}}\,.$$

Mit S_F als dem vorgeschriebenen Sicherheitswert gegen Verformen darf die fiktive maximale Beanspruchung nicht größer sein als $\delta_{0,2}\,\sigma_{0,2}/S_F$.

Bei Knickung wird die nichtlineare Verformung durch das ω-Verfahren berücksichtigt.

Anhang

Beispiele für Walzprofile

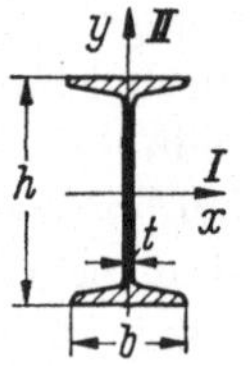

Beispiele für I-Stahl nach DIN 1025, Bl. 1 (Kurzbezeichnung z.B. I 30)

I	h mm	b mm	t mm	A cm²	J_{xx} cm⁴	W_x cm³	J_{yy} cm⁴	W_y cm³
20	200	90	11,3	33,5	2140	214	117	26,0
22	220	98	12,2	39,6	3060	278	162	33,1
24	240	106	13,1	46,1	4250	354	221	41,7
26	260	113	14,1	53,4	5740	442	288	51,0
28	280	119	15,2	61,1	7590	542	364	61,2
30	300	125	16,2	69,1	9800	653	451	72,2
32	320	131	17,3	77,8	12510	782	555	84,7
34	340	137	18,3	86,8	15700	923	674	98,4
36	360	143	19,5	97,1	19610	1090	818	114
38	380	149	20,5	107	24010	1260	975	131
40	400	155	21,6	118	29210	1460	1160	149

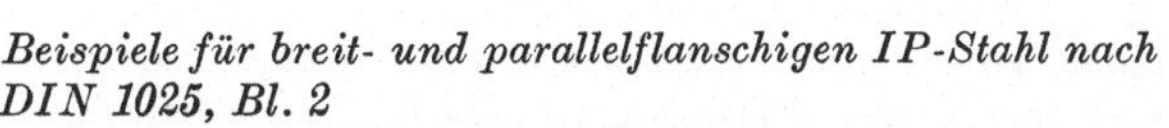

Beispiele für breit- und parallelflanschigen IP-Stahl nach DIN 1025, Bl. 2

(Kurzbezeichnung z. B. IP 30)

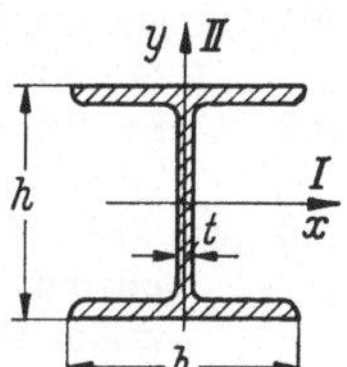

IP	h mm	b mm	t mm	A cm²	J_{xx} cm⁴	W_x cm³	J_{yy} cm⁴	W_y cm³
20	200	200	10	82,7	5950	595	2140	214
22	220	220	10	91,1	8050	732	2840	258
24	240	240	11	111	11690	974	4150	346
26	260	260	11	121	15050	1160	5280	406
28	280	280	12	144	20720	1480	7320	523
30	300	300	12	154	25760	1720	9010	600
32	320	300	13	171	32250	2020	9910	661
34	340	300	13	174	36940	2170	9910	661
36	360	300	14	192	45120	2510	10810	721
38	380	300	14	194	50950	2680	10810	721
40	400	300	14	209	60640	3030	11710	781

Schrifttum

Allgemein

BIEZENO, C. B., GRAMMEL, R.: Technische Dynamik; Bd. 1—2, 2. Aufl., Berlin/Göttingen/Heidelberg: Springer 1953.

FILONENKO-BORODITSCH, M. M.: Festigkeitslehre; Bd. 1—2, Berlin: VEB Technik 1954.

FLÜGGE, W.: Festigkeitslehre; Berlin/Göttingen/Heidelberg: Springer 1967.

FÖPPL, A.: Vorlesungen über technische Mechanik; Bd. 1—6, München und Berlin: R. Oldenbourg 1943.

FÖPPL, A., FÖPPL, L.: Drang und Zwang, eine höhere Festigkeitslehre für Ingenieure, Bd. 1—3, München und Berlin: R. Oldenbourg 1941—1947.

LEIPHOLZ, H.: Festigkeitslehre für den Konstrukteur; Berlin/Göttingen/Heidelberg: Springer 1969.

PARKUS, H.: Mechanik der festen Körper; Wien: Springer 1966.

RÜDIGER, D., KNESCHKE, A.: Technische Mechanik; Bd. 2, Festigkeitslehre, Leipzig: Teubner 1966.

SZABÓ, I.: Einführung in die technische Mechanik; Berlin/Göttingen/Heidelberg: Springer 1966.

SZABÓ, I.: Höhere technische Mechanik; Berlin/Göttingen/Heidelberg: Springer 1964.

ZIEGLER, H.: Vorlesungen über Mechanik; Basel: Birkhäuser 1970.

Spezielle Hinweise

2.1 DIN-Taschenbuch 19. Materialprüfnormen für metallische Werkstoffe; Deutscher Normenausschuß, Düsseldorf 1961.

3.1 Cosserat, E. u. F.: Sur la théorie de l'élasticité. Annales Toulouse 10 (1896) 1—116.

3.2 Günther, W.: Zur Statik und Kinematik des Cosseratschen Kontinuums. Abh. Braunschweig. Wiss. Ges. 10 (1958) 195—213.

3.3 Schäfer, H.: Versuch einer Elastizitätstheorie des zweidimensionalen ebenen Cosserat-Kontinuums; Misz. Angew. Math., Festschrift Tollmien, Berlin: Akademie-Verlag 1962.

3.4 Neuber, H.: On the general solution of linear-elastic problems in isotropic and anisotropic Cosserat-continua; Proc. 11th International Congress of Appl. Mech., München 1964, Berlin: Springer 1966.

4.1 Neuber, H.: Wandlungen in der Festkörpermechanik; Freiberger Forschungshefte A 392 (1966) 5—14.

11.1 Lode, W.: Versuche über den Einfluß der mittleren Hauptspannung. ZAMM 5 (1925) 142—144.

11.2 Neuber, H.: Anisotropic nonlinear stress-strain laws and yield conditions. Int. J. Solids Structures, 1969, Vol. 5, 1299—1310.

11.3 Sandel, G. D.: Die Anstrengungsfrage. Schweiz. Bauzeitg. 95 (1930) 335—338.

12.1 Neuber, H.: Kerbspannungslehre, Grundlagen für genaue Festigkeitsberechnung mit Berücksichtigung von Konstruktionsform und Werkstoff, 2. Aufl., Berlin/Göttingen/Heidelberg: Springer 1958.

12.2 Föppl, L., Sonntag, G.: Tafeln und Tabellen zur Festigkeitslehre; München: R. Oldenbourg 1951.

12.3 Schubert, G.: Zur Frage der Druckverteilung unter elastisch gelagerten Tragwerken. Ing.-Arch. 13 (1942) 132—145.

13.1 Föppl, A.: Vorlesungen über technische Mechanik, Bd. II, 9. Aufl., München: R. Oldenbourg 1942.

15.1 Reissner, E.: On stresses and deformations in toroidal shells of circular cross section which are acted upon by uniform normal pressure. Quarterly of Appl. Math. 21 (1963) 177—187.

15.2 Kalnins, A.: Analysis of shells of revolution subjected to symmetrical and nonsymmetrical loads. J. Appl. Mech. (1964) 467—476.

16.1 Arnovljevic: Das Verteilungsgesetz der Haftspannungen in achsial beanspruchten Verbundstäben. Z. f. Arch. u. Ing.-Wes. 55 (1909) 415.

16.2 Fillunger, P.: Über die Festigkeit der Löt-, Leim- und Nietverbindungen. Österr. Wochenschr. öffentl. Baudienst 25 (1919) 78.

16.3 Neuber, H.: Zur eindimensionalen Theorie der Schweißverbindungen. ZAMM 15 (1935) 179—180.

16.4 Volkersen, O.: Die Nietkraftverteilung in zugbeanspruchten Nietverbindungen mit konstanten Laschenquerschnitten. Luftf.-Forschg. 15 (1938) 41—47.

16.5 Volkersen, O.: Neuere Untersuchungen zur Theorie der Klebverbindungen. Jahrbuch WGLR (1963) 299—306.

16.6 Bufler, H.: Zur Theorie diskontinuierlicher und kontinuierlicher Verbindungen. Ing.-Arch. 37 (1968) 176—188.

18.1 Neuber, H.: Schubmittelpunkt und Querschnittsverwölbung dünnwandiger Träger unterhalb der Beulgrenze. ZAMM 21 (1941) 91—95.

18.2 Neuber, H.: Über wölbfreie Drillung; Jahrbuch 1939 der Deutschen Luftfahrtforschung, Bd. I, 419—425.

18.3 Ebner, H.: Die Beanspruchung dünnwandiger Kastenträger auf Drillung bei behinderter Querschnittsverwölbung. ZFM 24 (1933) 645—655 u. 684—692.

18.4 Flügge, W., Marguerre, K.: Wölbkräfte in dünnwandigen Profilstäben. Ing.-Arch. 18 (1950) 23—33.

18.5 Bornscheuer, F. W.: Systematische Darstellung der Biege- und Verdrehvorgänge unter Berücksichtigung der Wölbkrafttorsion. Stahlbau 21 (1952) 1—9.

18.6 Wlassow, W. S.: Dünnwandige elastische Stäbe, Bd. I, 1964, Bd. II, 1965, Berlin: Verlag für Bauwesen.

22.1 Neuber, H.: Über die Berücksichtigung der Spannungskonzentration bei Festigkeitsberechnungen. Konstruktion, 20. Jahrg. (1968), Heft 7, S. 245—251.

22.2 Neal, B. G.: The plastic methods of structural analysis. London: Chapman u. Hall; New York: Wiley 1963.

Sachverzeichnis

721/4/71